中国石油炼油化工技术丛书

大型炼油技术

主　编　谢崇亮
副主编　王志刚　袁明江　张　珂

石油工业出版社

内 容 提 要

本书介绍了国内外炼油工业现状、技术发展概况，集中展现了中国石油大型炼油成套及单项技术的开发成果和工业应用经验，主要包括炼厂总流程优化技术、常减压蒸馏技术、催化裂化技术、延迟焦化技术、渣油加氢技术、加氢裂化技术、液相加氢技术、柴油加氢技术、连续重整技术、催化汽油加氢技术、催化轻汽油醚化技术、炼厂气综合利用技术，并对炼油行业面临的形势和未来的技术发展方向进行了分析和展望。

本书可供炼油行业的科研人员、工程设计人员以及生产企业的相关技术人员使用，也适合高等院校石油炼制相关专业师生参考阅读。

图书在版编目（CIP）数据

大型炼油技术／谢崇亮主编．—北京：石油工业出版社，2022.3

（中国石油炼油化工技术丛书）

ISBN 978-7-5183-4973-9

Ⅰ．①大… Ⅱ．①谢… Ⅲ．①石油炼制 Ⅳ．①TE62

中国版本图书馆 CIP 数据核字（2021）第 244146 号

出版发行：石油工业出版社

（北京安定门外安华里2区1号　100011）

网　　址：www.petropub.com

编辑部：（010）64523825　图书营销中心：（010）64523633

经　　销：全国新华书店

印　　刷：北京中石油彩色印刷有限责任公司

2022年3月第1版　2022年6月第2次印刷

787×1092毫米　开本：1/16　印张：23

字数：575千字

定价：220.00元

（如出现印装质量问题，我社图书营销中心负责调换）

版权所有，翻印必究

《中国石油炼油化工技术丛书》编委会

主　　任：任立新
副 主 任：杨继钢　　杜吉洲
主　　编：杨继钢
副 主 编：杜吉洲　　何盛宝　　于建宁
编　　委：(按姓氏笔画排序)

丁海中	于希水	马　安	田文君	史　君	邢颖春
吕文军	朱卫东	刘元圣	刘志红	刘荣江	闫伦江
汤仲平	劳国瑞	杨　雨	杨俊杰	李　铁	李利军
李俊军	李锡均	吴占永	何　军	何明川	宋官武
张　镇	张来勇	张洪滨	陈　坚	季德伟	赵　欣
胡　杰	胡晓荣	南晓钟	姚　斌	徐英俊	高雄厚
龚光碧	龚真直	崔晓明	谢崇亮	鲍永忠	魏　弢

专　家　组

徐春明	张立群	杜建荣	段　伟	李胜山	胡友良
孟纯绪	兰　玲	王德会	吴冠京	朱洪法	胡长禄
鞠林青	甄新平	胡　杰	周华堂	任建生	任敦泾
薛　援	陈为民	齐润通	吴一弦	王　硕	郭绍辉
山红红	王贤清

《大型炼油技术》
编 写 组

主　　编：谢崇亮
副 主 编：王志刚　袁明江　张　珂
编写人员：（按姓氏笔画排序）

马　卿	马燕妮	王　禹	王　健	王　磐	王志奉
王国旗	王雪莲	王德会	龙　钰	付会娟	冯　帅
冯宝林	边建东	毕治国	吕晓东	朱　颖	朱大亮
任旭阳	刘　伟	刘小波	刘成军	刘廷斌	刘统华
刘艳升	刘晓步	刘登峰	刘瑞萍	孙　嫚	孙文山
孙方宪	杨　春	杨文慧	杨桂荣	李　建	李　科
李　哲	李小娜	李铁森	李倞琛	李爱凌	肖世伟
吴　涛	吴　瑕	邱明涛	余　洪	辛若凯	迟志明
张　星	张　靖	张玉峰	张香玲	张晓光	张健民
张敬敏	陈　君	范海玲	昌兴文	岳　昭	金熙俊
周　晖	周　璇	周庆伟	宗志乔	赵宇哲	赵秀文
相春娥	姚玉瑞	聂　程	夏少青	徐以泉	徐亚荣
徐　彪	高　青	郭佳林	接　瑜	崔久涛	崔保林
梁振波	葛立军	董佳鑫	董　罡	韩志超	韩建新
嵇境鹏	谢可堃	谢育辉	谢恪谦	窦世山	谭晓飞
樊春江	颜　峰	霍光学			

主审专家：李胜山　鞠林青

丛书序

创新是引领发展的第一动力，抓创新就是抓发展，谋创新就是谋未来。当今世界正经历百年未有之大变局，科技创新是其中一个关键变量，新一轮科技革命和产业变革正在重构全球创新版图、重塑全球经济结构。党的十八大以来，以习近平同志为核心的党中央坚持创新在我国现代化建设全局中的核心地位，把科技自立自强作为国家发展的战略支撑，面向世界科技前沿、面向经济主战场、面向国家重大需求、面向人民生命健康，深入实施创新驱动发展战略，不断完善国家创新体系，加快建设科技强国，开辟了坚持走中国特色自主创新道路的新境界。

加快能源领域科技创新，推动实现高水平自立自强，是建设科技强国、保障国家能源安全的必然要求。作为国有重要骨干企业和跨国能源公司，中国石油深入贯彻落实习近平总书记关于科技创新的重要论述和党中央、国务院决策部署，始终坚持事业发展科技先行，紧紧围绕建设世界一流综合性国际能源公司和国际知名创新型企业目标，坚定实施创新战略，组织开展了一批国家和公司重大科技项目，着力攻克重大关键核心技术，全力以赴突破短板技术和装备，加快形成长板技术新优势，推进前瞻性、颠覆性技术发展，健全科技创新体系，取得了一系列标志性成果和突破性进展，开创了能源领域科技自立自强的新局面，以高水平科技创新支撑引领了中国石油高质量发展。"十二五"和"十三五"期间，中国石油累计研发形成44项重大核心配套技术和49个重大装备、软件及产品，获国家级科技奖励43项，其中国家科技进步奖一等奖8项、二等奖28项，国家技术发明奖二等奖7项，获授权专利突破4万件，为高质量发展和世界一流综合性国际能源公司建设提供了强有力支撑。

炼油化工技术是能源科技创新的重要组成部分，是推动能源转型和新能源创新发展的关键领域。中国石油十分重视炼油化工科技创新发展，坚持立足主营业务发展需要，不断加大核心技术研发攻关力度，炼油化工领域自主创新能力持续提升，整体技术水平保持国内先进。自主开发的国Ⅴ/国Ⅵ标准汽柴油生产技术，有力支撑国家油品质量升级任务圆满完成；千万吨级炼油、百万吨级乙烯、百万吨级PTA、"45/80"大型氮肥等成套技术实现工业化；自主百万吨级乙烷制乙烯成套技术成功应用于长庆、塔里木两个国家级示范工程项目；"复兴号"高铁齿轮箱油、超高压变压器油、医用及车用等高附加值聚烯烃、ABS树脂、丁腈及溶聚丁苯等高性能合成橡胶、PETG共聚酯等特色优势产品开发应用取得新突破，有力支撑引领了中国石油炼油化工业务转型升级和高质量发展。为了更好地总结过往、谋划未来，我们组织编写了《中国石油炼油化工技术丛书》（以下简称《丛书》），对1998年重组改制以来炼油化工领域创新成果进行了系统梳理和集中呈现。

《丛书》的编纂出版，填补了中国石油炼油化工技术专著系列丛书的空白，集中展示了中国石油炼油化工领域不同时期研发的关键技术与重要产品，真实记录了中国石油炼油化工技术从模仿创新跟跑起步到自主创新并跑发展的不平凡历程，充分体现了中国石油炼油化工科技工作者勇于创新、百折不挠、顽强拼搏的精神面貌。该《丛书》为中国石油炼油化工技术有形化提供了重要载体，对于广大科技工作者了解炼油化工领域技术发展现状、进展和趋势，熟悉把握行业技术发展特点和重点发展方向等具有重要参考价值，对于加强炼油化工技术知识开放共享和成果宣传推广、推动炼油化工行业科技创新和高质量发展将发挥重要作用。

《丛书》的编纂出版，是一项极具开拓性和创新性的出版工程，集聚了多方智慧和艰苦努力。该丛书编纂历经三年时间，参加编写的单位覆盖了中国石油炼油化工领域主要研究、设计和生产单位，以及有关石油院校等。在编写过程中，参加单位和编写人员坚持战略思维和全球视野，密切配合、团结协作、群策群力，对历年形成的创新成果和管理经验进行了系统总结、凝练集成和再学习再思考，对未来技术发展方向与重点进行了深入研究分析，展现了严谨求实的科学态度、求真创新的学术精神和高度负责的扎实作风。

值此《丛书》出版之际，向所有参加《丛书》编写的院士专家、技术人员、管理人员和出版工作者致以崇高的敬意！衷心希望广大科技工作者能够从该《丛书》中汲取科技知识和宝贵经验，切实肩负起历史赋予的重任，勇作新时代科技创新的排头兵，为推动我国炼油化工行业科技进步、竞争力提升和转型升级高质量发展作出积极贡献。

站在"两个一百年"奋斗目标的历史交汇点，中国石油将全面贯彻习近平新时代中国特色社会主义思想，紧紧围绕建设基业长青的世界一流企业和实现碳达峰、碳中和目标的绿色发展路径，坚持党对科技工作的领导，坚持创新第一战略，坚持"四个面向"，坚持支撑当前、引领未来，持续推进高水平科技自立自强，加快建设国家战略科技力量和能源与化工创新高地，打造能源与化工领域原创技术策源地和现代油气产业链"链长"，为我国建成世界科技强国和能源强国贡献智慧和力量。

2022 年 3 月

丛书前言

中国石油天然气集团有限公司（以下简称中国石油）是国有重要骨干企业和全球主要的油气生产商与供应商之一，是集国内外油气勘探开发和新能源、炼化销售和新材料、支持和服务、资本和金融等业务于一体的综合性国际能源公司，在国内油气勘探开发中居主导地位，在全球35个国家和地区开展油气投资业务。2021年，中国石油在《财富》杂志全球500强排名中位居第四。2021年，在世界50家大石油公司综合排名中位居第三。

炼油化工业务作为中国石油重要主营业务之一，是增加价值、提升品牌、提高竞争力的关键环节。自1998年重组改制以来，炼油化工科技创新工作认真贯彻落实科教兴国战略和创新驱动发展战略，紧密围绕建设世界一流综合性国际能源公司和国际知名创新型企业目标，立足主营业务战略发展需要，建成了以"研发组织、科技攻关、条件平台、科技保障"为核心的科技创新体系，紧密围绕清洁油品质量升级、劣质重油加工、大型炼油、大型乙烯、大型氮肥、大型PTA、炼油化工催化剂、高附加值合成树脂、高性能合成橡胶、炼油化工特色产品、安全环保与节能降耗等重要技术领域，以国家科技项目为龙头，以重大科技专项为核心，以重大技术现场试验为抓手，突出新技术推广应用，突出超前技术储备，大力加强科技攻关，关键核心技术研发应用取得重要突破，超前技术储备研究取得重大进展，形成一批具有国际竞争力的科技创新成果，推广应用成效显著。中国石油炼油化工业务领域有效专利总量突破4500件，其中发明专利3100余件；获得国家及省部级科技奖励超过400项，其中获得国家科技进步奖一等奖2项、二等奖25项，国家技术发明奖二等奖1项。中国石油炼油化工科技自主创新能力和技术实力实现跨越式发展，整体技术水平和核心竞争力得到大幅度提升，为炼油化工主营业务高质量发展提供了有力技术支撑。

为系统总结和分享宣传中国石油在炼油化工领域研究开发取得的系列科技创新成果，在中国石油具有优势和特色的技术领域打造形成可传承、传播和共享的技术专著体系，中国石油科技管理部和石油工业出版社于2019年1月启动《中国石油炼油化工技术丛书》（以下简称《丛书》）的组织编写工作。

《丛书》的编写出版是一项系统的科技创新成果出版工程。《丛书》编写历经三年时间，重点组织完成五个方面工作：一是组织召开《丛书》编写研讨会，研究确定11个分册框架，为《丛书》编写做好顶层设计；二是成立《丛书》编委会，研究确定各分册牵头单位及编写负责人，为《丛书》编写提供组织保障；三是研究确定各分册编写重点，形成编写大纲，为《丛书》编写奠定坚实基础；四是建立科学有效的工作流程与方法，制定《〈丛书〉编写体例实施细则》《〈丛书〉编写要点》《专家审稿指导意见》《保密审查确认单》和《定稿确认单》等，提高编写效率；五是成立专家组，采用线上线下多种方式组织召开多轮次专家审稿会，推动《丛书》编写进度，保证《丛书》编写质量。

《丛书》对中国石油炼油化工科技创新发展具有重要意义。《丛书》具有以下特点：一是开拓性，《丛书》是中国石油组织出版的首套炼油化工领域自主创新技术系列专著丛书，填补了中国石油炼油化工领域技术专著丛书的空白。二是创新性，《丛书》是对中国石油重组改制以来在炼油化工领域取得具有自主知识产权技术创新成果和宝贵经验的系统深入总结，是中国石油炼油化工科技管理水平和自主创新能力的全方位展示。三是标志性，《丛书》以中国石油具有优势和特色的重要科技创新成果为主要内容，成果具有标志性。四是实用性，《丛书》中的大部分技术属于成熟、先进、适用、可靠，已实现或具备大规模推广应用的条件，对工业应用和技术迭代具有重要参考价值。

《丛书》是展示中国石油炼油化工技术水平的重要平台。《丛书》主要包括《清洁油品技术》《劣质重油加工技术》《炼油系列催化剂技术》《大型炼油技术》《炼油特色产品技术》《大型乙烯成套技术》《大型芳烃技术》《大型氮肥技术》《合成树脂技术》《合成橡胶技术》《安全环保与节能减排技术》等11个分册。

《清洁油品技术》：由中国石油石油化工研究院牵头，主编何盛宝。主要包括催化裂化汽油加氢、高辛烷值清洁汽油调和组分、清洁柴油及航煤、加氢裂化生产高附加值油品和化工原料、生物航煤及船用燃料油技术等。

《劣质重油加工技术》：由中国石油石油化工研究院牵头，主编高雄厚。

主要包括劣质重油分子组成结构表征与认识、劣质重油热加工技术、劣质重油溶剂脱沥青技术、劣质重油催化裂化技术、劣质重油加氢技术、劣质重油沥青生产技术、劣质重油改质与加工方案等。

《炼油系列催化剂技术》：由中国石油石油化工研究院牵头，主编马安。主要包括炼油催化剂催化材料、催化裂化催化剂、汽油加氢催化剂、煤油及柴油加氢催化剂、蜡油加氢催化剂、渣油加氢催化剂、连续重整催化剂、硫黄回收及尾气处理催化剂以及炼油催化剂生产技术等。

《大型炼油技术》：由中石油华东设计院有限公司牵头，主编谢崇亮。主要包括常减压蒸馏、催化裂化、延迟焦化、渣油加氢、加氢裂化、柴油加氢、连续重整、汽油加氢、催化轻汽油醚化以及总流程优化和炼厂气综合利用等炼油工艺及工程化技术等。

《炼油特色产品技术》：由中国石油润滑油公司牵头，主编杨俊杰。主要包括石油沥青、道路沥青、防水沥青、橡胶油白油、电器绝缘油、车船用润滑油、工业润滑油、石蜡等炼油特色产品技术。

《大型乙烯成套技术》：由中国寰球工程有限公司牵头，主编张来勇。主要包括乙烯工艺技术、乙烯配套技术、乙烯关键装备和工程技术、乙烯配套催化剂技术、乙烯生产运行技术、技术经济型分析及乙烯技术展望等。

《大型芳烃技术》：由中国昆仑工程有限公司牵头，主编劳国瑞。介绍中国石油芳烃技术的最新进展和未来发展趋势展望等，主要包括芳烃生成、芳烃转化、芳烃分离、芳烃衍生物以及芳烃基聚合材料技术等。

《大型氮肥技术》：由中国寰球工程有限公司牵头，主编张来勇。主要包括国内外氮肥技术现状和发展趋势、以天然气为原料的合成氨工艺技术和工程技术、合成氨关键设备、合成氨催化剂、尿素生产工艺技术、尿素工艺流程模拟与应用、材料与防腐、氮肥装置生产管理、氮肥装置经济性分析等。

《合成树脂技术》：由中国石油石油化工研究院牵头，主编胡杰。主要包括合成树脂行业发展现状及趋势、聚乙烯催化剂技术、聚丙烯催化剂技术、茂金属催化剂技术、聚乙烯新产品开发、聚丙烯新产品开发、聚烯烃表征技术与标准化、ABS树脂新产品开发及生产优化技术、合成树脂技术及新产品展望等。

《合成橡胶技术》：由中国石油石油化工研究院牵头，主编龚光碧。主要包括丁苯橡胶、丁二烯橡胶、丁腈橡胶、乙丙橡胶、丁基橡胶、异戊橡胶、苯乙烯热塑性弹性体等合成技术，还包括橡胶粉末化技术、合成橡胶加工与应用技术及合成橡胶标准等。

《安全环保与节能减排技术》：由中国石油集团安全环保技术研究院有限公司牵头，主编闫伦江。主要包括设备腐蚀监检测与工艺防腐、动设备状态监测与评估、油品储运雷电静电防护、炼化企业污水处理与回用、VOCs排放控制及回收、固体废物处理与资源化、场地污染调查与修复、炼化能量系统优化及能源管控、能效对标、节水评价技术等。

《丛书》是中国石油炼油化工科技工作者的辛勤劳动和智慧的结晶。在三年的时间里，共组织中国石油石油化工研究院、寰球工程公司、大庆石化、吉林石化、辽阳石化、独山子石化、兰州石化等30余家科研院所、设计单位、生产企业以及中国石油大学（北京）、中国石油大学（华东）等高校的近千名科技骨干参加编写工作，由20多位资深专家组成专家组对书稿进行审查把关，先后召开研讨会、审稿会50余次。在此，对所有参加这项工作的院士、专家、科研设计、生产技术、科技管理及出版工作者表示衷心感谢。

掩卷沉思，感慨难已。本套《丛书》是中国石油重组改制20多年来炼油化工科技成果的一次系列化、有形化、集成化呈现，客观、真实地反映了中国石油炼油化工科技发展的最新成果和技术水平。真切地希望《丛书》能为我国炼油化工科技创新人才培养、科技创新能力与水平提高、科技创新实力与竞争力增强和炼油化工行业高质量发展发挥积极作用。限于时间、人力和能力等方面原因，疏漏之处在所难免，希望广大读者多提宝贵意见。

前言

"十一五"到"十三五"是中国炼油工业迅猛发展的时期。通过国外技术引进、消化吸收和集成创新,中国石油建设投产了广西石化、云南石化、四川石化等一批千万吨级现代化炼厂。通过产品质量升级和安全环保改造,在役炼厂实现了炼油规模大型化和产品清洁化。依托中国石油炼油重大科技专项的实施,形成了自主知识产权的千万吨级大型炼厂成套技术。中国石油的炼油工程化能力实现了业务链全覆盖,"满足国家第四阶段汽车排放标准的清洁汽油生产成套技术开发与应用"获国家科技进步奖二等奖,"千万吨级大型炼厂成套技术"获中国石油科技进步奖一等奖。通过技术攻关和不断实践,实现了中国石油大型炼油技术的跨越式发展,为中国炼油化工行业的可持续发展提供了有力的技术支撑。

为了系统总结中国石油重组改制以来,尤其是"十二五"和"十三五"期间,在大型炼油技术方面取得的成果,中国石油科技管理部组织编写了本书。新颖、实用是本书的两个明显特征。新颖,体现在本书全面总结了中国石油在炼油领域取得的一系列具有自主知识产权的最新的技术创新成果和应用经验,全方位展示了中国石油大型炼油技术的创新能力和实力;实用,体现在本书紧密结合各炼化项目的工程实践,反映的是各项技术工程应用后的实际效果。

本书由中石油华东设计院有限公司牵头,中国昆仑工程有限公司、中国石油石油化工研究院、中国石油集团渤海石油装备制造有限公司、乌鲁木齐石化、中国石油大学(北京)等单位参与编写。本书参编人员都是长期在科研、设计、生产一线的专家学者和技术人员,具有较高的学术水平和丰富的实践经验。本书共分为14章,第一章绪论和第十四章展望由谢崇亮、袁明江、李铁森编写;第二章炼厂总流程优化技术由王志刚、徐以泉等编写;第三章常减压蒸馏技术由刘统华等编写;第四章催化裂化技术由张星等编写;第五章延迟焦化技术由范海玲等编写;第六章渣油加氢技术由辛若凯等编写;第七章加氢裂化技术由聂程等编写；第八章液相加氢技术由赵秀文等编写；第九章柴油加氢技术由李哲等编写；第十章连续重整技术由边建东等编写；第十一章催化汽油加氢技术由夏少青等编写；第十二章催化轻汽油醚化技术由刘成军等编写；第十三章炼厂气综合利用技术由冯帅、李建、崔久涛、陈君、刘成军、龙钰等编写。全书由谢崇亮、王志刚、袁明江、张珂、孙方宪统稿，最终由谢崇亮定稿。

在本书编写出版过程中，各章节作者做了大量细致且富有成效的工作，李胜山、鞠林青两位主审专家全程跟踪审稿，徐春明、吴冠京、段伟、孟纯绪等多位专家给予了指导和帮助，在此表示衷心感谢！此外，对本书所引用的参考文献和其他技术资料的原作者、提供者一并表示诚挚谢意！

本书由多家单位、多位作者联合编写，在内容深度和整体性方面可能会存在欠妥和不足之处，恳请读者不吝指正。

目录

第一章 绪论 ... 1
- 第一节 国内外炼油工业基本现状 ... 1
- 第二节 国内外炼油技术概况 ... 2
- 第三节 中国石油炼油技术概述 ... 3
- 参考文献 ... 7

第二章 炼厂总流程优化技术 ... 9
- 第一节 国内外炼厂总流程优化技术现状 ... 9
- 第二节 中国石油炼厂总流程优化技术 ... 11
- 第三节 炼厂总流程优化技术展望 ... 28
- 参考文献 ... 30

第三章 常减压蒸馏技术 ... 32
- 第一节 国内外常减压蒸馏技术现状 ... 32
- 第二节 中国石油常减压蒸馏技术 ... 41
- 第三节 常减压蒸馏技术展望 ... 58
- 参考文献 ... 60

第四章 催化裂化技术 ... 61
- 第一节 国内外催化裂化技术现状 ... 61
- 第二节 中国石油催化裂化技术 ... 66
- 第三节 催化裂化技术展望 ... 87
- 参考文献 ... 88

第五章 延迟焦化技术 ... 89
- 第一节 国内外延迟焦化技术现状 ... 89
- 第二节 中国石油延迟焦化技术 ... 92
- 第三节 延迟焦化技术展望 ... 129
- 参考文献 ... 132

第六章　渣油加氢技术 …… 133
第一节　国内外渣油加氢技术现状 …… 133
第二节　中国石油渣油加氢技术 …… 136
第三节　渣油加氢技术展望 …… 150
参考文献 …… 152

第七章　加氢裂化技术 …… 153
第一节　国内外加氢裂化技术现状 …… 153
第二节　中国石油加氢裂化技术 …… 156
第三节　加氢裂化技术展望 …… 166
参考文献 …… 168

第八章　液相加氢技术 …… 169
第一节　国内外液相加氢技术现状 …… 169
第二节　中国石油液相加氢技术 …… 171
第三节　液相加氢技术展望 …… 188
参考文献 …… 189

第九章　柴油加氢技术 …… 190
第一节　国内外柴油加氢技术现状 …… 190
第二节　中国石油柴油加氢技术 …… 192
第三节　柴油加氢技术展望 …… 205
参考文献 …… 206

第十章　连续重整技术 …… 208
第一节　国内外连续重整技术现状 …… 208
第二节　中国石油连续重整技术 …… 209
第三节　连续重整技术展望 …… 227
参考文献 …… 228

第十一章　催化汽油加氢技术 …… 229
第一节　国内外催化汽油加氢技术现状 …… 229
第二节　中国石油催化汽油加氢技术 …… 233
第三节　催化汽油清洁化其他技术 …… 246
第四节　催化汽油加氢技术展望 …… 249
参考文献 …… 251

第十二章 催化轻汽油醚化技术 ····· 252
第一节 国内外催化轻汽油醚化技术现状 ····· 252
第二节 中国石油催化轻汽油醚化技术 ····· 255
第三节 催化轻汽油醚化技术展望 ····· 270
参考文献 ····· 271

第十三章 炼厂气综合利用技术 ····· 273
第一节 催化干气制乙苯技术 ····· 273
第二节 烷基化技术 ····· 280
第三节 甲基叔丁基醚生产技术 ····· 288
第四节 异丁烯选择性叠合技术 ····· 298
第五节 炼厂干气碳二回收技术 ····· 314
第六节 炼厂气中氢气回收技术 ····· 322
第七节 炼厂气综合利用技术展望 ····· 332
参考文献 ····· 336

第十四章 展望 ····· 338
第一节 炼油行业面临的形势 ····· 338
第二节 炼油技术展望 ····· 340
第三节 结语 ····· 347
参考文献 ····· 348

第一章 绪 论

炼油工业是中国国民经济的基础和支柱产业,未来几十年内,炼油行业仍将是中国能源领域最重要的行业。经过半个多世纪的发展,中国已建成了较为完整的炼油工业体系,中国石油炼油业务同步得以快速发展壮大,随之创新积累了一系列能够支撑中国大型炼厂建设所需的成套及单项技术,为中国炼油工业持续升级,促进绿色低碳、高质量转型发展提供了技术支持和发展动力。

第一节 国内外炼油工业基本现状

2020年,全球炼油能力达到 $51.1×10^8$ t/a。美国炼油能力为 $9.33×10^8$ t/a,较上年略有下降,继续保持全球第一;中国新增炼油能力 $2100×10^4$ t/a,达到 $8.91×10^8$ t/a,位居全球第二[1]。未来几年,全球炼油能力仍将继续增长,预计到2025年炼油能力达到 $55×10^8$ t/a。全球新增炼油能力绝大部分来自以中国为代表的新兴经济体和以沙特阿拉伯、科威特为代表的中东产油国。当前,全球尤其是亚太等地区的炼油能力已经明显过剩,油品需求增长下降,市场竞争激烈。近年来,世界各国都在调整炼油工业布局,关闭竞争乏力的中小型炼厂,升级改造或扩建老旧炼厂,在全球炼厂数量明显减少的情况下,原油加工能力略有提高,炼厂规模趋于大型化。

截至2020年初,世界炼厂总数约660座,$2000×10^4$ t/a 及以上规模炼厂33座。中国炼厂总数约225座,$2000×10^4$ t/a 及以上规模炼厂7座,$(1000\sim2000)×10^4$ t/a 级别炼厂23座;千万吨级炼厂合计加工能力 $3.24×10^8$ t/a,占全国总加工能力的46.1%。2020年全球炼厂平均规模 $770×10^4$ t/a,中国石油、中国石化炼厂平均规模分别为 $797×10^4$ t/a 和 $1025×10^4$ t/a[2]。中国众多中小规模炼厂的存在,致使国内全部炼厂的平均规模只有 $443×10^4$ t/a。未来几年,中国还将有部分在建炼油能力投产,中国的炼油总产能将跃居世界第一,千万吨级炼厂的比例进一步提升,炼油产业格局得以重塑。

根据业内著名咨询公司 Solomon 对世界最佳炼厂的评估数据[3],世界最佳的燃料型大型炼厂典型加工能力如下:常压蒸馏 $2235×10^4$ t/a、减压蒸馏 $845×10^4$ t/a、延迟焦化 $240×10^4$ t/a、加氢裂化 $170×10^4$ t/a、催化重整 $335×10^4$ t/a、催化裂化 $570×10^4$ t/a、柴油加氢处理 $640×10^4$ t/a。全球常压蒸馏装置和减压蒸馏装置的最大规模已分别达到 $1750×10^4$ t/a 和 $1568×10^4$ t/a,催化重整装置最大规模为 $425×10^4$ t/a,催化裂化、延迟焦化和加氢裂化装置最大规模分别达到 $650×10^4$ t/a、$675×10^4$ t/a 和 $400×10^4$ t/a[4]。全球炼油装置向单系列大型化发展。

当前,国际石油公司加快转型,通过降本增效和实施炼化一体化,以提升核心竞争力。

炼厂规模和复杂程度进一步提升，如 ExxonMobil、bp、Total 等公司的平均装置规模比"十三五"初期增加 20%以上，ExxonMobil 公司新增炼厂化工原料收率提高到 80%以上，UOP 公司利用信息化新技术提升连续重整和催化裂化装置的运行可靠性[5]。

中国的炼油工业起步较晚，炼油工业建立之初是为了满足当时的国防和军工需求。20世纪 60 年代中期，石油工业部组织引进消化、吸收国外先进炼油技术，成功开发出了催化裂化、铂重整、延迟焦化、尿素脱蜡、催化剂和添加剂等五类新工艺和新产品，被誉为炼油工业的"五朵金花"。经过几十年的自主创新与消化吸收再创新，中国的炼油技术已日臻成熟，能够支撑大型炼油项目建设的技术需求。历时 10 年左右，中国车用汽柴油质量完成了从国Ⅲ到国Ⅵ的跃升。汽油中硫含量由 150μg/g 降至 10μg/g，烯烃含量由 30%降至 18%，芳烃含量由 40%降至 35%；柴油中硫含量由 350μg/g 降至 10μg/g，多环芳烃含量由 11%降至 7%，个别指标甚至严于欧Ⅵ标准。清洁油品生产能力大幅提升，对减少环境污染、改善大气质量做出重大贡献。

目前，中国炼油工业依然面临着许多现实的矛盾和问题，包括产能过剩、先进加工能力与落后加工能力并存、清洁生产进程不均衡、盈利水平不高、大而不强、开工率低以及部分石化产品有效供应能力不足，市场秩序仍需完善等[6]。炼油行业的发展模式已从传统的规模扩张转向提质增效，从粗放型转向集约化和炼化一体化，从外延式发展转向内涵式发展。持续升级炼油技术、高效利用原油资源、优化产品结构、大力推进炼化与信息化和智能化融合，以提升运营效率及效益，走绿色、低碳的发展路线，是炼化行业提升自身综合竞争力的必然选择。

第二节　国内外炼油技术概况

全球炼油行业经过 100 多年的发展，目前技术已经十分成熟。长期以来，以 UOP、Axens 公司为代表的国外公司掌握着世界上最新的炼油专利技术。之前，中国新建的大型炼油项目需要从国外公司购买相关专利授权或工艺包，不仅增加了项目建设成本，也延长了项目的建设周期。目前，各国外公司的技术发展主要是向新能源、新材料、炼化一体化、绿色低碳等方向进行转型。为了降低生产成本、提高企业经济效益，大型炼厂运营优化技术一直被国内外大型能源企业作为提升企业竞争力的重要手段之一。该技术着眼于发挥企业既有装备潜力，重新定位环保、能耗、碳排放与生产运营的关联关系，借助线性规划技术、工艺机理模拟、大数据、云计算等手段，实现企业运营效率及效益的最大化，从而实现小投入大产出、提升企业生存和竞争力的目标。在当前炼化产业竞争进入白热化的阶段，炼厂运营优化技术已成为国内外大型能源公司和技术服务企业竞相争夺的新的制高点。

"十二五"到"十三五"时期，中国炼油工业高速发展，国内石油公司在炼厂布局、一次和二次加工能力、油品质量、技术升级、智能化水平等方面取得了多维度、全方位的巨大进步。经过多年技术攻关，目前中国炼油技术总体上已步入世界先进水平行列，有代表性的炼油技术进步包括以下几个方面：

（1）中国石化和中国石油均已形成了建设千万吨级大型炼厂所需的成套技术，并在中国石化福建炼化、天津石化、青岛炼化和中国石油四川石化、云南石化、辽阳石化等多家企业得以工业应用,大型炼厂的整体设计、制造、施工和运维水平大幅提高。

(2)基于国内石油公司开发的具有自主知识产权的原油快速评价技术,能够快速预测出单种类原油和混合原油的基本性质数据以及馏分油的关键性质数据。在现代过程分析技术方面,中国开发了以光谱、色谱结合化学计量学为核心的在线分析技术,支撑了汽柴油管道在线调和技术在国内炼厂的推广应用。

(3)开发了催化裂化、重油催化裂解制烯烃、加氢裂化增产特色产品和化工原料、炼厂轻烃综合利用等一系列核心工艺技术[2]。全国催化裂化总产能近 $2×10^8$ t/a,渣油进料的比例约为40%,其中多产异构烷烃的催化裂化(MIP)工艺已实现100多套工业应用,加工量为 $1.6×10^8$ t/a,支持产业升级多产烯烃的催化裂解DCC、TMP技术也均获得了多项工业应用。

(4)形成了包括汽柴油加氢脱硫在内的清洁燃料生产系列化技术,PHG、M-PHG和GARDES成套技术已在18套装置上得以工业化推广应用,总加工量达 $1688×10^4$ t/a。新一代S-Zorb技术在37套装置获得应用,总加工量约为 $5000×10^4$ t/a。

(5)中国开发的世界首套离子液体烷基化装置是山东德阳化工有限公司 $10×10^4$ t/a 复合离子液体碳四烷基化(CILA)装置,其烯烃转化率为100%,烷基化油收率在80%以上,烷基化油研究法辛烷值平均达96.8。中国石油参与开发的第二代CILA离子液体法烷基化技术已在中国石油格尔木炼油厂、哈尔滨石化、大港石化及中国石化九江石化、安庆石化等多家炼厂工业应用。

(6)针对非常规原油,自主开发的委内瑞拉超重油供氢热裂化、委内瑞拉超重油延迟焦化、高酸高钙原油直接催化脱羧裂化成套技术,均实现工业应用。除浆态床渣油加氢以外,燃料型炼厂所需的工艺装置实现了自主技术全覆盖,炼厂所需的大型设备、高温高压特种设备的国产化率已高达92%[7]。目前,浆态床渣油加氢技术也取得了新进展。

(7)中国大型炼油技术所需催化剂和助剂均可立足国内。部分炼油技术和催化剂,如催化裂化、延迟焦化等技术已出口伊朗、苏丹、泰国等国家。中国石油企业参与建设的中东、东南亚、中亚、非洲等地区多个炼化项目,均树立了良好的品牌形象。

第三节 中国石油炼油技术概述

"十二五"以来,为了满足中国石油炼油业务快速发展要求、增强炼油技术自主创新能力、提升炼油业务核心竞争力,中国石油依托"千万吨级大型炼厂成套技术研究开发与工业应用""劣质重油加工新技术开发与工业应用""大型炼油基地设计技术升级与提质增效技术开发应用"等重大科技专项,着力解决制约炼油装置大型化成套技术的关键问题,攻克了重质劣质原油电脱盐、减压深拔、催化裂化反应—再生、延迟焦化定向反射阶梯式加热炉、加氢裂化反应器内构件等特色关键技术,开发了具有中国石油自主知识产权的常减压蒸馏、延迟焦化、渣油加氢、催化裂化、加氢裂化、汽柴油加氢成套技术,形成了具有中国石油自主知识产权的千万吨级大型炼厂成套技术。

大型炼油技术

中国石油的大型炼油技术在四川石化、云南石化、广西石化、广东石化等新建千万吨级大型炼厂中得以工业应用，并有力支持了华北石化、大庆石化、辽阳石化等炼厂的升级改造。经过多年积累，中国石油大型炼厂技术水平得以跨越式提升，实现了自主工艺技术、自主工程设计、制造、施工与运营管理，为提升中国石油炼油业务核心竞争力提供了坚强有力的技术支撑和保障。

一、炼厂总流程优化技术

建立了中国石油原油数据中心，可为用户提供3000多个国内外原油评价数据，基本涵盖了世界上常见的各种原油评价数据，可进行原油详细评价数据查询、数据导出、原油切割、原油混合切割、原油混合筛选以及原油切割经济性分析等。改进了总加工流程优化的方法，将核心装置 Delta-Base 数据库和硫传递模型、H/CAMS 和 Petro-SIM 相关软件与PIMS 无缝集成，提升了总流程优化和预测的准确性及工作效率。开发了完整的总体优化导则，可对大型炼厂总加工流程、操作成本、信息化建设以及氢气、燃料、蒸汽等平衡优化给予系统性和针对性指导。

二、常减压蒸馏技术

形成了特色的研发、设计和生产相结合的常减压蒸馏装置成套技术，开发的具有自主知识产权的千万吨级常减压蒸馏成套技术具有能耗低、运行周期长的特点，可加工常规原油及超重劣质原油。开发了以 Merey16 原油为代表的超重劣质原油电脱盐技术——高频智能响应调压电脱盐技术，解决了重质劣质原油的电脱盐问题，对重质劣质原油具有良好的适应性，填补了业内技术空白。创立了一种控制减压炉炉管内最佳油膜温度的方法，从而具备了从轻质原油到超重原油各类原油的减压深拔设计能力，使减压深拔深度不低于565℃。提出了一种全新的多溢流塔盘的设计理念和方法——等停留时间设计方法，提高气液分布的均匀性、降低放大效应，保证各溢流传质效率相等，提高效率和分离精度，为大型化多溢流蒸馏塔的设计奠定了基础。开发形成的千万吨级常减压蒸馏成套技术及常减压蒸馏特色关键技术已在国内外40余家炼油企业实现工业应用。

三、催化裂化技术

围绕反应、再生、节能环保、大型关键设备设计与制造、大型催化裂化装置成套工艺包等关键技术进行攻关，突破了催化剂再生、特大功率烟气轮机国产化及再生烟气脱硫脱硝等关键技术，开发完成了两段提升管催化裂解多产丙烯 TMP 技术、提升管后部直连技术、冷热催化剂混合技术、烧焦罐再生强化技术、径流型多管三级旋风分离技术、节能降耗技术、特大功率烟气轮机轮盘及特殊阀门制造技术和再生烟气脱硫脱硝技术等核心技术，在此基础上，形成了大型催化裂化装置成套技术。催化裂化装置成套技术及部分单项技术已在辽阳石化 220×10^4 t/a 催化裂化装置、大连石化 350×10^4 t/a 重油催化裂化装置反应—再生系统改造等多套催化裂化装置上成功应用。

四、延迟焦化技术

重点解决了超重油渣油加工安全平稳运行、提高液体收率和弹丸焦防控等问题，开发了附墙燃烧双面辐射炉、两级脱过热、供氢体循环、弹丸焦安全处理等一系列关键技术，突破了国内同类装置无法加工100%全委内瑞拉超重油渣油的技术壁垒，解决了国内劣质渣油加工的难题。中国石油开发形成的自主技术做到了对各类劣质重油加工基本全覆盖，原料从减压渣油、高酸高钙稠油、100%委内瑞拉超重油渣油、中低温煤焦油，到催化油浆、脱油沥青的掺炼和污泥、污油、催化油浆滤渣的回炼等。单系列设计规模实现了从$20×10^4$t/a到$40×10^4$t/a、$60×10^4$t/a、$100×10^4$t/a、$120×10^4$t/a、$160×10^4$t/a、$200×10^4$t/a，拥有国产大型化成套技术。掌握从传统型的反应油气与原料在塔内直接接触脱过热流程，到改进型可调循环比循环油外取热流程，再到自主开发的两级脱过热蜡油洗涤定值调节循环比的新型流程，可操作循环比最低为0.01，最高可到0.6。拥有从单面辐射、双面辐射到自主开发的底烧式附墙燃烧的各类加热炉技术，掌握焦炭塔裙座结构板焊、锻焊及锻件组焊式技术，完全实现了焦炭塔的国产大型化。在延迟焦化领域取得了一系列的单项和成套新技术，包括装置的长周期稳定、经济运行，以及装备和控制系统的安全环保提升等，相关成果已在云南石化、辽河石化、大港石化等炼化企业20余套延迟焦化装置中应用。

五、渣油加氢技术

中国石油全面掌握了固定床渣油加氢催化剂级配技术，研制了渣油加氢系列催化剂，开发了拥有自主知识产权的高效喷射型渣油加氢反应器气液分布器、高效循环氢旋流聚结脱烃内件等关键部件，开发了可优化辐射室烟气的温度场分布和烟气流场分布的反应进料加热炉阶梯式辐射室结构，形成了具有自主知识产权的固定床渣油加氢工艺包，全面替代引进技术。该成套技术及部分单项技术已应用于锦州石化、锦西石化及辽阳石化渣油加氢装置，可为渣油加氢业务发展提供支持和保障。

六、加氢裂化技术

在一段串联、两段循环工艺的基础上，开发形成了多种功能的加氢裂化催化剂及系列工艺技术，如灵活生产化工原料与中间馏分油加氢裂化技术、最大化生产中间馏分油加氢裂化技术、最大化生产化工原料加氢裂化技术、中压加氢裂化技术等，在大庆石化等炼化企业进行应用。通过对冷氢箱和分布器的结构进行模拟计算分析、大型冷态模拟实验，确立了内构件结构与性能之间关联关系，开发了更加先进的分布器和冷氢箱，强化了蜡油在催化剂床层顶部均匀分布以及冷氢与床层热流体的快速均匀混合，消除了床层内部液体流动和床层温度的不均匀性，提高了催化剂寿命和利用率。

七、液相加氢技术

中国石油开发了无循环、上流式、多床层多点注氢液相加氢成套技术（C-NUM）。该技术提出了无循环上流式液相加氢反应机理，取消了循环氢系统和循环油系统，开发了无循环上流式液相加氢工艺；攻克了液相加氢反应器床层催化剂装填与补氢量关系及工艺条件优化、液相加氢配套反应器内构件等关键技术；集成开发了上流式液相加氢工艺自控方案、扭曲管高压换热器等特色技术，形成了具有中国石油自主知识产权的无循环上流式液相加氢工艺，并在庆阳石化等企业推广应用。

八、柴油加氢技术

中国石油研制的PHF-101、PHF-102和PHF-131两个系列3个牌号的超低硫柴油加氢精制催化剂及PHU-211柴油加氢裂化催化剂，先后在大庆石化、乌鲁木齐石化、辽阳石化等12家炼化企业的15套柴油加氢装置实现工业应用。开发了内置积垢器、新型气液分配器、旋叶与溅板结构形式冷氢箱等反应器内构件，上述单项技术应用于10余套工业装置。柴油加氢成套技术在20余套装置中得到应用，总加工量超过$2700×10^4$t/a。

九、连续重整技术

中国石油研制的PCR-01连续重整催化剂先后在庆阳石化$60×10^4$t/a连续重整装置和乌鲁木齐石化$60×10^4$t/a连续重整装置成功开展1.8t和2.3t的工业替换试验，试验期间装置运行平稳，液体收率稳定，芳烃含量、产氢均有小幅增加。通过两次部分换剂试验，PCR-01连续重整催化剂的催化性能、物理性能及再生性能在工业装置上得到验证，满足连续重整工艺要求，具备工业应用条件。基于中国石油石油化工研究院（以下简称石化院）PCR-01连续重整催化剂，中国石油成功开发出并列式上进上出连续重整成套技术，反应器并列布置，反应器和加热炉之间管线直连，与同等规模的其他技术相比，转油线长度可减少约40%，降低了反应系统压降，提高了反应的转化率和液体收率。提出了新型再接触工艺，有效提高液化气的回收率和重整产氢的纯度。再生器一段烧焦、多段进气及再生气干冷循环的重整催化剂再生工艺，可保证催化剂烧焦完全，延长催化剂寿命。

十、催化汽油加氢技术

中国石油在"十一五"期间已自主开发了催化剂并进行了相应的工业试验。"十二五"至"十三五"期间，中国石油通过持续技术攻关，成功开发了具有自主知识产权的催化汽油加氢PHG（原DSO）、M-PHG（原M-DSO）和GARDES三个系列成套技术，并在中国石油汽油质量从国Ⅲ到国Ⅳ、国Ⅴ以及国Ⅵ标准的持续升级中，全面替代引进技术，为中国石油炼油业务的发展提供了重要的技术支撑。PHG、M-PHG和GARDES成套技术已成为中国石油炼化企业汽油质量升级项目的首选主体技术。截至2020年底，上述技术已在中国石油汽油质量升级项目的18套装置上得以工业化推广应用，总加工量达$1688×10^4$t/a，多套装置稳定运行时间已达7年以上，标定数据显示主要技术指标均达到或优于设计值。

十一、催化轻汽油醚化技术

中国石油开发的催化轻汽油醚化LNE系列技术，可满足生产乙醇汽油和非乙醇汽油的不同技术需求，可完全替代国外技术，有效降低国内汽油质量升级的成本。LNE系列技术已在兰州三叶公司、大庆炼化、华北石化、辽河石化、克拉玛依石化、呼和浩特石化等炼厂获得广泛应用。

十二、炼厂气综合利用技术

在炼厂气高附加值利用方面，中国石油开发了催化裂化干气制乙苯、复合离子液体烷基化、硫酸法烷基化、超低硫 MTBE 生产、异丁烯选择性叠合等系列技术，实现了较好的经济效益。

中国石油干气制乙苯技术的乙烯转化率大于 95%，乙苯选择性不小于 98%，产品乙苯纯度大于 99.8%（质量分数），烷基化催化剂单程寿命大于 12 个月，总寿命大于 30 个月，烷基转移催化剂使用寿命大于 60 个月。相关技术于 2003 年在抚顺石化 $6×10^4$t/a 乙苯装置成功工业示范后，目前已实现 15 套工业应用，形成共计超过 $200×10^4$t/a 乙苯规模。

中国石油开发了具有自主知识产权的 CILA 离子液体法烷基化技术和 LZHQC ALKY 硫酸法烷基化技术，并实现了核心设备的国产化。其中，第二代 CILA 离子液体法烷基化技术已在中国石油格尔木炼油厂、哈尔滨石化、大港石化及中国石化九江石化、安庆石化等多家炼厂工业应用。截至 2008 年 12 月，采用中国石油 LZHQC ALKY 硫酸法烷基化技术建成的工业化装置已有 28 套。

中国石油开发的超低硫 MTBE 成套技术，从根本上解决了困扰 MTBE 装置多年的设备腐蚀、催化剂装填、产品脱硫、节能降耗等诸多问题，具有能耗低、产品硫含量低、连续运行周期长的特点，技术已应用于锦州石化 $10×10^4$t/a MTBE 装置等 10 余项工程项目。

中国石油开发的异丁烯选择性叠合技术可利用炼厂闲置的 MTBE 设备和现有原料，以最小的投资生产出异辛烯或异辛烷；可根据炼厂自身汽油池组分情况，灵活选择叠合及加氢步骤，在全厂汽油池烯烃含量不超标的情况下直接调入汽油池，在烯烃含量超标的情况下进行加氢饱和为异辛烷后再作为汽油调和组分。2019 年 4 月，采用该技术的 6000t/a 异丁烯叠合工业示范装置在山东淄博某化工企业实现投产。该技术异丁烯转化率在 90% 以上，C_8 选择性在 90% 以上，即叠合反应在保持较高的异丁烯转化率的同时仍具有较高的二异丁烯选择性，产品组成及馏程相对稳定。

根据全厂氢气回收的需要，中国石油对全厂氢网进行总体优化，将膜分离、变压吸附等氢气回收技术及轻烃回收技术进行整合，充分利用单项技术优势，提高了氢气回收率及回收纯度，在大连石化、锦州石化项目进行了工业应用。

当前，全球新一轮能源革命以及在未来满足碳达峰、碳中和的目标背景下，炼油业正步入整合时代，亚太和中东大型一体化炼厂将取代部分欧美落后装置。低利润、低开工率或将延续至"十四五"末期。炼油行业面临着百年未有之压力和挑战，危机中也蕴含着行业转型发展的新机遇。炼油工业作为技术密集型工业，技术创新在推进行业转型升级、提高经济效益、降低生产成本、提升产品质量等方面发挥着重要作用。中国炼油行业将在保障国家能源安全、满足全社会对基本有机化工原料需求的前提下，谋求转型发展，炼油工业将整合资源通过集约式发展推动中国石油化工产业由大到强。未来，中国炼油技术的发展将围绕增产化工原料、转产炼油特色产品的转型升级技术，在清洁油品生产、劣质重油深加工、低价值物料综合利用、绿色低碳以及智能化应用等方面，持续推动中国炼油工业提质增效和转型升级。

参 考 文 献

[1] 李雪静. 世界炼油工业正处于急剧转型的关键期[N]. 中国石油报, 2021-03-09(6).
[2] 费华伟, 高振宇. 中国炼油工业"十三五"回顾及"十四五"展望[J]. 国际石油经济, 2021, 29(5):

39-46.

[3] Stroup J D. What characteristics define the world's best refineries?[J]. Hydrocarbon Processing, 2014(1): 5-6.

[4] 袁晴棠. 石化工业发展概况与展望[J]. 当代石油石化, 2019, 27(7): 1-6.

[5] 乞孟迪, 张硕, 柯晓明, 等. 我国炼油工业"十三五"回顾与"十四五"发展趋势展望[J]. 当代石油石化, 2021, 29(3): 12-20.

[6] 许帆婷, 田曦. 炼化行业创新和转型发展的主要方向——第十一届炼油与石化工业技术进展交流会观察[J]. 中国石化, 2021(3): 36-38.

[7] 杨启业, 徐承恩. 砥砺奋进四十年 炼油工业换新颜[J]. 石油学报(石油加工), 2019, 35(5): 825-829.

第二章　炼厂总流程优化技术

炼厂的总流程是炼厂设计的核心内容，它是炼厂的基础，决定了炼厂的技术经济性和综合竞争力。炼厂总流程设计需要把握行业发展方向，站在炼厂全局高度，综合考虑原料、市场、技术、环保及能源消耗等要素，通过开展多方案比选，确定最适宜的原料选择、加工规模、产品方案及装置构成。中国石油依托千万吨级炼厂成套技术之总流程优化技术与自主原油数据库的组合，开展了多个炼化项目的总流程优化工作，取得了显著效果，为提升中国石油炼化业务的竞争力提供了有力的技术支撑。

第一节　国内外炼厂总流程优化技术现状

国内外炼厂总流程优化技术的发展都经历了从基于经验的总流程优化技术，到采用线性规划技术开展总流程优化技术，再到采用反应机理模拟辅助线性规划技术开展总流程优化技术的过程。

一、基于经验的总流程优化技术

过去，总流程优化主要依靠个人经验及集体智慧。通常以炼厂设计人员牵头，根据初步拟定的市场需求及原料选择，对原料各馏分的多种加工路线进行组合，得出多个总流程方案；再在工艺专业人员的配合下，对每个方案的原油切割、加工路线、工艺装置配置、装置规模、产品收率、产品性质、公用工程消耗等进行分析优化；然后将优化后的方案交经济评价专业人员完成投资估算及经济评价[1-2]。上述过程通常需经历由长名单到短名单等多个阶段的反复比选。方案比选过程通常以开展专家审查会、业主审查会的方式进行。借助专家团队的集体智慧，对各个方案进行分析评估、决策，最终确定最优的总流程。

按照以上步骤开展总流程优化，周期较长。尽管经历了多轮优化并集合了集体智慧，但由于人力及脑力的限制，对原料性质、产品方案、加工规模、工艺配置、加工条件等多个因素间的交互影响只能开展定性或半定量的分析评价，难以使总流程达到最优。研究者发现采用线性规划技术建立总流程模型并开展优化工作，可以极大地减少人力投入并得到更加细化的、定量的分析结果，并得到更加优化的总流程。得益于计算机技术及软件技术的发展，目前依靠经验的总流程优化模式已基本被采用线性规划技术优化的模式所取代。

二、基于线性规划技术的总流程优化技术

总流程的设计过程本质上是一个多变量、多方程求解的过程，各原料加工量、产品产量及物性、装置规模、单元操作条件、原料及产品价格等都是总流程加工效益的影响因素。每一个变量的微小变化都可能使总流程达到一个新的平衡点，从而难以由人力去预测。因此，研究者选择了采用线性规划技术来进行总流程优化[3-7]，该技术已成为当前总流程优化的主流方法。

1. 线性规划技术优化总流程的原理

线性规划技术是一种研究线性约束条件下线性目标函数的极值问题的数学理论和方法。该技术将炼厂加工过程所涉及的各种变量间的关系进行线性化假定，并将总流程作为一个包含多个变量和线性关系式的矩阵来求解。其中，各原料加工量、产品产量及物性、装置规模、单元操作条件、原料及产品价格等作为变量；各物料间的物料量转化关系、原料及产品性质的关联关系、物料在上下游间的传递及循环关系、操作条件与物料流量及性质的关系等作为线性关系式；装置规模限制、设备材质限制、进料条件限制、产品性质限制等作为约束条件。最后，以效益最大化为求解目标来获得最优解，得到的结果包括原料的选择及加工量、产品产量及性质、工艺装置配置、工艺装置规模及物料平衡、公用工程消耗、全厂毛利等。这些数据是基于软件的优化算法、通过反复迭代得到的最优结果，相应构成最优化的总流程。

2. 简化线性规划模型

最简单的线性规划模型通常将工艺单元的收率、产品物性等都作为一个定值来开展计算。但由于炼厂的每个工艺单元都是一个高度复杂的系统，其原料、操作条件、产品间的关系并非线性关系，这与线性规划软件的基本原理相悖。因此，简单线性规划模型对总流程的模拟是有一定的适用范围的，各工艺单元的计算结果仅在所采用的基础数据附近一个小的区间内有效，超过该区间则会发生数据的较大偏离并进一步导致模型最优点的偏离。因此，简单线性规划模型通常用于对数据准确度要求不高的规划建设期长名单阶段的方案初步筛选。

3. 采用 Delta-Base 结构的线性规划模型

对于规划建设期短名单阶段的总流程比选以及维护改造期的总流程的优化比选，需要更准确、细化的线性规划模型。该细化模型通常需要在工艺装置模型中体现原料流量、料性质、操作条件等变量的变化对产品收率及产品性质的影响，以得到更符合实际的优化结果。此时需要用到线性规划软件中的 Delta-Base 结构，即在工艺装置模型中增设一组能体现原料、操作与产品间关系的数据，通常称为 Delta 数据，同时将模型采用的基础数据称为 Base 数据。在计算过程中，通过将实时计算得出的原料及操作条件数据与基础条件下的数据做对比，得到的差值与 Delta 数据的乘积作为产品收率及产品性质的修正值，将该修正值叠加到基础条件下的产品收率及物性数据上，就得到在新条件下的产品收率及性质。线性规划模型通过将整个总流程的数据迭代计算与工艺装置内部的迭代计算相结合，经过多次循环迭代过程并得到最优的结果，该结果对工艺装置模拟的准确度将远远高于简单线性规划模型，可用于短名单阶段及维护改造期的总流程的优化比选。

三、基于反应机理模拟辅助线性规划技术的总流程优化技术

虽然采用 Delta-Base 结构可以提高线性规划模型的准确度,但 Delta-Base 数据无法直接获得,通常需要对生产数据进行回归分析进而得到 Delta-Base 数据。回归分析的方法需要大量的生产数据,并耗费大量人力进行计算,但得到的结果仍然存在一定误差,因此研究者采用反应机理模拟软件[8]。反应机理模拟软件的原理是根据炼化反应原理建立反应动力学模型来模拟反应过程,再以原料及操作条件为输入,计算得到产品的产率及产品性质。反应动力学得到的结果为理论计算结果,与实际生产数据难以直接吻合。为消除其误差,在反应机理模型中引入"校正因子"理念,即对模拟计算反应的关联方程中设置一系列修正系数,将反应机理模型的理论计算结果与实际生产数据做比对,得到数据偏差,根据该偏差来调整反应机理模型中的各种修正系数,直到理论计算的结果与实际生产数据的误差满足使用需求。因此,反应机理模型在一定程度上是基于机理的、采用经验修正后的半经验、半机理模型。该方法可以更加准确地模拟实际生产过程,其收率计算误差可在 0.5% 以内。

拥有了反应机理模型的模拟及预测功能,可以生成比回归法更加准确的 Delta-Base 数据,并助力总流程线性规划模拟获得更加准确的结果。通常生产运营期的总流程优化需要反应机理模型辅助,从而更有效地模拟实际流程并给出优化操作指导。

第二节 中国石油炼厂总流程优化技术

中国石油在"十二五""十三五"期间完成多项千万吨级炼化项目建设的基础上,通过集团公司级重大科技专项,形成了包括总工艺流程优化技术在内的具有自主知识产权的千万吨级大型炼厂设计成套技术。中国石油依托总流程优化技术和自有原油评价数据库,开展了多个炼化项目的总流程优化工作,并取得了显著效果。

一、原油评价数据管理

1. 原油评价数据库

1) 原油评价数据

原油的化学组成和物理性质随产地的不同差异较大,即使在同一油田中,不同的油井、不同的采油层位,原油的组成和性质也有差别。原油性质的多样性决定了在原油加工之前需要对其性质进行测定,形成原油评价报告,供加工企业及研究、设计单位使用。原油评价数据通常由原油生产或加工企业采集油样并交给有资质的分析实验室通过分析化验手段获得。随着世界各地原油的开采及加工,各企业积累了大量的不同种类的原油评价文件。此外,同种原油的性质也随着时间在不断变化,相应又形成了大量的不同时间的原油评价历史数据。对此,国内外大型能源企业逐渐积累形成了自己的原油评价数据库,极大地方便了总流程设计以及对生产加工原油的选择。

2) 中国石油原油评价数据库

2011 年,中国石油依托中国石油原油评价重点实验室及下属的大连石化、独山子石化

和大庆石化3个原油评价实验室的技术及研发力量，建立了中国石油原油数据中心。该中心集成了中国石油自建的原油评价数据库及引进的国外原油评价数据库，包含3000多个国内外原油评价数据，并通过每年更新为用户提供最新的原油评价数据。用户通过登陆中国石油原油数据库中心网络平台，可进行原油详细评价数据查询、数据导出、原油切割、原油混合切割、原油混合筛选及原油切割经济性分析等功能应用。

2. 原油数据管理

总流程设计对原油评价数据有特定的要求。例如，某原油评价提供了切割点65~165℃的石脑油馏分数据，而从总流程优化的角度，需要在140~180℃的范围内对石脑油馏分的终馏点进行优化切割，将相应的馏分数据作为总流程优化的依据。当原油评价未直接给出目标切割范围的馏分数据时，使用者只能结合已有数据，先通过内插等方法粗略估算目标馏分段的数据，再用于总流程设计。该过程需要耗费大量时间，所得数据准确性较差。研究者发明了原油数据管理软件，可根据需求设置馏分切割范围，由软件根据已有的原油评价数据计算目标馏分段的原油评价数据，为总流程的设计优化提供了方便。中国石油通过引进原油数据管理软件，并在软件应用基础上，结合自身总流程设计及优化方面的需求，形成了自身的原油数据处理规范。

二、总流程优化技术

1. 总流程比选程序

炼厂总流程设计通常采取多方案比选的方法。通过对各馏分的多种加工工艺进行组合，一般可得到10~30种以上的总流程加工方案，如果对每个方案都开展从加工路线到工艺比选再到经济评价的全过程，将会耗费大量人力。中国石油采取由长名单到短名单的多方案比较，再到单个方案细化研究的分阶段研究方式。

1) 前期准备

前期准备阶段主要是对总流程设计开展策划并明确设计输入条件，确定总流程优化原则。

（1）工作策划。

组织工作策划会，分析企业需求，明确企业给出的设计条件及目标要求，界定总流程优化的工作范围。必要时宜邀请企业人员参与。

（2）收集设计输入条件。

设计输入条件一般包含原料数据、产品市场及产品需求、炼厂规划要求、炼厂依托条件、改扩建炼厂现状信息等。

（3）确定优化原则。

总流程优化的设计原则通常由设计单位和企业共同明确。一般包括原油选择、产品结构、工艺选择、工艺组合、产品结构、产品市场需求、公用工程配套及价格体系等。

2) 长名单

（1）基本工作流程。

长名单编制基本工作流程如图2-1所示。

第二章 炼厂总流程优化技术

（2）炼厂定位。

炼厂按主要产品类别分类通常有燃料型、燃料—润滑油型及燃料—化工型3种形式，3种形式对应的炼厂总流程及装置构成大不相同。因此，总流程设计开展之前需要对炼厂的加工方案进行定位。

实际工作中炼厂的定位并不局限于以上3种形式，应根据市场需求情况来灵活确定炼厂的加工方案。例如，以燃料油产品为主，局部生产化工产品的方案；或以燃料油产品为主，生产部分润滑油基础油的方案等。

总体来说，炼厂定位一般由建设单位根据原油特性、市场情况、投资及经济效益予以确定。设计单位可在满足业主要求的基础上进行局部灵活调整，从而实现效益最大化的目标。

（3）炼油工艺装置选择。

根据原油馏分列出可选的加工工艺（表2-1）。

（4）工艺装置初步筛选。

结合炼厂定位、产品市场、原料性质及投资限制等因素，对可选择的加工工艺进行初步筛选，选出可实现炼厂目标的各种加工工艺。

（5）工艺装置组合。

对初步筛选得到的工艺装置进行组合，得出可实现加工目标的多个总流程方案。

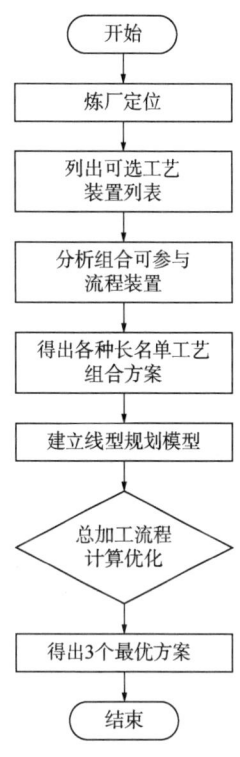

图2-1　长名单编制基本工作流程图

表2-1　可选的加工工艺

项目	原油及侧线馏分							
	原油	渣油	蜡油	润滑油	柴油	煤油	石脑油	液化气
可选加工工艺	常减压蒸馏；常压蒸馏	延迟焦化；灵活焦化；渣油加氢；重油催化裂化；溶剂脱沥青	蜡油催化裂化；加氢裂化；加氢处理；中压加氢	润滑油加氢；溶剂精制；溶剂脱蜡；糠醛精制；白土精制	柴油加氢精制；柴油加氢改质；柴油加氢裂化	煤油加氢精制；煤油脱硫醇	连续重整；异构化；石脑油加氢；芳构化	气体分馏；MTBE；碳四异构化；烷基化

（6）建立线性规划模型。

对各总流程方案建立线性规划模型，以统一的价格体系对各方案进行优化计算，得到各方案的原料需求、产品构成、装置组合及规模等结果，并得到各方案的加工毛利。

（7）方案评估与分级。

① 定性分析。

对长名单中各总流程开展定性分析，定性指标主要包括工艺灵活性、适应性、技术成熟度与可靠性等。对不合理的加工方案进行排除，保留合理的加工方案进行下一步评估。

② 方案评估。

结合项目实际，设置合理的评估指标体系，对各总流程方案进行评估。评估指标可包括方案的经济性、可靠性、可操作性、技术成熟性和原料适应性等，对每个指标采用定量或定性评价方法进行打分(表2-2)。

表2-2 方案评估指标

序号	指标	依据	类型	权重
1	经济性	财务净现值与内部收益率	定量	××
2	可靠性	工程经验	定性	××
3	可操作性	工程经验	定性	××
4	技术成熟性	相关工程资料	定性	××
5	原料适应性	相关工程资料	定性	××
…	…	…	…	…
合计				100%

③ 方案分级。

根据方案评估指标对各方案进行评分分级，每个评价指标的得分分值乘以相应的权重值，然后加和得出最终得分，一般将总得分排名前3位的方案纳入短名单研究范围。

3) 短名单

(1) 基本工作流程。

短名单编制基本工作流程如图2-2所示。

(2) 工艺装置技术选择。

工艺技术选择应比较不同工艺装置技术指标对总流程的影响。

工艺装置的技术指标主要指产品收率、产品性质、装置消耗(如水、电、汽、风等介质)、装置投资(包括建设投资、工艺包费用、培训费用等)、环保排放、操作周期、可靠性等。

工艺装置技术的选择过程分为两步：首先列出各工艺装置可选的技术名单，根据各短名单工艺装置的设计输入，初步筛选得出满足各短名单流程的设计输出的工艺技术。然后将初步筛选各工艺的技术指标分别输入至短名单相应的总流程中，通过线性规划等技术进行计算优化，得出各短名单流程中各装置最适宜的加工工艺。

(3) 氢气及燃料供应方案选择。

落实影响炼厂总流程编制所需的主要外部依托条件，列出可利用的外部资源，如天然气、煤、燃料油、氢气等。根据外部资源的落实及供应情况，初步筛选得出可行的氢气及燃料供应方案。例如，氢气可采用外购、制氢、氢气回收等方式；燃料可采用自产、外购等方式。

将各公用工程方案输入至各短名单的总流程中，再通过线性规划手段进行计算，比较采用不同方案对外部资源的依赖性、投资、方案可靠性、操作成本等因素，得出最适宜的公用工程方案，并在此基础上整理完善氢气、燃料平衡。

(4) 投资估算与财务评价。

投资估算采用主要设备系数估算法，设备价格采用市场价格或企业内部执行的价格标准，安装费采用市场价格或企业内部的概算指标及配套取费规定。财务评价应建立一套作为基准的价格体系作为总流程经济评价的基础。

第二章 炼厂总流程优化技术

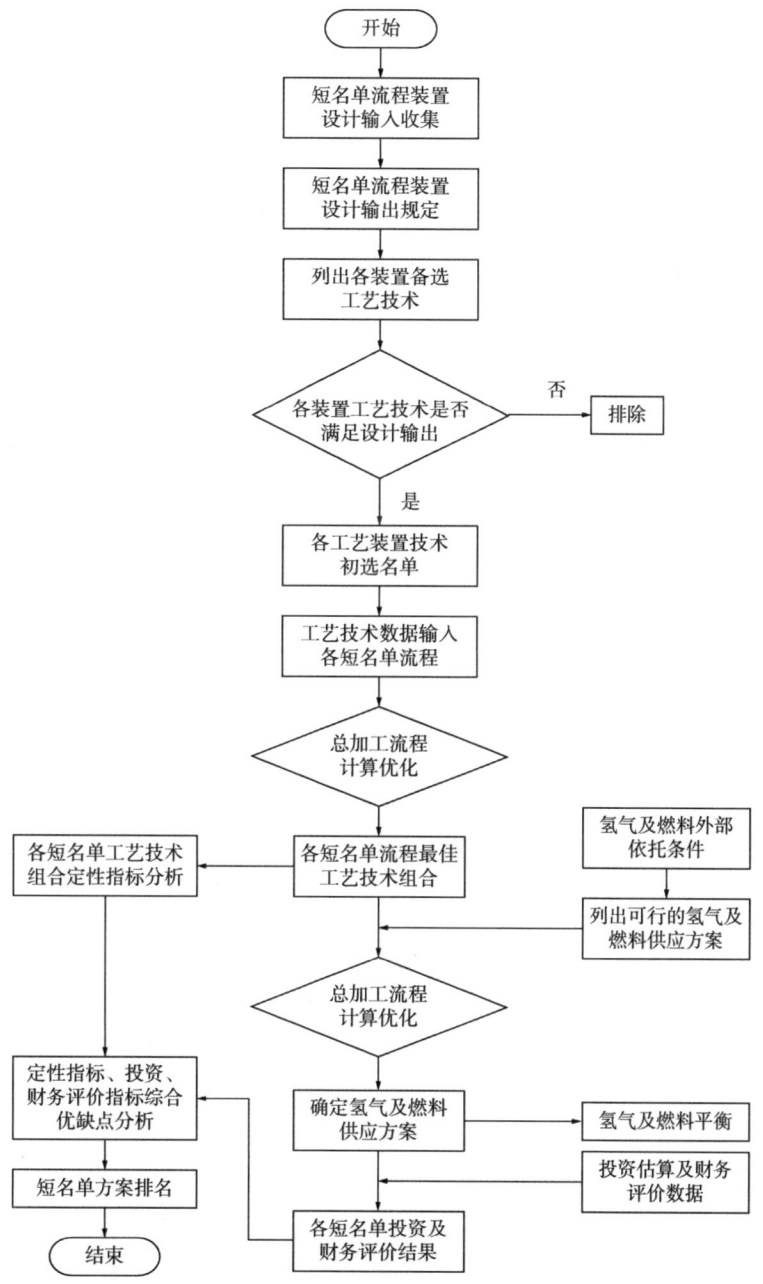

图 2-2 短名单编制基本工作流程

将投资估算与财务评价的基础数据输入已进行工艺技术与公用工程方案比选的方案中，得出各短名单流程的投资估算与财务评价数据。

2. 采用线性规划技术的总流程优化

对于炼厂生命周期中的不同时段，总流程优化的目标不同，对应线性规划模型的建模方式不同。对新建或改造过程中的炼厂来说，优化目标是确定原料选择、加工规模、装置配置、产品方案及经济效益，线性规划模型是依据经验或历史数据建立模型。对于已有炼厂生产运营过程的总流程优化，优化目标是优化原料选择、装置负荷、产品方案及经济效益最大化，线性规划模型需要根据炼厂实际生产数据建立，模型的各类约束应来自实际设施的真实适应能力。在建立线性规划模型的过程中，必须遵循一定的建模规则、建模流程并拥有准确的建模数据，才能确保模型的结果能够达到预期目标。

1）建模基础数据

对于规划建设过程中的新建炼厂，建模基础数据来自设计单位、技术提供单位或企业的经验数据或同类项目的参考数据。

对于改造过程中的炼厂，利旧单元的建模基础数据来自生产数据，改造单元的数据则需要综合实际生产数据和改造后的技术数据，新建单元数据则来自设计单位、技术提供单位或企业的经验数据或同类项目的参考数据。

对于生产运营过程的总流程优化，其建模数据全部来自实际生产数据。

2）建模规则

（1）二次加工装置方案设置。

炼油二次加工装置方案设置可分为固定收率模式和多方案模式两种。

对于进料单一、操作条件变化不大的二次加工装置，如汽油加氢、煤油加氢、硫黄回收等装置，通常采用固定收率模式。

对于催化裂化、催化重整、加氢裂化等较复杂的二次加工装置，通常采用多方案模式。主要原因在于：一方面，该类装置通常需要根据产品市场需求调整操作条件，获得各种不同的产品方案；另一方面，当原料性质变化范围较大时，该类装置产品收率与原料性质的关系不再呈线性变化，因此需要根据原料性质的不同范围建立多个方案。

根据以上规则建立二次加工装置的加工方案后，在每个方案的适应范围内，还可以建立 Delta-Base 结构，使装置收率及产品物性能够随装置原料性质以及操作条件变化做出相应的调整，从而使总流程的模拟结果可以最大限度地接近实际。

（2）物性计算方法。

炼油加工过程中，对于物性及杂质含量的要求，通常来自产品指标或工艺装置进料杂质含量限制。对于一次加工装置，各馏分物性及杂质含量数据来源于原油评价报告，借助原油管理软件可以获取任意切割点下馏分的相关物性数据。对于二次加工装置，通常需要根据原料及操作条件确定产品的物性。当模型对特定物性指标计算精度要求不高或部分物性作为装置控制指标时，可以采用定值。部分物性指标随进料性质或操作条件变化较大，该情况可采用 Delta-Base 结构进行精确计算，相应数据则需要由工艺机理模型提供。对于生产运营的总流程优化，数据的计算精度要求较高，采用 Delta-Base 结构计算物性的方式更加适用。根据经验或历史数据的变化规律，还可采用传递系数法计算产品物性。传递系数法相对简单，但精度低于采用 Delta-Base 结构的方法，因此更多地用于企业规划建设过程的总流程优化。

中国石油通过开展一系列重大专项课题，对炼化企业特别关注的硫、氮杂质的分布和转化的机理开展了研究，建立了全过程的硫、氮分布预测模型。该模型覆盖催化重整、催化裂化、延迟焦化及各类加氢工艺，适用于总流程优化过程中各工艺过程的产品硫、氮含量计算。

(3) 特定装置组分传递模型。

对于气体分馏、MTBE、烷基化、碳二回收、碳三/碳四分离等装置,其进料组成较简单,但受上游工艺装置的工艺技术、原料性质、操作条件等因素的影响较大。因此,该类装置的产品收率一般需根据原料的组成及有效组分的转化率进行计算。在线性规划模型中,对该类装置应建立组分模型,按照反应或分离原理计算产品收率。建模方式一般有两种:一种是对物料按组成拆分并将所含的各类分子单独传递的模型;另一种是仍保留物料的整体传递,但组分以含量形式表达的模式。前者方法较为简单、易理解,适用于物料下游去向单一的情况;后者方法相对复杂,适用于物料下游有多种去向的情况。

(4) 公用工程转换模型。

公用工程单元通常包括原水厂、循环水场、污水处理场、化学水站、凝结水站、空分站、空压站以及动力站等,用于生产水、电、汽、风等各种公用工程介质。建立公用工程单元线性规划模型的目的是将各种公用工程介质转化为最原始的水、电、燃料等可实际从市场采购的资源。因此,需要根据各单元的公用工程介质生产原理及其自身的公用工程消耗建立转换模型。

(5) 价格体系。

价格体系包括原料购买价格、产品销售价格、公用工程价格以及催化剂及辅助材料价格,根据需求可采用实际市场价格,也可采用各企业内部的价格体系。中国石油拥有自己的内部测算价格体系。

企业的财务计算过程通常包含税、费的计算。线性规划模型的计算原理决定了其不具备税、费计算功能。考虑到企业效益通常以净利润为最终目标,因此建议线性规划模型价格采用不含税、费的价格,可使模型的计算效益最大化地与实际效益相接近。此外,实际产品销售过程,因市场竞争因素所考虑的产品价格折扣,需要考虑在模型价格之内。

(6) 经济评价参数。

结合全厂物料平衡和能耗、物耗及相应的价格体系,即具备了对炼厂可变成本计算的条件。在此基础上,还需考虑维护与修理费、损耗费、人员费、管理费等固定成本费用。在线性规划多方案比选过程中,不同方案新增资产的人员费、维护及修理费、折旧费等费用对方案的相对优劣有一定的影响,因此建模时需要重点考虑。

3) 建模流程

线性规划建模流程如图2-3所示。

(1) 模型建立。

线性规划模型主要建模内容包括原油评价数据、原油加工模型、原料供应及产品销售模型、二次工艺装置模型、产品调和、物性计算及传递模型、燃料平衡、氢气平衡、公用工程模型、经济模型、方案对比表、周期表、罐存表以及各类约束或辅助计算表格。

(2) 模型收敛。

模型能否收敛通常与各模型参数设置的完整与合理性、参数间数学关系表达的正确与否以及逻辑关系设置是否合理等因素有关。当模型不收敛时,可以从以下几个方面查找错误并调整模型:

① 根据模型的错误提示,逐一排除模型基本参数设置中的问题。

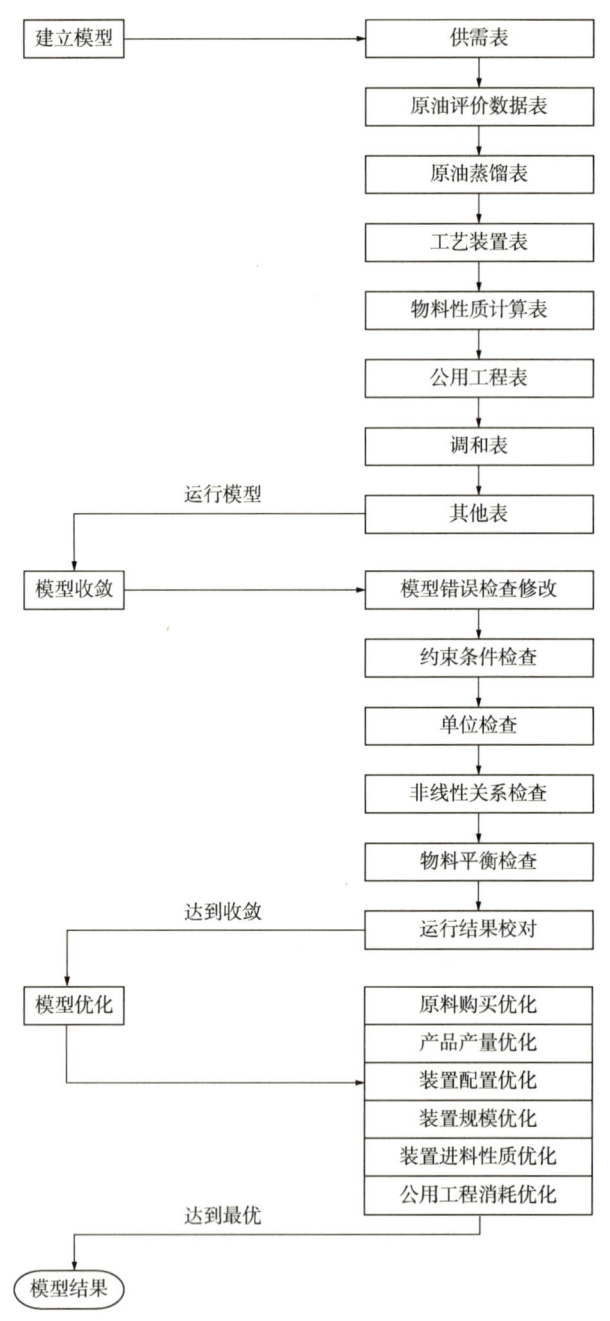

图 2-3 线性规划建模流程

② 模型出现多重解或无解情况时，应排查模型中的约束条件设置，如装置规模定义、装置进料性质定义、调和约束条件定义等。通过适当放宽部分约束条件，再根据模型的收敛情况分析查找问题所在。

③ 对于模型中涉及参数的非线性关系，如加工费用与加工量之间的非线性关系、抗爆剂添加量与辛烷值的非线性关系等，为提高模型的准确度，便于模型收敛，可采用分段线性化方法，在非线性计算表中定义参数间的分段线性函数。

④ 当模型物料不平衡时，可检查部分物料是否存在因操作或处理成本高而被模型外甩的情况，可通过在模型中定义强制平衡的手段来解决。

⑤ 模型收敛后，还应检查各结果参数的合理性，可通过对比模型结果与实际装置的符合度来确定运行结果的合理性。

（3）模型优化调试。

模型优化过程要综合考虑市场供需能力、公用工程供应、装置配置、装置物料性质、装置规模、操作条件等因素，通过调整上述各类因素的约束条件，获得效益最大化的方案。

3. 基于 Delta-Base 结构的线性规划

1）Delta-Base 结构的作用及生成方法

采用线性规划模型模拟总流程时，通常需要根据经验或实际生产数据给定各二次加工装置的产品收率及产品性质，再进行整体优化、综合平衡。但由于实际生产过程是复杂的动态变化的过程，线性规划模型的优化过程中也会根据总体效益来调整二次加工装置的进料条件，当采用固定的二次加工装置产品收率及性质时，就难以得到符合实际情况的结果。

为了描述操作条件和进料性质对装置侧线收率及产品性质的影响，线性规划模型采用 Delta-Base 结构，即当进料性质及操作条件在某一操作方案的适应范围内调整时，可以近似认为在该区间内其对收率的影响是线性的，通过采用 Delta-Base 结构反映进料性质变化对侧线产品收率的影响关系。其中，Base 数据代表基础条件下装置的侧线产品收率及性质，可直接来源于装置实际操作数据或工艺包数据；Delta 数据代表进料性质或操作条件相对于基础条件变化后各产品收率及性质的单位变化量，炼油工艺过程多数为复杂的生产过程，各工艺装置的 Delta 数据需要基于理论或经验，对已有数据进行一定的转化才能获取。主要工艺装置需建立 Delta-Base 结构的原料性质、操作条件与产品收率、产品物性间的对应关系（表2-3）。

表2-3 主要工艺装置产品收率与物性相关的进料条件及操作条件对应关系表

序号	装置名称	原料条件	操作条件
1	催化裂化	密度、残炭、硫、氮、镍、钒、掺渣比、蜡油比例、柴油比例	提升管出口温度、预热温度、剂油比、微反活性、循环比、汽油/柴油切割点、轻柴油/重柴油切割点、柴油/重循环油切割点
2	延迟焦化	密度、残炭、硫、油浆比例	循环比、反应温度
3	渣油加氢	密度、残炭、硫、氮、蜡油比例、催化重循环油比例	反应温度、氢油比、液时空速
4	蜡油加氢	密度、硫、氮、柴油比例	反应温度、氢油比、液时空速
5	加氢裂化	密度、硫、氮、柴油比例	反应温度、循环比、氢油比、液时空速
6	柴油加氢精制	密度、硫、氮、催化柴油比例	反应温度、氢油比、液时空速
7	催化重整	密度、芳烃潜含量	反应温度、苛刻度
8	石脑油加氢	轻石脑油比例、硫	反应温度、氢油比、液时空速
9	溶剂脱沥青	密度、残炭、硫	

2）Delta 数据获取方法

典型的工艺装置 Delta 数据有两种获取方法：方法一是经验数据回归法，该方法采用实际生产数据回归得到 Delta 数据；方法二是机理模型法，该方法采用大型机理模型模拟软件，对装置反应机理进行模拟并计算得出 Delta 数据。上述两种方法在使用上均有一定的适用条件：方法一需要收集实际生产数据或经验数据，用于规划或改造阶段对总流程方案的比选；方法二需要获取装置的标定数据和工艺设计数据，对数据的准确性要求较高，建模及调试时间长，适合对已有炼厂开展运营过程的总流程优化。

（1）经验数据回归法获取 Delta 数据。

回归分析是应用数理统计方法，对实验数据进行分析、处理，从而得出反应变量间相互关系的近似表达式的一种常用方法。常用的数据回归法包括回归分析，最小二乘法，一元线性回归模型和多元线性回归模型的建立、相关性检验等。

回归分析工作的重点在于根据装置的工艺特点和操作要求，选取稳定条件下有代表性的一组操作数据，进行筛选、分类、分析、整合；再利用回归分析法进行计算，得出反应变量间的相互关系；然后进行相关性检验，确定其可信度，当可信度达到预期目标时，认为回归方程符合要求，并用于计算 Delta 数据。

以某溶剂脱沥青、延迟焦化装置采用数据回归法获得 Delta-Base 数据为例，其结果如下：

① 溶剂脱沥青装置。

以某炼化企业溶剂脱沥青装置为例，通过多组数据分析发现，在一定范围内，进料残炭值、密度和产品收率分布之间存在较强的线性关系。从中选取装置操作平稳、收率数据比较准确、归一性比较好的数据进行数学关联分析，建立密度、残炭值对产品收率的关联关系（表 2-4 和表 2-5）。

表 2-4　某溶剂脱沥青装置 Delta-Base 数据

产品种类	产品基础收率（Base）	原料单位密度变化对应产品收率变化量（密度 Delta）	原料单位残炭变化对应产品收率变化量（残炭 Delta）
脱沥青油,%(质量分数)	43.2	−0.363	−0.264
脱油沥青,%(质量分数)	56.8	0.363	0.264

表 2-5　某溶剂脱沥青装置原料物性

原料物性	原料物性基础值	原料单位密度变化量	原料单位残炭变化量
密度, t/m^3	0.980	0.016	—
残炭,%(质量分数)	16.4	—	1.0

② 延迟焦化装置。

以某炼厂焦化装置数据进行回归分析，其进料残炭值对产品收率分布影响较大，且线性化较好；此外，干气和石油焦中硫含量对进料的硫含量较为敏感，且线性化较好。因此，采用硫含量和残炭值建立进料物性和产品收率之间的关联关系，形成 Delta-Base 数据（表 2-6 和表 2-7）。

表 2-6 某延迟焦化装置 Delta-Base 数据

产品种类	产品基础收率（Base）	原料单位硫含量变化对应产品收率变化量（硫含量 Delta）	原料单位残炭变化对应产品收率变化量（残炭 Delta）
酸性气,%(质量分数)	1.4	0.140	-0.020
干气,%(质量分数)	5.2	-0.080	-0.020
液化气,%(质量分数)	1.7	-0.020	-0.010
焦化汽油,%(质量分数)	22.5	-0.030	-0.730
焦化柴油,%(质量分数)	24.0	-0.021	-0.480
焦化蜡油,%(质量分数)	10.0	-0.030	-0.190
焦化重蜡油,%(质量分数)	1.4	-0.010	-0.100
石油焦,%(质量分数)	33.2	0.051	1.560
损失,%(质量分数)	0.6	0	0

表 2-7 某延迟焦化装置原料物性

原料物性	原料物性基础值	原料单位硫含量变化量	原料单位残炭变化量
硫含量,%(质量分数)	2.89	0.30	—
残炭,%(质量分数)	20.3	—	1.0

(2) 机理模型法获取 Delta 数据。

利用机理模型获取 Delta 数据的方法主要是依托大型机理模型模拟软件，对工艺装置建立包括反应过程和分离过程的全流程模型。再利用现场生产数据对模型进行校正，使模型的理论计算值与实际生产数据相吻合，误差满足允许范围。经过校正后的模型认为可以对现场流程进行模拟并在一定范围内具有预测能力。在此基础上，通过 Delta-Base 数据生成工具，生成 Delta-Base 数据作为线性规划模型中二次加工装置的计算核心。以某催化裂化、加氢裂化、柴油加氢精制和催化重整装置采用机理模型法获得 Delta-Base 数据为例，其结果如下：

① 催化裂化装置。

对某企业催化裂化装置建立机理模型，分析提升管出口温度及进料残炭值对产品收率的影响，得到 Delta-Base 数据(表 2-8 和表 2-9)。

表 2-8 某催化裂化装置 Delta-Base 数据

产品种类	产品基础收率（Base）	原料单位残炭变化对应产品收率变化量（残炭 Delta）	提升管单位出口温度变化对应产品收率变化量（提升管出口温度 Delta）
H_2S,%(质量分数)	3.1	-0.080	-0.010
催化干气,%(质量分数)	17.8	0.320	-0.060
催化液化气,%(质量分数)	41.3	0.810	-0.150
催化汽油,%(质量分数)	22.2	-0.450	0.090
催化柴油,%(质量分数)	6.6	-0.100	0.150
催化油浆,%(质量分数)	8.7	-0.500	-0.020

表 2-9　某催化裂化装置原料物性

原料物性	原料物性基础值	原料单位残炭变化量	提升管单位出口温度变化量
残炭,%(质量分数)	5.18	1	—
提升管出口温度,℃	513	—	1

② 加氢裂化装置。

通过机理模型模拟计算加氢裂化装置原料的密度、氮含量、硫含量对产品收率和氢气耗量的影响,得到 Delta-Base 数据(表 2-10 和表 2-11)。

表 2-10　某加氢裂化装置 Delta-Base 数据

产品种类	产品基础收率(Base)	原料单位氮含量变化对应产品收率变化量(氮含量 Delta)	原料单位密度变化对应产品收率变化量(密度 Delta)	原料单位硫含量变化对应产品收率变化量(硫含量 Delta)
氢气消耗,%(质量分数)	3.2	0.030	0.100	0.130
酸性气,%(质量分数)	1.6	0	0	−1.050
气体,%(质量分数)	3.3	0.020	0.120	0.076
石脑油,%(质量分数)	39.2	0.043	0.430	0.174
航空煤油,%(质量分数)	19.6	0.025	0.100	0.130
柴油,%(质量分数)	13.9	−0.038	−0.250	0.180
未转化油,%(质量分数)	25.0	−0.080	−0.500	0.360
损失,%(质量分数)	0.5	0	0	0

表 2-11　某加氢裂化装置原料物性

原料物性	原料物性基础值	原料单位氮含量变化量	原料单位密度变化量	原料单位硫含量变化量
氮含量,$\mu g/g$	1600	1000	—	—
密度,t/m^3	0.915	—	0.01	—
硫含量,%(质量分数)	1.8	—	—	1

③ 柴油加氢精制装置。

通过机理模型模拟计算某柴油加氢精制装置原料的密度、硫含量对产品收率和氢气耗量的影响,得到 Delta-Base 数据(表 2-12 和表 2-13)。

表 2-12　某柴油加氢精制装置 Delta-Base 数据

产品种类	产品基础收率(Base)	原料单位密度变化对应产品收率变化量(密度 Delta)	原料单位硫含量变化对应产品收率变化量(硫含量 Delta)
氢气消耗,%(质量分数)	0.8	0.080	0.140
酸性气,%(质量分数)	0.5	0	−0.800
干气,%(质量分数)	0.6	0.010	−0.010
石脑油,%(质量分数)	0.8	0.040	−0.010
柴油,%(质量分数)	98.8	−0.130	0.680
损失,%(质量分数)	0.2	0	0

表 2-13　某柴油加氢精制装置原料物性

原料物性	原料物性基础值	原料单位密度变化量	原料单位硫含量变化量
密度,t/m³	0.8842	0.01	—
硫含量,%(质量分数)	0.6000	—	1

④ 催化重整装置。

通过机理模型模拟计算某催化重整装置原料芳烃潜含量对产品收率的影响，得到 Delta-Base 数据(表 2-14 和表 2-15)。

表 2-14　某催化重整装置 Delta-Base 数据

产品种类	产品基础收率（Base）	原料芳烃潜含量单位变化对应产品收率变化量(芳烃潜含量 Delta)
重整氢,%(质量分数)	7.4	−0.010
气体,%(质量分数)	2.0	0.050
拔头油,%(质量分数)	1.9	0.060
重整生成油,%(质量分数)	88.2	−0.100
损失,%(质量分数)	0.6	0

表 2-15　某催化重整装置原料物性

原料物性	原料物性基础值	单位芳烃潜含量变化量
芳烃潜含量影响,%(体积分数)	57	1

三、总流程优化技术工业应用

中国石油总流程优化技术已经在广西石化、广东石化、辽阳石化、四川石化、中俄东方项目等多个炼厂以及多个独立炼化项目中应用，取得良好效果。以下就该技术在某大型炼油项目中的应用做举例说明。

某炼油项目加工规模为 2000×10⁴t/a，是国内一次性新建的规模最大的炼油项目之一。该项目加工的原油属劣质重油，具有"六高"(高密度、高含硫、高含氮、高残炭、高金属、高酸值)性质，国内缺乏相应的研究、设计、加工经验。设计单位本着深度加工、灵活可变、安全可靠、生产清洁、产品绿色、长期运行、控制集中、盈利性好的原则，对渣油、蜡油、柴油等馏分油的主要加工工艺技术和总流程进行了研究和优化，可为同类劣质重油加工技术的选择和总流程路线的优化提供借鉴。

该项目总流程方案优化经历了长名单、短名单、最终方案优化 3 个阶段(表 2-16)。

总流程的比选是基于对方案关键性指标的综合评价的结果，关键指标包括方案的经济性、可靠性、可操作性、技术成熟性和原料适应性。对每个指标采用定量或定性的评价方法，用预先定义的矩阵评分标准进行打分。

1. 总流程长名单优化

根据表 2-16 中规定的总流程优化长名单阶段的工作内容，长名单阶段工作流程如图 2-4 所示。

表 2-16 总流程优化过程

阶段名称	第一阶段(长名单)	第二阶段(短名单)	第三阶段(最终方案优化)
阶段内容	确定产品和原油价格体系； 确定原油种类； 线性规划建模； 确定长名单总流程方案； 确定产品范围和质量规格； 确定公用工程系统构成； 运行线性规划模拟计算对各总流程方案做出评估与分级	短名单筛选与详细分析； 建立各方案的 Petro-SIM 模型； 提出每个方案的造价估算； 比较短名单并分析排序； 进行项目经济性和财务分析； 建议最佳的工艺流程方案	优化公用工程配置； 进行总投资估算； 进行项目经济评价； 完善研究报告
阶段成果	选择 3 个最佳总流程方案(短名单)	选择最终总流程方案供详细研究	完成项目方案研究报告

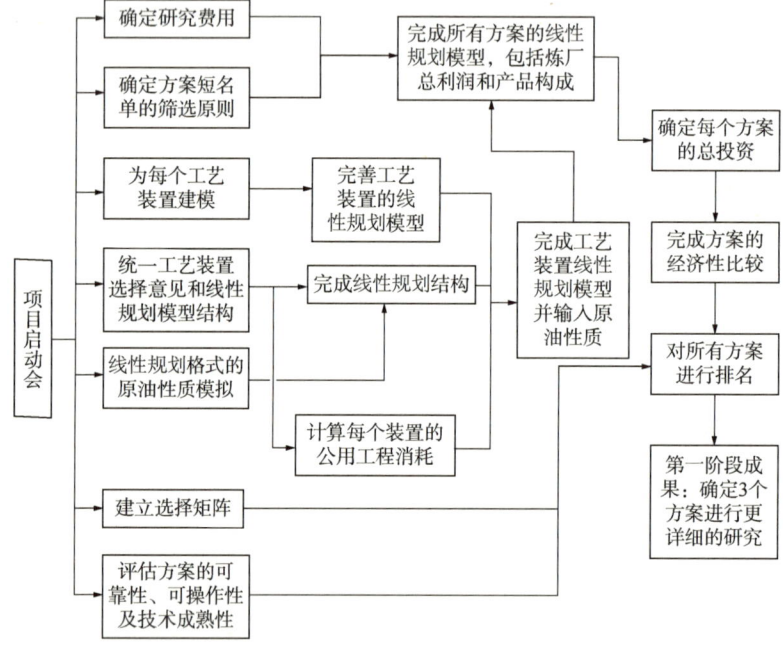

图 2-4 长名单阶段工作流程

该项目加工的原油 API 度为 16°API，酸值为 1.244mg KOH/g，硫含量为 2.49%(质量分数)，氮含量为 4950μg/g，重金属(镍+钒)含量为 365μg/g，残炭值为 11.50%(质量分数)，属于高硫、高酸、重质原油，加工难度很大。为了全面考虑可能的加工方案，首先列出技术上可行的重油加工工艺，再进行适当组合(表 2-17)。

表 2-17 总流程可选装置列表

工艺类型	可选装置
渣油加工	延迟焦化，溶剂脱沥青，渣油加氢，重油催化，灵活焦化
蜡油加工	催化裂化，加氢裂化，中压加氢裂化，加氢处理
石油焦处理	销售，发电，整体煤气化联合循环发电系统(以下简称 IGCC)
其他装置	聚丙烯，烷基化，MTBE，航空煤油加氢，沥青调和，芳烃饱和

长名单对工艺装置的选择范围很广,以使劣质原油产生最大的价值。其中,包括:基本的炼油装置,如常减压蒸馏(CDU+VDU)、连续重整(CCR)、加氢脱硫(HDS)、催化裂化(FCC);重油转化装置,如渣油加氢(RHC)、重油催化裂化(RFCC)、中压加氢裂化(MHC)、加氢裂化(HC)、蜡油加氢处理(VGO HT)、溶剂脱沥青(SDA)和灵活焦化(FDC)等。

对这些炼油装置进行优化组合并建立线性规划模型,产生12个可行的核心方案开展进一步比较。这些方案共同包含的炼油装置有常减压蒸馏(CDU+VDU)、延迟焦化(DCU)、柴油加氢精制及芳烃饱和(DHT+ASU)、石脑油加氢处理(NHT)、连续重整(CCR)、异构化(ISOM)、航空煤油加氢及芳烃饱和(KHT+ASU);配套装置有气体分馏、轻烃回收、气体脱硫、液化气脱硫、溶剂再生、硫黄回收和制氢等。各方案工艺装置配置见表2-18。

表2-18 各方案工艺装置配置

方案编号	主要工艺装置	石油焦利用		可选的提高产品价值的装置	
1	基本装置+FCC	传统	IGCC	烷基化	MTBE
2	基本装置+VGO HT+FCC	传统	IGCC	烷基化	MTBE
3	基本装置+HC	传统	IGCC	烷基化	MTBE
4	基本装置+FCC+HC	传统	IGCC	烷基化	MTBE
5	基本装置+MHC+FCC	传统	IGCC	烷基化	MTBE
6	基本装置+MHC+FCC+HC	传统	IGCC	烷基化	MTBE
7	基本装置+RHC+RFCC	传统	IGCC	烷基化	MTBE
8	基本装置+RHC+RFCC+HC	传统	IGCC	烷基化	MTBE
9	方案1至方案8中排名前两位的方案+SDA	传统	IGCC	烷基化	MTBE
10		传统	IGCC	烷基化	MTBE
11	方案1至方案10中排名前两位的方案-DCU+FDC	—	—	烷基化	MTBE
12				烷基化	MTBE

注:基本装置为CDU+VDU/DCU/DHT+ASU/NHT/CCR/ISOM/KHT+ASU。

对以上12个方案进行经济性分析,其中经济性指标[如内部收益率(IRR)、净现值(NPV)等]均基于线性规划模型的炼厂总利润和简化的现金流分析,未考虑折旧、税收等因素。此外,对每个流程还从操作可变成本、可靠性、可操作性和可维护性、技术成熟性等方面进行了比较,结果见表2-19。

表2-19 长名单阶段方案比选结果

方案编号	方案描述	经济性NPV	操作可变成本	可靠性	可操作性及设备维护	技术成熟性	总得分	总排名
1	基本装置+FCC	-3406.39	176.10	8	9.67	8	5.60	10
2	基本装置+VGO HT+FCC	-755.81	337.26	8	11.11	8	6.04	8
3	基本装置+HC	149.23	355.36	8	11.51	8	6.25	5
4	基本装置+FCC+HC	1700.13	297.30	6	11.01	8	6.62	2
5	基本装置+MHC+FCC	1693.31	336.41	6	12.04	8	6.49	3

续表

方案编号	方案描述	经济性 NPV	操作可变成本	可靠性	可操作性及设备维护	技术成熟性	总得分	总排名
6	基本装置+MHC+FCC+HC	3276.33	439.39	6	13.82	8	6.69	1
7	基本装置+RHC+RFCC	-2544.57	240.58	4	14.79	6	4.82	12
8	基本装置+RHC+RFCC+HC	283.74	357.12	4	15.87	6	5.40	11
9	基本装置+FCC+HC+SDA	1206.36	319.48	4	12.91	4	5.72	9
10	基本装置+MHC+FCC+HC+SDA	4821.75	439.64	4	15.72	4	6.41	4
11	基本装置+MHC+FCC+HC-DCU+FDC	3711.72	441.96	4	14.34	4	6.17	7
12	基本装置+FCC+HC-DCU+FDC	3386.10	404.07	4	13.52	4	6.19	6

根据表2-19中12个方案的打分排名，选择方案6、方案4和方案5共3个方案进入短名单阶段研究以进一步明确最优流程。

2. 总流程短名单优化

长名单优化阶段在12个备选总流程中提出3个方案（方案6、方案4和方案5）用于确定炼厂的最终方案，进入短名单阶段的研究。

短名单方案比选过程如图2-5所示。

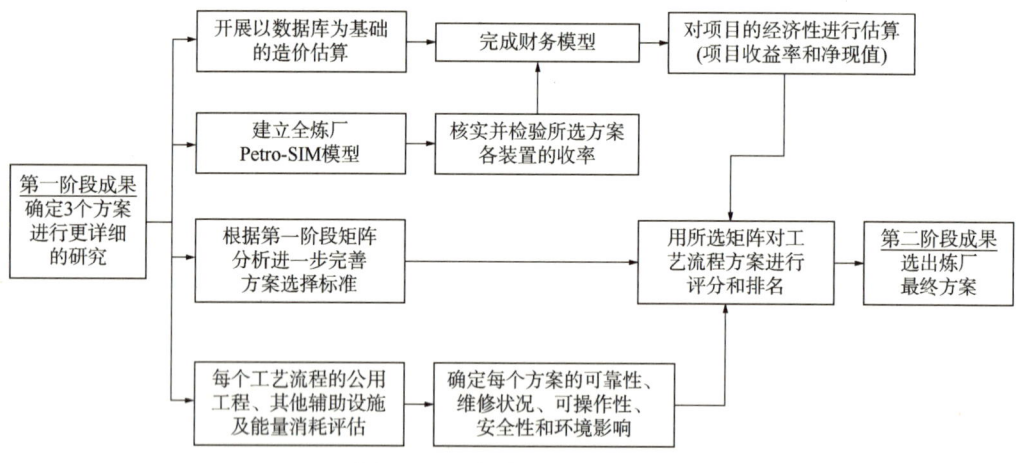

图2-5　短名单阶段工作流程

采用Petro-SIM机理模拟软件建立主要炼油装置的反应动力学模型并结合线性规划模型对上述3个方案进行详细研究。对总流程开展以下优化：

（1）优化常压蒸馏煤油和轻柴油的切割点；
（2）优化常压蒸馏轻柴油和重柴油的切割点；
（3）优化常压蒸馏重柴油和常压渣油的切割点；
（4）优化所有加氢装置的处理量；
（5）根据减压渣油黏度要求优化减压渣油切割点；
（6）优化延迟焦化、催化裂化和加氢裂化的主要操作条件；
（7）确定煤油和柴油的最低切割点；

(8) 确定柴油和蜡油的最高切割点;
(9) 优化反应装置的苛刻度;
(10) 优化产品调和。

经过优化后,3个方案的产品情况见表2-20。

表2-20 各方案原料及产品结构汇总

项目		方案6	方案4	方案5
原料,10^4t/a	原油	2000	2000	2000
	甲醇	3.36	3.44	5.04
产品,10^4t/a	液化气	83.58	72.74	83.24
	聚丙烯	30.51	0	0
	丙烯	0	30.91	44.02
	混合二甲苯	24.36	0	0
	汽油 92号汽油	192.36	313.32	130.79
	汽油 95号汽油	189.38	273.25	340.28
	航空煤油	88.69	148.93	115.92
	柴油	883.20	596.48	724.58
	石油焦	70.50(外卖); 205.80(IGCC用)	293.75	294.42
	沥青(70#)	136.08	137.59	137.59
	硫黄	41.94	34.61	35.70
	液氨	3.78	3.44	3.86
综合商品率,%(不含IGCC)		95.77	95.25	95.52
柴汽比		2.31	1.02	1.54
轻油收率,%		68.90	68.14	67.78

3个方案的比选结果见表2-21。

表2-21 短名单方案比选结果

方案编号	经济性NPV	可靠性	可操作性及设备维护	技术成熟性	原料灵活性	总得分	总排名
方案6	4927.50	6	12.58	8	8	6.57	1
方案4	5390.77	6	12.23	8	6	6.46	2
方案5	4871.84	6	12.67	8	6	6.35	3

经过详细比选,方案6作为最终推荐方案,其核心装置包括加氢裂化、两套相同的中压加氢裂化、催化裂化和延迟焦化。

3. 推荐方案优化

该阶段的工作主要包括优化推荐方案的产品收率及公用工程配置,完成项目的经济评价及可行性研究报告等,工作流程如图2-6所示。

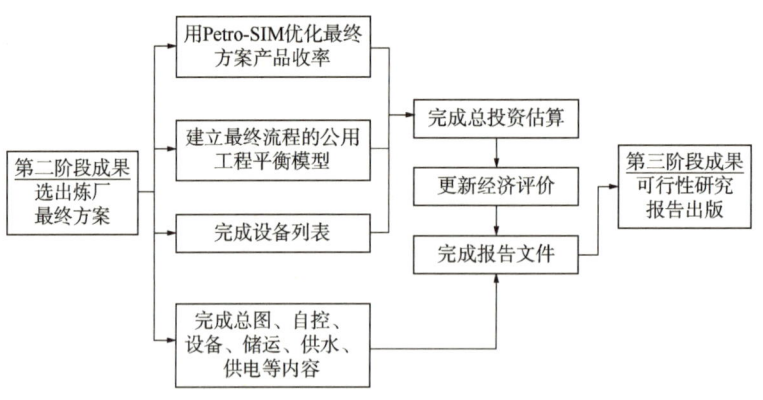

图 2-6 推荐方案优化工作流程图

最终优化得到的推荐方案具有如下特点：

（1）采用了加氢裂化、中压加氢裂化及催化裂化装置的组合，该组合具有很强的适应性和操作弹性，可以灵活地调整汽油和柴油产品数量，具有很好的市场前景。

（2）选择了延迟焦化作为减压渣油的加工装置，实现了渣油最大程度转化。延迟焦化装置具有很强的适应性，技术成熟可靠，尤其适用于加工该项目高金属含量的重质原油。

（3）建设连续重整和异构化装置组合，保证高牌号汽油产品的生产，避免石脑油外售。

（4）将柴油加氢精制装置与芳烃饱和装置联合，最大量生产满足十六烷值要求的柴油产品。

（5）全厂耗氢量大，方案除充分利用炼厂干气制氢、氢提纯回收氢气外，还通过IGCC装置提供大量氢气。考虑到IGCC装置的运行周期和稳定性，适当放大制氢装置的规模，当IGCC装置产氢量下降时，可以以备用的天然气制氢满足全厂氢气平衡。

第三节　炼厂总流程优化技术展望

分子炼油技术的发展为反应机理模拟技术开拓了新方向，同时也为总流程优化技术的提升提供了进一步完善的空间。随着信息化技术的发展和炼化企业智能化发展趋势，总流程优化技术将从离线、间歇应用向在线、实时优化的方向发展。

一、基于分子炼油技术的总流程优化技术

总流程优化技术作为一项对实际加工过程的数字化模拟技术，其必然的发展方向之一就是不断完善模拟过程及结果与实际情况的符合性。当前，总流程优化技术主要立足于反应机理模拟和线性规划两项主要技术。因此，在新的、有效的替代性技术出现之前，反应机理模拟和线性规划的发展决定了总流程优化技术发展的方向。

对于反应机理模拟，以往的技术主要基于集总反应模型。各种工艺过程的集总组分数量仅有几个到几十个，该处理方式虽然大大简化了反应机理模拟过程的计算量，但对组分进行集总处理的方式使得石油馏分的分子特性和反应过程无法充分表达，限制了集总反应

模型模拟准确度的提升。近年来,分子表征技术的发展使得对原油馏分的分子组成的测定范围大大扩展;而计算机运算速度以及云计算等技术的发展,使得利用计算机进行更加复杂的分子间反应机理模拟技术变得可行。因此,依托基于结构导向集总(SOL)方法[9-11]的分子水平反应动力学模拟成为反应机理模拟的热点。该技术可以将石脑油、柴油、蜡油及渣油等馏分描述为几百个到几万个虚拟分子[12-14];再通过构建虚拟分子间的反应规则,得到基于结构导向集总的分子尺度的反应动力学模型。国内华东理工大学、清华大学、中国石油大学(华东)、中国石油规划总院等单位采用该技术开展反应机理过程模拟,已覆盖重整、加氢、催化裂化、焦化、汽油分子调和等工艺过程,均获得了较好的效果[15-21]。

在分子水平反应动力学模拟技术应用于总加工流程优化方面,中国石油规划总院直接利用该技术开展了总流程模拟优化[22]。该工作是利用分子炼油技术在总流程优化方向上的初步尝试,具有积极的意义,但该研究的总流程设计较为简单、物料流向组合不多且仅有部分单元采用分子水平模拟,且仍需消耗较长的运算时长。对于实际炼化企业中众多工艺单元和复杂的物料流向,采用分子反应动力学模型直接开展总流程优化尚不实用。该技术未来应该在如何降低计算量、缩短计算时间方面重点发力。这有赖于化学反应技术、计算机技术、数学技术等方面研究者的共同努力,获得兼具高效、高准确度的总流程优化技术,为未来炼厂的设计及生产提供更大的助力。

线性规划技术自诞生以来一直在总流程优化技术领域占据主流地位。该技术对应用对象的线性化处理、灵活的约束和结构设置,使其可以在将复杂的问题简单化的同时仍保证一定的对应用对象描述的准确性。该技术尤其适用于炼化企业这类复杂流程工业对象的优化。因此,该技术仍将在未来相当长一段时间内在总流程优化领域占据主流地位。未来采用线性规划和反应机理开展总工艺流程优化的组合技术仍具有较强的实用意义,但在反应机理的模拟方面,分子水平反应动力学模拟技术将替代原有的集总动力学反应技术,成为总流程优化技术的新的组合。

二、总流程实时在线优化技术

当前,总流程优化技术主要以企业的方案规划过程以及实际运营的计划排产过程作为服务对象。这些过程都属于离散、间歇的优化过程。对于企业建设期的方案规划过程,总流程优化技术需要提升其模拟准确度并增强其适应性,其发展方向在于技术自身的深化应用;而对于企业实际运营过程,总流程优化技术应该向企业在线运营优化方向发展。这需要总流程优化技术与其他相关技术的充分结合。

近年来,随着云计算、大数据、物联网等信息化新技术的应用,炼化行业信息化、智能化发展与转型升级成为新的发展方向[23-25]。建设智能炼厂成为近年来的热点领域,国内建成了以九江石化、镇海炼化、长庆石化等企业为代表的一批试点示范单位。目前智能炼厂的建设没有统一的标准及技术规范,各企业多从自身角度出发,形成各有特色的智能工厂模型及解决方案。其中,以线性规划和流程模拟为核心的总流程优化以及开展区域以及全厂范围的在线优化成为智能炼厂建设的方向之一[26]。通过实施在线优化,建立装置乃至全厂的优化模型,将全厂运营数据实时传递到模型中,由模型计算得到最优工况及操作点,再结合先进控制,从而保证企业一直稳定运营在最优的操作点,从而获得更大的整体效益。

目前，在线实时优化技术多数集中于对单套工艺装置的优化或企业局部区域内少数装置间的优化。该技术通过向上承接企业计划调度的指令，向下与先进控制技术结合，实现对工艺单元的实时优化控制，从而提升企业效益。在全厂范围内实现实时在线优化尚无实际应用案例，未来炼化企业应在单套工艺装置实现实时在线优化的基础上，逐步向区域乃至全厂拓展，实现全厂实时在线优化。这有赖于一系列技术的支撑，包括原油在线分析技术、反应机理模拟技术、模型构建技术、先进控制技术、数据接口技术、数据采集与处理技术、算法技术、信息平台技术等。同时，全厂实时在线优化技术的应用也将带动企业装备和管理运营机制的升级，从而在软件、硬件、管理等多方面为实现智能炼厂建设创造条件。

参 考 文 献

[1] 刘家明. 炼油厂设计与工程[M]. 北京：中国石化出版社，2014.

[2] 侯凯锋. 炼油厂总工艺流程设计[M]. 北京：中国石化出版社，2017.

[3] 田慧，张敬敏. 利用PIMS软件优化炼油厂总加工流程[J]. 石化技术，2010，17(1)：22-24.

[4] 庞新迎，王业华，辛若凯，等. PIMS软件在炼油厂总加工流程优化阶段进行原油优选的应用[J]. 石油炼制与化工，2016，47(7)：96-100.

[5] 张刘军. 线性规划软件PIMS在石化行业的应用[J]. 化学工业，2010，28(10)：15-19.

[6] 侯凯锋. 灵活应用LP模型提高炼油厂设计水平[J]. 化工进展，2012，31(12)：2811-2814.

[7] 赵建伟，郭宏新. PIMS软件在炼油厂总加工流程优化中的应用[J]. 石油炼油与化工，2009，39(4)：50-53.

[8] 王涛. 基于机理模型的虚拟制造系统在炼油全流程优化中的应用[C]//2018年中国炼油石化科技智能化大会论文集，2018：152-158.

[9] Quann R J, Jaffe S B. Structure-oriented lumping: describing the chemistry of complex hydrocarbon mixtures [J]. Industrial & Engineering Chemistry Research, 1992, 31(11): 2483-2497.

[10] Quann R J, Jaffe S B. Building useful models of complex reaction systems in petroleum refining [J]. Chemical Engineering Science, 1996, 51(10): 1615-1635.

[11] Ghost P, Jaffe S B. Detailed composition-based model for predictiong the centane number of diesel fuels [J]. Industrial & Engingeering Chemistry Research, 2006, 45(1): 346-351.

[12] 邱彤，陈金财，方舟. 基于结构导向集总的石油馏分分子重构模型[J]. 清华大学学报，2016，56(4)：424-429.

[13] 叶磊，汪成，倪腾亚，等. 基于结构导向集总的延迟焦化绝热反应过程模型研究[J]. 石油炼制与化工，2020，51(1)：105-113.

[14] 李克争. 基于结构导向集总的加氢蜡油催化裂化动力学模型研究[D]. 青岛：中国石油大学(华东)，2018.

[15] 刘雪芹. 结构导向集总构建重质油热裂化动力学模型[D]. 上海：华东理工大学，2020.

[16] 刘纪昌，陈华，皮志鹏，等. 基于结构导向集总的催化裂化MIP工艺反应动力学模型[J]. 石油化工，2017，46(5)：519-523.

[17] 汪成，仲从伟，杨雪梅，等. 基于结构导向集总的柴油加氢精制分子水平反应动力学模型Ⅱ. 反应规律分析与优化[J]. 石油化工，2019，48(8)：763-768.

[18] 桂晓娇，王杭州，纪晔，等. 基于汽油分子组成的辛烷值模型开发[J]. 石油学报(石油加工)，2021，37(1)：67-78.

[19] 王小婧. 基于结构导向集总的乙烯原料拓展和优化研究[D]. 上海：华东理工大学，2014.
[20] 纪晔，王杭州，蒋子龙，等. 基于结构导向集总的分子级催化重整过程建模方法[J]，计算机与应用化学，2018，35(9)：767-774.
[21] 王睿通，刘纪昌，仲从伟，等. 基于结构导向集总的催化重整分子水平反应动力学模型[J]. 石油学报，2020，36(1)：95-105.
[22] 纪晔，王杭州，蒋子龙，等. 基于结构导向集总的分子级炼油过程全厂模拟和优化方法[J]. 计算机与应用化学，2020，37(3)：219-225.
[23] 汪燮卿. 中国炼油技术[M]. 北京：中国石化出版社，2021.
[24] 覃伟中，谢道雄，赵劲松，等. 石油化工智能制造[M]. 北京：中国石化出版社，2018.
[25] 吴青. 智能炼化建设[M]. 北京：中国石化出版社，2018.
[26] 王建平，王乐. 流程工业生产过程优化技术发展趋势探讨[J]. 中外能源，2021，26(4)：61-68.

第三章 常减压蒸馏技术

作为炼厂原油加工的第一道工序，常减压蒸馏将原油分离成各种油品和下游加工装置的原料。借助常减压蒸馏过程可以按所制订的产品方案将原油分割成相应的直馏汽油、煤油、轻柴油、重柴油、蜡油或各种润滑油馏分等，这些半成品经过适当的精制或调配成为合格的产品。在原油的常减压蒸馏过程中，也可以按照不同的生产方案分割出一些二次加工过程所用的原料，如重整原料、催化裂化原料、加氢裂化原料等。

中国石油常减压蒸馏技术在国内外 40 余家炼油企业实现工业应用。通过自主创新，开发的千万吨级常规原油和超重劣质非常规原油常减压蒸馏成套技术具有能耗低、连续运行周期长的特点。

第一节 国内外常减压蒸馏技术现状

近年来，国内外常减压蒸馏技术的进展主要集中在减压深拔、装置大型化和重质劣质原油加工技术等方面，开发形成了多项特色技术，从而在获得高拔出率、装置大型化和加工原油多样化的基础上实现较好的经济效益。

一、电脱盐技术

原油脱盐、脱水过程属于场分离(电场)过程。利用电压的场分离是一个破坏原油稳定乳化液的有效方法。原油的电破乳可分为电聚结、水滴沉降和水滴在水层上的积聚三个过程[1]。

1. 国内外常见的电脱盐技术

1) 交流电脱盐技术

根据处理量及罐体大小的不同，交流电脱盐可设计为两层、三层或四层电极板结构。交流电脱盐的电极板结构所组成的多个电场加强了交流弱电场与交流强电场的组合利用。100%全阻抗电源设备(变压器)的成功开发和推广应用保证了电脱盐设备的安全、平稳和长周期运行，脱盐率、脱水率大大提高，脱后原油技术指标基本能满足工艺要求(含盐≤3mg/L)，但耗电量较大。

2) 交直流电脱盐技术

交直流电脱盐技术是在交流电脱盐技术基础上进行创新的电脱盐技术，该技术结合了交流电场和直流电场二者的特点，电场的设计布置也更符合电脱盐工艺的要求。交直流电脱盐技术的主要特点是电脱盐罐内高压电场设计及供电方式发生了较大变化，即沿罐体轴线方向依次垂直悬挂若干块正负相间的电极板，通以半波整流的高压电，正、负两极同时引入罐内，使垂直极板间上部形成直流强电场，下部为直流中电场，垂直电极板的下端与油水界面又形成交流弱电场。原油、水、破乳剂组成的乳化液由水相进入电脱盐罐，自下而上先后通过交流弱电场、直流中电场和直流强电场。在交流弱电场中，电极上的电荷每秒变化若干次，这就会引起水滴的形状和电荷极性的相应变化，这种振荡使包围水滴的乳化膜破裂，从而使水滴能够互相结合成为较大水滴从油相中沉降下来，使原油中较大的水滴在交流弱电场中很快从乳化液中脱除。同时介质的导电率大大降低，为进入上面的直流强电场提供了有利的电场条件，避免了电极板击穿或短路事故的发生。脱除较大水滴的乳化液继续上升进入直流电场，较小的含盐水微滴经过水平直流电场时产生横向"电泳"现象，使水滴碰撞概率增加，小或更小的水滴在具有更高电场强度的直流中电场和直流强电场中与原油分离、沉降，实现脱盐、脱水目标。交直流电脱盐罐内电场布置如图3-1所示。

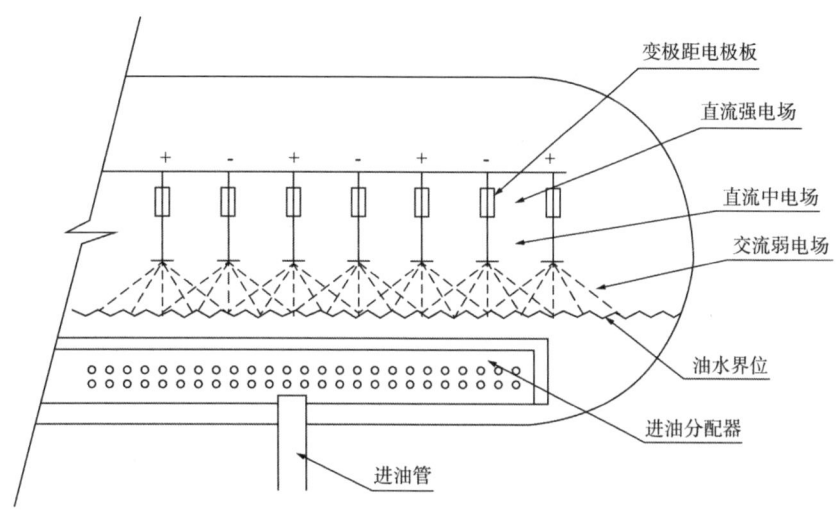

图3-1 交直流电脱盐罐内电场布置图

交直流电脱盐技术的成功开发使中国电脱盐技术走到世界先进行列，也标志着中国发展深度脱盐技术时代的开始。交直流电脱盐技术电场布置合理，符合电脱盐罐体内水滴的分布状况，具有脱盐率、脱水率高，电耗低，操作稳定，对油品适应性强，维修方便等优点。

3）高速电脱盐技术

高速电脱盐技术是相对低速电脱盐技术而言的。低速电脱盐的进油分配系统是由设计在电脱盐罐底部的双排进油分配管和倒槽式进料分配器组成的，进料位置在电脱盐罐的水层，进料分配器上出油孔的大小和数量根据原油性质和处理量进行合理设计，能够使乳化液在罐体内横向和纵向均匀地分布，保证乳化液在罐体内均匀地平稳上升；也有进油和出油呈三角形分布的进油出油方式，两个进料分配器设计在罐体底部侧面，出油收集管设计在罐体顶部，流体流向呈三角形分布。倒槽式进料分配器侧面上的小孔流出时速度较慢，而在高速电脱盐中，原油乳化液经过水平喷嘴直接喷入电场，在电场中的上升速度快，原油在电场中的停留时间和在罐体内的总停留时间大大缩短。因而一个同样大小的电脱盐罐，采用高速电脱盐技术，罐体的处理能力是采用低速电脱盐技术的1.75~2.2倍[1]。

4) 鼠笼式电脱盐技术

一般为交流式,电极板采用轴向鼠笼结构,罐体内有效空间利用率可提高50%~80%。原油从卧式罐体的封头一端平流进入罐体,经电场脱盐脱水后从罐体封头另一端离开脱盐罐,罐体内设计鼠笼式电极板结构(单层或多层)。在电脱盐罐底部设计一个或两个水包,其特点如下:电脱盐罐内由弱电场、过渡电场和强电场三个区域组成,油水混合物料从电脱盐罐一端经分配器进入罐内,以平流方式依次通过三个不同强度的电场,分段脱盐、脱水。脱后原油则从罐的另一端排出,从原油中沉降分离出来的水进入罐体水包,从水包底部排出。

5) 超声脉冲电脱盐技术

通常超声波主要用于乳化液(如乳制品)的制备及超声波清洗等,由于上述过程需要在一定的声强和频率下工作,因此在某段声强和频率下将制乳作用变为破乳作用,可将超声波用于破除油水乳化液上。一般认为超声波可使介质产生机械振动、热作用。有人曾利用超声波进行炼厂含水量大于10%的回收污油的破乳脱水研究,其作用原理是机械振动作用可促进水"粒子"产生位移效应,水"粒子"不断向波幅或波节运动,聚结并发生碰撞,然后根据碰撞效应使小水滴聚集成大水滴,在重力作用下沉降分离。

脉冲电脱盐输出到极板上的电场波形不同于交流电脱盐和交直流电脱盐,它采用脉冲供电方式,脉冲频率为50~2000Hz,在电脱盐罐体内形成脉冲电场,场电压波形为单向脉冲方波。在极板上施加单向脉冲电压时,因单向脉冲电压可分解为直流电压与交流电压的叠加,即原油中的水滴既受到直流电场的偶极力聚结作用,又受到交流电场的振荡聚结作用,同时电脉冲可使原油中电场峰值提高很多,使脉冲电脱盐技术具有较好的破乳效果。

6) 双进油双电场电脱盐技术

双进油双电场电脱盐技术的电场结构较复杂,注入破乳剂和洗涤水的原油经过进油总管向两条进油支管进行原油分配,通过进油支管上的流量调节阀的调节作用使上部电场和下部电场的原油都达到设计的处理量。上部和下部电场分别是一个脱盐装置,在下部电场,经过进油支管出来的乳化液,通过喷头式进油分布器呈薄膜状进入下部电场,在下部电场的电场力作用下,水滴聚集沉降至电脱盐罐底。由于盘式水平电极是平板密闭状的,因此下部电场的脱水净油向上浮动只能通过上部电场每组电极间的中缝,和上部电场电极边缘与电脱盐罐壁间的边缝,流入电脱盐罐上部净油层;在上部电场,经过另一条进油支管出来的乳化液,通过若干只进油喷头喷进上部电场,在上部电场电场力的作用下,水滴聚集沉降在盘式电极内,盘式电极内的积水通过若干条排水管导入电脱盐罐底部水层,处理后的净油进入电脱盐罐顶部净油层。

7) 电动态电脱盐技术

电动态电脱盐装置的主要构件包括电载荷响应控制器、电极板、绝缘衬套和电极悬挂器。在电动态电脱盐技术中,新水从罐体内顶部设计的分配管进入电脱盐脱水器,新水与原油呈逆向流动。在高强电场作用下,新水被破碎,分裂成许多细小颗粒与逆向而来的原油混合,使新水与盐水大面积密集接触。在电场减弱时,细小颗粒又会结合在一起,并且不断增大,最后沉降,达到脱水和脱盐的目的。

电动态电脱盐技术核心主要包括电场强度控制、强静电混合、新水与原油的逆向流动等方面。静电脉冲周期由颗粒扩散、混合、聚合和沉降四个处理阶段组成,电脱水和电脱盐过程就是静电脉冲周期反复运动的过程。在滞留时间内,将会经历多个循环周期,再加上新水不断地注入,就会形成新水与原油中的盐水多层次的接触与结合。其中,颗粒扩散阶段电压急剧上升,直到混合阶段,大量的大颗粒水由于电场作用迅速减少,同时小颗粒水在增多;颗粒混合阶段电场强度最大,水颗粒被最大限度地细分并扩散,此时被细分的新水与原油的接触面积达到最大化,大部分的新水与油中的盐结合发生在这个阶段;水颗粒结合阶段为电场强度转弱阶段,使小的水颗粒相互结合成较大的颗粒;颗粒聚结沉降阶段电场强度达到最低,最有利于已结合在一起的大颗粒水发生沉降。大颗粒水由于重量的原因很快沉到水层区,部分小颗粒水沉降速度慢,有可能仍处于电场区,进入下一个周期循环过程。

2. 大型化电脱盐技术

20 世纪 90 年代末,中国炼厂单套装置的处理能力都比较小,原油蒸馏装置处理量一般在 $500\times10^4 t/a$ 以下,绝大部分为 $250\times10^4 t/a$ 左右或以下。

直到 1997 年,随着中国炼厂大型化建设进程加快和与之相配套的大型化电脱盐装置关键技术的引进,在消化吸收国外先进技术的基础上,中国的科研、设计、生产企业联合研制和开发了大型电脱盐成套技术和多种具有不同功能、适用于不同原油脱盐脱水的技术,并已在中国新建和改扩建炼厂中得到广泛应用,使中国电脱盐技术迈上一个新的台阶。国内正在建设的单系列加工能力为 $1600\times10^4 t/a$ 的原油蒸馏装置是目前世界顶级规模。随着国内近年来千万吨级大型炼厂的大规模扩建和新建,大型化电脱盐技术得到快速发展,也越来越成熟。

由于处理量的提高,大型化的电脱盐罐体需要尺寸较大。大型化电脱盐罐体在充分利用罐体面积和容积方面做了大量的设计改进,并不是直接在普通小型电脱盐罐体上的简单比例放大。大型化电脱盐罐体的单位处理能力已经远大于小型的低速电脱盐罐体的单位处理能力。

随着对电脱盐技术的理解和认识不断深入,电脱盐罐体规格的确定先后出现了不同的设计依据。这些设计依据主要包括原油在电场中的停留时间 τ、原油在罐体内的停留时间 t、原油在罐体最大横截面处的上升速度 u、单位体积罐体在单位时间内处理的原油量 ψ 等。

在对电脱盐技术的研究过程中,高压电场对油水乳化液破除的重要作用首先被研究人员认可,因此最初将油流在电场中的停留时间作为电脱盐罐体规格设计选型的主要依据。在设计时,一般将原油在电场中的停留时间设计在 2~6min 之间。

以原油在电场中的停留时间作为罐体规格设计依据,这在当时装置的处理量很小、罐体内的油流上升速度不至于影响罐体内水滴的沉降速度的情况下,确实达到了理想的运行效果。但在处理量很大时,当油流在罐体内的上升速度很快的情况下,原油在电场中的停留时间将不再是电脱盐罐体选型设计的主要依据。特别是高速电脱盐技术的开发与应用,原油在电场中的停留时间仅为 25~80s。从直观的角度来说,要使电脱盐罐体达到足够的处理量,必须采用较大的罐体,从而出现了将原油在罐体内的停留时间作为电脱盐罐体规格设计的主要依据,但在处理量增大的情况下,由于影响罐体规格的主要因素是油流上升速度和水滴沉降速度的逆运动，因此这种主要依据是不全面的。

在电脱盐装置运行过程中，如果出现脱后原油含水量超标，可能是两个方面的原因：一个原因是罐体内发生乳化，高压电场不能有效破乳脱水；另一个原因是原油处理量太大，罐体内的油流上升速度大于水滴的沉降速度，水滴来不及沉降，快速上升的油流将水滴带出罐体。因此，应将罐体内油流在最大横截面处的上升速度作为电脱盐罐体规格设计的主要依据。

单位体积罐体在单位时间内处理的原油量也是电脱盐罐体规格设计的主要依据之一，事实上该设计技术参数也是只考虑了原油在罐体总停留时间这一个因素。

电脱盐罐体规格选型建议的设计原则，以原油在罐体最大横截面处的上升速度为主要设计依据，并参考原油在电场中的停留时间、原油在罐体内的停留时间、单位体积罐体在单位时间内处理的原油量等技术参数。同时，根据中国炼厂加工原油品种繁多、原油切换频繁的实际情况，充分考虑设备的设计裕量和适应性。

3. 中国石油高频智能响应调压电脱盐技术

高频智能响应调压电脱盐技术是一种能耗低、破乳能力强、对劣质原油适应性强的新型电脱盐技术。该技术是在吸收交流电脱盐技术、交直流电脱盐技术、电动态电脱盐技术优势的基础上，结合高频技术对油水乳化液的穿透破乳特点研制开发的一种新型高效节能的电脱盐技术。

高频智能响应调压电脱盐电源改变了传统的全阻抗设计，取消了内置在变压器内的100%电抗器，避免了在电抗器上的电耗，特别是避免了乳化发生时在电抗器上的无用功消耗，具有明显的节能效果。高频智能响应调压电脱盐电源取消了多挡位高压输出，而采用0~30kV无级可调高压输出。通过检测并根据罐体内乳化液的乳化状况调整施加在变压器的初级电压，从而优化施加在原油乳化液的高压，使输出的高压更适合所加工原油的性质和罐体内油水乳化液的实际情况，增强了高压电场的破乳效果以及对劣质原油的适应性。

二、减压深拔技术

减压深拔是在现有重质馏分油切割温度的基础上，将温度进一步提高来增加馏分油拔出率的方法。常减压装置通过减压深拔技术可以增加蜡油拔出量，减少减压渣油量。直馏蜡油和渣油在后续加工过程中加工费、目的产品收率差别较大，提高原油拔出深度，从原油中获得价值更高的直馏蜡油，为下游装置提供更多的优质原料，对提高炼厂的经济效益意义重大，特别是在如今世界原油日益变重的趋势下，提高原油的拔出率已成为全球石油炼化行业共同的趋势。目前，国外常减压蒸馏装置减压渣油的实沸点切割温度达565~600℃，而国内常减压蒸馏装置减压渣油的切割点一般为520~565℃。

减压深拔技术的研究内容包括减压炉、转油线、抽真空系统、减压塔及其内构件，以及与工艺相配套的系统工程。同时，由于深拔操作的切割点较高，直馏蜡油中的多环芳烃及硫、氮含量提高，氢含量降低，因此在加工流程中，需对深拔出的重蜡油加工方案进行系统考虑。一般加工低硫原油时，深拔出的重蜡油可直接进入催化裂化装置；为了满足催化裂化原料的规格要求，加工高硫原油时，深拔出的重蜡油应先经蜡油加氢精制装置后再进入催化裂化装置。

1. 国外减压深拔技术

国外对减压深拔技术进行了较为深入的研究，拥有减压深拔技术的公司较多，其中最有代表性的是 KBC 公司和 Shell 公司。

1）KBC 公司减压深拔技术

KBC 公司减压深拔技术的核心是一套 Petro-SIM 模拟模型软件及强大的原油特性数据库，能针对各种原油模拟出一套具有可操作性的工艺操作条件和方案。KBC 公司减压深拔技术的优点是严格地控制减压炉炉管在低于结焦温度下进行，使减压炉在较高的炉出口温度下长时间运行。技术细节如下：

（1）减压炉出口温度高。使用专用的 Petro-SIM 模拟模型软件及强大的原油特性数据库，通过分析各种原油类型模拟出一套具有实际可操作性的整套工艺操作条件和方案，特别针对减压炉做出了生焦曲线，从而控制减压炉炉管在低于生焦温度工况下操作，使得减压炉能在较高的炉出口温度下长周期运行。

（2）采用湿法操作。为了提高加热炉的温度，在减压炉辐射炉管的适当位置注蒸汽，同时，减压塔底也适量注蒸汽。

（3）使用规整填料。使用规整填料以降低减压塔的全塔压降，有效提高闪蒸段真空度。

（4）减压塔采用高速切线进料。有利于气液分离，减少汽化的雾沫夹带，有效降低蜡油中的残炭含量。

（5）加热炉管横向排列。减轻炉管内油品因相变所产生的高温，同时还减少了结焦的倾向。

（6）较大的减压抽空负荷。由于采用湿法操作，且减压炉出口温度较高，不凝气量较大，因此需要较大的减压抽空负荷。

2）Shell 公司减压深拔技术

Shell 公司减压深拔技术采用深度闪蒸高真空技术(HUV)来进行减压塔空塔设计，提高塔内真空度，从而使实沸点切割温度达到指定温度，达到提高拔出率的目的。Shell 公司减压深拔技术的优点是在取消取热段填料的同时降低了全塔压降。技术细节如下：

（1）空塔喷淋传热技术。除减压塔顶分馏段和塔底洗涤段使用填料以外，取热段均无填料，使用喷嘴喷淋系统实现中段回流返回油和油气的直接换热，减少填料投资，同时也降低了全塔压降。

（2）大直径低速转油线。转油线的高速段抑制油品汽化以控制减压炉炉管内的流型，从而抑制减压炉炉管内油品的结焦。

（3）采用减压炉注汽操作。为了提高加热炉的温度，在减压炉辐射炉管的适当位置注蒸汽，减压塔底一般不注蒸汽。

（4）减压塔采用其专利的径向进料分布器——Schoepentoeters 进料分布器，有利于气液分离，减少雾沫夹带，有效降低蜡油中的残炭和金属含量。

2. 国内减压深拔技术

国内减压深拔技术研究起步较晚，制约着炼油工业的发展。相关专家对深拔技术做了很多积极探索，使得中国减压深拔技术取得了很大的发展。国内一般规定实沸点切割点温度在 540℃ 以上就属于减压深拔。总体分析，发展方向主要有以下几个方面：

（1）减压深拔技术工艺研究，包括采用高真空度减压塔和低压降、低温降的转油线等。

（2）减压深拔技术设备研究，包括采用低压降的新型塔填料和内件、开发新型的进料分布器和液体分布器、改进洗涤段的设计和操作、优化塔顶真空系统等。

（3）研究开发应用减压蒸馏过程的模拟软件。

中国石化工程建设公司等单位开发的减压深拔技术，主要采用急冷油循环及塔底阻焦技术来降低塔釜温度、控制塔底结焦及防止油品结焦堵塞等，已经成功应用在常减压蒸馏装置中。

中国石油在研究油品结焦动力学的基础上开发了一种判断炉管结焦倾向的方法，以及一种控制减压炉炉管内最佳油膜温度的方法，从而解决了减压深拔时减压炉油品温度高容易结焦的问题，填补了国内空白；为解决减压深拔减压塔容易结焦、堵塞的问题，开发了适应减压深拔的减压塔内件技术，包括防堵塞液体分布器、防结焦集油箱及减压深拔洗涤段工艺优化设计等技术。减压深拔技术的开发使中国石油具备了从轻质原油到超重原油等各种原油的减压深拔设计能力，深拔温度不低于565℃。减压深拔技术已应用于多套常减压蒸馏装置的设计和建设，减压蜡油拔出率提高了5~9个百分点，为各炼厂创造了良好的经济效益。

三、大型蒸馏塔多溢流设计技术

多溢流塔板是在蒸馏设备大型化的趋势下基于放大效应的研究应运而生的，是塔器技术发展的必然趋势。多溢流塔板主要应用于高液相负荷和大塔径的情况，解决液流强度过高带来的降液管液泛问题。液相处理能力基本与堰长成正比，而气相处理量与塔横截面积成正比。多溢流塔板通过减小液流强度和流道长度，有效避免液体不均匀流动对塔板效率的影响。最大允许堰上负荷决定了多溢流的流道数目，工业上通用的准则是出口堰上溢流负荷上限为134m³/(h·m)。随着液体负荷的增大，可采用双溢流塔板[图3-2(b)]、三溢流塔板[图3-2(c)]和四溢流塔板[图3-2(d)]。近年来，六溢流塔板也越来越常见，对更高的液体流量还可采用多降液管塔板。

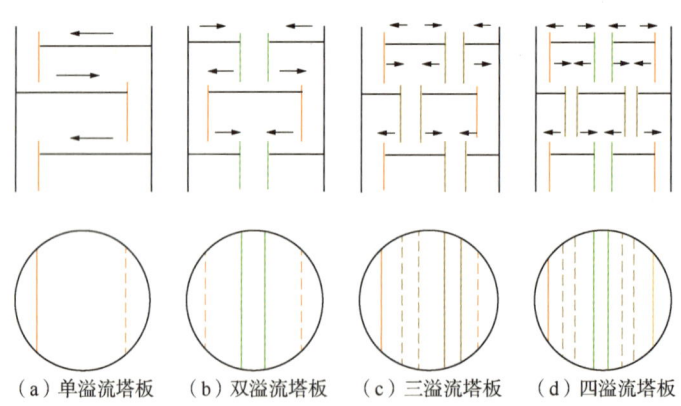

图3-2 单溢流塔板、双溢流塔板、三溢流塔板和四溢流塔板示意图

多溢流塔板操作最重要的方面就是塔板上气体和液体的平衡分布，气体和液体的分布情况直接影响到塔板的效率和处理能力。各流道的液气比 L/V 直接决定了传质效果，因此通常用 L/V 作为判断气液流动分布的有效工具。该值绝对值的大小并不重要，保持各流道取值的均一稳定才是最关键的因素。针对多溢流塔板气液均布的问题，Bolles[2]定义同一塔

板上各流道最大与最小液气比的比值为分配比φ，且分配比小于1.2时即可保持较高的塔板效率，在实际应用中通常取分配比小于1.1。

目前，常用的多溢流塔板设计方法为等鼓泡面积设计法和等流道长度设计法。

1. 等鼓泡面积设计法

等鼓泡面积设计法（EBA）是最容易理解而且是最常使用的方法。以下以四溢流塔板（图3-3）设计为例，说明等鼓泡面积设计法设计原理以及设计过程中应注意的事项。

中心降液管两侧塔板对称，液体可以均匀分配，侧降液管只有一侧可以流动，不存在液体的分配，因此最主要的问题就是要实现偏心降液管流下液体的均匀分配。等鼓泡面积设计法塔板A区和B区的面积相等，从偏心降液管流下的液体必须平均分配到两个溢流区上。而影响液体平均分配的因素很多，主要有溢流区出口堰长、堰高，以及偏心降液管下的压头损失。

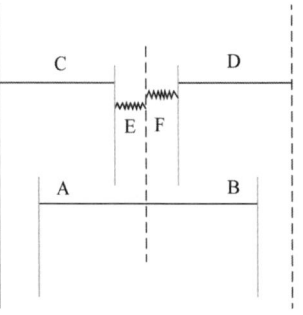

图3-3 四溢流偏心降液管液柱高度示意图

当偏心降液管下的压头损失超过12.7mm液柱时，其对液体分布的影响则不能忽略。由于B区的降液管底隙长度比A区长，底隙面积大，而降液管中两侧液柱高度（E和F）相等，压力平衡，因此流向B区的液相量大于流向A区的液相量，从而引起液流不均匀分配。

基于以上的分析，为了保证在任何操作条件下，A、B两区的液体都能均匀分布，等鼓泡面积设计塔板的基本准则如下：偏心降液管两侧的清液高度相等，使板上液层压降相等；偏心降液管的出口堰长和堰高相等，使堰上溢流强度相等；降液管底隙面积相等，使液体流出的压头损失相等。

气相总是会沿着阻力最小的通道通过塔板。理想情况下，塔板上压降均衡，气体均匀地通过整个塔板。对基于等鼓泡面积设计的塔板，当偏心降液管较短或存在某些连接结构时，A、B两区的气体可以发生连通，此时塔板压降仅由单个塔板的压降决定。若A、B两区的压降未达到平衡，则压降平衡关系如下：

$$\Delta p_A + \Delta p_C = \Delta p_B + \Delta p_D \tag{3-1}$$

式中 Δp_A，Δp_B，Δp_C，Δp_D——分别为A区、B区、C区、D区的塔板压降，Pa。

在多溢流塔板的设计中，降液管的排布至关重要。降液管设计的一般步骤如下：先计算降液管中的最大允许流速，从而确定最大液相负荷，进而决定降液管顶部的最小面积。当每个降液管中液体流速能保持基本相同时，塔板横截面积的利用最为有效。对于四溢流等鼓泡面积塔板，由流动平衡，中心降液管和偏心降液管的液体负荷为塔板液体流量的50%，两个侧降液管的液体负荷各为塔板液体流量的25%。与此相对应，降液管设计的标准如下：中心降液管和偏心降液管面积为最小降液管面积的50%，侧降液管的面积为最小降液管面积的25%。

当采用的降液管形式不一样时，要对降液管的设计标准进行相应的调整。当采用结构简单的垂直降液管时，降液管上、下面积相等。塔板横截面积和直径的确定依据Glitsch给出的有效面积关系式：

$$泛点率 = \frac{Q_V + (Q_L \times S)}{A \times CAF} \tag{3-2}$$

式中　Q_V——气体体积流率，m³/h；
　　　Q_L——液体体积流率，m³/h；
　　　A——塔板流道面积，m²；
　　　S——流道长度，m；
　　　CAF——浮阀塔板校正了起泡性后的容量因子。

对于倾斜降液管，一般降液管底部面积为顶部面积的60%。偏心降液管顶部以及底部的中心线与塔壁距离相等。

2. 等流道长度设计法

等流道长度设计法（EFPL）[3-4]较等鼓泡面积设计法略复杂一些，但是具有更高的塔板效率和处理能力。与等鼓泡面积设计法类似，影响偏心降液管下液体流动方向最主要的因素是A区和B区的堰长和堰高。从偏心降液管流下的液相依据出口堰长度的比例被分到A区和B区上。等鼓泡面积设计法和等流道长度设计法都不能通过调整堰高来平衡各流道，因为在设计操作条件下可以达到各板的平衡，而在开车或者停车时不可能平衡。通常规定每一流道上的出口堰高相等来保证整个操作范围内负荷均匀。假设偏心降液管底部没有明显的压头损失，液相分布只与堰长成比例。降液管底部的压头损失大于12.7mm液柱时，其对液体流向影响较大，否则可忽略其影响。

等流道长度设计法的设计准则较复杂：降液管顶部面积与顶部两侧流道的有效面积成比例；降液管顶部面积与入口堰长成比例；出口堰长与降液管出口两侧流道的有效面积成比例。当使用垂直降液管时，C区的出口堰要使用栅栏堰。

等流道长度塔板偏心降液管流向中心和侧降液管的流量与各自的堰长成正比（假设堰高相同，并且没有降液管中明显的压头损失）。一般来说，竖直偏心降液管距塔壁的距离为塔径的27%，侧降液管占总降液管面积的21%，这些数据可以作为塔板几何参数迭代计算的初值。等流道长度设计法塔板降液管位置和有效面积的确定是几何构型问题。

斜降液管的几何结构更为复杂。与等鼓泡面积设计法塔板相似，降液管底部面积与顶部面积的比值通常为一定值，如60%，但此时C区的流道长度与其他流道不相等。这是因为在降液管底部缩小同样的面积分数时，侧降液管的底部斜率要比中心或偏心降液管大。例如，底部面积是顶部面积一半时，偏心降液管向内斜面在顶部的投射长度等于顶部宽度的25%；而对于侧降液管，倾斜面的投射长度却为顶部宽度的38%。为了与偏心降液管25%的倾斜度相协调，侧降液管底部面积调整为顶部的65%。因此，等流道长度塔板的倾斜式侧降液管底部面积通常设计为顶部的65%。若设计的偏心降液管中线位置与塔壁不平行，此时侧降液管底部面积所占比例不再需要高于其他降液管，但设计的复杂性和额外成本大大增加。因此，采用垂直偏心降液管和底面积拓宽的侧降液管为较好的倾斜降液管设计方法。

3. 中国石油大型蒸馏塔多溢流设计技术

为了适应多溢流设计的各溢流塔板效率相等这一目标，传统上单纯控制各溢流液气比相等这一准则显然不可能确保塔板效率相等。实际上，即使塔板设计调控了各溢流的液气比相等，但由于各溢流塔板的几何结构和液体流向不同，各塔板的液层高度不相等，使得进入各溢流气相流量重新分配，以维持各溢流塔板压降相等这一关键调控因素。除此之外，由于液体流向和液体滞留区的影响，使得各溢流气液接触的停留时间也不相等，等流道长度和等鼓泡面积两种多溢流设计方法都不能确保高效操作。

针对目前大型板式分馏塔普遍存在效率降低、分离精度下降的问题，中国石油研发了全新的多溢流塔盘的设计理念和方法——等停留时间设计方法。该方法能够提高气液分布的均匀性、降低放大效应，保证各溢流传质效率相等，提高了效率和分离精度，为大型化多溢流蒸馏塔的设计奠定了基础。

四、分子炼油技术

面对原油资源的劣质化和日益严格的环保要求等多元化挑战，通过优化炼油生产，实现精细化加工，以最小的成本生产清洁的石油化工产品，特别是炼厂需要根据用户的需求生产具有特定性质的产品，已成为全球炼油企业的共识。随着科技的发展，特别是现代分析技术和计算机技术的飞速发展，分子炼油技术正在逐步发展，从分子水平来认识石油加工过程，准确预测产品性质，优化工艺和加工流程，提升每个分子的价值。

ExxonMobil公司早在2002年就启动实施了分子管理项目[5]，利用其专有的原油指纹技术，分析不同原油的分子结构集总，建立相应的反应动力学模型，并进一步与计划优化系统和实时优化系统相结合，准确选择原油、优化加工流程和产品调和，最大化生产高价值产品，从炼油过程整个供应链角度进行优化。分子管理项目使ExxonMobil公司收益颇丰，除尽可能获取边际效益外，该技术还帮助准确定位增值机会，并通过低成本改造来脱瓶颈，有效提高装置加工能力。

2008年，镇海炼化应用计划优化模型和带反应的流程模拟模型，导入"分子管理"理念，通过优化原油资源，优化资源流向和能量配置，实现了炼油和乙烯整体效益最大化。仅通过优化乙烯氢气、炼厂干气、LPG、碳五等物料流向，增加乙烯裂解原料超过70×10^4t/a，为炼油提供氢气超过30000m^3/h。茂名石化和石家庄炼化也分别于2011年和2013年提出要深入落实"分子炼油"理念，按照"细分物料，细分客户，贴近指标，精心调配"的优化思路，实施资源差异化战略，建立完善分段优化预测模型，优化原油资源，合理安排加工流程和优选加工方案，力争实现效益最大化。

第二节 中国石油常减压蒸馏技术

以中石油华东设计院有限公司(以下简称中石油华东设计院)为代表的中国石油系统内的炼油设计单位已拥有千万吨级常减压蒸馏装置的工程设计业绩，具备千万吨级常减压蒸馏装置的工程设计能力。为适应未来原油多样化和装置大型化的需要，中国石油对大型化常减压蒸馏装置进行了研究，开发了具有自主知识产权的重质劣质原油电脱盐、减压深拔、等停留时间大型蒸馏塔多溢流设计等特色关键技术以及千万吨级常减压蒸馏成套技术。

一、高频智能响应调压电脱盐技术

炼油工业将面临大规模加工劣质重质原油的挑战，重油相对密度大、黏度高、固体等杂质含量高，给脱盐脱水带来很大困难，是未来原油加工中需要重视的问题，也是原油脱盐脱水面临的又一新课题。

中国石油在对委内瑞拉 Merey16 原油进行深入研究的基础上，开发了适用于以 Merey16 原油为代表的超重劣质原油电脱盐技术——高频智能响应调压电脱盐技术，解决了以 Merey16 原油为代表的重质劣质原油电脱盐问题。该技术对重质劣质原油具有良好的适应性，使其脱盐脱水后的含盐量和含水量达到较好的水平，填补了业内空白。

1. 高频智能响应调压电脱盐技术概述

智能响应调压电脱盐设备高压电场的破乳脱盐效果与电压的波形密切相关。普通电脱盐技术电源为正弦交流或近似正弦交流，属缓慢变化的电场，对乳化膜的穿透冲击力不强。智能响应调压电脱盐技术通过采用高频增强对乳化膜冲击频次，相对于低频高压，增强了高压电场对油水乳化液界面膜的穿透力。输送到罐体内电极板上的不再是恒定不变的高压，而是频率和电压周期性变化的高压，这是一种高频波和次声波、高压和低压复合的波形。高频智能响应调压电脱盐设备主要由高频智能响应控制柜、防爆高频变压器、高压电引入棒、电脱盐脱水罐体和电极板组成。高频智能响应控制柜主要是通过整流电路、滤波电路、逆变电路、保护电路、输出电压幅值调整电路、防偏磁电路来实现电压在 0~540V 之间可调、频率在 50~20000Hz 之间可调。其中，整流电路的主要作用是将输入的三相交流电转变为直流电，采用三相全桥可控整流电路，由整流二极管与 IGBT 器件组成三相整流桥，将输入的三相 380V/50Hz 交流电转化为直流电，并且在 0~540V 间连续可调。滤波电路的主要作用是对整流电路输出的直流电进行滤波，滤波电容滤除整流后输出直流电的电压波纹并将电压保持稳定。逆变电路的作用是将整流滤波后的直流电变为幅值、频率及脉宽可调的矩形波交流，该交流加到主升压变压器的原边，在其副边得到高压输出，逆变电路的结构形式主要有全桥、半桥、单端正激、单端反激等。智能响应调压高频电脱盐电源输出到罐体电极板上的高压是通过带有人机界面的先进的智能化电子控制电路来实现的。智能响应调压高频电脱盐电源由新型高频电脱盐变压器与电子调压系统组成，交流调压模块能根据电流、电压反馈回路通过 PLC 对输出进行控制调节，也可根据预先设定的电压、电流进行稳定输出，确保变压器输出的最大电压、电流不超过设定值，具有稳压、限流的作用，保证设备的高效平稳运行。

当电脱盐罐内发生乳化、出现持续高电流时，智能响应调压电脱盐技术能够通过电子调压器自动调整输出的电压和电流。调压器通过限制变压器的电流输出，减少传统电脱盐设备在短路运行时不必要的电能消耗，实现高效节能。同时，罐体内如果出现顽固乳化层等严重乳化现象而跳闸时，系统控制调压器能采用软启动的形式输出高电压，对油水界面膜进行冲击，直至破乳。这样的控制方式极大地提高了电源的综合利用率，在节省电能的同时，确保变压器输出的最大电流不超过设定值，对设备起到保护作用，保证电脱盐设备的平稳运行。由于智能响应调压电脱盐技术高压电场高效的破乳效果，其特别适用于易发生乳化的高酸值、高含水量、高导电率的重质原油的脱盐、脱水处理，对劣质原油的处理具有较强的适应性。

智能响应调压电脱盐技术向电脱盐罐体内输入无级可调的高压电，即使罐体内发生乳化，也能够确保高压的顺利引入和有效高压电场的建立而不会发生短路事故，同时该技术能够根据罐体乳化状况的反馈自动调整输出电压，从而抑制油水界位处乳化的发生。

智能响应调压电脱盐技术可以根据加工不同原油的性质和特点，通过预先编程设定的波形曲线工作或通过控制器动态调整输出控制曲线和控制参数，在处理不同的油品时可在线设定及修改动态调压曲线参数，以向不同的油品施加更适合该油品的电场强度和时间，使各种原油都达到较好的脱盐脱水效果。图3-4显示了智能响应调压电脱盐技术典型的电压输出曲线。

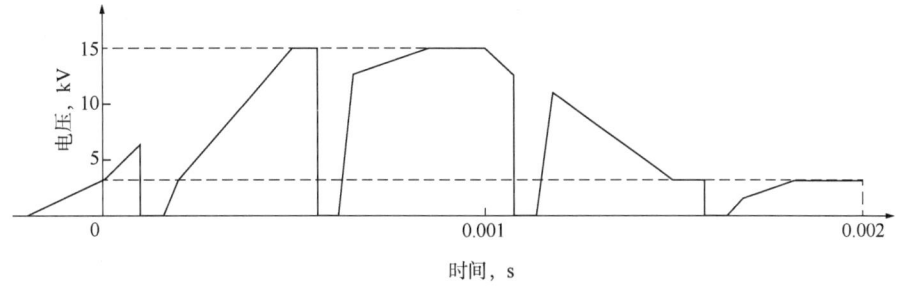

图3-4 某原油的智能响应调压电脱盐电压输出曲线

2. 高频智能响应调压电脱盐技术工业应用

1）Merey16原油应用案例

广东石化1000×10⁴t/a常减压蒸馏装置加工超重劣质的Merey16原油，采用高频智能响应调压电脱盐技术，罐体规格为ϕ5600mm×66000mm。

（1）原料性质。

Merey16原油一般性质见表3-1。

表3-1 Merey16原油一般性质

项　目	数　据	项　目	数　据
API度,°API	16.0	酸值, mg KOH/g	1.244
$d_{15.6}^{15.6}$	0.9593	含盐量, mg/L	171.2
特性因数 K	11.60	残炭,%(质量分数)	11.5
黏度, mm²/s　37.8℃	461.8	灰分,%(质量分数)	0.076
黏度, mm²/s　50℃	206.8	铝, μg/kg	<17
总硫含量,%(质量分数)	2.49	钒, μg/g	295
总氮含量, μg/g	4590	镍, μg/g	70
倾点,℃	-12	钠, μg/g	37
闪点,℃	26		

（2）电脱盐系统设置。

Merey16原油电脱盐系统设置见表3-2，电脱盐罐内件及电场设置如图3-5所示。

表3-2 Merey16原油电脱盐系统设置

项　目	数　据	项　目	数　据
级数	3	罐体规格, mm	ϕ5600×66000
处理量, 10⁴t/a	1000		

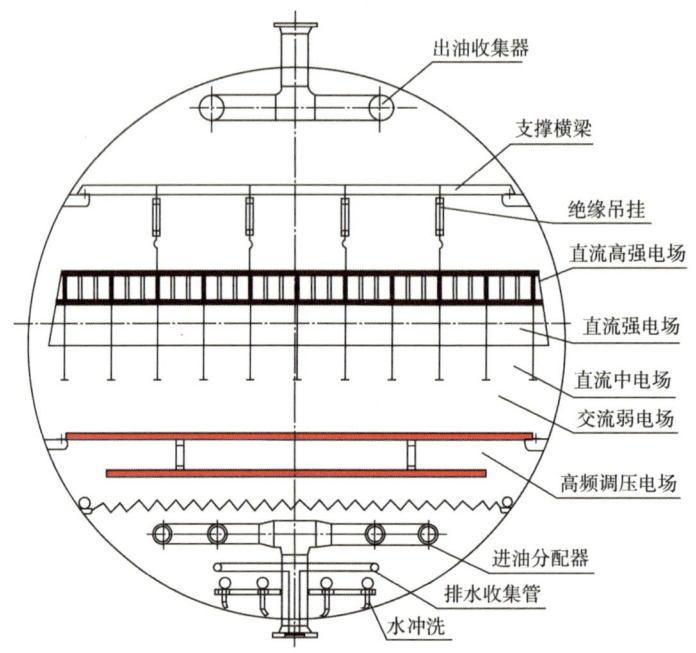

图 3-5 电脱盐罐内件及电场设置

（3）脱盐脱水效果。

目前装置建设中，设计保证指标如下：

① 脱后原料油含盐量≤3mg/L（微库仑盐含量测定法）；

② 原料油含水量≤0.4%（体积分数）（蒸馏法石油水分测定法）；

③ 单级电耗≤0.25kW·h/t 原油。

2）大港混合原油应用案例

大港石化 500×10⁴t/a 常减压蒸馏装置加工重质高酸的大港混合原油，2017 年装置大检修中针对电脱盐存在的问题采用高频智能响应调压电脱盐技术进行改造，罐体规格为 ϕ5600mm×34000mm。

（1）原料性质。

大港混合原油一般性质见表 3-3。

表 3-3 大港混合原油一般性质

分析项目	数据	分析项目		数据
密度（20℃），kg/m³	901	水分，%（质量分数）		0.14
黏度（100℃），mm²/s	16.7	含盐量，mg/L		8.1
凝点，℃	29.6	元素分析	硫	0.2
酸值，mg KOH/g	1.22	%（质量分数）	氮	0.47

（2）电脱盐系统设置。

大港混合原油电脱盐系统设置见表 3-4。

（3）改造后运行情况。

装置经改造投产后，电脱盐系统运行安全稳定、节能效果明显。脱后原油平均含盐量为2.29mg/L，脱盐合格率为100%。电脱盐运行电流显著下降，仅电耗降低产生的年效益为316.9万元，经济效益明显。改造前后的运行情况和效果对比见表3-5。

表3-4 大港混合原油电脱盐系统设置

项 目	数 据	项 目	数 据
级数	2	罐体规格，mm	φ5600×34000
处理量，10^4t/a	500		

表3-5 大港混合原油电脱盐系统改造前后效果对比

项 目	改造前	改造后
规模，10^4t/a	500	500
原料	大港混合原油	大港混合原油
脱后含盐量，mg/L	>3	2.29（合格率100%）
电耗，kW	626.8	49.6
一级电流，A	310~430	75~95
二级电流，A	220~350	79~88
年增量效益，万元	316.9（仅电耗的降低）	

二、减压深拔技术

1. 减压炉炉管抑制结焦技术

1) 炉管内油品结焦动力学

炉管挂焦速率 r_c（单位时间内炉管单位面积上沉积的焦炭重量）的动力学模型[7]如下：

$$r_c = \alpha e^{\frac{-E_0}{RT_f}} C_x - k_c Re^{-\frac{7}{8}} D \frac{T_f}{\mu_m}(C_x - C_y) \tag{3-3}$$

式中 r_c——炉管挂焦速率，g/(mm²·a)；

C_x——软焦层底层结焦前体物的质量分数，%；

C_y——流动主体中结焦前体物的质量分数，%；

μ_m——壁温下的黏度，mm²/s；

Re——雷诺数；

k_c——速率常数，s⁻¹；

T_f——油膜温度，K；

α——焦炭生成速率的频率因子，g/(mm²·a)；

E_0——焦炭活化能，kJ/mol；

R——摩尔气体常数，8.314J/(mol·K)；

D——结焦前体物在流动边界层的扩散系数，g/(K·a)。

炉管结焦速率与油品性质、操作条件密切相关。流体的黏度越大，质量流速越小，结焦前体物向主流体的扩散就越困难，炉管越容易结焦；油品结焦倾向越大、焦炭生成速率越快，则炉管结焦概率越大；油膜温度对生焦速率和脱落速率均有影响，温度越高，结焦速率越大；C_y是过程累计值，对挂焦速率的影响体现在影响焦炭的脱落速率上，当$C_y = C_x$时，即炉管内流速为 0 时，炉管挂焦速率急剧上升。应在减压炉内控制油品的停留时间，将油品的热转化率控制在加速拐点以下。

2）油气在炉管内的最佳流动形态

炉管内油气两相流动形态的控制是减压炉防结焦设计的关键，流动形态控制不当还会引起炉管管排振动，损坏炉管，尤其是对减压深拔减压炉的设计。在减压炉的设计和操作中，通常希望油气在炉管内呈环状流或环雾状流，若设计不合理，部分炉管中会出现柱塞流和块状流。

通过优化炉管注汽位置和注汽量的方法来改善油气两相流动形态。对于减压深拔，考虑处理量、加工原油工况等来确定最佳的炉管注汽位置和注汽量，以使炉管内油气保持最佳的流动形态。

3）炉管内最佳油膜温度的控制

减压深拔需要提高减压炉油品的出口温度，同时要保证管内油品长期不超温、不结焦，做到长周期安全运行，这就需要根据油品的性质，考虑油品介质在炉管中的最高油膜温度和停留时间进行结焦分析，使减压炉炉管内油品长周期生产条件在安全区域内。

4）减压深拔转油线

为达到炉管内最佳的流动形态，控制减压转油线压降和流速，抑制炉管中油品介质的汽化，防止炉管结焦。将转油线分为支管与总管，采用逐级合流的方式将油品从减压炉出口输送至减压塔。

2. 减压深拔工艺塔内件技术

减压深拔需要较高的加热炉出口温度和较低的闪蒸段压力，实际生产过程中往往由于操作温度过高导致塔内构件结焦，进而导致产品质量下降，运行周期缩短。针对减压深拔设计中存在的技术难题，需解决减压深拔的塔内件的结焦问题。

1）减压深拔防堵塞液体分布器

填料塔液体分布器形式主要有管式、盘式、槽式和喷嘴等几种，减压深拔工况下，洗涤段使用以上分布器均存在分布孔结焦堵塞的危险。目前普遍使用的槽式液体分布器，其二级槽侧壁或底部开分布孔，设计中为保证填料所需要的喷淋点数，分布器开孔往往很小，经常堵塞造成液体分布不均。

为克服上述液体分布器存在的不足，中国石油开发的新型防堵塞液体分布器的突出优点是二级槽开孔直径远大于物系中易堵的颗粒直径，保证出液孔不被物系中易堵的颗粒堵塞，从而增强了分布器的抗堵塞性能。开孔数量不受填料形式限制，可以远少于采用填料所必须要求的开孔数量，液体经过一级槽分配进入二级槽，由二级槽分布孔经导流进入分配盘，一个喷淋点可分散成多个，满足了填料对喷淋点数的要求。最终可以保证液体的均匀分布，有效解决了洗涤段高温易结焦的问题。新型防堵塞液体分布器结构如图 3-6 所示。

2）减压深拔防结焦集油箱

对位于进料口上方的过汽化油抽出集油箱，不但要解决热膨胀问题，还要求油品在塔内停留时间尽可能短以防止结焦。针对减压深拔过汽化油抽出的集油箱，集液槽、集液渠均倾斜一定的角度，集液槽向集液渠倾斜，集液渠向抽出斗方向倾斜，抽出斗底板也可以向抽出口方向倾斜，这种形式的集液方式显著提高了液体的收集速度，大大减少了液体在集油箱内的停留时间，有效解决了过汽化油集油箱高温结焦的问题。防结焦的过汽化油集油箱如图3-7所示。

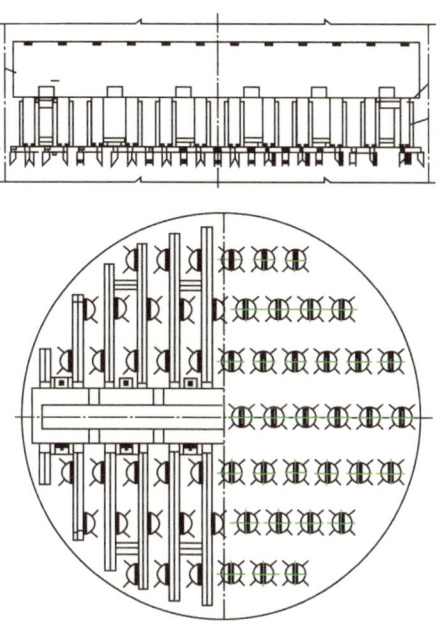

图3-6 新型防堵塞液体分布器结构

 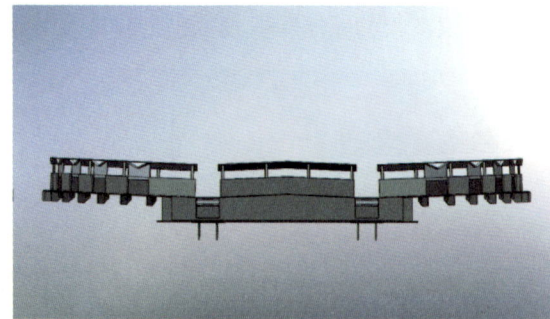

图3-7 防结焦的过汽化油集油箱

3）减压深拔洗涤段的优化设计

减压深拔条件下，由于操作温度高，进料温度常常超过400℃，洗涤段的温度一般达390℃，比常规条件下的减压塔洗涤段的温度高10~20℃，导致该段填料易结焦，从而使洗涤段失去洗涤作用，造成减压蜡油残炭和重金属含量超标，引起该段填料压降升高，降低减压拔出率，甚至会引起非计划停工。针对该难题，综合优化考虑闪蒸段的雾沫夹带、洗涤油喷淋量、过汽化工艺的选择等，实现洗涤段的高效、长周期操作。

（1）洗涤段规整填料选型。

根据减压深拔工艺，减压深拔塔洗涤段采用复合填料层进行设计，上部采用比表面积较大的板波纹规整填料，下部采用垂直格栅或孔隙率较大的板波纹规整填料，由于油气在转油线和闪蒸段未达到平衡,气相组分含有的重组分会导致蜡油质量下降。上部规整填料传热、传质性能好,通量大,可以在起到有效分离作用的同时防止结焦;下部格栅或规整填料由于孔隙率大,主要作用是聚结雾沫夹带的液滴,同时防止堵塞。适用于洗涤段的规整填料——双向金属折峰式波纹规整填料吸收了普通板波纹填料压降低、传质效率高的优点,同时吸收了 Intalox 散堆填料的优点,在板波纹板片上开设有 $\phi 2\sim 5mm$ 的小孔,提高板片间的气液接触面积,从而达到提高传质效率的目的。该填料结构上的优化使气液流路得到优化、传质效率提高;开孔率加大使通量提高、压降更低;比表面积提高使理论板数增加,抗堵塞能力提高。从而保证了减压塔在较大的弹性范围内正常操作,用于减压深拔洗涤段上部上升油气与洗涤油的气液精馏,能很好地去除油气中的渣油组分。

(2)洗涤段设计方法。

减压塔洗涤段设计由两层填料构成,上层为规整板波纹填料,下层为垂直格栅填料或孔隙率较大的板波纹规整填料。减压塔洗涤段理论板数设置为三层,洗涤段填料过低易导致洗涤效果差,洗涤段填料过高有可能出现干板状态,产生结焦。洗涤段下部设置防结焦过汽化油集油箱,洗涤段上部采用前述所开发的防堵塞液体分布器,保证洗涤油在填料中分布均匀,同时还需保证充足的洗涤油量,以及进料分布器油气分布均匀、雾沫夹带小。填料设置应达到传质和传热效率高、低压降、抗堵塞能力强的目的,有效防止填料结焦,延长整个设备的操作年限,提高拔出率。

3. 减压深拔技术工业应用

1)装置基本情况

吉林石化 $600\times 10^4 t/a$ 常减压蒸馏装置加工大庆原油和俄罗斯原油的混合原油,采用中国石油自主知识产权的减压深拔技术进行设计和建设,减压拔出深度为 565℃(图3-8)。

图3-8 吉林石化 $600\times 10^4 t/a$ 常减压蒸馏装置

2)原料性质

原料性质见表3-6。

表 3-6 吉林石化常减压蒸馏装置原料性质

序号	项目	俄罗斯原油	大庆原油
1	密度(20℃), g/cm³	0.8385	0.8619
2	API 度, °API	36.5	32
3	运动黏度(50℃), mm²/s	3.178	26.08
4	凝点, ℃	−14	33
5	残炭, %(质量分数)	2.27	3.63
6	灰分, %(质量分数)	0.001	0.002
7	蜡含量(吸附法), %(质量分数)	3.15	32.76
8	沥青质, %(质量分数)	0.61	0.29
9	胶质, %(质量分数)	5.70	8.53
10	含盐量, mg/L	16.9	<20
11	酸值, mg KOH/g	0.02	0.16
12	硫, %(质量分数)	0.57	0.1
13	氮, %(质量分数)	0.15	0.45
14	Fe, μg/g	0.79	0.94
15	Ni, μg/g	8.56	2.7

3) 装置运行情况

装置自建成投产以来运行平稳,产品收率达到设计值,产品质量优于设计值,装置能耗低于设计值。具体如下:

(1) 装置加工满负荷、掺炼俄罗斯原油比例为53%的情况下,生产操作平稳,产品质量合格。

(2) 轻油收率和总拔出率达到设计值,装置运行状态良好。

(3) 装置换热终温为317℃;常压炉及减压炉运行平稳,排烟温度正常,热效率达94%以上(高于设计值);装置运行能耗指标为9.42kg标准油/t原油,优于9.96kg标准油/t原油的设计指标。

装置主要标定指标见表3-7。

表 3-7 吉林石化常减压蒸馏装置主要标定指标

项目	数据	项目	数据
规模, 10⁴t/a	600	减压炉效率, %	92.8
能耗, kg标准油/t原油	9.42	减压拔出深度, ℃	565
常压炉效率, %	94.3		

三、等停留时间大型蒸馏塔多溢流设计技术

除了体系性质,塔板效率直接与液气比、气液接触的停留时间、气液接触状态(气液相界面大小)以及塔板上的返混和塔板间返混(雾沫夹带和泄漏)等因素相关。等停留时间多溢流设计必须考虑的基本规则如下:

(1) 各溢流间液气比须尽可能相等；
(2) 液体在各溢流塔板上流动的停留时间相等；
(3) 各溢流塔板平均清液层高度相等。

1. 等停留时间设计方法

采用液流停留时间的大小来界定塔板气液传质效率的高低、均匀与否是一个行之有效且较准确的方法。但流体在塔板上的停留时间并不是一个稳定的数值，受塔壁和出口的阻挡作用，以及大型化塔板显著的横向速度梯度影响，停留时间的分布呈现很大的不均匀性，液体不能按照预设的流道进行流动，这就使实际塔板的操作过程与理想情况下相差较大。

采用液体流速进行计算的平均停留时间为流道长度与平均流速的比值：

$$t_L = \frac{S}{u_L} \tag{3-4}$$

式中　t_L——液相停留时间，s；
　　　S——流道长度，m；
　　　u_L——液体流速，m/s。

由于孔口流动的特性，偏心降液管出口往两侧流动的液体流速相等。等鼓泡面积设计法两侧流道长度相差较多，传质效率较低；而等流道长度设计法中各流道长度相等，传质效率较高，当降液管出口液体流速相同，必然有流过长度也相同的流径时，各流道传质效率相等，总传质效率最高。因此，等流道长度设计塔板具有更高的塔板效率，这也是该设计构型的出发点所在。

但必须看到的是，等流道长度塔板的设计理念只是以塔板几何结构概念为参数，未涉及直接的性能参数，这是其缺陷所在。这一设计过程忽略了一个关键问题，即塔壁为圆形，液体在流动过程中不可避免地受到其影响，并不能按直线路径进行流动，于是流径逐渐扩大的流道产生扩张流动，并伴随形成滞留区，流径缩小的流道液体为收缩流动(图 3-9)。前者由于横向速度梯度的作用，能量分散，液体流速减小；而后者流动更为集中，流速增大。因此，即使偏心降液管两侧流道长度相等，但液体流速在流动过程中已经发生了改变，使实际的液相停留时间不再相等，导致各流道传质效率出现偏差，这是等流道长度塔板在设计过程中所未考虑到的问题。

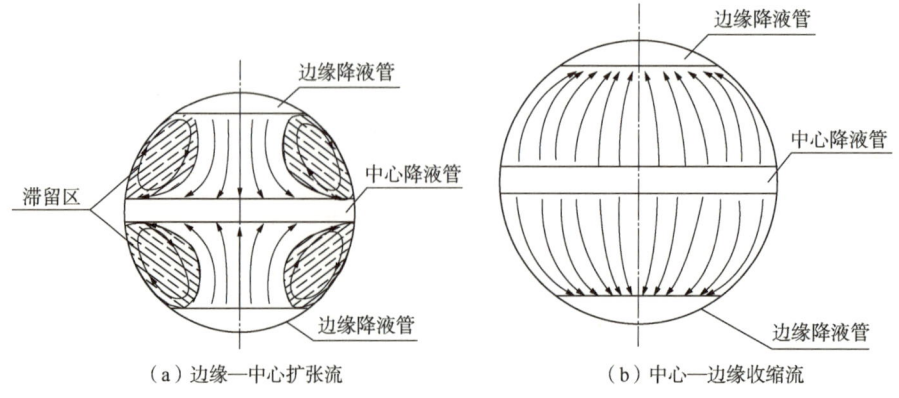

图 3-9　双溢流塔板扩张流与收缩流示意图

对等流道长度塔板[图3-10(a)]来说，偏心降液管两侧流道长度相等，而液体流速不等，则

$$u_A > u_B \tag{3-5}$$

式中　u_A——A区液体流速，m/s；
　　　u_B——B区液体流速，m/s。

由式(3-4)可得

$$t_A < t_B \tag{3-6}$$

式中　t_A——A区液相停留时间，s；
　　　t_B——B区液相停留时间，s。

为了实现两侧流道上停留时间相等，而液体流速的变化趋势不改变，偏心降液管要向中心一侧移动，增大边缘侧的流道长度，使其停留时间增加，中心侧流道减小，满足偏心降液管两边停留时间相等[图3-10(a)]。

等鼓泡面积塔板是以A区和B区鼓泡面积相等为准则设计的塔板，由于A区的流道长度远大于B区，因此A区和B区液相停留时间的关系为$t_A > t_B$。要使A区和B区停留时间相同，降液管需要向边缘一侧移动[图3-10(b)]。

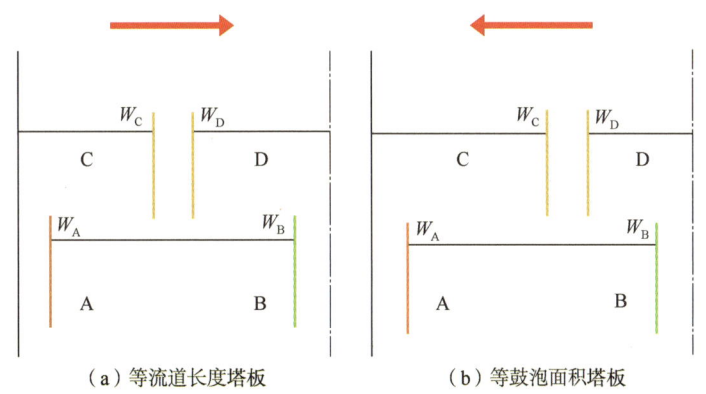

（a）等流道长度塔板　　　　　　（b）等鼓泡面积塔板

图3-10　降液管布置和栅栏堰使用位置示意图

全新的多溢流塔板设计方法——等停留时间(ERT)设计方法实现塔板效率的最大化，其偏心降液管位置在等鼓泡面积塔板与等流道长度塔板偏心降液管之间，相对更接近于等流道长度塔板，且流道长度为两种设计方法的加权平均值，满足式(3-7)。

$$S_{ERT} = xS_{EFPL} + (1-x)S_{EBA} \tag{3-7}$$

式中　S_{ERT}——等停留时间塔板流道长度，mm；
　　　S_{EFPL}——等流道长度塔板流道长度，mm；
　　　S_{EBA}——等鼓泡面积塔板流道长度，mm；
　　　x——等流道长度塔板流道长度在等停留时间塔板流道中所占比例，在0.5~0.7之间。

等停留时间多溢流塔板设计法的优势如下：

（1）以体现塔板操作和传质性能的直接参数——停留时间为设计判据，结合液体操作参数流量及塔板流道结构参数，尽管一定程度上增加了计算过程的复杂性，但其比等鼓泡面积设计法与等流道长度设计法单纯地以塔板结构参数作为设计变量更为合理。

（2）综合了等鼓泡面积设计法和等流道长度设计法的优点，通过设计确保多溢流塔板各流道上液体流动的停留时间相等，实现各流道传质效率相等，塔板总传质效率相比于其他两种设计方法得到提高。

（3）充分考虑了液流收缩流动及塔壁和出口堰的阻挡作用对液体不均匀流动的影响，使偏心降液管两侧液体流动停留时间的判定更为准确，气液传质接触效果均一，很好地解决了偏心降液管两侧液体均匀分配的问题，操作稳定。

（4）在等鼓泡面积塔板中，为了实现气液分布均匀，偏心降液管中心侧的入口堰 W_D 和出口堰 W_B 都需要使用栅栏堰；而对于等流道长度塔板的偏心降液管，边缘侧的入口堰 W_C 及中心侧出口堰 W_B 使用栅栏堰（图 3-10）。尽管能达到分布平衡，但栅栏堰的使用无疑将导致塔板现有处理能力的浪费。栅栏堰使用的多少与塔板鼓泡面积大小直接相关，由于等停留时间塔板偏心降液管位置在等鼓泡面积塔板偏心降液管和等流道长度塔板偏心降液管之间，其需要的栅栏堰最少，即塔板处理能力得到了最大程度的保留。

（5）针对 swept-back 出口堰制造复杂、占据有效鼓泡面积的缺点，通过使用抹斜式出口堰，既可以有效降低堰上液流强度，同时对降液管及塔板上气液接触均匀性也有很显著的改善作用。

2. 停留时间影响因素

出口堰的存在是导致塔板上液体非理想流动的根本原因，这是塔板上无法克服的先天缺陷，高液流强度操作下影响更为显著，直接作用于液体流动的停留时间分布，因此涉及液体在塔板上的停留时间时必须要考虑塔板上非理想流动问题。但受限于液体流动的不确定性以及大型塔板相关流动模型的不足，大型塔板上停留时间的计算在准确性方面有塔板滞留区和塔板缩流的影响两个主要问题。

1）滞留区

由于塔板结构为圆形，实际有液体流动的大型塔板上存在两个区域：一是入口堰和出口堰之间流动均匀的矩形恒流速区；二是两边弓形区域内流速为 0 或液体缓慢循环流动的滞留区。塔板滞留区是液体不均匀流动影响塔板效率最重要的原因，产生液体滞留区最主要的原因是塔板入口分配到滞留区的流量较小和滞留区出口流动阻力较大。滞留区的产生是常规错流式浮阀塔板"先天性"的缺陷，仅能改善，不能彻底消除。

影响塔板滞留区大小的主要结构因素为塔板的堰长塔径比（L_W/D）和出口堰高。对于空气/水体系，当 L_W/D 值超过 0.75 时，滞留区很小，并且 L_W/D 值越大，滞留区越小。体系性质和操作条件对塔板滞留区的影响较为复杂。

采用 Fluent 流场模拟软件，对于空气/水体系，在不同 L_W/D 值下，考虑从小到大不同的液流强度，对塔板上液体的流动状况进行模拟，具体参数见表 3-8。由于常减压装置多溢流塔板所应用的条件为常压塔，操作中油品相对密度为 0.7~0.8，黏度较小，在流动过程中对滞留区面积的影响不大，因此可不予考虑。

随着液流强度的增大[从 10m³/(m·h) 到 70m³/(m·h)]，塔板上滞留区的面积呈增大趋势；到 70m³/(m·h) 之后，液流强度继续增大，滞留区面积基本保持稳定，不再发生变化。当 L_W/D 值达到 0.75 之后，塔板上形成的滞留区面积非常小，所占比例基本可以忽略不计。

表 3-8 滞留区模拟参数表

参　　数	数　　值
塔径，m	4
堰高，mm	50
堰长塔径比（L_W/D），m/m	0.5，0.55，0.60，0.65，0.70，0.75
液流强度，m³/(m·h)	10，25，40，55，70，90，120

在各堰长塔径比下，由模拟流场图获得各液流强度滞留区面积占塔板面积比例，对液流强度作图并进行拟合，公式如下：

$$\begin{cases} y = a - bc^x \\ x = \dfrac{Q_L}{L_W} \end{cases} \quad (3-8)$$

式中　y——滞留区面积占塔板面积比例；
　　　Q_L——液体体积流率，m³/h；
　　　L_W——出口堰长，m；
　　　a，b，c——拟合系数。

得到每条曲线系数 a、b 和 c 见表 3-9。

表 3-9 滞留区面积所占分率拟合系数

L_W/D	a	b	c
0.5	0.26674	0.38092	0.9637
0.55	0.22253	0.31967	0.96316
0.6	0.19213	0.26344	0.9675
0.65	0.14987	0.18804	0.97584
0.7	0.08678	0.11727	0.97004
0.75	0.0457	0.0652	0.96438

之后再对 a、b、c 分别用 L_W/D 进行拟合，由于 c 与 x 直接相关，对 y 的计算结果影响最大，因此先从 c 开始计算，然后是 a 和 b。最后将所有的系数方程代入式(3-8)中，即可得到塔板滞留区面积所占分率与塔板堰长塔径比和液流强度的函数关系：

$$y = a - b \times c^{\frac{Q_L}{L_W}} \quad (3-9)$$

$$c = 0.95587 + 0.0185 \times \frac{L_W}{D} \quad (3-10)$$

$$b = 1.01639 - 1.27207 \times \frac{L_W}{D} \quad (3-11)$$

$$a = 0.72614 - 0.90633 \times \frac{L_W}{D} \quad (3-12)$$

式中　y——滞留区面积占塔板面积比例；
　　　Q_L——液体体积流率，m³/h；
　　　L_W——出口堰长，m；

D——塔板直径，m；

a，b，c——拟合系数。

2）缩流系数

当液流以扩张流形式流动时，会形成滞留区；而当以收缩流形式流动时，存在缩流系数的影响。缩流系数使塔板上液层高度增加，影响不可忽略。缩流系数通常使用 Bolles 的计算方法。Bolles 针对液体流型变化的影响，给出了缩流系数 F_W 与堰长塔径比和堰上液流强度的关系图，并根据泡罩塔提出了缩流系数的计算关联式。

通过 Bolles 给出的缩流系数公式不易取得收敛解，通过曲线拟合来重新获得缩流系数的计算关联式，最终得到的缩流系数与塔板堰长塔径比和液流强度相关的函数关系见式(3-13)至式(3-15)。

$$F_W = a + b \times 0.2259 \times \frac{Q_L}{L_W^{2.5}} \quad (3-13)$$

$$a = 0.91126 + 0.35328 \times \frac{L_W}{D} - 0.41699 \times \left(\frac{L_W}{D}\right)^2 + 0.15225 \times \left(\frac{L_W}{D}\right)^3 \quad (3-14)$$

$$b = 0.06083 - 0.16488 \times \frac{L_W}{D} + 0.16906 \times \left(\frac{L_W}{D}\right)^2 - 0.06449 \times \left(\frac{L_W}{D}\right)^3 \quad (3-15)$$

式中　F_W——缩流系数，$m^3/(h \cdot m^{2.5})$；

D——塔板直径，m；

Q_L——液体体积流率，m^3/h；

L_W——出口堰长，m；

a，b——拟合参数。

拟合参数 a 和 b 见表 3-10，对应的各 L_W/D 值的拟合曲线如图 3-11 所示。

表 3-10　缩流系数拟合系数表

L_W/D	a	b	L_W/D	a	b
0.5	1.00248	0.0126	0.8	1.00363	0.0041
0.6	1.00618	0.00883	0.9	1.00342	0.00237
0.7	1.00668	0.00615	1.0	1.00006	5.18077×10^{-4}

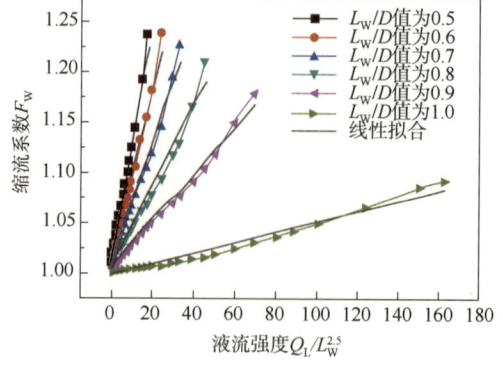

图 3-11　液体缩流系数拟合曲线图

综上所述，多溢流塔板是解决大型塔板放大效应的有效途径，实现各流道气液分布均匀是设计的目标所在，但偏心降液管两侧结构存在差异，易于出现气液分布不均现象，导致塔板效率低下。针对该问题，中国石油研发以各流道液气比、塔板上液层高度、液体流动停留时间相等为平衡准则的等停留时间多溢流塔板设计方法，具体如下：

（1）从压降平衡入手，通过塔板间和塔板上两个压降平衡分析，调整塔板结构，采用抹斜式出口堰等，使出口堰长与流道鼓泡面积成比例，实现偏心降液管两侧液流按鼓泡面积比例分配，进而保证同一塔板上每一流道的液层高度相等，气液分布液气比相等。

（2）当各流道液气比分配均衡时，塔板处理能力的利用率最高。同时当各流道液气比相等时，离开塔板各处的气液相浓度均一，此时总塔板效率最高。多溢流塔板设计的本质目标是通过保证各个流径气液传质效率相等，以实现传质效率与单溢流塔板相当。

（3）塔板效率的高低与气液传质接触时间直接相关，采用塔板上液体停留时间可以有效界定塔板效率。全新的、不同于以往设计思路的等停留时间设计方法，意图既改善等鼓泡面积设计法塔板中心与边缘各区流动长度相差较大、传质效率不均一的问题，同时又克服等流道长度设计法塔板由于液体非理想流动对传质效率的不利影响，充分考虑塔壁缩流、出口堰阻挡作用、产生滞留区等液体流动情况。等停留时间设计法综合了等鼓泡面积设计法和等流道长度设计法的特点，实现了塔板效率的最大化。

（4）等停留时间塔板结构的设计过程中既考虑塔板几何结构关系，也着重于水力学方程的使用。

四、千万吨级常减压蒸馏成套技术及工业应用

集成中国石油已有技术和特色技术成果开发的千万吨级常减压蒸馏成套技术在四川石化 $1000×10^4$ t/a 常减压蒸馏装置进行了工业应用（图3-12），装置第一个周期连续运行 4.5 年。

图 3-12　四川石化 $1000×10^4$ t/a 常减压蒸馏装置

1. 装置基本情况

装置设计加工量为 $1000×10^4$ t/a，设计年开工时间为 8400h，操作弹性为 60%~110%。

装置主要由换热网络、电脱盐、闪蒸塔、常压炉、常压塔系统、减压炉、减压塔系统等部分组成。采用中国石油自主知识产权的千万吨级常减压蒸馏成套技术进行设计和建设，自2004年1月投产以来，装置安全、平稳运行。

原油自罐区自流入装置，经原油泵升压后，与装置各热流股换热后进入电脱盐罐脱盐脱水。脱盐后原油经换热后进入闪蒸塔，闪顶油气进入常压塔常二中以下的分馏段，闪底油由泵抽出经换热后进入常压炉加热后进入常压塔。

常压塔顶油气经换热、冷凝冷却后进入塔顶回流罐进行气液分离。分离出的常顶油由泵抽出后一部分作为塔顶回流，另一部分作为石脑油馏分出装置。常顶气经常顶气压缩机系统压缩后，干气直接出装置，凝缩油经泵增压后送出装置。

常一线油、常二线油和常三线油经常压汽提塔分别汽提后由泵抽出，经换热(冷却)后，常一线油作为煤油馏分、常二线油和常三线油作为柴油馏分出装置。

常顶循环油、常一中循环油和常二中循环油分别由泵抽出，各自经换热后返回常压塔。

常压渣油自常压塔底由泵抽出升压后进入减压加热炉，加热后经减压转油线进入减压塔。

减压塔顶气经抽真空系统后进入减压塔顶分液罐进行气液分离。减压塔顶分液罐分出的减顶油由泵抽出送出装置。减一线油及减一中油、减二线油及减二中油和减三线油及减三中油分别由泵抽出并经换热，减一中油、减二中油和减三中油返回减压塔，减一线油、减二线油和减三线油作为蜡油馏分继续换热(冷却)至一定温度后送出装置。

减压渣油自减压塔底由泵抽出升压并换热后送出装置。

2. 原料

装置原料为南疆原油、北疆原油和哈萨克斯坦原油的混合原油，混合比例为2∶2∶6，原油自工厂原油罐区自流进入装置。原料性质见表3-11。

表3-11 四川石化常减压蒸馏装置原料性质

项目		南疆原油	北疆原油	哈萨克斯坦原油
密度(20℃)，kg/m³		861.8	854.2	832.4
API度，°API		31.89	33.34	37.6
黏度，mm²/s	50℃	32.27	16.24	15.33
	80℃	25.77	7.685	14.47
酸值，mg KOH/g		0.26	0.68	0.22
残炭，%(质量分数)		5.60	2.61	2.23
凝点，℃		−6	2	−1
闪点(闭口)，℃		<13	<14	<13
蜡含量，%(质量分数)		7.52	10.02	18.12
胶质，%(质量分数)		2.84	4.76	6.24
沥青质，%(质量分数)		4.78	0.89	0.60

续表

项　目		南疆原油	北疆原油	哈萨克斯坦原油
灰分,%(质量分数)		0.01	0.01	0.009
含水量,%(质量分数)		痕迹	0.07	0.07
含盐量,mg/L		7.4	6.8	2.0
氮,%(质量分数)		0.21	0.20	0.15
硫,%(质量分数)		0.84	0.14	0.43
金属分析,μg/g	Fe	3.86	5.93	12.45
	Ni	9.24	6.29	5.73
	Cu	0.59	0.57	0.54
	V	52.55	0.78	6.57
	Pb	0.11	0.04	0.11
	Ca	15.06	34.58	22.65
	Na	6	17	26
基属分类		含硫中间基	低硫中间基	低硫中间基

3. 装置运行情况

装置实现一次开车成功,处理量、产品指标达到或好于设计指标,装置运行能耗低于设计值。

1) 装置物料平衡

装置物料平衡情况见表3-12。

表3-12　四川石化常减压蒸馏装置物料平衡

项　目	25h 物料实物,t	收率,%(质量分数)	
		标定计算值	原设计值
原油加工量	29233		
常顶干气	102.5	0.35	0.53
凝缩油	51.7	0.18	0.17
石脑油馏分	5513.3	18.86	16.50
煤油馏分	1915.9	6.55	6.30
柴油馏分	6798.6	23.26	25.69
减顶不凝气	46.4	0.16	0.05
减顶油	58.9	0.20	0.19
蜡油馏分	8133	27.82	28.14
减压渣油	6612.5	22.62	22.43

2) 主要操作条件

装置主要操作条件见表3-13。

表3-13 四川石化常减压蒸馏装置主要操作条件

名　称	数　据	名　称	数　据
原油进装置温度	25℃	闪蒸塔顶温度	198℃
原油电脱盐温度	121℃	常压塔顶压力	0.12MPa
电脱盐罐操作压力	1.36MPa	常压塔顶温度	126℃
常压炉入口温度(换热终温)	300℃	减压炉出口温度	368℃
常压炉出口温度	355℃	减压塔顶温度	69℃
闪蒸塔进料温度	198℃	减压塔顶压力	16.5mmHg(绝)
闪蒸塔顶压力	0.146MPa	加热炉排烟温度	116.5℃

从以上运行数据可见，加工满负荷的情况下，装置生产操作平稳，装置轻油收率和总拔出率达到设计值，产品质量合格；装置加热炉运行平稳，热效率较高(达93.2%)；装置破乳剂、低温缓蚀剂、高温缓蚀剂注入量均匀稳定，电脱盐脱后原油含盐量及各塔顶油水分离罐的水中铁离子含量监测结果正常。

在保持原油性质稳定的情况下，装置换热网络运行稳定，换热终温为300℃；装置运行能耗指标为8.50kg标准油/t原油，优于9.49kg标准油/t原油的设计指标。

中国石油常减压蒸馏技术广泛实现了工业应用，主要大型工业应用业绩见表3-14。

表3-14 中国石油常减压蒸馏技术主要大型工业应用业绩

建设单位	规模，10⁴t/a	首次开工年份	建设单位	规模，10⁴t/a	首次开工年份
广东石化	2×1000	在建	华北石化	500	2006
广西石化	1200	2008	长庆石化	500	2005
四川石化	1000	2014	大港石化	500	2005
吉林石化	600	2010	锦西石化	420	2020
PKOP奇姆肯特炼油厂	600	2018	大庆石化	350	2019
锦州石化	500	2015	山东京博石油化工有限公司	350	2018
宁夏石化	500	2011	利津石油化工厂有限公司	350	2006
呼和浩特石化	500	2012			

第三节　常减压蒸馏技术展望

常减压蒸馏装置是炼厂的龙头装置，未来常减压蒸馏技术的发展方向主要为装置大型化、节能减排、先进控制、基于分子层面的精细化加工等方面。

一、装置大型化

为增强炼油企业的竞争能力，必须使其达到一定的经济规模。炼油装置大型化是提高劳动生产率和经济效益、降低能耗和物耗的重要措施。国内中国石油、中国石化目前规划建设中的炼厂规模均在 $1000×10^4$ t/a 以上,最大单套装置向 $2000×10^4$ t/a 的规模发展。规划建设中的中俄东方石化常减压蒸馏装置规模为 $1600×10^4$ t/a,建设中的盛虹石化常减压蒸馏装置规模为 $1600×10^4$ t/a。

装置规模大型化的持续提升,需进一步解决大型化单元设备以及由此带来的大型化结构、大型化高温管系的工程化设计、制造和建设问题。

二、节能减排

常减压装置是炼油企业的"能耗大户",能耗占全厂能耗的 15% 左右。采用过程能量优化组合技术、加热炉热效率提升技术、减顶抽真空系统整体优化以及相关新技术进一步降低常减压蒸馏装置的能耗和碳排放,采用低 NO_x 燃烧器技术、加热炉烟气脱硫脱硝等技术降低加热炉烟气的污染物排放,实现中国石油炼化企业低能耗、低排放、高效率的"绿色低碳"发展战略,践行"绿水青山就是金山银山"的发展理念。

三、先进控制

原油采购来自多个地方,性质各不相同,如沿海某炼厂炼制原油品种达几十种。炼制这些原油所需要的装置过程参数有较大区别,给常减压蒸馏装置平稳操作和控制带来巨大的挑战;同时由于成本利润的影响,也需要不断优化控制系统。目前采用的集散控制系统,虽然操作便捷、运行稳定,但其控制功能非常单一,只能完成一些基本常规的操作,不能对复杂化的操作过程进行有效控制。采用先进的控制系统,增强炼油企业生产的控制能力,保证常减压蒸馏装置运行的稳定性和可靠性,达到降低能耗、提质增产的目标。

先进控制技术在常减压蒸馏装置中的应用能够有效地提高装置的工作效率。通过模型预测、滚动优化和反馈校正等过程提高模型预测值的准确程度,并结合原油快速评价系统对常减压蒸馏装置进行更加高效的控制[8]。

四、基于分子层面的精细化加工

原油供应的劣质化、原料来源的多元化和日益严格的环保要求,导致石油加工工业的利润大幅降低。发展基于分子管理的石油加工原料和产品性质预测方法,实现石油加工过程在分子水平上的模拟和调控,并将其与流程模拟软件、计划调度系统和实时优化系统集成,为石油加工过程准确选择原料、优化加工过程和产品调和、最大化生产高附加值产品提供准确预测,从而实现石油加工过程的重构和供应链的优化,对提高日趋摊薄的石油加工过程的边际利润和实现可持续发展具有重要的意义。传统的优化方法和工具主要是基于集总和虚拟组分模型,计算得到的产品分布只能以混合物及其整体性质体现。集总模型无法对汽柴油中的芳烃、烯烃及氧、硫、氮含量等进行更为细致的描述,难以满足产品质量升级和进一步提升加工效益的需求。近年来,色谱和质谱等分析技术发展迅速,解决了石油分子组成分析中的许多技术难题,可以对大部分化合物进行检测。分析对象涵盖所有石油组分,检测动态范围超过 6 个数量级,有条件建立面向全组分分析的定量分析方法。计算机技术的发展为大规模计算提供了条件,基于数万分子集总的性质与反应计算已经可以在普通计算机上完成。此外,基于宏观性质的炼化优化方法理论已经在多个层面得以实施,其提供的方法框架为实施分子管理提供了方便的技术平台[9]。

目前，Aspen 公司以及国内相关科研单位已经开始进行原油分子水平的表征、建立原油分子数据库、开发新一代基于分子水平的炼油流程模拟软件。不远的将来，常减压蒸馏分离过程的设计将取得重大突破，达到按照原油中分子走向和分布进行设计的水平。

参 考 文 献

［1］李志强. 原油蒸馏工艺与工程［M］. 北京：中国石化出版社，2010.
［2］Bolles W L. Multipass flow distribution and mass transfer efficiency for distillation plates［J］. AIChE Journal，1976，22(1)：153-158.
［3］Pilling M. Ensure proper design and operation of multi-pass trays［J］. Chemical Engineering Progress，2005，101(6)：22-27.
［4］Jaguste S D, Kelkar J V. Optimize separation efficiency for multipass tray［J］. Hydrocarbon Processing，2006，85(3)：85-90.
［5］张海桐，王广炜，薛炳刚. 对分子炼油技术的认识和实践［J］. 化学工业，2016，34(4)：16-23.
［6］徐岳峰. 原油电脱盐工艺概论(2)［J］. 石油化工腐蚀与防腐，1994，11(1)：55-60.
［7］陈建民，黄新龙，王少锋，等. 减压深拔及结焦控制研究［J］. 炼油技术与工程，2012，42(2)：8-14.
［8］夏东泽. 先进控制技术在常减压装置的应用［J］. 南方农机，2020，51(3)：110.
［9］史权，张霖宙，赵锁奇，等. 炼油分子管理技术：概念与理论基础［J］. 石油科学通报，2016，1(2)：270-278.

第四章 催化裂化技术

自1942年世界上第一套流化催化裂化工业装置投产以来，催化裂化技术已有近80年的发展历程。中国第一套移动床催化裂化工业装置由苏联设计，于1958年在兰州炼油厂建成投产，以直馏柴油为原料生产航空汽油或车用汽油，第一套自主设计的密相流化床催化裂化工业装置于1965年在抚顺石油二厂建成投产，第一套提升管反应器流化催化裂化工业装置于1974年在玉门炼油厂成功运转，催化裂化技术在中国得到了快速发展，其总加工量和单套规模不断扩大。由于催化裂化原料范围广、加工深度大、产品品种多且灵活、操作成本低，其在炼油过程中始终占有举足轻重的地位，是重油轻质化的主要工艺技术之一。对很多炼化企业来说，催化裂化是取得经济效益的关键。截至2020年，全国共有180余套催化裂化装置在运行，加工能力近 $2.2 \times 10^8 t/a$，预计未来催化裂化工艺在现代炼化企业中的重要地位仍然不可取代。

为适应原料重质化，目的产品轻质化、清洁化，以及安全环保标准日益严格的挑战，中国石油通过多年技术攻关，开发了具有自主知识产权的大型重油催化裂化成套技术，并实现了核心设备的国产化，在重油高效转化、清洁燃料生产、多产低碳烯烃、装置长周期运行等方面开发了多种工艺和工程技术，应用在40余套催化裂化装置上，大大增强了中国石油在催化裂化领域的综合竞争力。

第一节 国内外催化裂化技术现状

围绕重油高效转化、改善产品结构、提高产品质量和多产低碳烯烃方面，国内外做了许多研究工作，近年来在催化裂化技术方面取得了很大的进展，开发形成了多项特色技术。

一、国外技术现状

1. Petrobras 公司的 IsoCat 工艺

Petrobras 公司开发的 IsoCat 工艺的特点是将经冷却器取热后的冷却催化剂送入提升管底部与直接从再生器来的热催化剂混合，然后进入提升管与原料油接触反应。其优点主要如下：(1)降低催化剂和油接触时的温度，减少热反应，降低干气和焦炭产率；(2)提高原料预热温度，有利于大分子的汽化；(3)提高剂油比，增强催化反应，提高重油转化率。采用 IsoCat 工艺后，Petrobras 公司可加工残炭值为 8%~10% 的环烷基常压渣油。

2. UOP 公司的 PetroFCC 工艺

PetroFCC 工艺采用低分压、高反应温度、ZSM-5 催化剂和具有特色的 RxCat 技术。RxCat 技术是一种反应器技术，将汽提段的部分待生催化剂循环到提升管底部混合段与再生剂进行混合，从而提高反应的剂油比。RxCat 技术能够降低提升管底部油剂接触区的温度，从而控制干气产率，而高剂油比能促进重油转化。采用 PetroFCC 工艺的丙烯产率为 20%~25%，乙烯产率为 6%~9%，汽油芳烃含量较高，可用于生产甲苯和邻二甲苯。

3. 沙特阿拉伯—日本合作开发的 HS-FCC 工艺

沙特阿拉伯法赫德国王石油与矿业大学、日本石油公司和沙特阿美公司联合开发了多产丙烯的高苛刻度催化裂化(HS-FCC)工艺。该工艺采用高反应温度、短接触时间、高剂油比操作，采用超稳 Y 催化剂和高择形分子筛含量助剂，以及下行式反应器。在 HS-FCC 工艺中，重油喷入带有粉末催化剂的下流式反应器，油品在 600℃下 0.5s 内进行反应。日本石油公司在日本水岛炼油厂(原油加工能力为 25×10^4 bbl/d)新建的 3000bbl/d 高苛刻度催化裂化(HS-FCC)装置已于 2011 年 5 月开始试运行。该装置投资 2.46 亿美元，能生产 35% 研究法辛烷值为 100 的汽油和 20% 丙烯。

4. KBR 公司的 Maxofin 技术和 Superflex 技术

KBR 公司开发的低碳烯烃技术(Maxofin)采用两根提升管，第一根提升管加工重质原料，第二根提升管用于自产 C_4 和轻石脑油二次裂解以增产丙烯，催化剂采用低氢转移活性的 REUSY 型专用催化剂，并加入 ZSM-5 含量较高的助剂(Maxofin-3 助剂)。中试结果表明，采用减压馏分油，第一根提升管反应温度为 538℃，第二根提升管反应温度为 593℃，丙烯收率可达到 18.4%。

KBR 公司开发的 Superflex 技术，反应—再生系统基于常规催化裂化技术 Orthoflow™，采用同轴两器形式，采用 C_4—C_8 轻烃馏分原料生产丙烯，同时生产乙烯和高辛烷值汽油。提升管反应温度为 550~650℃，剂油比为 12~25，产物中丙烯收率高达 40%，丙烯乙烯比约为 2.0。

5. ABB Lummus 公司的 SCC 工艺

SCC 工艺是 ABB Lummus 公司开发的选择组分裂化工艺，主要技术核心包括 4 个方面：(1)提高催化裂化的操作苛刻度；(2)优化工艺与催化剂的选择性组分裂化；(3)催化裂化汽油回炼；(4)催化裂化的乙烯和丁烯发生易位反应生成丙烯。该工艺通过高苛刻度的操作条件，丙烯产率由传统的 3%~4% 提高到 6%~7%；通过选用高 ZSM-5 含量的裂化催化剂，工艺上采用高温、大剂油比操作，实现选择性组分裂化，可以使丙烯产率提高到 16%~17%；通过催化裂化汽油的回炼再裂化可进一步提高丙烯产率 2~3 个百分点；通过烯烃转化技术，进一步将乙烯和丁烯转化为丙烯，预计可提高丙烯产率 9~12 个百分点。综上所述，结合 4 个方面可以得到 25%~30% 的丙烯。

6. 印度石油公司的 INDMAX 工艺

印度石油公司开发了重油生产轻烯烃和高辛烷值汽油的 INDMAX 工艺。INDMAX 工艺采用流化反应和再生技术，反应温度为 550~580℃、剂油比为 15~25、注水量为 15%~20% 以及低反应压力操作，采用专有的催化剂配方，该催化剂由 3 种互相促进的多功能催化剂组分构成，可根据原料性质和目的产品的需求选择不同配方的催化剂，具有较强的抗金属能力，对于加工渣油的催化裂化装置非常重要。其典型收率如下：3%~7% 乙烯，12%~24% 丙烯，4%~5% 异丁烯，5%~12% 正丁烯。2003 年，Guwahati 炼厂对 10×10^4 t/a 催化裂化装置进行 INDMAX 工艺改造，以常压渣油和焦化蜡油为原料，丙烯收率可以达到 24%。

二、国内技术现状

1. 中国石化技术现状

1) MGG 工艺和 ARGG 工艺

MGG 工艺和 ARGG 工艺是中国石化石油化工科学研究院(以下简称石科院)开发的工艺。MGG 工艺是用重质油为原料,采用提升管或床层反应器大量生产液化气,特别是 C_3 和 C_4 烯烃以及高辛烷值汽油的工艺。ARGG 工艺是用常压渣油为原料最大量地生产液化气的同时最大量地生产高辛烷值汽油的工艺。MGG 和 ARGG 两种工艺都采用特定的催化剂,在多产液化气的同时也多产烯烃,其烯烃收率远远大于常规的催化裂化。

2) FDFCC 工艺

中国石化洛阳石化工程公司开发的 FDFCC 工艺,采用两根提升管反应器,一个再生器。两根提升管可以同用一个沉降器,也可以分别设置沉降器。重油提升管在常规条件下加工重质原料,汽油提升管在较苛刻条件下进行粗汽油改质。根据需要,还可以按其他生产方案运行。在滨州化工厂和中国石化清江石油化工有限公司工业试验基础上,于 2003 年 5 月采用 FDFCC 工艺对中国石化长岭分公司 Ⅰ 套催化裂化装置进行了改造。工业运转结果表明,催化裂化汽油烯烃含量可降至 16%(体积分数)以下,硫含量降低 24%~27%,研究法辛烷值提高 1.6~2.9 个单位,柴汽比提高 0.2~0.7,丙烯产率提高 3.5 个百分点(相对原料)。在 FDFCC 工艺基础上,进一步开发了可增产丙烯并生产清洁汽油的新技术——FDFCC-Ⅲ 工艺。其工艺技术特点是高效催化技术,实质是将汽油裂化待生剂返回到重质馏分油提升管底部,与再生剂在底部混合罐内混合后,一起催化重质馏分的裂化反应,目的是抑制热裂化反应、促进催化裂化反应。FDFCC-Ⅲ 工艺在中国石化长岭分公司催化裂化装置进行工业试用,重质馏分油提升管中的剂油比为 9.82,底部催化剂温度为 630℃,液化气及丙烯收率分别达到 26.66% 和 10.23%。

3) MIP 工艺

石科院开发的 MIP 工艺是针对 GB 17930—1999《车用无铅汽油标准》开发的一种催化裂化工艺,在常规催化裂化提升管反应器基础上,将传统的提升管反应器分成两个串联的反应区:第一反应区以裂化反应为主,采用较高的反应温度、较大的剂油比和较短的停留时间,实现烃类催化转化;第二反应区采用较低的反应温度和较长的反应时间,强化了氢转移和异构化反应,以达到降低汽油烯烃含量的目的。实践证明,MIP 工艺较常规催化裂化工艺,可以降低干气和油浆产率,增强重油转化能力,改善焦炭选择性。MIP 汽油与常规催化汽油相比,可以将催化汽油烯烃含量降至 35%(体积分数)以下,苯含量降至 1.0%(质量分数)以下,使硫含量降低,辛烷值略有上升。2002 年在中国石化高桥分公司 Ⅲ 套催化裂化装置上完成首次 MIP 工艺工业应用试验,MIP 工艺在国Ⅲ和国Ⅳ标准汽油质量升级过程中发挥了重要作用。

为了适应更高的环保法规要求以及满足市场对低碳烯烃(尤其是丙烯)的需求,石科院在 MIP 工艺的基础上,调整了催化剂配方并开发了系列的专用催化剂,将 MIP 工艺拓展形成 MIP-CGP 工艺,其提升管形式与 MIP 工艺相同,优化了反应条件,提高了反应温度,强化了异构化、芳构化等二次反应的氢转移活性,原料在第一反应区裂化得到大量丙烯和富含低碳烯烃的汽油组分,低碳烯烃在第二反应区继续进行异构化、芳构化等二次反应,以满足降低汽油烯烃和增产丙烯的要求。MIP-CGP 工艺汽油中烯烃含量可降至 18%(体积分数)以下,芳烃含量提高至 18%(体积分数)以上,研究法辛烷值提高 1 个单位,相对原料的丙烯产率提高至 8%~10%。

4) DCC 工艺

DCC 工艺流程类似于传统的流化催化裂化,原料可以是减压馏分油,也可以掺炼脱沥青油、焦化蜡油或渣油,但在催化剂、工艺参数和反应深度等方面与传统的流化催化裂化有显著的差别。DCC-Ⅰ型采用提升管加床层式反应器,多产丙烯的操作条件比较苛刻;DCC-Ⅱ型采用提升管反应器,反应条件较为缓和,可以多产异丁烯和异戊烯,同时兼顾丙烯和优质汽油的生产。DCC-plus 采用双提升管+床层反应器,是在 DCC-Ⅰ型基础上增加第二提升管反应器,利用装置自产的 C_4 馏分和轻汽油作为提升介质进入第二提升管反应器,将从再生器来的高温催化剂输送至第三反应器密相床层,调节第一提升管反应器的温度梯度分布以及床层反应器的反应环境,提高低碳烯烃产率和选择性,同时降低干气和焦炭产率。首套采用 DCC-plus 工艺的装置于 2014 年 2 月投产,规模为 $120×10^4$ t/a,原料采用常压渣油(密度为 899.8kg/m³),干气产率为 7.46%,丙烯产率为 18.22%[1]。

5) CPP 工艺

催化热裂解工艺(Catalytic Pyrolysis Process,以下简称 CPP)是石科院开发的一种以石蜡基重油为原料,采用专门研制的分子筛催化剂和连续反应再生的操作方式,以生产乙烯和丙烯为主要目的产品的催化裂解工艺技术。在比蒸汽裂解温度低的情况下,使重油催化和热裂解生产 C_2、C_3 烯烃,其乙烯产率可达 18%~20%,C_2、C_3、C_4 烯烃总产率为 48%~55%。

沈阳石蜡化工有限公司建设了世界首套重油催化热裂解(CPP)制烯烃工业装置[2],于 2009 年 6 月建成并投入运行。该装置以石蜡基常压渣油为原料,以生产乙烯、丙烯等低碳烯烃为主要目的产品,副产高含轻芳烃的裂解石脑油。工业标定结果表明,以大庆常压渣油为原料,在兼顾乙烯和丙烯生产的操作模式下,单程操作时乙烯和丙烯产率分别达到 14.84% 和 22.21%,裂解石脑油中芳烃含量达到 82.46%(质量分数),符合设计目标。

2. 中国石油技术现状

1) ARFCC 技术

为了降低催化裂化汽油烯烃含量并尽可能减少辛烷值损失,中国石油成功开发了催化汽油辅助反应器改质降烯烃(ARFCC)技术,以常规催化裂化工艺为基础,利用常规催化裂化催化剂,依托原有催化裂化装置,增设一个单独的辅助改质反应器对催化裂化汽油进行催化改质处理,使催化裂化汽油中的烯烃主要进行氢转移、芳构化、异构化或者裂化等反应,从而达到降低烯烃含量、维持辛烷值的目的,彻底改变了采用降烯烃催化剂或助剂以及改变操作条件等措施所引起的产品分布和产品质量恶化的不利局面,满足了中国催化裂化汽油降烯烃以达到汽油新标准的迫切需要。该技术的单分馏塔方案在华北石化 $100×10^4$ t/a 重油催化裂化装置和滨州化工厂 $20×10^4$ t/a 催化裂化装置上成功工业化,该技术的双分馏塔方案应用于抚顺石化 $150×10^4$ t/a 重油催化裂化装置和呼和浩特石化 $100×10^4$ t/a 重油催化裂化装置,从装置平稳操作、降烯烃效果以及物料平衡来看,都取得了很好的效果。

2) TSRFCC 技术

两段提升管催化裂化（TSRFCC）技术是由中国石油大学（华东）与中石油华东设计院联合开发的，旨在提高柴油收率和总液体收率、降低汽油烯烃含量及硫含量的工艺技术。该技术的核心如下：催化剂接力、大剂油比、短反应时间和分段反应。在反应进行中间、催化剂活性下降到一定程度时，及时将催化剂和反应油气分开，需要进行反应的组分在二段提升管与来自再生器的再生催化剂接触，继续反应。两段提升管在不回炼汽油的情况下，轻油产率特别是柴油产率很高；当主要以降低汽油烯烃和硫含量为目的生产清洁汽油时，回炼部分粗汽油，降低反应温度，使异构化、氢转移、芳构化、烷基化等理想二次反应比例提高；当需要多产液化气、丙烯时，适当提高反应温度，使烷烃裂化和烯烃裂化等反应占主导，同时实现提高柴汽比、降低汽油烯烃和硫含量，生产高辛烷值清洁汽油的目的。工业装置运行结果表明：应用两段提升管催化裂化技术，装置总液体收率和柴油收率有较大幅度提高，干气和焦炭产率降低，汽油和柴油质量明显提高，硫含量降低20%以上；在汽油不回炼的情况下，烯烃含量降低4~5个百分点，在二段提升管回炼部分粗汽油时可有效降低催化裂化汽油烯烃含量（降低至35%以下）。

3) TMP 技术

两段提升管催化裂解多产丙烯（TMP）技术是在两段提升管催化裂化技术基础上发展起来的，它继承了两段提升管催化裂化技术的特点，配合多产丙烯催化剂，通过采用组合进料的方式，优化工艺过程，以达到多产丙烯的目的。试验结果表明，该技术在多产丙烯的同时，保持了较高的重油转化率、较高的汽油和柴油质量。其汽油产品烯烃含量低、辛烷值高，柴油质量与常规两段提升管催化裂化技术相当，好于常规催化裂化技术和其他多产丙烯技术。由于反应条件相对缓和，装置干气和焦炭收率较低。

4) CCOC 技术

石化院开发的深度降低汽油烯烃的灵活催化裂化成套（CCOC）技术，通过采用新型专用催化剂和工艺优化相结合，将烯烃含量高的催化裂化汽油在催化裂化提升管的特定位置定向转化成低碳烯烃，从而降低催化裂化半成品汽油的烯烃含量，催化产品分布基本不变。根据炼厂降烯烃需求，CCOC 技术有两条路线：（1）以降烯烃为主的 CCOC-Ⅰ工艺。采用降烯烃专用催化剂与轻汽油在提升管特定反应区反应相结合，强化以氢转移反应为主的二次反应，可以快速灵活地调节汽油烯烃含量，催化裂化汽油烯烃含量下降3~7个百分点，辛烷值损失小，总液体收率基本不变。（2）以增产丙烯为主的 CCOC-Ⅱ工艺。采用增产丙烯专用催化剂与轻汽油在提升管特定反应区反应相结合，强化以 ZSM-5 择型裂化反应为主的二次反应，将轻汽油中的烯烃转化为 C_3、C_4 烯烃，在增加低碳烯烃产率的同时降低催化裂化汽油烯烃。2018—2020年，CCOC 技术已应用在庆阳石化、兰州石化、广西石化等炼厂催化裂化装置上。

5) DCP 技术

降低柴汽比的柴油催化转化成套（DCP）技术是石化院自主研发的柴油二次催化转化技术。该技术在现有的催化裂化装置提升管反应器上设置专门用于柴油转化的重质柴油反应区，配合专用催化剂，在不影响正常催化裂化装置加工量及操作状态的前提下，使重质柴油在重质柴油反应区与催化剂在高温、大剂油比、短反应时间的条件下进行反应，将柴油转化为高附加值的高辛烷值汽油和液化气组分,从而减少柴油产率,增产汽油,降低柴汽比。DCP技术可分为DCP-Ⅰ型和DCP-Ⅱ型两种方案:(1)DCP-Ⅰ型。柴油和催化原料在提升管反应器中分区反应技术,柴油组分优先进行裂化反应,有利于裂化生成汽油馏分,且促进重油大分子的催化转化反应,进一步提高汽油收率。(2)DCP-Ⅱ型。柴油和催化原料混合反应技术,柴油的掺入降低了催化原料掺渣比,增加了原料中的氢含量,有利于生成汽油馏分。2018—2019年,DCP技术已成功在兰州石化、庆阳石化、辽河石化、玉门油田公司炼油化工总厂进行了工业试验,实现了规模化工业应用。

第二节 中国石油催化裂化技术

中国石油在独立自主设计完成多套催化裂化装置基础上,消化吸收引进技术,整合已有技术进行再创新形成了成套自主核心技术。尤其是通过集团公司级重大科技专项,围绕反应、再生、节能环保、大型关键设备设计与优化、大型催化裂化装置成套工艺包等关键技术进行攻关,开发完成了两段提升管催化裂解多产丙烯TMP成套技术、再生烟气脱硫脱硝成套技术和特大功率烟气轮机轮盘及特殊阀门制造技术,以及提升管后部直连技术、冷热催化剂混合技术、烧焦罐再生强化技术、径流型多管三级旋风分离技术、节能降耗技术等多项关键单项技术,在此基础上形成了大型催化裂化装置成套技术,推广应用效果显著,为中国石油炼化业务稳健发展提供了有力技术支撑。

一、中国石油催化裂化技术开发

1. 催化裂化反应技术

1) TSRFCC技术

为了适应多产汽柴油和低汽油烯烃含量的市场要求,中国石油大学(华东)与中石油华东设计院联合开发了TSRFCC技术。该技术采用"结构优化的两段提升管反应器"取代传统单一提升管反应器。通过与再生器优化耦合,构成具有两路催化剂循环的全新结构的反应—再生系统,在工程上成功实现了新鲜原料和回炼油在条件各自优化的提升管中分别进行反应,每段提升管引入再生剂进行催化剂接力,采用大剂油比、短反应时间的技术理念。图4-1为TSRFCC技术反应—再生系统示意图。

TSRFCC技术具有以下特点:

(1)分段反应。

该技术的一段提升管只进新鲜原料,目的产物从段间抽出作为最终产品以保证收率和质量,而回炼油单独进入二段提升管。新鲜原料和回炼油在两个反应器内进行分段反应,一是可以避免不同性质反应物的恶性竞争吸附,减少对理想反应的阻滞;二是可以选择各自优化的反应条件,控制单程转化率,使轻质油收率最大化。

由于重油轻质化反应主要发生在存在严重返混的提升管进料区域,分段反应实现了两个严重返混反应器的串联,使反应器的整体性能趋近于平推流,反应器性能得到优化,有利于作为中间产物的轻质油和液化气收率的最大化。

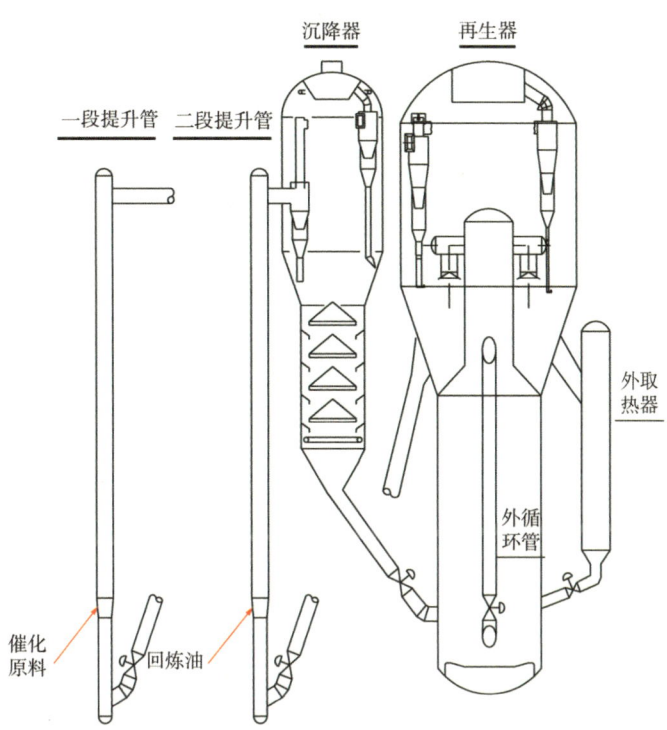

图 4-1 TSRFCC 技术反应—再生系统示意图

（2）催化剂接力。

原料经过一段提升管反应后，积炭将使催化剂活性下降，此时将催化剂与油气分开并返回再生器，需要进一步反应的中间产物在二段提升管与来自再生器的另一路新鲜催化剂接触，形成两路催化剂循环。通过催化剂接力，可显著提高剂油比和整体催化剂活性，强化催化反应。

（3）短反应时间。

TSRFCC 技术采用分段反应，但要求每段的反应时间比较短，总反应时间一般控制在 1.6~3.0s。选择短反应时间，是基于催化裂化过程的重油轻质化反应主要发生在提升管反应器的油剂混合区和初始阶段，在 1s 左右即可完成，远小于一般设计的 3s 左右。短反应时间有利于提高汽油和柴油中间产物收率，具体反应时间需要根据原料、催化剂性质和生产目的产品要求优化确定。

（4）大剂油比。

一段提升管反应时间较短，回炼油量相应增大；二段提升管循环催化剂量较大，循环催化剂对新鲜进料的剂油比得到大幅度提高，从而起到强化反应过程的催化作用。

由于以上特点，TSRFCC 技术的优势是提高催化裂化过程的轻质油收率，包括灵活调节柴汽比，适应市场经常变化的需要；提高柴油的十六烷值，降低后续加氢过程的负荷和操作成本；在保证目的产品收率不损失的前提下，适当降低汽油的烯烃含量，满足成品汽油低烯烃含量的要求。

TSRFCC 技术于 2010 年荣获国家科技进步奖二等奖，该技术先后应用于山东石大胜华化工股份有限公司、华北石化、辽河石化、长庆石化等炼厂 9 套催化裂化装置,提高轻油收率 1~3 个百分点,汽油烯烃含量降低到 35%(体积分数)以下,满足了产品汽油控制低烯烃含量的需要。该技术可适应各种类型的催化原料,比较适合于多产柴油或者多产柴油和丙烯的催化裂化装置。

2) TMP 技术

针对国内外多产丙烯的催化裂化技术反应注蒸汽量大、干气产率高的问题,中国石油开发了 TMP 技术。TMP 技术采用两段提升管工艺(图 4-2),配套专用催化剂,继承 TSRFCC 技术分段反应、催化剂接力和大剂油比的工艺特点,通过采用两段提升管和多个反应区的新型反应技术,实现组合进料、低温大剂油比、适宜的停留时间和高催化剂流化密度的理想反应条件,反应工艺和催化剂协调配合,达到多产丙烯、控制干气产率和兼顾轻质油品生产的目的。

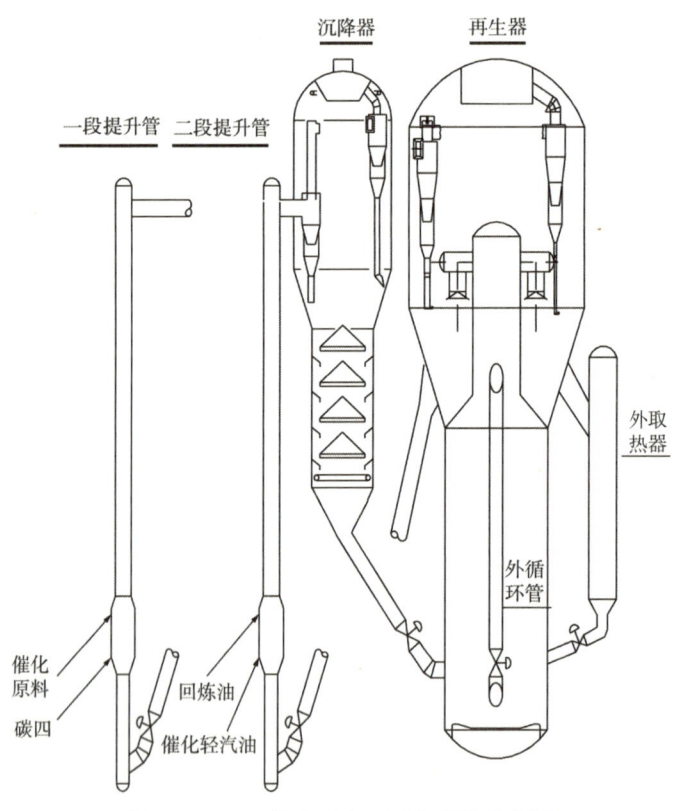

图 4-2 TMP 技术反应—再生系统示意图

该技术具有丙烯产率高、干气产率低、汽油辛烷值高、柴油密度低、干气中乙烯含量高的特点。以大庆常压渣油为原料,丙烯收率可达到 20% 左右,干气收率在 5% 左右;汽油质量好,烯烃含量低于 30%(体积分数),研究法辛烷值可以达到 95 以上;柴油质量较好,密度在 910kg/m³ 以下,通过调整操作条件柴油密度最低可以降到 890kg/m³;干气中乙烯含量高,乙烯占干气烃组成的 45%~50%(体积分数)。该技术操作灵活,改变催化剂和操作条件可在较大范围内调整产品结构;原料宜采用氢含量较高、重金属含量较低的石蜡基蜡油和渣油,可用在目的产品以丙烯为主并兼顾汽柴油的新建或改建装置上。

TMP 技术自 2006 以来已在大庆炼化等炼厂 5 套工业装置上进行了工业应用,并获得 2009 年度中国石油和化学工业联合会科技进步奖一等奖。随着成品油需求的放缓,而低碳烯烃特别是乙烯、丙烯的需求快速增长,未来 TMP 技术具有较好的应用前景。

3) 提升管后部直连技术

大部分催化裂化装置提升管后部分离系统采用粗旋+顶旋分离结构,反应油气自提升管出口离开,进入与其直接相连的粗旋。经过粗旋系统的快速分离,反应油气从粗旋顶部升气管进入沉降器稀相空间,催化剂经由粗旋料腿进入汽提段。被催化剂颗粒夹带的反应油气被汽提蒸汽置换下来,进入沉降器,然后与粗旋顶部升气管出口油气一并进入顶旋进行进一步的油剂分离。最后,顶旋料腿出来的催化剂进入汽提段进行汽提,经进一步净化的反应油气进入分馏塔。需要指出的是,尽管粗旋的气固分离效率可以高达 99% 以上,但是由于沉降器壳体直径较大,反应油气弥散在沉降器内部的整个空间中,线速度较低,在沉降器内的总平均停留时间为 20~30s。高温的反应油气(500℃左右)在沉降器内不断地发生非选择性二次裂化反应和热裂化反应,而部分未汽化的原料油油滴吸附在沉降器内壁及各内部设备的表面,不仅造成了该结构的催化裂化装置反应选择性较低,同时造成了其沉降器内易发生结焦,沉降器内严重结焦也成为影响催化裂化装置长周期安全运行的制约因素。

针对提升管后反应技术存在提升管后部油气停留时间长、防焦蒸汽耗量大、沉降器结焦严重和油浆固含量高的问题,中国石油自主开发了多段提升管后部直连技术。该技术将粗旋出口与顶旋风入口直接相连,并通过特殊设计的平衡管将汽提蒸汽和旋风分离器料腿排出的油气导入顶旋入口(图 4-3),避免了油气扩散到沉降器内,从而可抑制沉降器结焦。该技术与国内外同类技术相比有不增加额外蒸汽消耗、开停工及正常生产不存在跑剂问题等优势,正常生产油浆固含量不大于 2g/L,是重油催化裂化装置长周期运行的重要保障。提升管后部直连技术在 2013 年应用于某 160×10⁴t/a 两段提升管催化裂化装置改造项目,改造后提升管后部油气停留时间大大缩短,减少了不利的二次反应。通过改造,在蒸汽不增加的前提下解决了沉降器结焦问题,干气产率降低 0.5~1.0 个百分点,轻油收率提高 0.5~1.0 个百分点。提升管后部直连技术可应用于新建或改造装置。

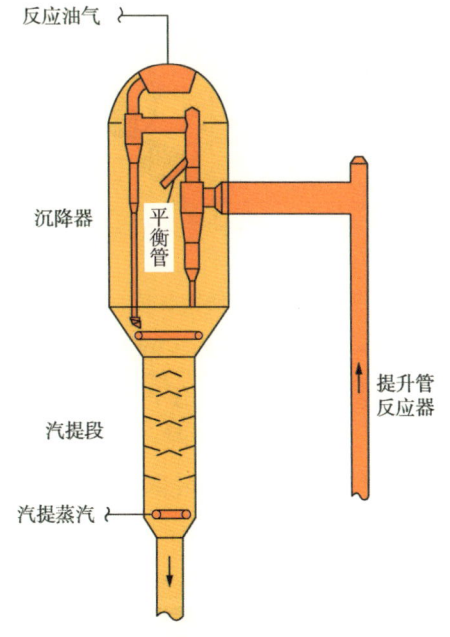

图 4-3 提升管后部直连示意图

4) 提升管出口旋流式快分(SVQS)系统

针对工业装置中常见的内提升管系统,中国石油开发了 VQS 旋流快分系统,该系统具有气固分离效率较高、压降小、油气停留时间短、操作弹性大等优点,已经在多套工业装置上应用,取得了很大的经济效益。通过对 VQS 旋流快分系统的气体流场进行系统的实验和数值模拟研究,发现在旋流头喷出口附近区域存在着短路流现象,经分析认为这是制约 VQS 旋流快分系统效率进一步提高的主要问题。经过研究提出在旋流臂上内插一隔流筒,隔流筒区内全部变为下行流，消除了喷出口处向上的短路流，在下部无隔流筒区内扩大了外旋流区，该系统即SVQS系统，从而改善了气固分离环境，避免了旋流头喷出口附近出现短路流而导致的颗粒跑损，进一步提高了分离效率。采用平均粒径为18μm的滑石粉进行实验，与VQS系统相比，SVQS系统的分离效率提高了约30%，与此同时压降仅增加不到40Pa。截至2015年底，SVQS系统已应用在8套工业装置上，其中最大的工业装置为360×10^4t/a重油催化裂化装置，该装置的封闭罩直径为5.7m，采用SVQS系统实现了分离效率在99%以上，可使轻油收率提高1.0个百分点。

5）冷热催化剂混合器技术

干气是催化裂化装置价值最低而氢含量最高的副产品，干气产率的降低直接意味着高价值轻液体产品收率的提高。干气产率主要由反应初期热裂化反应比例决定，适当降低再生剂温度可以大幅降低热裂化反应的比例，从而降低干气产率。常规催化裂化为保证良好的再生效果，再生温度不宜大幅降低。因此，将来自再生器的热催化剂与经冷却的一股冷催化剂进行混合，可降低催化原料与再生剂的初始接触温度，同时提高反应剂油比，从而降低热裂化反应比例和干气产率。为此，中国石油开发了冷热催化剂混合器技术，该冷热催化剂混合器（图4-4）由内、外筒构成，再生器来的高温催化剂和经冷却的冷再生催化剂分别分层进入冷热催化剂混合器外侧筒体。两股催化剂经过特殊设计内部构件的二次分配，完成了

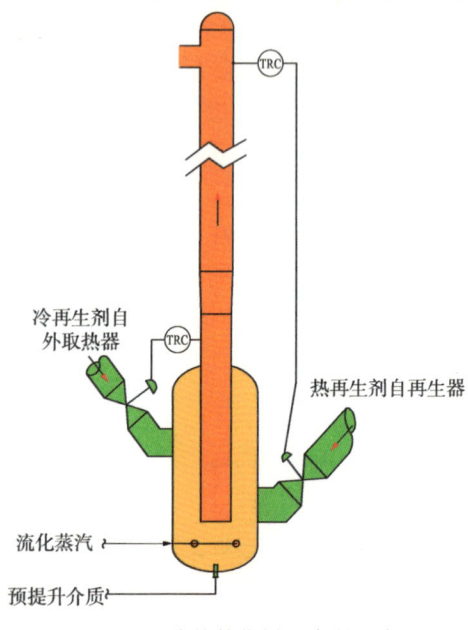

图4-4 冷热催化剂混合器示意图

混合和整流。冷热催化剂混合器技术可保证冷、热两股催化剂混合均匀，防止偏流温差对反应造成不良影响，使得参与反应的再生催化剂的温度在一定范围内不受再生烧焦条件的限制，并配合先进的混合温度在线控制方案，实现参与反应的再生温度无级调节。

该技术适用于带外取热器的催化裂化装置，可以实现进入提升管进料汽化段再生催化剂温度在650~690℃之间灵活调节，同时保证冷热催化剂混合均匀。多套催化裂化工业装置的运行情况证明，应用冷热催化剂混合器技术可降低干气收率至少0.5个百分点。

6）格栅汽提技术

催化裂化汽提段主要有两个作用：一是用来脱除夹带在催化剂上的可挥发性烃类；二是为吸附于催化剂上的重质馏分油提供足够的停留时间使其缩合和环化，这种缩合和环化使重质馏分油在催化剂上形成低氢含量的焦炭和高氢含量的富气，然后汽提蒸汽汽提出该部分富气。常规盘环式挡板的催化剂流通体积只有汽提段的一半，这就降低了催化剂的停留时间，汽提效果较差。为此，中国石油开发了格栅汽提技术（图4-5）。该技术汽提段内件

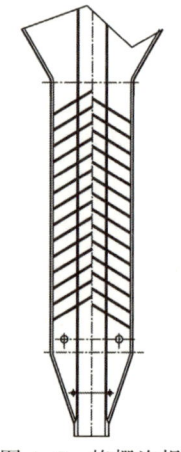

图4-5 格栅汽提技术示意图

采用多层格栅，格栅可破碎汽提蒸汽的气泡，汽提段催化剂密度可达 700kg/m³，加大气固接触面积、提高气固接触置换效率，同时格栅内件体积小，催化剂流通空间无死区，从而延长了缩合、环化等后反应的时间，达到降低焦炭产率和焦炭中的氢含量的目的。采用格栅汽提技术，汽提蒸汽耗量在 2kg/t 催化剂时可达到很好的汽提效果[焦炭中氢含量达到 6%~7%(质量分数)]，并且汽提段及待生斜管催化剂稳定流化，有利于装置的长周期运行。

2. 催化裂化再生技术

1) 烧焦罐再生强化技术

国内催化裂化装置烧焦罐式再生器一般采用"烧焦罐+大孔分布板"和"烧焦罐+稀相管"两种形式。相对于"烧焦罐+大孔分布板"式再生器，"烧焦罐+稀相管"式再生器取消了易磨损、变形的大孔分布板，避免了含有全部水蒸气的再生烟气穿过第二再生器床层，造成催化剂水热失活严重的问题，同时"烧焦罐+稀相管"式再生器具有主风—烟气系统压降更小的优点。但传统"烧焦罐+稀相管"式再生器烧焦罐烧焦不完全，第二再生器需要进一步烧焦，第二再生器主风量大，床层密度小，不利于再生催化剂输送；并且再生温度高，催化剂水热失活严重，也影响了反应剂油比的提高。

针对传统烧焦罐再生技术径向温差大、再生温度高、烧焦效率低和催化剂消耗量大的问题，中国石油在传统烧焦罐再生技术基础上，通过优化配置主风分布、催化剂分布、流化整流等一系列强化烧焦措施，大幅提高再生过程烧焦效率。在实现催化剂在烧焦罐内完全再生的同时，具有再生温度低、系统藏量小、系统压降低的特点。低再生温度和低系统藏量可最大程度保护催化剂活性。由于待生催化剂可在烧焦罐内实现完全再生，因此原第二再生器不再起烧焦作用，名称改为上部密相床，该密相床大密度操作可使再生催化剂输送系统稳定可靠，较低的系统压降可使主风机组全年处于发电状态。

烧焦罐再生强化技术对催化原料有很好的适应性，可应用于新建或改造装置上，一般再生温度不大于 690℃，主风机出口至三级旋风分离器入口压降不大于 85kPa，催化剂自然损失不大于 0.6kg/t 原料。

图 4-6 为烧焦罐再生强化技术示意图。

2) 径流型多管三级旋风分离技术

常规三级旋风分离器由于单管烟气分配不均匀导致整体分离效率较低，为此中国石油开发了径流型多管三级旋风分离技术(图 4-7)。该技术采用分离单管立式布置，分离烟气采用径流式进气。气流由三级旋风分离器底部中心进入，然后经圆柱形分离室侧壁均匀设置的进气口进行二次整流分布，使气流由分离室侧壁的四周向圆心方向流动，从而使气流分配更加均匀，达到提高三级旋风分离器整体分离效率的目的。该技术可适用于各种再生形式的催化裂化装置。

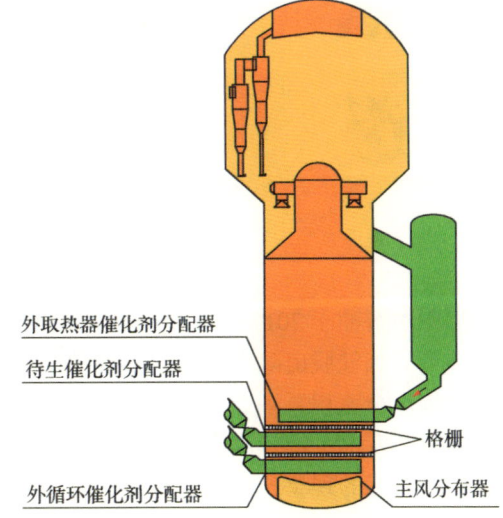

图 4-6 烧焦罐再生强化技术示意图

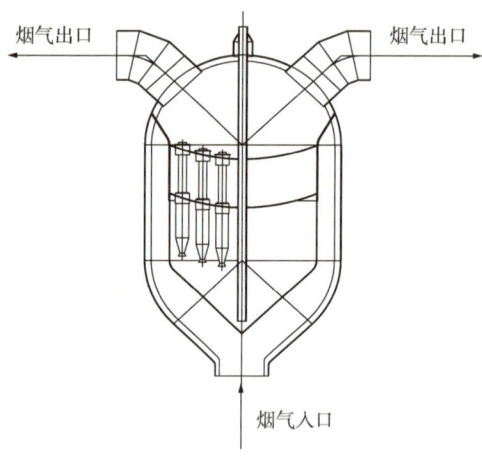

图 4-7　径流型多管三级旋风分离器示意图

径流型多管三级旋风分离器压降一般在 12kPa 左右，出口粉尘含量低于 100mg/m³。

3. 催化再生烟气净化技术

自 2005 年起，中国石油、中国石化等企业结合污染减排的需要，开始在国内炼厂增设再生烟气脱硫设施。

WGS 湿法洗涤工艺是 ExxonMobil 公司于 20 世纪 70 年代开发的一种有效的催化裂化烟气湿法脱硫除尘技术，首套工业化装置于 1974 年使用。该工艺主要包括湿法气体洗涤和污水净化处理两部分。湿法气体洗涤部分使用碱性溶液作为吸收剂（洗涤液），主要包括文丘里管和洗涤塔，洗涤液与烟气在文丘里管充分接触后，烟气中 SO_2 和粉尘被洗涤脱除，然后在洗涤塔内实现清洁气体与脏吸收剂液体分离。为防止催化剂积累，装置运行中将排出部分洗涤液进入污水净化处理装置。洗涤液中的催化剂经过沉淀脱除，澄清液送至污水处理场进一步处理。图 4-8 为 WGS 工艺流程图。

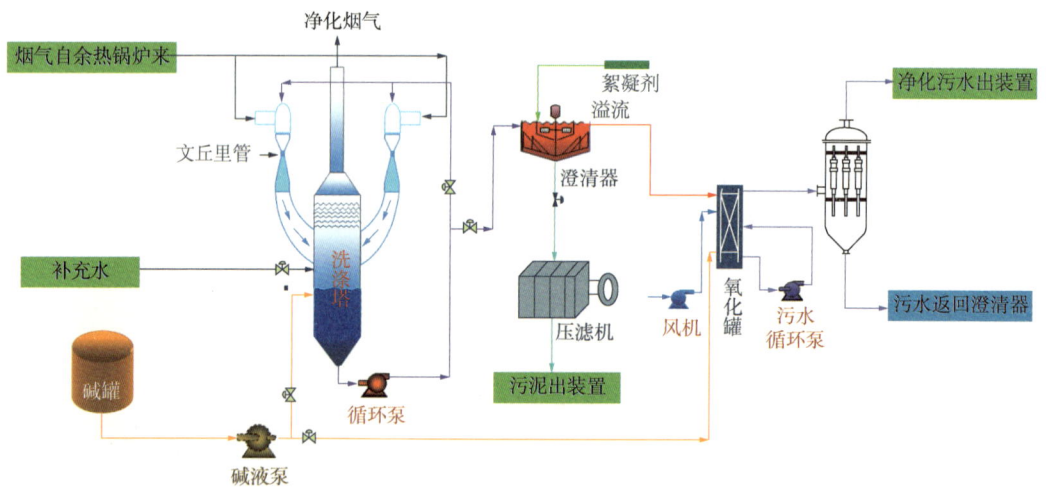

图 4-8　WGS 工艺流程图

中国石油于 2012 年 8 月完成了对 WGS 工艺的一次性引进工作，用于满足中国石油所属炼厂的烟气脱硫除尘设施改造的需要。中国石油在消化吸收 WGS 先进技术的基础上，开发出炼厂全流程系列化烟气净化技术——脱硫脱硝除尘技术，形成自有Ⅱ代 JWGS 技术，并配套开发出关键专利设备，用于治理中国石油所属炼厂催化裂化装置尾气中 SO_2、NO_x 或颗粒物超标的现象，可满足最苛刻的环保标准，并实现催化裂化装置长周期（3~4 年一个周期）运行需要。该技术已被广泛应用于中国石油所属炼厂催化裂化装置。

催化再生烟气净化技术的特点如下：

（1）脱硝方面。

中国石油先后开发出低压降喷氨格栅、整流格栅、液氨储存汽化一体化设施、高效

SNCR组件、气相SNCR喷枪等特色技术和专有设施，确保烟气在短距离、低压降下的混合效果，在降低脱硝投资的同时，降低运行成本，确保脱硝设施长周期稳定运行。特点如下：

① 还原剂分布更均匀，脱硝效率更高。

自主CFD流场模拟技术配合CKM化学反应动力学模拟，精确计算还原剂的分布和反应深度，提高脱硝效率，有效保护催化剂；实现超低NO_x排放，烟气NO_x含量不大于30mg/m^3；专利喷氨格栅、整流格栅设施，实现还原剂高效均匀混合，有效降低混合距离。

② 独有液氨储存—汽化一体化设施。

液氨储存—汽化一体化设施将液氨储罐和液氨汽化合二为一，使一个设备同时具备储存功能和汽化功能，创新性地解决液氨汽化阻塞的问题，优化简化供氨流程，节省占地及投资。

③ 高效组合烟气脱硝技术，适用范围广。

可针对不同余热锅炉及烟气特点，灵活选择高效组合脱硝技术，有效降低工程投资和运行成本，实现低成本达标排放；并可根据需要自主配套衍生技术，实现锅炉改造、含氨污水处理一体化，解决客户后顾之忧。

此外，中国石油结合国外先进理念，开发出钒、钨、钛体系催化裂化烟气脱硝催化剂，满足中国石油对催化裂化装置烟气脱硝的要求，该催化剂已在中国石油所属炼厂17套催化裂化装置上得到应用。

（2）脱硫方面。

成套技术包含零压降脱硫除尘一体化技术——Ⅱ代JWGS技术、烟气急冷技术、高温耐蚀液力抽空器技术、脱硫塔内硫酸铵氧化—结晶—固液分离技术、脱硫塔防腐技术等多项关键技术，以及氢氧化钠喷射洗涤、氢氧化镁洗涤、氨法洗涤3种湿法烟气洗涤工艺，适用于沿海和内陆各种条件炼厂催化裂化装置，能够满足催化裂化装置对长周期（3~4年一个周期）运行要求，净化效果可满足超低排放标准的要求。特点如下：

① 脱硫除尘零压降，适合原有催化裂化装置改造，技术可靠性强，净化效果好。

JWGS技术采用文丘里效应实现脱硫除尘零压降，不仅净化效果好，同时由于零压降，不需要对余热锅炉、烟道等的承压能力进行改造，新增脱硫除尘设施改造量少，投资低。

循环液过流部件采用SS31603等耐磨、耐蚀的材质，有效解决了烟囱等由于富集效应带来的腐蚀问题，确保了装置的长周期运行稳定性，对比其他技术在各炼厂的应用效果，进一步证明了该选材的合理性。

② 开发第三代脱硫废水处理技术，实现黑水处理。

采用表面过滤技术，高效脱除脱硫废水中的颗粒物，同时脱除废水中携带的有机物组分，可以有效应对未燃尽炭带来的黑水现象。该技术除总悬浮固体效果极佳，达到净化后污水总悬浮固体含量小于20mg/L的国内最严标准；同时大幅提升了外排污水中COD的脱除效果。不仅如此，多家企业应用证明，该技术可有效脱除催化剂再生过程中贫氧操作带来的污水中的氨氮、总氮，确保排放污水达到国家直排标准的要求。该技术已在大连西太平洋石油化工有限公司（以下简称大连西太）、克拉玛依石化、辽阳石化、大连石化、广西石化等炼厂项目上得到广泛应用。

同时高效"环流曝气喷射式氧化罐内件"可有效提升污水净化处理部分污水的溶氧系数，达到35%以上，在有效保障外排污水COD脱除效果的同时实现节能降耗。

③ 成功开发出系列化文丘里管。

为进一步提高 WGS 技术适应能力，开发出 20in、42in、48in、60in、72in、84in 和 96in 共 6 种规格文丘里管，将烟气处理能力进一步扩展至 10000m³/h，不仅适应了小规模催化裂化装置脱硫需求，同时为 WGS 技术在硫黄回收、工艺炉烟气脱硫技术上的推广奠定基础。

④ 优化多文丘里管工艺烟气分布设施设置。

对于无法满足完全对称布置的多文丘里管工艺，成功开发出烟道内烟气导流设施，进一步优化烟气在各文丘里管内的均布分布，保证文丘里管操作负荷，优化烟气处理效果。该烟气分布设施成功应用于宁夏石化、呼和浩特石化、辽阳石化等炼厂，应用效果较好。

⑤ 开发多种消落雨、消白措施，消除烟囱周边落雨、减轻"白龙"现象。

先后开发出系列脱水帽、复合填料、高效除雾器、烟气取热再利用消白技术等设施，并先后在 10 余套项目上进行使用，基本消除了烟囱雨现象，减少了塔底补水，取得了良好的效果。

⑥ 优化污泥处理设施选型，优化操作环境，提高生产效率。

针对板框式过滤机滤布经常泄漏、滤饼清理难度大、操作自动化控制程度低，导致压滤效果差、人工成本高且现场操作条件差、占地面积大等问题，污泥处理设施改用螺杆压滤设施，降低占地面积和工程投资，且污泥压滤流程采用密闭处理，提高了生产自动化，改善了操作环境，降低了操作费用。

4. 烟气轮机和特殊阀门

1）烟气轮机

烟气轮机是能量回收型透平机械，催化裂化装置中催化剂再生烧焦过程中产生的大量高温烟气通过烟气轮机膨胀对外做功，用于驱动装置中的主风机或者直接发电。烟气轮机将回收热烟气中大约全部的压力能和 25% 的热能，比单纯用废热锅炉可多回收约 50% 的能量。烟气能量回收机组在催化裂化装置中的成功应用，大大减少了能源的浪费，降低了生产能耗，还为炼厂取得了相当可观的经济效益。

YL 系列烟气轮机由中国自行开发研制，具有完全自主知识产权。通过 40 多年的发展，结合运行维护实际，在总结过去经验的基础上，YL 系列烟气轮机在结构上不断创新改进和完善，使其不但高效、安全，还便于操作、维护和运行管理。与初期相比，除向系列化、大型化方向发展以外，近年来在结构设计上及制造工艺上的重要改进和提高主要体现在以下几个方面：

(1) 高效马刀叶型叶片的开发和应用。

针对用户提高回收效率方面的要求，YL 系列烟气轮机利用国际先进的 CFD 设计理念，采用 ANSYS 等设计软件，对烟气轮机进行流场分析设计。从传统的直叶型发展到扭曲叶型，再到高效的马刀叶型（图 4-9）。马刀叶型叶片设计结合变截面、扭曲和弯曲 3 项技术，其能有效调整等压线的分布形状，抑制根部附面层分离，减少二次流损失，使低能区的流量向主流流动，从而提高叶片的气动效率，增加烟气轮机的做功能力。

(2) 优化动静叶流道围带扩张角。

根据烟气轮机单级的焓降，优化动静叶流道围带扩张角，将原来静叶平顶围带改变成与动叶围带扩张角相当的角度（图 4-10）。采用该种设计，烟气轮机叶顶的气流不再在静叶出口产生气流的径向偏折。新结构气流在叶顶间隙处沿着等压线(与围带表面相平行)流动,对叶顶围带结垢现象有缓解作用。

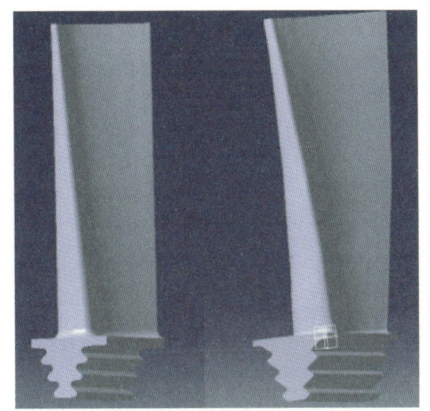 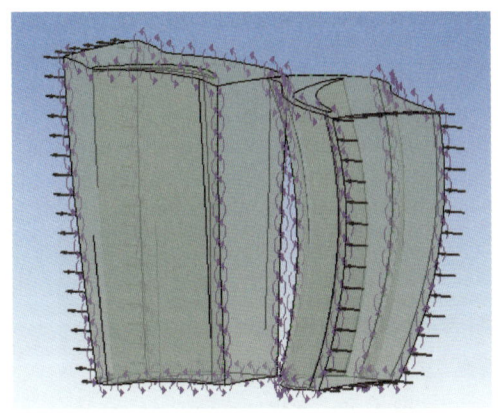

图 4-9　马刀叶型叶片　　　　图 4-10　优化动静叶流道围带扩张角

(3) 高效排气壳体开发。

利用全流场分析技术开发的高效排气壳体,提高了动叶出口截面流场的均匀度,有助于减小余速损失,有效提高透平效率(图 4-11)。

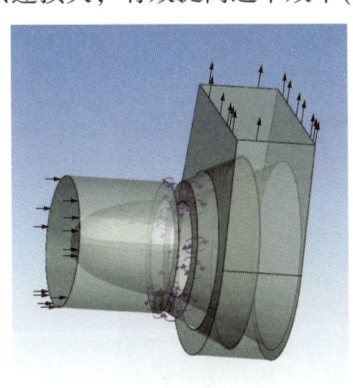 

图 4-11　高效排气壳体的设计和现场应用

(4) 双端支承静叶结构。

新型双端支承插片式静叶结构(图 4-12)由静叶外环、静叶内环和静叶片组成。静叶片支承方式由常规的悬臂支承变为两端支承,此结构改善了叶片的受力分布情况,使得叶身受力更加均匀,解决了在使用过程中静叶片的变形问题,消除了由于静叶片变形造成的气流冲角的改变,能够有效保证烟气轮机的长周期安全运行并提高了能量回收效率。

(5) 抗变形双壳体过渡衬环。

双壳体过渡衬环采用了可拆卸式薄壁防变形

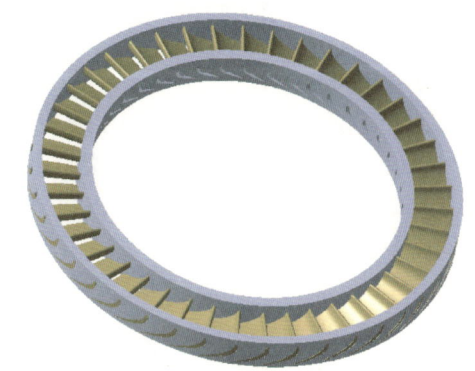

图 4-12　新型双端支承静叶结构

设计,能够有效解决常规过渡衬环使用后变形所导致的叶顶间隙超标问题,能够有效提升烟气轮机运行的安全性。图4-13和图4-14分别显示了常规过渡衬环和抗变形双壳体过渡衬环。

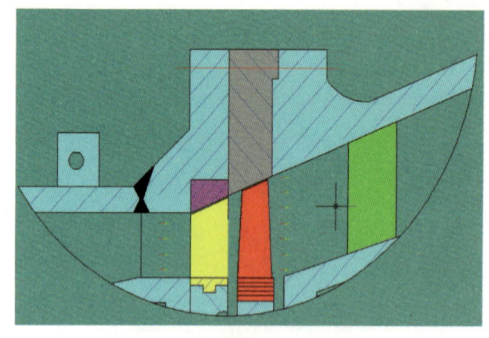 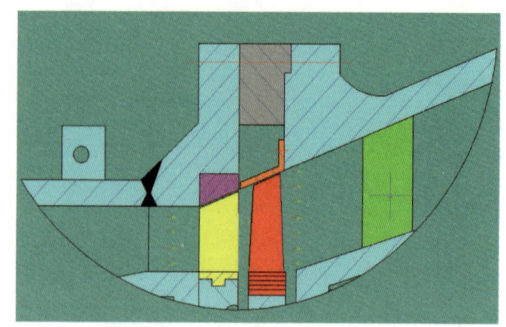

图4-13 常规过渡衬环　　　　　　　图4-14 抗变形双壳体过渡衬环

(6) 软叶顶技术的应用。

软叶顶技术是指在动叶顶部位安装一种较软的材质(图4-15),可以有效缩小叶顶间隙,减小叶顶气流损失,提高回收效率。当由于过渡衬环内表面发生催化剂结垢造成动叶顶发生动静摩擦时,能够首先将叶顶较软材质磨损,同时不会损伤叶片本身机体,该技术已经在多台烟气轮机上得到了成功应用。

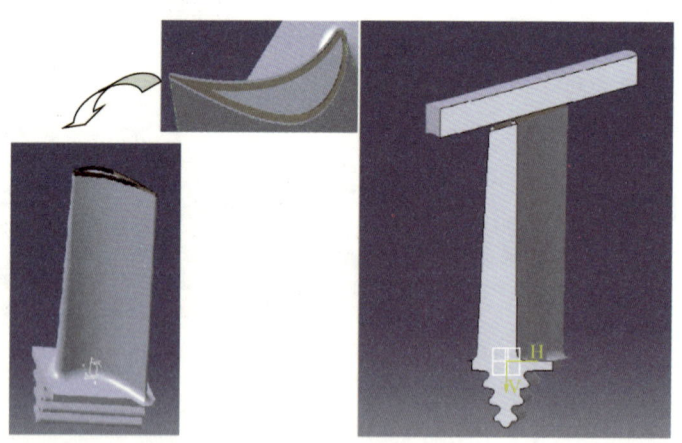

图4-15 软叶顶技术示意图

无论是国内还是国外,一直以来烟气轮机均采用固定静叶方式。可调静叶技术有利于烟气轮机适应装置的烟气变化,从而提高烟气轮机能量回收能力。通过静叶角度的动态调整,避免了采用阀门调节时的节流或旁路损失,实现催化再生系统的全压力能回收。这种结构已经在HP-1900/500型合成气膨胀机及GYL3000A型高效烟气轮机上得到了成功应用。

(7) YL型烟气轮机在线监测及故障分析系统。

基于MD-BaseTM的YL型烟气轮机在线监测及故障分析系统是结合多年来对烟气轮机及各类大型机组进行在线状态监测诊断的工业运行使用经验,以及针对那些配备有旋转机械的石化、电力、冶金、机械制造等企业的具体情况而设计的。中国石油的所有在用烟气轮机已经全部接入中国石油设备故障诊断技术中心烟气轮机(兰州)分中心进行实时监控。

(8) 超大型涡轮盘国产化。

超大型烟气轮机轮盘毛坯长期以来一直依赖进口,进口轮盘不但费用昂贵,供货周期长,而且大型高温合金涡轮盘是敏感坯料,一旦进口受到限制,中国在特大型烟气轮机制造方面便无能为力。为此,中国石油于2008年2月启动了"超大型烟气轮机涡轮盘国产化"工作,以使中国特大型烟气轮机轮盘的生产摆脱受制于人的局面,同时降低成本,为用户节省资金。已经完成了 $\phi1250mm$ 和 $\phi1380mm$ 轮盘的制备,各项理化检查结果优异,个别指标超过进口轮盘。图4-16显示了国产大轮盘锻造及加工过程。

图4-16 国产大轮盘锻造及加工过程

2) 特殊阀门

(1) 滑阀。

近年来,随着国内外炼厂的不断发展,催化裂化工艺技术不断推陈出新,装置向大型化方向发展,对滑阀的性能要求不断提高。针对大型化和高可靠性要求,滑阀的主要改进如下:

① 阀座圈、阀板与导轨技术改进。

滑阀导轨由U形结构改进为L形结构,且在L形截面与阀板接触平面上加开V形槽,升级换代产品有利于抵抗冲刷。带V形槽的L形导轨可减少催化剂堆积,防止因催化剂堆积而引起的阀板卡阻现象。同时,催化剂可在导轨平面V形槽中自由掉落,升级换代产品阀盖上可不加吹扫管。

单动滑阀的阀座圈开口为半圆形和矩形组合形状,其前半部圆形开口与阀体形状相似;双动滑阀阀座圈开口为矩形。

② 阀盖填料函密封结构技术改进。

阀盖上的填料密封函由双填料压盖密封(图4-17)改为单填料压盖密封(图4-18)。改进后结构简单,配合点相对较少,相对双填料压盖密封性能更好,更换填料更加容易。

③ 堆焊、喷焊改喷涂工艺改进。

滑阀阀板、阀杆、导轨等特殊零件表面采用超音速喷涂工艺。该技术生产的产品表面耐磨层非常均匀,喷焊层后续机加工更加方便,产品的耐磨度提高,产品的寿命延长;同时采用CMT冷焊工艺代替传统堆焊技术,使得堆焊更加均匀,设备的可靠性得到大幅度提升。

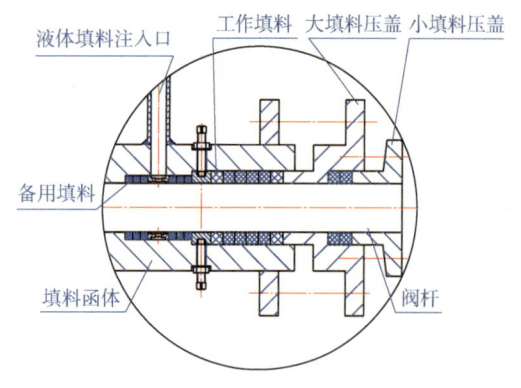
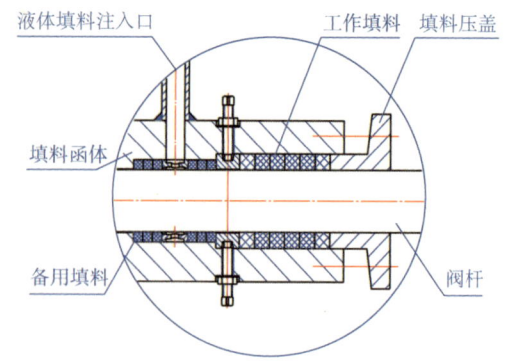

图 4-17 双填料压盖密封结构　　　　图 4-18 单填料压盖密封结构

④ 提高紧固件质量措施。

阀体内高温区螺栓长期在高温状态下工作，为提高滑阀的整体可靠性，改进工艺方法，阀体内部紧固件由以往车削加工改为辊制螺纹，辊制螺栓减少了螺纹收尾处应力集中，降低了阀体内高温区螺栓断裂的风险，提高了阀门的整体可靠性。

（2）三偏心硬密封蝶阀。

催化裂化装置用三偏心蝶阀，由于其使用工况恶劣，流通介质为带催化剂颗粒的高温烟气，使用温度高达 700℃，使用压力高达 0.4MPa，以往基本依赖进口，经过 10 余年的不懈努力，渤海装备兰州石油化工装备分公司完全掌握了大口径三偏心硬密封高温蝶阀的设计制造技术，在三偏心硬密封高温蝶阀研制过程中掌握了多项核心技术，从结构创新、工艺改进、加工制造等方面进行了研究，取得多项技术成果。

① 三偏心硬密封高温蝶阀双筒体热态膨胀结构的设计。

三偏心硬密封高温蝶阀使用位置特殊，一般采用热壁结构，这样就造成筒体的内外壁之间温差较大，从而造成阀座圈与阀板膨胀不一致，导致阀门在热态工况工作时无法完全关闭，密封失效。鉴于此，渤海装备兰州石油化工装备分公司制造的烟气轮机入口高温三偏心硬密封蝶阀设计为双筒体结构（图 4-19），该技术内筒体是薄壁筒体，外筒体为厚壁筒体，内外壁间形成空腔。在高温工况下，虽然阀板、阀座圈膨胀，但薄壁内筒体在空腔所发挥的保温作用下，内外壁温差很小，可以最大限度地与阀板、阀座圈同步膨胀，加上三偏心蝶阀有一定的自补偿特性，能够实现高温状态较好的密封，保证阀门性能。

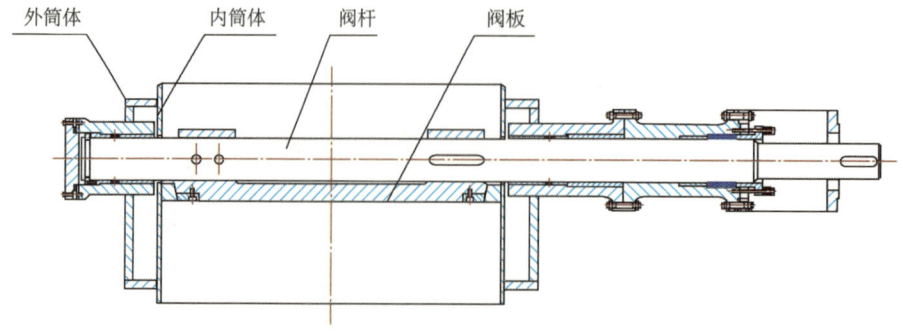

图 4-19 三偏心硬密封高温蝶阀双筒体结构示意图

② 采用带缓冲快速电液执行机构的设计。

专门开发研制的新型蝶阀用带缓冲快速电液执行机构，可以保证阀门关闭时，在阀板接近密封面的瞬间降低速度，最大限度地减少阀板对密封面的刚性冲击，以保护密封面和液压缸，从而提高可靠性和使用寿命。

③ 零部件堆焊合金采用 CMT 冷金属过渡技术。

三偏心硬密封高温蝶阀阀体、阀板密封面均要求堆焊硬质合金，采用 CMT 冷金属过渡技术可提升焊缝质量并提高焊接速度，真正做到无飞溅焊接，并可以降低焊接成本。

2018 年底，渤海装备兰州石油化工装备分公司为大庆石化设计制造的 DN1600mm 三偏心硬密封高温蝶阀，其各项指标均优于进口产品，尤其是密封性能，不仅完全达到 ANSI/FCI 70/2 Class Ⅵ级要求，而且远远低于标准所规定的泄漏量指标（仅为标准规定泄漏值的 1/3），标志着在大口径高温三偏心蝶阀领域，国产设备已经能够替代进口。

二、中国石油催化裂化技术工业应用

中国石油开发的反应—再生关键技术在中国石油系统内炼化企业进行了广泛推广应用，在改善催化裂化装置的产品收率和质量、降低能耗和剂耗、实现装置长周期运行方面发挥了重要作用。

1. 大连石化 350×10⁴t/a 重油催化裂化装置反应—再生系统改造

大连石化 $350×10^4$t/a 重油催化裂化装置（四催化装置，以下简称四催化）反应—再生系统改造项目[3]，是装置 2002 年投产以来第一次大规模改造，在原再生器尺寸限制、平面布置紧张的情况下，应用了多项具有自主知识产权的催化裂化技术，在保持现有装置主体结构和主要设备利旧的前提下，以较小的投资、较短的施工周期实现了设计目标，最大限度地降低了改造工程量和改造费用。

1）改造前存在的问题

（1）再生烟气尾燃及湍流床操作不稳定。

装置采用快速床+湍流床的再生形式，采用主风分布管进行主风分布，且主风分布管磨损严重，主风分布不理想。待生催化剂、外循环催化剂及取热返回催化剂均未经分布直接由烧焦罐器壁开口进入烧焦罐，由于烧焦罐快速床内径向返混程度小，焦炭和主风的分布不均使床层温差较大，再生效果欠佳。

原设计烧焦罐末端采用大孔分布板，二密相湍流床不太均匀，加之流态化不可避免的边壁效应，使部分主风未参与烧焦，直接穿过中心部位床层进入稀相，造成二密相烧焦能力较低，经常出现再生烟气尾燃现象。装置运行中为满足烧焦要求，再生温度偏高，致使催化剂水热失活严重，且反应部分剂油比偏低，产品分布不理想。

由于湍流床密度低，催化剂携带大量烟气进入斜管，斜管内催化剂脱气严重，气体周期性返回床层，对床层及稀相设备造成冲击，致使再生器旋风分离器料腿焊缝开裂甚至脱落，装置大量跑剂。

（2）再生部分取热负荷受限。

装置原设置两台外取热器，二密相设置内取热设备。由于原料性质、产品方案及操作条件与设计数据差别较大，装置在满负荷运行时，外取热器及汽包超出设计负荷 20% 以上，汽包分液能力不足，饱和蒸汽夹带液滴，同时汽包内件损坏。为保证装置长周期运行，装置采取降低处理量的办法，严重影响全厂加工流程的优化和经济效益的提升。

（3）产品分布不理想。

改造前，由于再生温度较高，导致反应剂油比偏低，加上反应时间较长，导致产品分布不理想。

2）改造内容

针对四催化存在烧焦能力低、反应剂油比低的问题，采用烧焦罐再生强化技术和冷热催化剂混合器技术进行升级改造。

（1）进行再生器强化烧焦改造，提高再生能力和流化稳定性。

采用强化烧焦技术对再生器进行改造，并在保留快速床+湍流床的再生形式基础上，改变二密床大孔分布板形式，改善流化均匀性，同时改善催化剂抽出区域的状态。烧焦罐内设置催化剂分布器和格栅，主风分布管变为主风分布板，优化催化剂与主风分布，实现降低再生温度的同时提高烧焦能力。

（2）增加再生器取热能力。

新增一台外取热器及相应汽包，提高再生器取热能力；重新设计再生器内取热器（由10组变为16组并改在烧焦罐内），在取热的同时可以解决原装置发汽量大、蒸汽过热度不足的问题；将原运行不稳定的气控式外取热器改为下流阀控提升返回式。

（3）优化反应条件。

在提升管底部设置冷热催化剂混合器，从外取热器引一股冷催化剂与高温再生催化剂充分混合，将与原料接触的再生温度降低到660℃，大幅提高了反应剂油比。

3）改造后运行情况

（1）加工负荷明显提升。

改造后，装置原料残炭值明显高于改造前，在同等总液体收率条件下，改造后加工原料比改造前残炭值高0.95个单位，处理量比改造前多1147t/d，装置加工重油能力提升，年增净利润约1亿元，效益显著。反应时间缩短，反应温度提高，低碳烯烃产量增加，改造前汽油研究法辛烷值为92.3，改造后为93，汽油辛烷值上升。

（2）装置能耗明显下降。

改造后装置能耗为43.19kg标准油/t原料，与改造前装置同期能耗最低的2015年相比，改造后能耗降低2.36kg标准油/t原料。

（3）外排烟气中NO_x含量明显下降。

改造前，2016年装置原料平均氮含量为0.153%，装置外排烟气NO_x含量为149.88mg/m³；改造后，装置原料平均氮含量为0.196%，外排烟气NO_x含量为104.5mg/m³。改造前后对比，在原料氮含量增加0.043个百分点的情况下，通过再生器的改造，外排烟气中氮氧化物含量下降约30%。

（4）再生系统尾燃问题明显改善。

改造后再生器内床层分布均匀，稀相径向温差由改造前的81℃降低至30℃，温度分布更均匀。解决了过去高负荷下再生器尾燃问题，三级旋风分离器入口与烧焦罐温差由改造前的23℃降低至6.2℃，电镜分析催化剂磨损问题得到明显改善。

(5) 装置过热蒸汽产量及品质均得到提升。

改造后，3.5MPa 蒸汽产量增加 50t/h，同时内取热出口 3.5MPa 蒸汽温度有所提高。

2. 大连石化 140×10⁴t/a 重油催化裂化装置再生系统改造项目

大连石化 140×10⁴t/a 重油催化装置（三催化装置，以下简称三催化）再生系统改造项目[4]，原料中掺渣比在 85%以上，装置原设计为两段再生工艺，待生催化剂依次流经第一再生器和第二再生器，其中第一再生器为湍流床不完全再生，第二再生器为湍流床完全再生，两股烟气在烟道混合燃烧后最高达 1300℃ 至高温取热炉。该改造项目将第一再生器贫氧、第二再生器完全再生的两段再生加高温取热炉工艺改造为第一再生器和第二再生器并列完全再生工艺，取消了高温取热炉，第一再生器和第二再生器均实现在 680℃ 左右完全再生，彻底消除了改造前高温炉易爆管、烟气中 CO 含量过高，以及第一再生器到第二再生器空气提升管容易噎塞导致紧急停工、第二再生器温度高、剂油比低和液体收率低等问题。改造前装置反应—再生系统示意流程如图 4-20 所示。

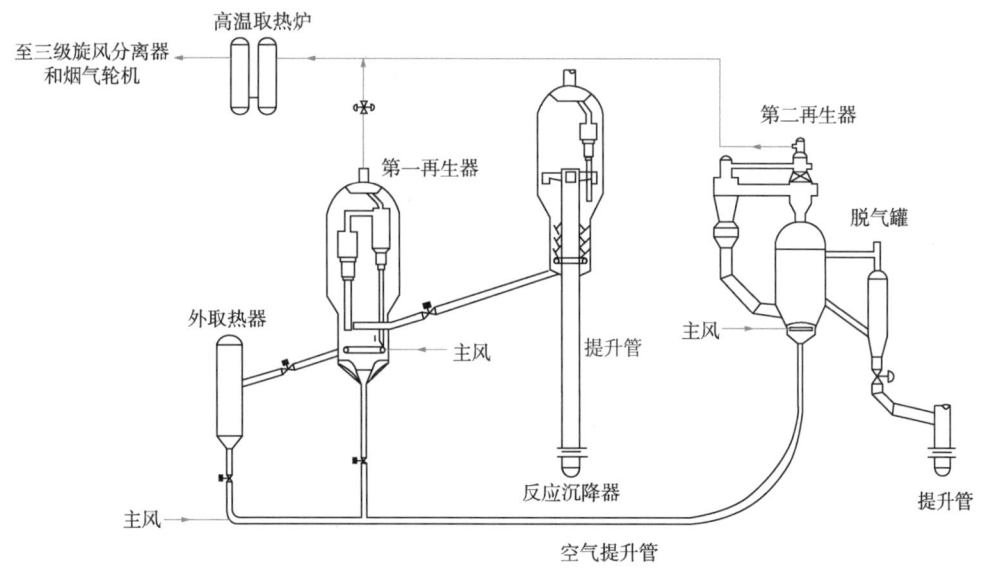

图 4-20　改造前装置反应—再生系统流程示意图

1）改造前存在的问题

装置运行存在以下问题：

(1) 高温炉运行工况苛刻，易爆管，或者积灰严重难清除，被迫降低反应进料量和掺渣比。

(2) 第二再生器温度高、剂油比降低，影响反应的产品分布和总液体收率。

(3) 再生烟气中 CO 排放质量浓度约为 10g/m³，能量损失大。

(4) 催化剂输送困难，多次发生催化剂噎塞问题造成紧急停工。

2）改造内容

为解决高温取热炉及再生烟气的问题，需要从根本上解决再生系统烧焦的问题，该次改造的主要思路如下：高温取热炉工况过分苛刻，安全隐患一直存在，应尽可能回避这一苛刻条件。该次改造首先通过采用第一再生器强化烧焦措施挖掘其潜力、提高其烧焦效率的方法来提高第一再生器烧焦量，烧焦能力不足的部分通过对第二再生器设备结构和烧焦方式的改造来解决，并要求改造后第一再生器和第二再生器均为富氧完全再生，第一再生器和第二再生器烟气合并后没有CO尾燃问题，后部流程仍按改造前运行。改造后装置反应—再生系统示意流程如图4-21所示。

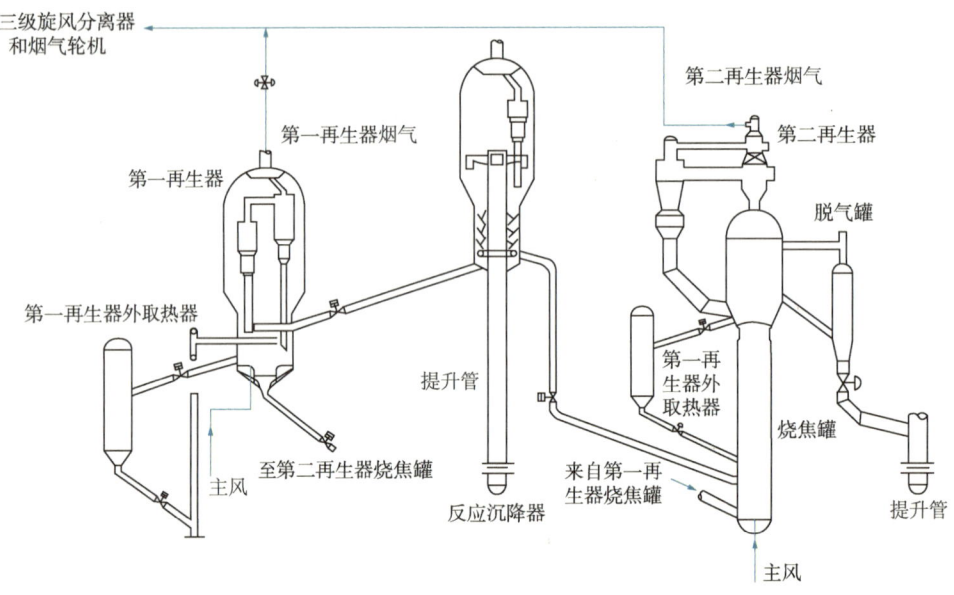

图 4-21　改造后装置反应—再生系统流程示意图

主要改造内容包括：

(1) 烧焦分配。

装置改造后，经过汽提后的待生催化剂一部分进入第一再生器，另一部分进入第二再生器，经过第一再生器再生后的再生剂进入第二再生器。两个再生器均保证富氧完全再生，第一再生器和第二再生器的烧焦能力分别为70%和30%。

(2) 再生器改造。

① 第一再生器。

第一再生器改造中的强化烧焦措施是将第一再生器的主风分布管更换为主风分布板，并增设了格栅及催化剂分布器。

② 第二再生器。

为满足30%烧焦量的要求，改造后第二再生器改为快速床+湍流床再生烧焦，将原第二再生器下端的催化剂输送管改造为烧焦罐，烧焦罐底部设置主风分布板，下部设置格栅，顶端设置大孔分布板。在满足烧焦的前提下，尽量降低第二再生器温度，从而提高反应剂油比。

(3) 反应部分改造。

原提升管反应时间长达6s，时间过长不利于产品分布，因此更换提升管，改造后提升管衬后内径为900mm，反应时间缩短为3.5s，较为合理。改造后预提升介质改为干气，同时为改善预提升效果，原预提升蒸汽环改为预提升喷头结构。

(4) 外取热器。

再生系统改为完全再生且强化烧焦后，烧焦量及放热增加，原第一再生器外取热器更换为扩大取热能力的催化剂下行提升返回式外取热器；增加第二再生器下流式外取热器，控制第二再生器二密相温度在680℃左右以提高反应剂油比，外取热器催化剂返回再生器后采用Y形分布器对催化剂进行分布。

3）改造后运行情况

改造后，装置一次开车成功，改造后反应—再生系统催化剂输送和流化稳定、剂耗正常。运行一年后的标定数据表明，装置在原料油掺渣比为88%（质量分数）、残炭值为5.94%的条件下，加工量达到4246t/d，达到设计负荷的101%；在原料性质基本一致的条件下，总液体收率比改造前增加1.4个百分点，干气和焦炭产率均有不同程度的降低；改造后烟气中CO浓度为0~150mg/m³，NO_x浓度保持在100~180mg/m³的较低水平；能耗明显降低，平均年净增效0.8亿元以上。

3. 长庆石化140×10⁴t/a催化裂化装置再生系统改造项目

针对长庆石化140×10⁴t/a重油催化裂化装置沉降器结焦严重、主风—烟气系统压降大以及催化剂高温水热失活严重等问题，2015年采用粗旋和顶旋直连快分技术、烧焦罐再生强化技术对装置的反应—再生部分进行改造[5]，彻底消除了以上问题。

1）改造前存在的问题

该装置反应部分采用TSRFCC技术，再生部分采用快速床—湍流床两段再生工艺，反应器和再生器为同高并列式，该装置存在的问题如下：

（1）沉降器结焦严重。

两段提升管出口粗旋与顶旋采用软连接结构，不可避免地存在少部分油气外溢并在沉降器内附着结焦，进而制约装置长周期运行。提升管后部油气停留时间长，增加了热裂化产物的产率，降低了目的产品收率。

（2）再生器主风—烟气系统压降大，烟气轮机回收功率低。

改造前的再生器形式，一密相（烧焦罐）的再生烟气全部通过大孔分布板，产生较大压降，不仅磨损大孔分布板，还增加主风—烟气系统压降（最高可达110kPa），导致烟气轮机回收功率低。

（3）催化剂高温水热失活严重。

改造前的再生器形式，二密相为保证再生催化剂的稳定输送和抽出，需维持较高料面，因此二密相藏量较大，加之高含水的烟气全部通过床层，使催化剂高温水热失活严重。此外，再生器一、二级旋风分离器料腿的翼阀埋入二密相床层，容易引起催化剂跑损和设备的磨损。

改造前的反应器和再生器结构如图4-22所示。

2）改造内容

针对装置运行存在的问题，在装置规模和原料性质均不变的前提下，改造内容如下：

（1）解决沉降器结焦问题。

提升管出口采用粗旋和顶旋直连快分技术，该技术可有效避免反应油气在沉降器内扩散停留，从而减少反应油气在沉降器壁附着结焦的情况，同时减少油气长时间停留引起的热裂化反应，降低干气产率，进而改善产品分布。

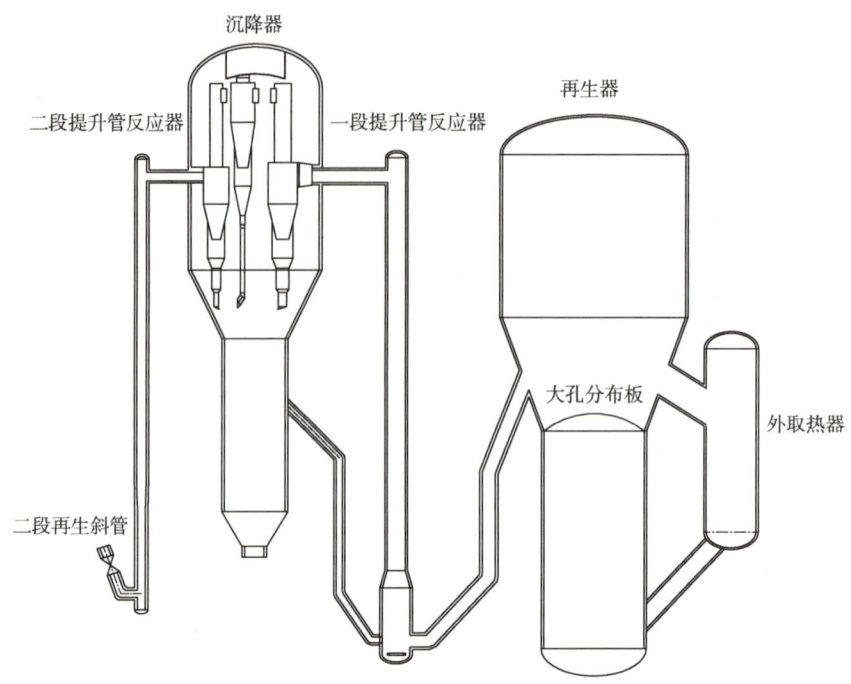

图 4-22 改造前的反应器和再生器结构

(2) 优化目的产品的收率。

为提高反应剂油比和催化剂活性,提升管反应器底部混合器的冷催化剂由原汽提段底部抽出的待生催化剂改为外取热器底部抽出的再生催化剂,以增加混合催化剂的活性,改善微观剂油比,提高目的产品收率。

(3) 解决主风—烟气系统压降大以及催化剂高温水热失活问题。

为解决快速床—湍流床再生技术本身存在的问题,采用改进的快速床—二密床再生技术。该技术的特点如下:采用一系列强化再生措施,使得全部焦炭在烧焦罐内基本烧净,二密床只作为催化剂的储存空间,并控制较低的床层线速度。由于二密床较低的再生温度和水蒸气分压,可大幅降低催化剂的高温水热失活;二密床料面控制在再生器一、二级旋风分离器料腿重锤阀以下的适当位置,能有效避免原设计再生器开停工时催化剂非正常跑损。

改造后的反应器和再生器结构如图 4-23 所示。

3) 改造后运行情况

直连技术的应用解决了沉降器结焦问题,且抗波动能力强,离心法测得油浆固含量持续维持在约 3.0g/L,未发生明显的催化剂跑损现象;改造后轻质油收率提高 0.61 个百分点,其中汽油收率提高 1.29 个百分点,轻柴油收率降低 0.68 个百分点,副产品干气和焦炭收率分别降低 0.23 个百分点和 0.56 个百分点。产品质量有所改善,稳定汽油研究法辛烷值由 91.55 提高至 92.02,提高 0.47 个单位,液化气中丙烯含量提高 0.54 个百分点。改造后,装置能耗降低 0.5kg 标准油/t 原料,催化剂高温水热失活现象有所减少,催化剂自然跑损降至 0.42kg/t 原料,再生烟气中 NO_x 含量降低 40~50mg/m³,脱硝助剂用量减少,提升了装置的经济效益。

第四章 催化裂化技术

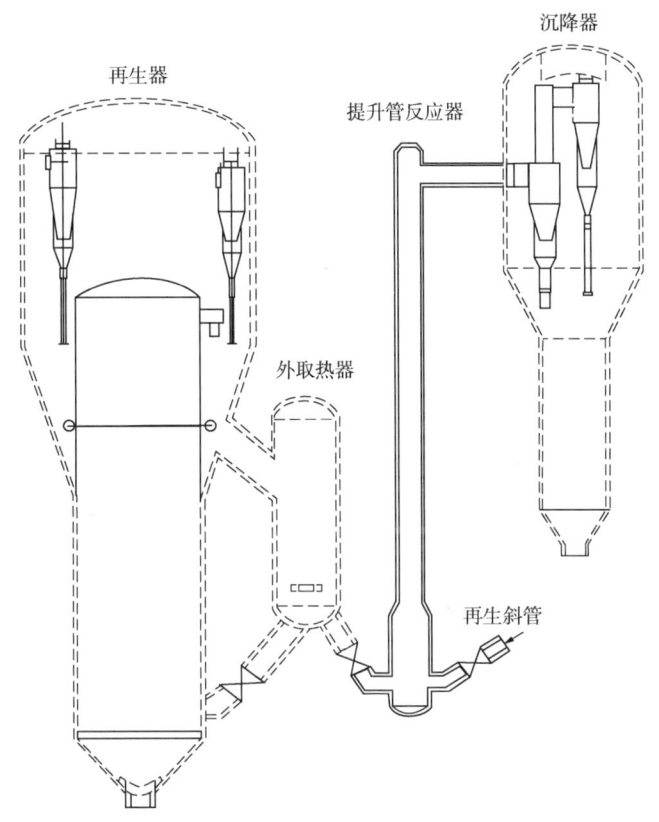

图 4-23 改造后的反应器和再生器结构

4. 辽阳石化 220×10⁴t/a 重油催化裂化装置应用情况

辽阳石化新建 220×10⁴t/a 重油催化裂化装置由中石油华东设计院设计,完全采用中国石油自主开发的催化裂化成套技术,装置于 2018 年 9 月 16 日投产。

1) 装置基本情况

装置由反应—再生部分、主风及烟气能量回收部分、分馏部分、吸收稳定部分、余热锅炉部分及烟气脱硫脱硝部分组成。装置公称规模为 220×10⁴t/a,实际处理量为 238.72×10⁴t/a,装置加工的原料油为渣油加氢装置的加氢重油 206.58×10⁴t/a,加氢裂化装置的加氢尾油 7.99×10⁴t/a,渣油加氢柴油 24.15×10⁴t/a,共计 238.72×10⁴t/a,设计弹性为 60%~110%。装置设计定位于多产轻质油品,主要产品是高烯烃含量的汽油组分、液化石油气,同时生产轻重柴油组分及重循环油;副产品是干气和催化油浆。该装置采用的单项技术包括:(1)提升管后部直连技术;(2)冷热催化剂混合器技术;(3)格栅汽提技术;(4)烧焦罐再生强化技术;(5)内置径流式三级旋风分离技术;(6)SCR 脱硝技术;(7)WGS 脱硫技术。

2) 装置运行情况

装置开工后,满负荷生产运行平稳,设备运转正常,产品收率和质量均达到设计要求。

(1) 装置原料性质。

原料性质见表 4-1。

表4-1 辽阳石化 220×10⁴t/a 重油催化裂化装置原料性质

项目	指标	项目	指标
密度,t/m³	0.928	C,%(质量分数)	87.28
残炭,%(质量分数)	5.4	H,%(质量分数)	12.32
饱和分,%(质量分数)	57.07	S,%(质量分数)	0.108
芳香分,%(质量分数)	32.23	N,%(质量分数)	0.2756
胶质,%(质量分数)	9.14	Ni,μg/g	5.87
沥青质,%(质量分数)	1.04	V,μg/g	3.6

(2) 操作条件。

反应部分操作条件见表4-2。

表4-2 辽阳石化 220×10⁴t/a 重油催化裂化装置反应部分操作条件

序号	项目	数值	序号	项目	数值
1	沉降器压力,MPa(绝)	0.385	6	剂油比(对新鲜进料)	7.847
2	预提升段催化剂温度,℃	660	7	提升管反应时间,s	2.5
3	反应温度,℃	520	8	粗旋入口线速度,m/s	18.0
4	新鲜原料量,kg/h	284190	9	沉降器旋风分离器入口线速度,m/s	22.0
5	原料油预热温度,℃	260			

再生部分操作条件见表4-3。

表4-3 辽阳石化 220×10⁴t/a 重油催化裂化装置再生部分操作条件

序号	项目	数值	序号	项目	数值
1	再生器压力,MPa(绝)	0.395	5	反应器和再生器间催化剂循环量,t/h	2230
2	二密相温度,℃	685	6	旋风分离器组数	14
3	烧焦罐线速度,m/s	1.5	7	一级旋风分离器入口线速度,m/s	21.0
4	总主风量(湿),m³/min	4917	8	二级旋风分离器入口线速度,m/s	23.0

(3) 产品分布及能耗。

产品分布见表4-4。

表4-4 辽阳石化 220×10⁴t/a 重油催化裂化装置产品分布

物料	产品收率,%(质量分数)	物料	产品收率,%(质量分数)
干气	2.4	重柴油	10.5
液化气	16.9	油浆	10.7
稳定汽油	39.3	烧焦	7.8
轻柴油	11.5		

从表4-4中可以看出,干气产率只有2.4%,说明催化裂化反应得到强化,热裂化反应比例较低。由于干气是副产物,但其氢含量最高,降低干气产率有利于提高液化气和轻质油收率。

装置运行平均能耗为42.8kg标准油/t原料,比设计值低0.5kg标准油/t原料。

第三节 催化裂化技术展望

基于催化裂化具有原料适应性广泛和产品方案灵活的特点,未来催化裂化技术发展主要围绕炼化一体化、炼油装置大型化、提质增效和节能减排的要求进行技术升级。

一、炼化一体化

随着中国能源结构调整和清洁车用能源(如氢能及燃料电池等)的推广普及,车用汽油需求量已趋于饱和,柴油用量已达到阶段性峰值,据中国石油经济技术研究院发布的展望报告,2030年中国国内成品油消费将达到峰值。相比于油品消费势头的减缓,化工产品的需求则随着人口增加和人民生活水平的提高不断增加。"十三五"期间,中国主要化工产品年需求增速保持在3%~6%。市场需求的显著变化对能源结构调整影响巨大,促使中国炼厂逐步向化工转型发展。炼厂为实现原油资源更充分、更合理的利用,已开始与化工深度融合。原油资源的利用由生产"燃料油"为主转变为"油—化结合",乙烯、丙烯和芳烃收率显著提高以进一步拓展炼油行业可持续发展空间。炼化一体化已成为国内外炼油企业优化资源配置、提升产品附加值、加快转型升级、提高盈利水平的战略选择。新形势下,炼化一体化相关的技术引起了业界关注。催化裂化装置多产低碳烯烃是实现炼化一体化的关键技术之一,催化裂化装置努力实现多产化工原料是未来该技术的重要发展方向,需要在多产丙烯催化剂和工艺方面进行持续的开发和改进,努力拓宽原料来源,提高目的产品收率,使装置经济效益最大化。发展方向包括:(1)开发新型原油直接催化裂解制烯烃技术,可以省略常减压装置,简化流程、降低投资,以最大化生产化学品为目的,多产烯烃、芳烃等化工原料。(2)开发轻质烯烃或烷烃的催化裂解技术,尽可能多地把C_3、C_4和汽油馏分转化为化工产品。(3)开发环烷芳烃的合理、有效转化技术,通过新型催化剂和反应工艺技术的开发,使多环芳烃的选择性加氢部分饱和及环烷芳烃的环烷环选择性开环裂化实现有效耦合,是践行"分子炼油"理念的重要途径。

二、催化裂化大型化

炼油装置的大型化是降低投资、减少消耗、提高经济效益的重要手段,也是炼油工业发展的必然趋势。近年来,中国炼厂规模不断扩大,新建炼厂原油加工能力达到(1500~2000)×10^4t/a,装置大型化程度持续提升,配套的催化裂化(催化裂解)单装置规模达到(400~500)×10^4t/a,中国石油现有技术和装备制造已基本可以满足大型化装置的建设需要,但仍然需要持续在反应器和再生器内件方面进一步优化,提高目的产品收率和装置流化的稳定性。

三、炼厂提质增效和节能减排

在燃料需求增长放缓、资金紧张和利润下降的压力下,许多炼厂通过改造现有装置而不是新建装置来提高转化能力。同时,由于约75%的催化裂化装置已经运行了至少20年,炼厂面临着如何通过改造来保持催化裂化装置的运行可靠和效益。同时，环保标准的持续提高使现有催化裂化装置面临节能减排的较大压力。受现有装置的限制和束缚、装置类型的多样性、装置本身特性和技术的不断改进影响，改造要应对超过一般新建装置工艺的复杂性。针对现有装置特点，催化裂化技术要不断升级，"量体裁衣"应用不同技术进行改造，提高装置利润并实现节能减排的需要。

可以预见的是，随着炼化一体化发展和现有炼厂技术升级的需要，催化裂化(催化裂解)技术在消费市场柴汽比降低、产品质量持续升级、化工产品需要持续增长的形势下必将发挥重要作用，并展现低油价下催化裂化(催化裂解)生产低碳烯烃的经济优势。

参 考 文 献

[1] 蔡建崇，万涛. 增强型催化裂解技术(DCC-PLUS)的工业应用[J]. 石油炼制与化工，2019，50(11)：16-20.

[2] 王大壮，王鹤洲，谢朝钢，等. 重油催化热裂解(CPP)制烯烃成套技术的工业应用[J]. 石油炼制与化工，2013，44(1)：56-59.

[3] 吴宇，郭本强，刘艳苹. 催化裂化装置低NO_x再生技术的工业应用[J]. 炼油技术与工程，2019，49(9)：14-17.

[4] 吴宇，董森，谢恪谦，等. 强化烧焦组合技术在催化裂化装置改造中的应用[J]，炼油技术与工程，2015，45(9)：10-14.

[5] 李雅华，王佳琨，谢恪谦，等. 140万t/a催化裂化装置改造效果分析[J]. 石油化工设计，2019，36(3)：7-9.

第五章　延迟焦化技术

延迟焦化工艺过程具有技术成熟可靠、原料适应性强、产品分布可灵活调整、投资和运行成本相对较低等特点，是炼油过程中重质油轻质化的主要工艺技术之一。自1929年世界上第一套延迟焦化工业装置投产以来，延迟焦化技术已有90余年的发展历程。1963年中国第一套延迟焦化工业装置在抚顺石油二厂建成投产后，延迟焦化技术在国内开始逐步发展；2000年以来，中国陆续建成投产了一批规模在$100×10^4$t/a以上的延迟焦化装置，总加工能力和单套装置规模不断扩大，中国的延迟焦化技术得以迅猛发展并逐步走向完善。截至2020年，全国共有90余套延迟焦化装置在运行，总加工能力近$1.14×10^8$t/a，预计未来延迟焦化工艺仍将得到持续应用和发展。

为应对来自不同原料、不同目的产品和安全环保的挑战，中国石油通过多年技术攻关，在大型核心设备国产化、劣质原料安全加工、原料多元化、提高液体产品收率以及清洁和长周期运行等方面开发了一系列工艺/工程技术，瞄准市场需求，开发了煤焦油延迟焦化和针状焦延迟焦化等特色技术，形成了多套具有自主知识产权的成套技术和多项单项技术，这些技术在20余套工业装置建设中得以推广应用，巩固和提高了中国石油在延迟焦化技术领域的地位和竞争力。

第一节　国内外延迟焦化技术现状

基于延迟焦化自身特点和存在的问题，多年来，国内外多家公司围绕提高液体产品收率、延长装置运行周期、强化安全环保、提升机械化自动化水平和"一炉两塔"单系列规模等方面做了许多研究和技术创新工作，开发形成了各具特色的技术。

一、国外技术现状

国外延迟焦化技术比较典型的有Bechtel/Conoco-Phillips(以下简称CP)公司ThruPlus®技术、Wood Amec Foster Wheeler(以下简称FW)公司SYDEC™技术和ABB Lummus Grest公司延迟焦化技术等。

1. CP公司ThruPlus®延迟焦化技术

ThruPlus®延迟焦化技术的主要特点是馏分油循环和闪蒸区瓦斯油抽出系统设计。馏分油循环技术是将分馏系统的石脑油、柴油、中段油或者蜡油馏分作为循环油返回焦化加热炉内，改善加热炉操作介质性质，增加液体产品收率，通过选择不同的循环馏分，可灵活调节焦化产品的分布，满足不同的产品市场需求。与传统延迟焦化工艺相比，ThruPlus®延迟焦化技术的焦炭收率较低，总馏分油收率提高。分馏塔闪蒸区设置瓦斯油抽出系统，消除了焦粉在分馏塔底的积聚。此外，该技术对放空系统有较大的改进，采用连续操作以缓解操作波动，为焦炭塔安全阀提供稳定背压，并能实现污油回炼和不凝气回收。该技术可以实现较短的焦炭塔生焦周期操作，通常为16~20h。

2. FW 公司 SYDEC™ 技术

SYDEC™ 技术的特点是可在低压(0.103MPa)和超低循环比(0.05)条件下，按最大液体产品收率方案操作，并且已经设计了几个采用真实零循环比的延迟焦化装置[1]。FW 公司对焦化分馏塔下部进行了如下改进：在塔内设置洗涤喷淋区，采用若干排鸭嘴形的"热屏蔽"环形挡板，防止因液体流率太小而引起塔板结焦或堵塞；在分馏塔油气进口下方设置热防护罩；为保护加热炉稳定操作，塔底设有在线除焦粉系统。FW 公司最重要的关键技术之一是专有的 Terrace Wall™ 双面辐射加热炉设计，采用单一对流/辐射炉管的单室设计，即双面辐射梯台式炉壁加热炉，出口温度达到510℃，便于对劣质原料进行适应性和灵活性加工。在焦炭塔裙座连接处采用等壁厚壳体和圆锥形的抗疲劳设计，并进行裙部连接/热箱设计的有限元应力分析，改善焦炭塔疲劳寿命。该技术冷焦水和切焦水采用一个循环系统，流程简化，不设焦粉、污油脱除设施及冷焦水空冷器，占地减少，维修工作量降低。

3. ABB Lummus Grest 公司延迟焦化技术

该技术的特点为在提高装置运行可靠性和灵活性的同时，追求低压、低循环比下最大化液体产品收率。采用特殊的单/双面焦化加热炉及在线清焦设计，改进焦化分馏塔下部设计，采用低循环比操作得到最大液体产品收率的同时，生产的焦化蜡油符合下游加氢裂化装置加工的要求，不推荐零循环比操作。焦炭塔设计独特，ABB Lummus Grest 公司焦炭塔采用竖直板焊接，壁厚均匀，改进裙座与焦炭塔筒体的连接，实现无缝焊接，应力均匀，消除了最苛刻的环缝焊接，最大可能地减少鼓包趋势，延长焦炭塔寿命。

二、国内技术现状

1. 大型化、国产化技术

2000年之前，延迟焦化单系列规模大多在 40×10^4 t/a 左右，焦炭塔直径大部分为5.4~6m，材质为碳钢。近20年来，焦炭塔直径不断增大，逐渐扩大到9.8m，材质也由碳钢提高到 Cr-Mo 钢。为满足大型化焦炭塔的除焦要求，高压水泵出口压力由过去的15~20MPa 提高到30~36MPa，同时开发了适应塔径10m 以下焦炭塔除焦的新型自动切焦器、锻造钻杆和电动水龙头、自动顶/底盖机等(均实现了国产化制造)，除焦速度由过去的100~200t/h 提高到300~400t/h，相应抓斗吊车起重能力由5t 提高到20t。

焦化加热炉规模由过去的单程 25×10^4 t/a 提高到 40×10^4 t/a，单系列 160×10^4 t/a 规模的加热炉可采用4管程，加热炉大型化技术带来流程简化、占地节省、投资降低的诸多好处。

焦化分馏塔直径由过去的3.8~4.2m 扩大到7.6m，塔板为4溢流设计[2]。

镇海炼化 210×10^4 t/a、齐鲁石化 160×10^4 t/a 和抚顺石化 240×10^4 t/a 等多套延迟焦化装置均已实现设计、装备国产化并长周期生产运行，标志着国产大型成套技术已全面成熟。

2. 提高液体产品收率技术

影响装置液体产品收率的3个主要因素是循环比、加热炉出口温度及焦炭塔操作压力。

降低循环比不但可以提高液体产品收率，而且可以提高加工能力、降低能耗。2000年之前，延迟焦化装置的操作循环比大多在0.3~0.4，近年来大都降到0.1~0.2。提高加热炉出口温度可以提高液体产品收率，但由于受加热炉炉管结焦过快、焦炭塔结焦太硬导致水力除焦时间过长及产生弹丸焦威胁安全和销路不畅等问题的限制，目前国内大部分炼厂延迟焦化加热炉出口温度仍然维持在490~505℃。降低焦炭塔的操作压力可以提高液体产品收率，其对液体产品收率的影响较循环比的影响小，较加热炉出口温度的影响大，国内部分生产装置正在尝试降低压力以提高液体产品收率，现有装置由于受到装置加工能力、焦炭塔空塔气速、分馏塔直径、压缩机负荷和管道直径的制约，降压操作空间有限。近几年新建装置多采用低循环比、低压、高温、供氢体循环等组合工艺技术。

3. 长周期运行技术

1) 减缓加热炉炉管结焦技术

一是选择合适的加热炉出口温度、炉管表面热强度、管内油膜温度、流速、流型、油品停留时间，优化炉管管径、长度、壁厚、布置和燃烧器形式、位置，缓解炉管结焦；选择耐高温材质的炉管，提高表面温度使用上限，延长炉管的清焦周期。近年来开发的附墙燃烧技术和新型的加热炉为辐射室炉管提供了更好的温度场分布，有效延长了炉管清焦周期，加热炉操作苛刻度可适当提高。二是采用在线蒸汽剥焦、分炉膛烧焦或机械清焦技术实现了加热炉不停工清焦，延长了装置的运行周期。三是实际操作中，保持流量稳定、炉出口温度和炉膛温度稳定、良好的供风、合适的注水量或注汽量、加注缓焦剂、强化常减压蒸馏装置电脱盐降低原料含盐量等均有助于减缓炉管结焦。

2) 防止分馏塔底结焦技术

重质馏分油、渣油处于分馏塔内高温度段，内件结构、洗涤效果、工艺条件都会影响内件结焦。目前国内较通行的防止分馏塔底结焦技术如下：一是控制焦炭塔的泡沫层高度、油气线速度和油气出口温度以减少源头焦粉携带，措施包括控制处理量、减少注汽量、加注消泡剂和出口管线注急冷油等。二是强化分馏塔内的洗涤和分馏塔外的过滤。传统的渣油洗涤脱过热技术在低循环比下容易发生高温结焦，循环油洗涤脱过热灵活可调循环比技术国内应用较为广泛，全蜡油下回流脱过热和循环比定量控制技术目前较为先进，能有效消减分馏塔底部结焦倾向，对低循环比操作尤其是对加工原料的劣质化趋势表现出更好的适应性。

3) 防止焦炭塔顶油气管线结焦技术

急冷油注入能减缓焦炭塔顶油气管线结焦，注入方式从最初的斜管注入到环管开孔注入直至目前的单级和两级雾化注入，激冷效果不断改善；急冷油通常选用蜡油或污油；为方便清焦，油气出口管件采用四通或三通结构；设置焦炭塔顶和大油气管线的差压报警以及时判断油气出口的结焦状态；协同优化消泡剂注入方式、工艺参数等，大油气管线清焦周期可延长至6个月以上[3]。

4) 防止分馏塔顶结盐技术

当延迟焦化原料中金属、酸、氮和其他杂质含量较高而分馏塔顶操作温度偏低时，分馏塔顶部容易结盐。在强化原油电脱盐的同时，适当提高分馏塔顶操作温度，增设塔上部游离水切除和在线洗盐设施，可有效避免上部塔盘结盐。

4. 安全环保技术

1）安全技术

高温油品泄漏着火是延迟焦化装置发生概率最大的安全事故，起因多为操作不当憋压导致泄漏、设备及管道腐蚀穿孔或开裂、设计选材不合理等。目前采取的防止事故的主要措施如下：一是提高设备和管配件材质设防，包括焦炭塔选用 1.25Cr0.5Mo+0Cr13；分馏塔选用 16MnR（或 20R）+0Cr13AL 复合板；高温换热器壳体选用 16Mr+0Cr13 复合板，管束材质选用 18-8 不锈钢等；高温管道及配件选用 Cr5Mo 或 Cr9Mo 材料，加热炉炉管选用 Cr9Mo 等。二是强化密封，高温泵的机械密封选用波纹管密封、串联密封和干气密封等；焦炭塔钻焦口和出焦口法兰采用金属八角钢垫、螺栓安装碟簧等，以减少密封泄漏。三是完善安全联锁系统，目前富气压缩机、水力除焦、加热炉、顶/底盖机、四通阀、高温泵、液化气泵等安全风险较高的操作单元均开发配置了安全联锁系统，焦炭塔切换操作部分的顺序控制系统也被广泛应用。

2）环保技术

2000 年之前，延迟焦化装置冷切焦水系统采用水池储存、凉水塔冷却的敞开式流程，冷焦水携带的污油和油气严重污染环境。之后，开发了罐式储存、空冷器冷却的闭路冷焦水处理流程，并应用了离心分离焦粉技术和旋流除油技术，随着处理高硫含量原料的增加，又开发了冷焦水系统的尾气脱臭技术，冷切焦水系统污染问题得到明显改善。吹汽工段放空油气的回收已普遍采用塔式油吸收密闭冷却工艺，回收的污水可送污水汽提装置，不再进冷焦水系统，降低了冷焦水异味和含油率，不凝气也增加了回收措施。新建装置使用离心泵代替蒸汽往复泵、空冷器代替蒸发式水箱冷却器，装置生产环境更加友好。

随着《石化行业挥发性有机物综合整治方案》（环发〔2014〕177号）、GB 31570—2016《石油炼制工业污染物排放标准》和 GB 14554—1993《恶臭污染物排放标准》等相关文件、标准的颁布实施，石油炼制企业 VOCs 排放治理技术和针对延迟焦化除焦冷焦系统的密闭除焦技术也迅速发展起来。

3）废料回炼技术

借助延迟焦化技术间歇切换连续操作的工艺特点，开发了炼厂废料回炼技术，可将炼厂产生的污泥浮渣、污油、残余油渣等多种废料送至延迟焦化装置回炼，提高了炼厂整体 HSE 水平。

第二节　中国石油延迟焦化技术

中国石油在独立自主完成 20 余套延迟焦化装置设计过程中，通过对国内外延迟焦化先进技术的消化吸收再创新，以中国石油炼油重大科技专项为契机，围绕关键技术和成套技术进行持续攻关，开发完成了新型焦化加热炉、焦炭塔安全联锁与顺序控制、焦化废气治理、密闭除焦及新型吹汽放空塔等多项关键技术，以此为基础集成形成了中国石油自主知识产权的装置大型化、抑制/适应弹丸焦生成、高液体收率 HRDC、高酸高钙稠油加工、中低温煤焦油加工、油系针状焦生产 6 类延迟焦化成套技术，并得以推广应用，显著提升了中国石油延迟焦化的技术水平。

一、中国石油延迟焦化成套技术

1. 装置大型化成套技术

该技术由中石油华东设计院在抚顺石油二厂240×10^{4}t/a 延迟焦化装置设计过程中开发完成，并实现工业应用（图 5-1）。该成套技术工艺流程灵活，生产环境友好，自动化程度高，主体设备全部国产化，装置运行周期长、适应性好、能耗低、投资省。

1）技术特点

装置设计规模为 240×10^{4}t/a，采用两炉四塔双系列配置，核心设备加热炉单炉负荷为 65MW，焦炭塔直径为 9800mm（国内最大），均为自主设计、国产化制造施工。

图 5-1　抚顺石油二厂 240×10^{4}t/a
延迟焦化装置全景

(1) 加热炉大型化。

通过技术攻关，焦化加热炉采用"三室六管程"的设计，两炉对称布置，焦化炉平台为一体式设计（图 5-2 和图 5-3）。

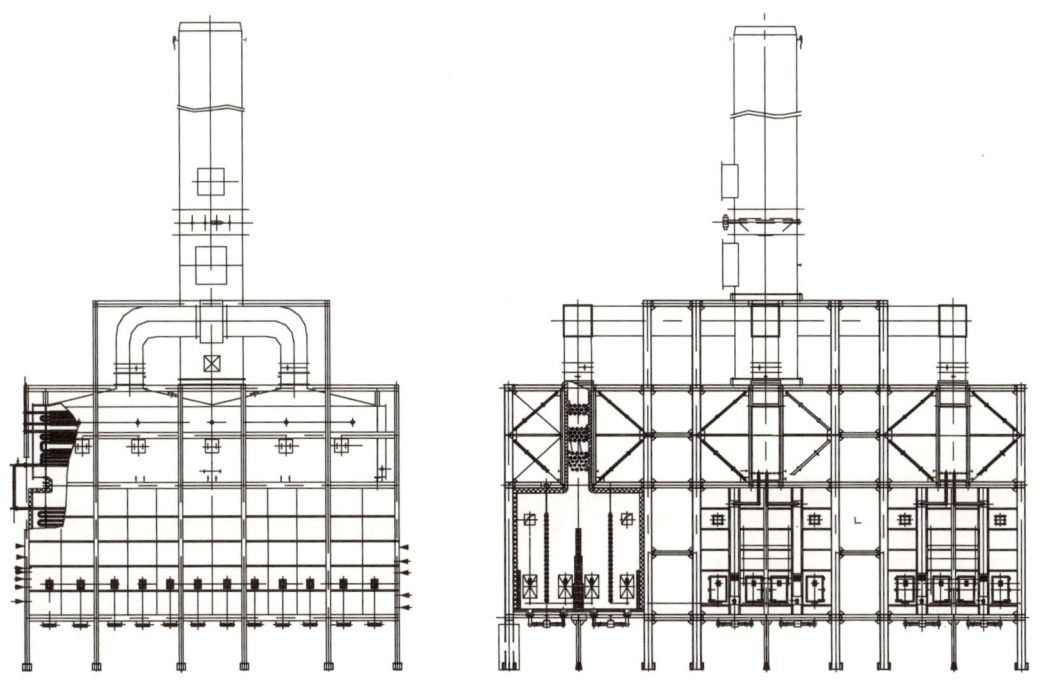

图 5-2　抚顺石油二厂 240×10^{4}t/a 延迟焦化加热炉总图

(2) 焦炭塔大型化。

焦炭塔操作条件苛刻，从常温至500℃周期性循环操作，且塔体内、外壁温差大，塔体

大型炼油技术

图5-3 抚顺石油二厂 240×10⁴t/a 延迟焦化加热炉实景

温差应力大,低频疲劳破坏是焦炭塔的主要破坏形式。这种破坏主要发生在筒体和裙座的连接处,裙座结构形式的优化是焦炭塔大型化设计的关键。目前采用的焦炭塔筒体与裙座的基本连接形式如图5-4所示。

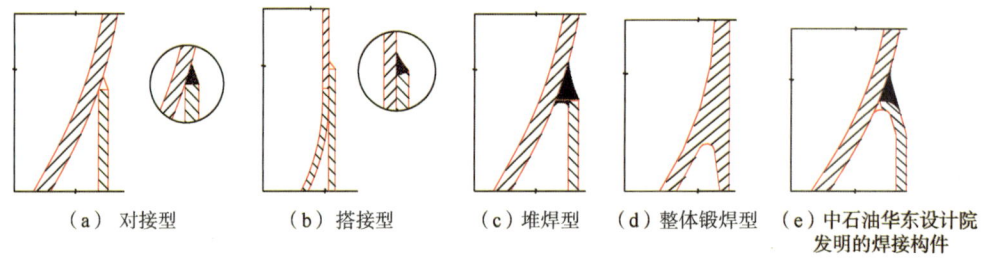

（a）对接型　　（b）搭接型　　（c）堆焊型　　（d）整体锻焊型　　（e）中石油华东设计院
　　　　　　　　　　　　　　　　　　　　　　　　　　　　　　　　　　　　　发明的焊接构件

图5-4 焦炭塔筒体与裙座的基本连接形式

一般对接型[图5-4（a）]和搭接型[图5-4（b）]结构简单,但易产生应力集中和裂纹,搭接型裂纹扩展后将会造成塔体下沉的严重后果。堆焊型[图5-4（c）]应力集中系数较小,产生裂纹的可能性小,但需在内部堆焊出过渡小圆角,外部堆焊大焊脚,制造较复杂,焊接、打磨工作量大。整体锻焊型[图5-4（d）]采用整体锻件,应力集中系数小,产生裂纹的可能性最小,疲劳寿命最长,但因尺寸大,需由数块Ⅳ级锻件组焊成环形锻件后经机加工才能完成,制造难度大,加工周期长,价格昂贵（占整台设备造价的10%～15%）。中国百万吨级延迟焦化装置的焦炭塔直径均在8m以上,其底封头与裙座的焊接构件一直是设计难度大、焊接工程量大、投资高的构件,是影响工程进度和投资的重要因素。为降低焊接应力、减少在苛刻条件下进行焊接和无损检测的工作量、提高焊接结构强度、改善受力情况、便于采用自动焊等,中石油华东设计院发明了一种大型容器底封头与裙座的焊接构件及其焊接方法,具体结构形式如图5-4（e）所示。该焊接构件特别适合于大型焦炭塔,结构紧凑,焊缝剖面的尺寸小,封头与裙座的焊接接触面大,强度好。与现有的焊接结构[图5-4（c）]相比,在下锥体与裙座结合处的高温高应力区,采用具有连续纤维组织的翻边锥体的光滑 R 曲面,代替了用焊接堆焊形成的不规则 R 曲面,能提高强度,改善抗疲劳能力,优化装配工艺,减少施工工序,减少零件数量,减少焊接工作量 20%,缩短制造周期、降低制造成本。

ANSYS 应力分析软件计算结果表明,焊接构件与堆焊型结构寿命相当,满足标准规范的要求。焊接构件受力不如整体锻焊型好,但与整体锻焊型相比,不受运输条件的限制,造价大幅降低,能满足设计寿命要求,解决了装置大型化技术中焦炭塔裙座制造、运输、组装、投资等难题。采用该结构的 10 余座焦炭塔投用后,截至 2021 年 10 月,时间最长的已运行 17 年,状态良好。

(3) 其他技术改进。

装置大型化还涉及与大型焦炭塔相配套的除焦系统、土建构架、管道布置等。随着装备制造技术的进步,加热炉进料泵和高压水泵及特殊阀门已经全面实现设备国产化,可满足单系列 $210×10^4$t/a 规模加热炉的需要。

开发的喷嘴雾化的急冷油注入技术,优选中段循环油作为急冷油,避免了常规注入方式下部分急冷油来不及汽化即落入焦炭塔泡沫层而提前中止反应,致使石油焦挥发分偏高的问题,有效延长了反应油气线的清焦周期。

为实现分馏塔顶循环系统和塔顶冷却系统全流程密闭在线洗盐,中石油华东设计院开发了在线洗盐技术(图 5-5),洗盐过程无污染废水、废气、污油排放,安全环保。

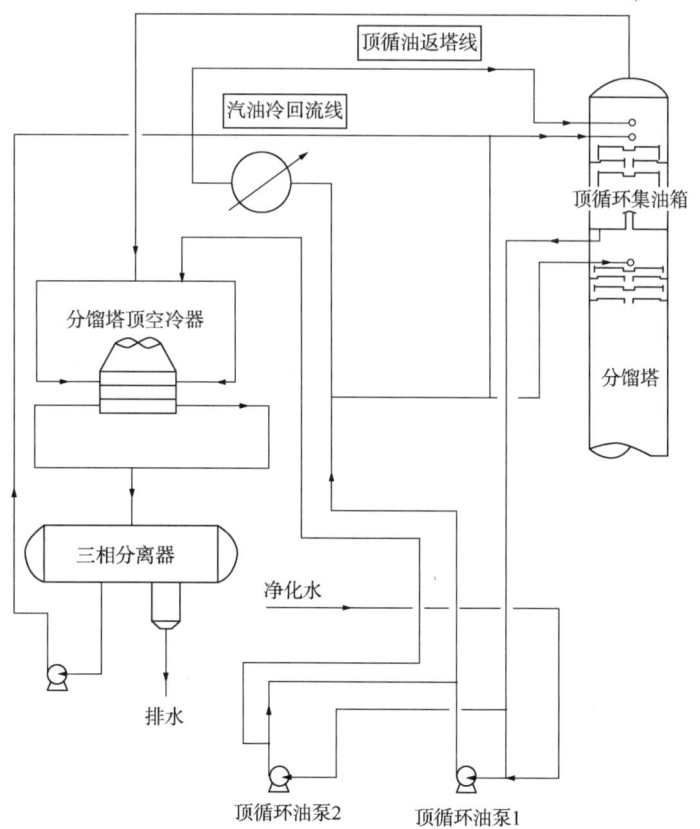

图 5-5 分馏塔顶部在线洗盐示意流程

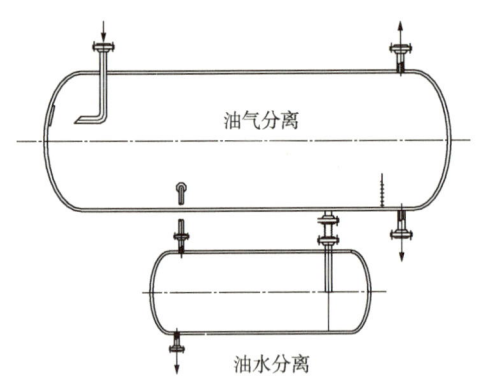

图 5-6　分馏塔顶三相分离器

分馏塔顶三相分离器采用双罐结构(图 5-6)，油水分离效果好，水中含油量明显降低，减轻了后续酸性水装置处理难度。

优化换热流程，充分回收低温热，吸收稳定系统采用解吸塔二级重沸技术，热量梯级利用，合理使用变频技术和高效设备，有效降低能耗。采用中石油华东设计院专有的封闭式溜焦槽技术，可有效防止切焦时焦炭、水外溅，操作环境更加清洁。

2) 工业应用

采用该成套技术设计建设的抚顺石油二厂 $240×10^4 t/a$ 延迟焦化装置，自 2010 年投产以来，运行平稳，相较于常规延迟焦化，增设煤油侧线产品，并将蜡油分为轻蜡油和重蜡油，产品质量符合下游装置要求。装置的反应部分为双系列，可单开单停，加热炉有在线清焦、在线机械清焦及在线烧焦功能，分馏塔底循环油系统设置罐式过滤器，可在线检修清理，能保证运行周期 3~5 年。标定数据显示，装置总液体收率为 76.07%，高于设计值 73.81%；分馏系统操作弹性大，产品质量优于设计值；装置能耗与设计值相当。

多年运行经验表明，采用该技术装置操作平稳，对原料适应性好，容易实现产品收率调整，证明了国产大型化技术成熟可靠，完全可替代引进技术。该技术已被应用于多套单系列 $160×10^4 t/a$ 和 $200×10^4 t/a$ 延迟焦化装置，运行周期可达 4 年。

2. 抑制/适应弹丸焦生成的劣质重油延迟焦化成套技术

针对最难加工的委内瑞拉超重油渣油，中石油华东设计院开发了百万吨级加工委内瑞拉超重油渣油的抑制弹丸焦生成的劣质重油延迟焦化技术，依托辽河石化 $100×10^4 t/a$ 延迟焦化装置进行适应性改造，完成了委内瑞拉超重油渣油延迟焦化工业试验，各项技术指标明显提升，达到预期目标。

1) 技术难点

委内瑞拉超重油是世界上最难加工的劣质重油，之前中国尚未掌握 100%委内瑞拉超重油渣油延迟焦化加工技术，全部采用掺炼方式加工，全球只有美国 FW 公司和 CP 公司拥有全委内瑞拉超重油渣油延迟焦化加工技术。国内尝试采用延迟焦化装置加工 100%委内瑞拉超重油渣油的数家炼厂，其装置运行周期均未超过 72h。实践证明，当该渣油掺炼比例大于 25%时，极易产生弹丸焦，难以安全运行。

委内瑞拉超重油减压渣油的主要性质见表 5-1。

表 5-1　委内瑞拉超重油减压渣油的主要性质

分析项目		油样 1	油样 2	油样 3
密度(20℃)，g/cm³		1.0209	1.0211	1.0270
运动黏度，mm²/s	100℃	1927	1559	2576
	80℃	10214	9829	14665

续表

分析项目		油样1	油样2	油样3
残炭,%(质量分数)		18.65	18.6	19.84
酸值,mg KOH/g		1.443	2.42	4.47
硫,%(质量分数)		3.26	3.46	3.96
氮,%(质量分数)		0.7185	0.5786	0.58
四组分,%(质量分数)	饱和分	19.89	17.38	11.51
	芳香分	37.58	37.51	39.80
	胶质	29.33	31.34	37.80
	沥青质	13.2	13.77	10.90
金属含量,μg/g	Ni	—	102	118
	V	—	400	479
减压馏程,℃	30%(体积分数)	468	523.4(模拟蒸馏)	541.0(模拟蒸馏)
	70%(体积分数)	—	691.2(模拟蒸馏)	737.4(模拟蒸馏)
终馏点,℃		—	750(馏出79.8%)(模拟蒸馏)	749.8(馏出71%)(模拟蒸馏)

从表5-1中的数据可以看出，委内瑞拉超重油减压渣油的密度、硫含量、金属含量、沥青质含量、残炭值、酸值高，且热稳定性差、成焦温度低，具有独特的结构组成和反应规律；经研究其流变性变化规律及供氢馏分受热时对生焦反应的作用，筛选确定了某馏分油作为供氢体，可改善加热炉管内介质条件，是减缓结焦并有效抑制弹丸焦生成的主要技术手段。委内瑞拉超重油减压渣油较常规渣油更易结焦，且受热温度越高，生焦诱导期越短，生焦速率越快，以此优化加热炉注汽条件使炉管保持适宜的介质流速和安全的停留时间，保证加热炉在提供足够反应热的前提下能安全运行。委内瑞拉超重油减压渣油不仅在炉管和高温部位极易结焦，在分馏塔脱过热段也会结焦，分馏塔脱过热段防结焦也是技术开发的重点。

针对委内瑞拉超重油减压渣油特性带来的技术难题，通过系统消化吸收和自主开发，对关键设备及加热炉技术重点突破，开发了弹丸焦防控、安全处置技术及分馏系统长周期运行技术等，形成一整套解决方案，不仅能加工最劣质重油，还能实现循环比定值调节，保证合理的液体收率。

2) 关键技术

(1) 抑制弹丸焦生成和加热炉长周期运行技术。

加热炉长周期运行有赖于管内和管外优化措施双管齐下。管内优化重点改善物料在焦化炉炉管中的流变性，优化物料的流动传热特性，改善受热生焦趋势和结焦速率，选用适宜馏分油作为供氢体进行循环，优化炉出口温度和循环比，可有效抑制炉管结焦和弹丸焦生成；管外优化重点考虑炉膛温度场梯度的均匀分布，开发的加热炉底烧式烟气导流附墙燃烧技术，使加热炉辐射室热强度分布更加均匀，炉管表面热强度峰值降低，管内介质的局部高温结焦倾向得以缓解，辅以注汽优化和在线清焦保障技术，加热炉运行周期能达到4年。

(2) 分馏系统高温防焦技术。

为维持分馏塔长周期运行，分馏塔底防焦粉沉积技术能充分搅动塔釜液相，利用塔底循环油循环系统,将其中的焦粉滤除,保障塔釜无焦粉沉积,加热炉进料泵进料流畅。通过对反应油气进料分布器和脱过热洗涤油分布器的结构和布置形式的优化组合,避免了低循环比操作时换热板结焦。高温集油箱的防焦粉沉积技术可有效解决集油箱焦粉沉积和高温结焦问题,分馏系统流程如图5-7所示。

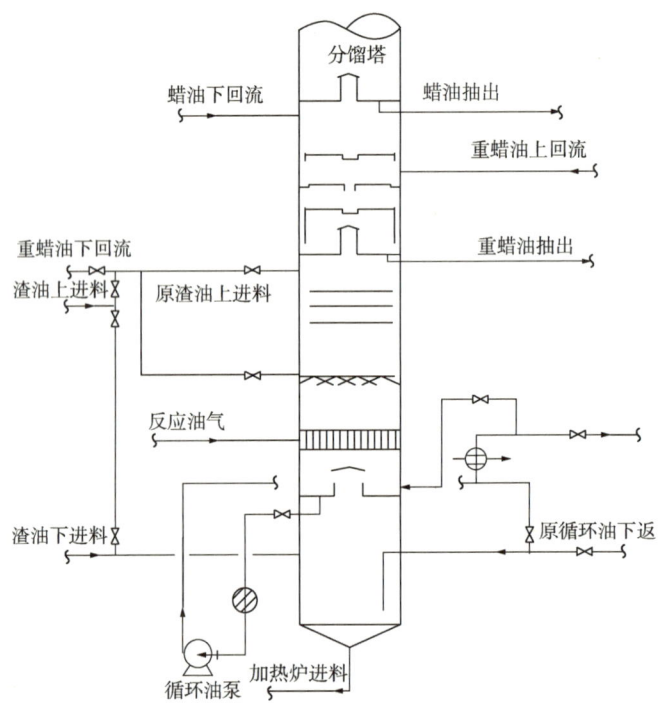

图5-7 分馏系统流程示意图

（3）循环比定值调节技术。

在分馏塔进料下方增设集油箱,循环油经调节阀控制进焦化加热炉流量,实现循环比定值调节。其难点在于,在较低循环比条件下运行时,集油箱温度最高可达400℃,极易结焦。解决措施如下：一是采用循环冷回流控制集油箱内物料温度在安全范围内,避免物料高温长时间停留；二是集油箱结构改为倾斜式,同时设置特殊形式的冷回流分布器,形成对集油箱底部物料的推动力,将集油箱底部沉积物迅速导入集液槽,通过泵抽出后滤除,冷回流分布器加快集油箱内循环油混合。图5-8显示了循环油的倾斜式集油箱。

（4）超稠油和常规渣油在线切换技术。

该技术适用于加工原料性质差别过大且在不同时段经常切换生产的装置,如辽河石化延迟焦化装置。当原料为稠油类原油或原料含较多轻馏分时,需利用反应油气热量,提高轻质馏分油在分馏塔内拔出率,减少进入加热炉的二次反应,有利于提高液体收率、降低能耗,此时原料采用上下进料方式；当原料为减压渣油时,为提高液体收率而尽量采用低循环比操作,渣油全部下进料,引入热稳定性更好的蜡油馏分与反应油气换热洗涤。通过阀门切换即可实现常规渣油和稠油等不同进料流程的切换。采用原料与反应油气塔内换热的流程,取其流程简单、能耗低、设备少的优点；采用蜡油与反应油气塔内换热、渣油全部下进料的流程,取其适应劣质渣油低循环比操作的优势,其防结焦性能、洗涤效果和侧

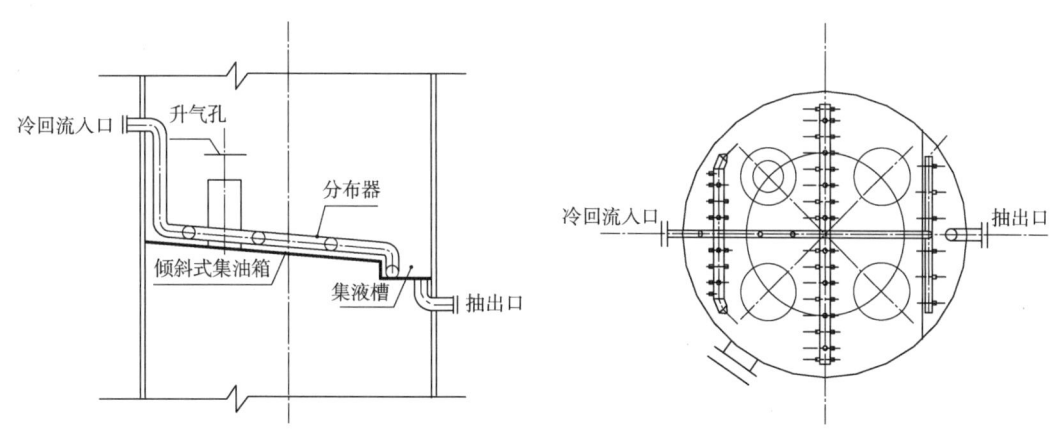

图 5-8 循环油的倾斜式集油箱

线产品质量均有改善。

(5) 冷焦水系统的密闭脱臭技术。

冷焦水系统集成南京君竹环保科技公司开发的 WDS 二级组合脱臭工艺(图 5-9)。一级脱臭采用超细雾化及高效液膜吸收工艺,以装置的净化水(或再生水、中水、回用水)作为吸收剂,去除大部分氨及少部分硫化氢,饱和废水自流进入冷焦水罐,无须循环;二级脱臭采用干法固定床工艺,达到精脱效果,脱臭剂采用 DSC-05 高硫容脱硫剂,不含铁,不会生成硫化亚铁,避免发生自燃及爆炸。冷焦水脱臭系统有效脱除焦炭塔顶排放的含硫化氢、有机硫、氨等恶臭物质。目前,冷焦水脱臭技术已经升级为包括除焦、切焦、焦池等的废气回收治理成套技术。

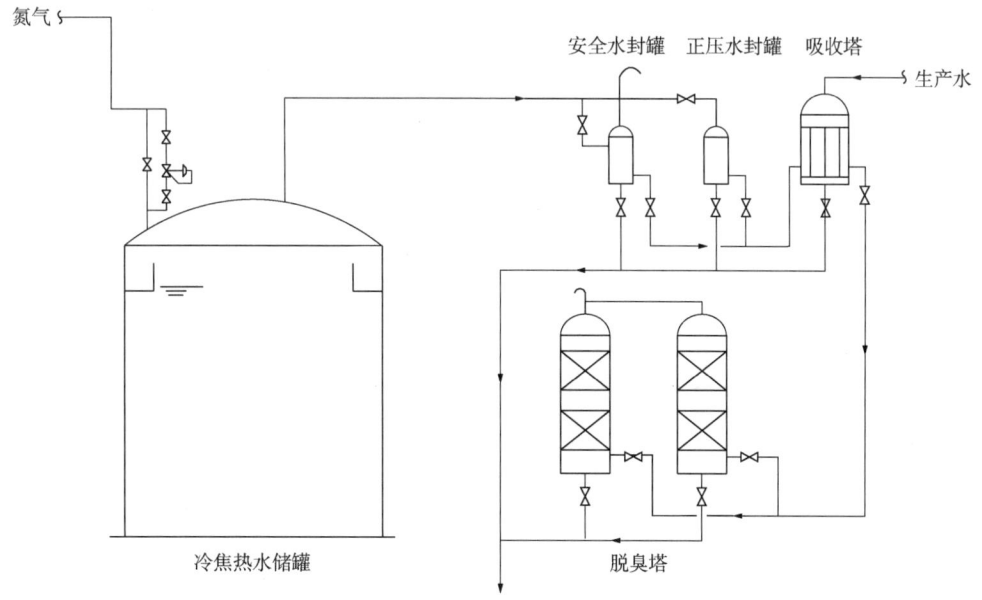

图 5-9 冷焦水系统密闭脱臭流程

应用焦炭塔自动塔底阀和弹丸焦安全防控技术,保证了委内瑞拉超重油减压渣油延迟焦化技术的安全环保要求。

通过上述技术的开发、集成和应用,形成抑制弹丸焦生成的劣质重油延迟焦化成套技术,其中有多件中国石油自有知识产权的相关专利技术,如"一种改进的延迟焦化装置加工多种类原料的不停产切换工艺技术""一种设有导流板的加热炉"和"炼油加热炉用中间火墙"等,并开发完成了 $430×10^4$ t/a(两炉四塔)全委内瑞拉超重油减压渣油延迟焦化工艺包。

(6)适应弹丸焦生成的劣质重油延迟焦化成套技术。

对于劣质原料(如 Merey16 减压渣油),延迟焦化极易产生弹丸焦,危害安全生产,而装置在产生弹丸焦工况下运行,液体收率更高,经济性更好。为提高液体收率,向国际先进水平靠近,中国石油在开发抑制弹丸焦生成技术的基础上,通过消化吸收再创新,开发形成了应对弹丸焦生成的成套技术,包括优化加热炉及焦炭塔设计、合理的冷焦控制流程、提高装置自动化程度及安全联锁、选用适宜的除焦设备、确保安全的管线布置和平台设计、动态控制和操作技巧等措施,确保装置长期生产弹丸焦情况下安全、平稳运行,适应弹丸焦生成的劣质重油延迟焦化成套技术得以进一步扩充升级,适用于新建劣质重油延迟焦化装置。

3)工业应用

(1)辽河石化 $100×10^4$ t/a 延迟焦化装置。

该技术应用于辽河石化 $100×10^4$ t/a 延迟焦化装置。

完成了连续加工 3000t 委内瑞拉超重油减压渣油的工业试验,共进行了循环比为 0.1、0.3 和 0.6 三个条件下的工业试验,循环比为 0.1 时液体收率高于 60%,委内瑞拉超重油减压渣油延迟焦化工业试验的典型收率见表 5-2。

表 5-2 委内瑞拉超重油减压渣油延迟焦化工业试验的典型收率

产品收率,%(质量分数)	循环比		
	0.1	0.3	0.6
富气	10.0	11.8	13.44
液体收率	62.69	58.18	54.4
焦炭	25.35	27.71	29.54

经过生产运行检验,装置能耗降低,原料适应性强,加热炉运行平稳,连续运行时间达到 4 年以上,炉管压降上升缓慢,管壁监测温度低,结焦缓慢。改造前后超稠油加工主要技术指标对比情况见表 5-3。

表 5-3 改造前后超稠油加工主要技术指标对比

序号	指标	改造前	改造后	技术措施
1	产品收率	—	与改造前加工辽河稠油数据对比:装置液体收率增加 1.64 个百分点,其中汽油收率提高 2.17 个百分点,蜡油收率提高 1.61 个百分点,柴油收率降低 2.14 个百分点;改造后同样控制循环比为 0.5 的条件下,焦炭收率降低了 0.94 个百分点	(1)定值调节循环比改造,设计值为 0.74,实际值为 0.5~0.6,改造后值为 0.1~0.6,可定值调节; (2)加热炉转油线改造; (3)供氢体循环技术,改善加热炉炉管内介质条件,减缓结焦,提高液体收率; (4)增设轻蜡油汽提塔,解决柴油和蜡油馏程重叠过大问题,提高轻质油品收率

续表

序号	指标	改造前	改造后	技术措施
2	加热炉效率,%	91	93	改造为烟气导流附墙燃烧炉型,更换火嘴、部分衬里及炉管吊挂
3	自动化水平	半自动底盖机	自动塔底阀	采用焦炭塔自动塔底阀
4	运行周期	3年一修	4年一修	(1)烟气导流附墙燃烧炉型; (2)完善在线清焦系统; (3)供氢体循环技术; (4)抑焦剂加注技术
5	能耗,kg标准油/t原料	37(含电脱盐)	34(含电脱盐)	(1)优化设计和操作,合理取热,提高热量回收率; (2)采用变频技术
6	环保	环保不达标	环保达标	冷焦水密闭脱臭处理及循环利用技术降低环境污染

通过工业试验和实际生产运行检验,中国石油成为世界第三个(继美国FW公司和CP公司之后)拥有100%委内瑞拉超重油减压渣油延迟焦化成套技术的公司,掌握改质和加工的关键技术。该技术可抑制弹丸焦生成,适用于在役装置加工委内瑞拉超重油减压渣油或原料性质恶劣程度相当的重油的技术改造。

(2)云南石化120×10⁴t/a延迟焦化装置。

抑制弹丸焦生成的劣质重油延迟焦化成套技术在中国石油云南石化120×10⁴t/a延迟焦化装置上的应用,充分体现了其应对劣质原料的优势。该装置掺炼催化油浆比例达25%,远超常规,在全国同类装置中占比最高。针对超高比例掺炼催化油浆的特殊情况,在该成套技术基础上,通过对换热器折流板形式、加热炉炉型、炉管厚度、清焦方式及分馏塔流程等进行优化,减少催化剂颗粒在分馏塔及换热器内沉积,减缓加热炉炉管结焦,有效地延长了装置运行周期;为进一步提高装置自动化水平,该装置在设计时植入了远程操作的智能化除焦检测功能。

分馏系统主要的优化如图5-10所示。原料油不与高温油气换热而直接进入分馏塔底部,进料设计了环形管进料搅拌分布器,使原料油与循环油混合更均匀,避免分馏塔底催化剂沉积可能导致停工的事故,同时保持塔底温度在310~330℃,大大减轻分馏塔底的结焦倾向。油气中的焦粉大部分被洗涤至重蜡油集油箱,经过滤器过滤后的重蜡油作为循环油进入分馏塔底部,塔底焦粉含量减少,有利于加热炉进料泵及加热炉的稳定操作,保证装置长周期运行。

为防止催化油浆中未反应的重芳烃在催化裂化—延迟焦化装置间循环累积,在换热挡板之下增设重蜡油系统,当检测到轻蜡油中芳烃含量较高时,可以通过重蜡油外送手段将未反应的重芳烃外甩至重污油系统。

云南石化延迟焦化装置在使用抑制弹丸焦生成的劣质重油延迟焦化成套技术的基础上,通过一系列针对性技术优化,投产时从渣油进装置到产品质量达标、装置运行稳定,仅用

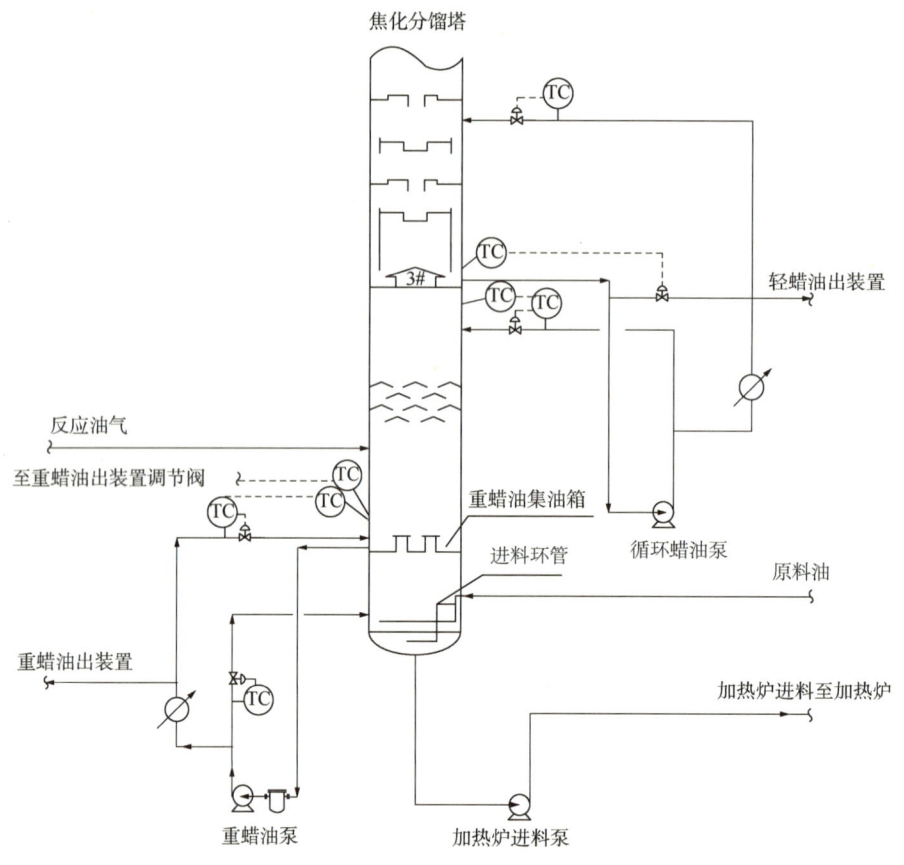

图 5-10 云南石化延迟焦化装置分馏塔底部流程

4h，为全国同类装置中开工耗时最短的装置之一。投产以来运行稳定，加热炉效率高于设计值，运行周期达到设计预期。

3. 高液体收率 HRDC 成套技术

液体收率是评价延迟焦化技术的关键指标之一，中国石油依托克拉玛依石化 $30×10^4$t/a 延迟焦化装置开展现场工业试验，开发了低循环比、供氢体循环高液体收率 HRDC 技术并形成 $100×10^4$t/a 延迟焦化装置高液体收率 HRDC 成套技术工艺包。

研究发现，在总循环比不变的情况下，原料中加入供氢体代替部分自然循环油，能抑制较小分子烷烃的过度裂化，减缓芳香大分子的缩合进程，使芳香大分子侧链断裂更加完全，减少干气和焦炭生成；加入供氢体能改变渣油芳构化程度，使沥青质更好地分散在渣油体系中，提高沥青质聚集的温度和浓度，延迟发生聚集的时间，可使吸附的低分子烃类释放出来进行热裂解反应，从而提高轻质油的收率；供氢体的加入能改变加热炉中介质的运动状态，增加流体线速度，同时供氢体可有效淬灭高芳香度的沥青质自由基，降低自由基浓度，从而抑制炉管中生焦，供氢体循环有优化产品分布和延缓炉管结焦的双重效果。

该技术以供氢体反应机理为依据，设计了能筛选不同馏分油且能灵活调节其循环比的流程，同时优化分馏塔高温段换热洗涤介质和取热方式，改进塔内气液分布器形式，缓解低循环比和超低循环比条件下的塔内结焦，实现了液体收率最大化的长周期生产。

1) 技术特点

HRDC 供氢体选择及循环技术可根据目的产品需求不同,通过选择适宜供氢体和相应循环比匹配,灵活调节产品分布和产品质量,改善加热炉介质条件,延长操作周期,该技术在国内为首次开发应用。HRDC 流程改造示意如图 5-11 所示,选用轻蜡油作为洗涤油,采用两级脱过热技术。反应油气通过进料分布器入塔后与雾化轻蜡油逆向接触、洗涤、换热,油气中夹带的焦粉被冷凝的循环油液滴碰撞捕集并随之下落到塔釜,经过初次洗涤脱过热的反应油气更加清洁,温度更低,上行到换热挡板时,其结焦倾向显著下降。该流程避免了原料直接与高温反应油气接触,对原料有更加广泛的适应性,循环比可以定值调节,满足不同的产品分布要求。

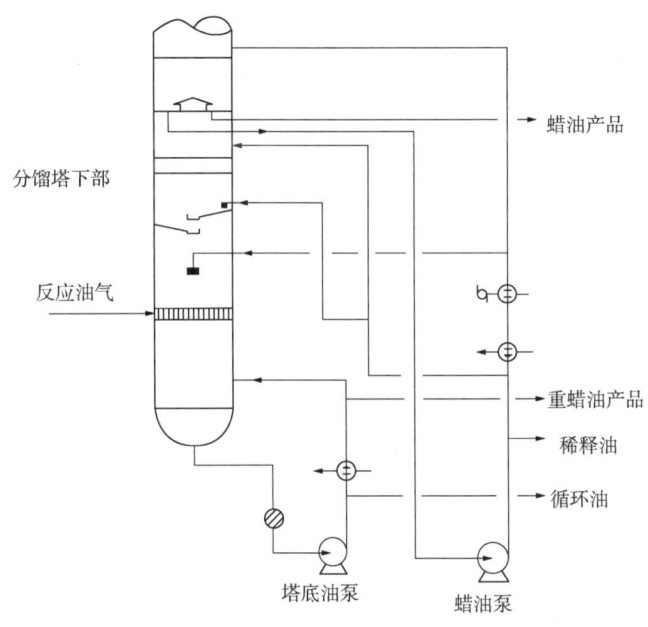

图 5-11 HRDC 流程改造示意图

理想的分馏塔脱过热段结构应兼具 3 个方面的功能:一要提供足够的换热空间,将油气中的循环油冷凝下来;二要有良好的洗涤能力,把油气携带的焦粉捕集到塔釜;三要有较好的传质效果,提高液体收率。为充分利用塔体的有限空间,一级脱过热采用空塔喷淋技术,在焦化分馏塔上为国内首次应用,反应油气进料选用高效新型低压降分布器,显著改善了油气分布效果,提高了传热传质效率,强化了洗涤,蜡油产品质量明显改善,液体收率显著提高。

2) 工业应用

HRDC 技术改造前后,装置分别进行了标定,改造前原料为 0# 减压渣油,改造后标定原料为掺炼 30% 脱油沥青的 0# 减压渣油,原料变重,残炭值明显增加。以循环比为 0.1 为基准,对比改造前无供氢体循环和改造后(自然循环比为 0.05+供氢体循环比为 0.05)的标定情况,获得产品分布如图 5-12 所示。

结果显示,HRDC 技术实施后,在同样循环比为 0.1 的情况下,装置总液体收率仍比

大型炼油技术

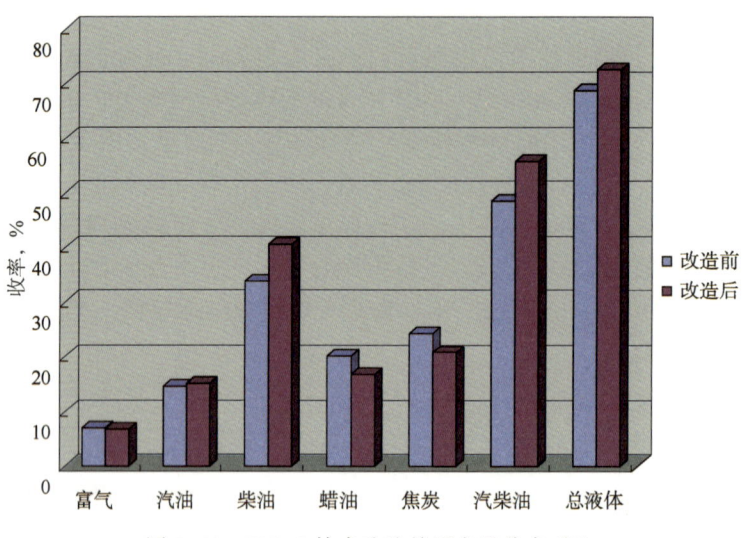

图 5-12 HRDC 技术改造前后产品分布对比

改造前提高 2.79 个百分点，汽柴油收率提高 11.6 个百分点，其中柴油收率提高 11.24 个百分点，焦炭收率下降 2.17 个百分点，装置能耗下降 3.75kg 标准油/t 原料，改造前后产品性质稳定，据 2011 年克拉玛依石化测算，年增效益 3662 万元。

HRDC 技术在开发应用过程中形成了中国石油自有知识产权的实用新型专利技术——"一种可有效防止延迟焦化分馏塔下部结焦的脱过热洗涤组合技术"。该技术将洗涤油介质由常规的渣油或循环油调整为轻蜡油，有效抑制了脱过热段的结焦倾向，克服了高液体收率和长周期运行之间的矛盾。低循环比高液体收率 HRDC 技术具有明显提高液体收率、灵活调节产品分布、有效降低装置能耗、显著提高经济效益的优势，推广价值高。

4. 高酸高钙稠油原油延迟焦化成套技术

高酸高钙原油延迟焦化加工技术由中石油华东设计院在苏丹喀土穆炼厂扩建工程 220×10^4t/a 延迟焦化装置设计中开发完成。作为世界首套加工高酸高钙重质原油的延迟焦化装置，多年来的平稳运行表明，工艺流程及设备设计合理，采用的技术措施得当，成熟可靠[4]。

1) 原料特点

装置原料为苏丹稀油 Fula-North-AG 和苏丹稠油 Fula-North-B 的混合原油，Fula-North-AG 与 Fula-North-B 的比例为 1:3，属低硫环烷基—中间基原油。表 5-4 中列出了苏丹高酸高钙重质原油的主要性质，该原油的主要特点是"四高两低"，即酸值高、钙含量高、密度高、金属含量高、硫含量低、轻组分含量低，属于典型的高酸高钙重质原油。环烷酸在各馏分中的分布与其馏程有关，沸点越高，酸值越大，沸点大于 300℃ 后的馏分酸值上升较快。研究结果还表明，各馏分中环烷酸分子量与各馏分的沸程有关，随着馏分变重，环烷酸的平均分子量增大。此外，环烷酸主要集中在沸点大于 300℃ 的馏分中，而这部分馏分在原油中所占比例较高。苏丹稠油的酸值高达 13.82mg KOH/g，混合原油酸值约为 10.455mg KOH/g，国内外罕见。

第五章 延迟焦化技术

表 5-4 苏丹高酸高钙重质原油的主要性质

序号	分析项目		Fula-North-B（稠油）	Fula-North-AG（稀油）	混合原油（计算值）	混合原油（标定值）
1	密度(20℃) g/cm³		0.9428	0.8596	0.9360	0.9352
2	运动黏度 mm²/s		1946.7(50℃)/309.1(80℃)	15.8(50℃)/4.7(100℃)	267(80℃)/117(100℃)	
3	康氏残炭 %(质量分数)		7.96	2.3	6.55	5.8
4	含盐量 mg/L		683	1024	768.3	
5	酸值 mg KOH/g		13.82	0.09	10.455	4.5~6.52
6	硫 %(质量分数)		0.15	0.0589	0.1272	0.125
7	氮 %(质量分数)		0.29	0.1034	0.2433	0.2627
8	金属含量 μg/g	Fe	97.9			47
		Ni	18.3			
		Cu	1.2			
		V	0.9			
		Pb	0.1			
		Ca	1652.0			1200
		Mg	8.5			
		Na	264.0			
9	蒸馏物料平衡 %(质量分数)	初馏点~180℃	0.19	18.36(<165℃)	8.3(初馏点~240℃)	3.18(<240℃)
		180~360℃	11.38	22.05(165~350℃)	17.07(初馏点~350℃)	11.59(初馏点~350℃)
		>360℃	88.43	58.14(>350℃)		53.79(>350℃)

2）关键技术

（1）多功能的流程设计。

该技术采用四级电脱盐脱水脱钙工艺和专门研制的脱钙剂、破乳剂以脱除原油中钙、盐和水，用焦化加热炉对流段代替常压蒸馏装置的常压炉，焦化分馏塔也作为常压蒸馏塔，原油在焦化分馏塔内闪蒸以拔出其中的直馏轻组分，同时与焦化反应产物一并分离，使该装置兼具常压蒸馏和延迟焦化装置的双重功能。高酸高钙超稠油直接焦化工艺流程如图 5-13 所示，原油进换热器换热→四级电脱盐注水脱钙→换热器换热→原料缓冲罐→再换热→加热炉对流段加热至320℃→分馏塔分馏(塔底温度为368℃)。该流程的特点如下：一是利用电脱盐设施在脱盐脱水的同时将原油中的有机钙在脱钙剂作用下转化为水溶性钙一并脱除；二是原油在拔出汽柴油等直馏馏分后再进加热炉辐射段加热，在减轻加热炉热负荷的同时破坏大部分环烷酸；三是拔出直馏的汽柴油中不饱和烃含量少，降低了下游加氢装置的氢耗；四是分馏塔脱过热段洗涤效果好，主要缺点是直馏的汽柴油脱酸不彻底。

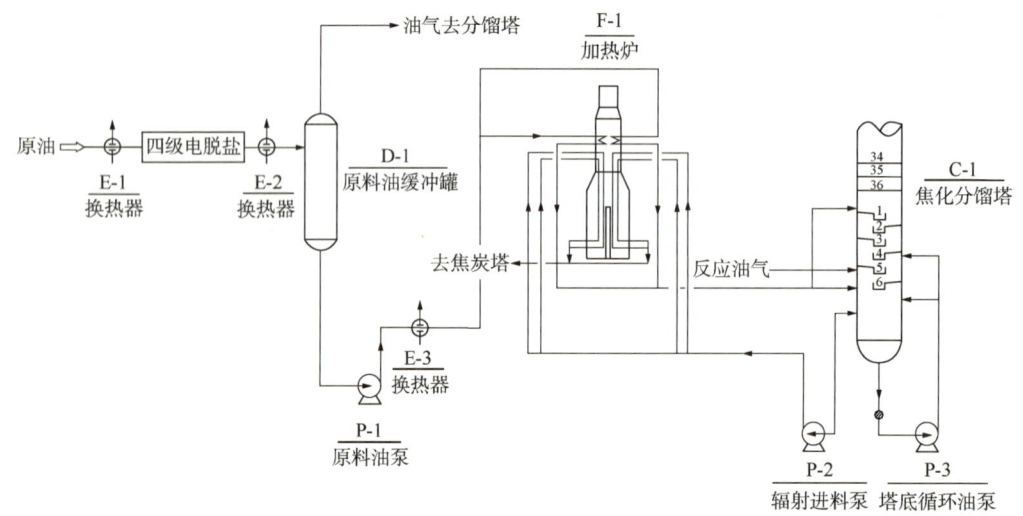

图5-13 高酸高钙超稠油直接焦化工艺流程

(2) 防环烷酸腐蚀技术。

苏丹原油酸值高，装置设备及管道的腐蚀主要由环烷酸引起。环烷酸腐蚀速率与环烷酸分子结构、浓度、工艺介质的温度及流速、设备材质等因素有关。环烷酸腐蚀受温度影响大，一般认为：环烷酸腐蚀开始于220℃，随着温度的升高腐蚀加剧，270~280℃时腐蚀性强，之后随温度再上升而减弱；但在350~400℃时，腐蚀急剧增加，400℃以后认为环烷酸已分解。苏丹原油腐蚀特征有其特殊性，该原油从180℃即产生环烷酸腐蚀，直到420℃仍存在腐蚀，这一点与传统的环烷酸腐蚀温度范围有所不同，苏丹原油的环烷酸腐蚀覆盖温度范围更宽。

解决苏丹原油环烷酸腐蚀的措施如下：一方面从流程设计上采用加热炉热破坏环烷酸；另一方面升级设备管阀件材质防腐。原油温度为180~220℃时，换热器壳体材质选用碳钢，管束材质选用渗铝碳钢；原油温度大于220℃时，换热器壳体材质选用316L复合板材，管束材质选用316L；加热炉对流段进口温度为270℃，出口温度为320℃，炉管材质选用316L；辐射段进口温度为365℃，出口温度为500℃，基于苏丹原油在420℃时还存在明显腐蚀的特殊性，介质温度小于450℃的炉管材料选用316L，介质温度大于450℃的炉管材料选用316。

装置连续运行326天后对关键设备和管道等部位进行了首次检维修，并对分馏塔、原料缓冲罐、接触冷却塔、电脱盐罐、高温部位的换热器等关键设备开盖抽芯检查，这些设备均完好无损，表面光洁，未发现环烷酸及硫造成的明显腐蚀；炉管内壁表面光洁，没有发现腐蚀痕迹，管壁未减薄。检测腐蚀挂片结果表明，316L 的耐环烷酸腐蚀性能与 316 相比无明显差别，不同材料挂片耐环烷酸腐蚀性能从优到劣依次为 316L>0Cr13>Ni-P 镀>Zn-Al 共渗、Cr5Mo、20 号、A3。此后历次检维修情况与首次检维修检测结果相似，进一步验证了防腐措施的有效性。综合检测结果说明装置流程设计合理、选材得当，完全可以满足高酸高钙重质原油延迟焦化加工的要求。

(3) 防结焦技术。

原油电脱盐脱水脱钙：原油中的有机钙，一方面容易造成钙在炉管内壁上沉积结垢，引发并加剧炉管结焦的倾向，且钙沉积形成的无机物污垢在炉管烧焦时难以清除，影响加热炉热效率；另一方面造成石油焦灰分超标，降低石油焦的品质，影响经济效益。通过电脱盐设施加注特制脱钙剂脱除原油中的有机钙，可减缓炉管结焦、延长开工周期、提高焦炭质量。脱除原油中的水分及其他盐类，可降低装置能耗、减轻 Cl^- 腐蚀，以保证装置长期平稳运行。

双面辐射炉及配套技术：加热炉设计采用辐射炉管双面辐射水平排管结构、小能量扁平火焰气体燃烧器、多点注汽，有效缓解了炉管内结焦，配套的在线清焦/烧焦技术是加热炉长期在线运行的基础保障。首次检修期间发现炉管烧焦时烟气几乎无温度上升，说明炉管结焦轻微，打开加热炉出口转油线上的可拆弯头发现，转油线内壁光洁，无结焦现象。

中段循环油作大油气线急冷油技术：装置连续运行近 7 个月时，未发现大油气线压降增大、焦炭塔憋压现象。之后改为重污油作急冷油，期间焦炭塔有憋压现象，检修时局部结焦，焦炭厚度约为 10mm，说明中段循环油作急冷油对减轻大油气线结焦效果明显，重污油作急冷油回炼易造成大油气线结焦。

3) 工业应用

苏丹喀土穆炼厂延迟焦化装置作为全球首套采用常压蒸馏—延迟焦化加工高酸高钙原油的双功能装置，投产后标定结果表明：装置在 $208×10^4$ t/a 的加工量下运行正常，主要操作参数在设计范围内，液体产品收率与设计值相比，总液体收率及轻油收率分别为 80.76% 和 65.49%，均高于设计值(80.13%和61.21%)。主要产品质量达到设计质量指标；电脱盐停注脱钙剂后石油焦的灰分超出石油焦商品标准(石油焦作电厂燃料对灰分无严格要求)，其余指标均满足一级品的要求；装置综合单位能耗为 1415.27MJ/t，比设计值低163.06MJ/t；各类辅助原材料消耗均低于设计指标，装置运行经济性较好；电脱盐运行正常，受环烷酸盐类的乳化作用的影响，原油电脱盐后的含水量略高于设计指标。截至 2021 年 10 月，该装置已连续平稳运行 17 年，经受了长期生产实践考验，创造了显著的经济效益。

5. 中低温煤焦油延迟焦化技术

中低温煤焦油是在温度为 600~1000℃的条件下煤经干馏、气化过程副产的具有刺激性臭味、呈黑色或黑褐色黏稠状的液体副产物。由于煤焦油组分复杂，高附加值组分含量低、含量高的低附加值组分难以利用，常规加工工艺流程复杂、设备多、能耗高、投资大、二次污染严重，难以广泛应用。煤焦油用作燃料还会造成较严重的硫排放环境污染。中石油华东设计院开发的延迟焦化工艺加工煤焦油成套技术，能将低附加值、高污染的煤焦油通过简短的流程和清洁的工艺生产出容易二次加工的轻质油品，生产粗汽油、柴油和蜡油中间产品,并副产沥青焦,汽油、柴油和蜡油馏分经加氢处理后可作为汽油、柴油的调和组分。

1) 原料特点

煤焦油含有大量的不饱和烃、胶质,以及含硫、氮、氧元素的稠环芳烃,油品安定性及热安定性差,沸点高于510℃馏分的沥青质、机械杂质、灰分、大分子胶质含量高,氢含量低,热破坏加工时极易结焦。中低温煤焦油含有较多的酚类酸性物质,酸腐蚀危害远远大于常规渣油。常规渣油酸腐蚀一般表现为环烷酸腐蚀,经过上游常减压蒸馏装置后,仍存留在渣油中的环烷酸大多呈低活性,酸腐蚀不明显。经过焦化加热炉高温破坏后,分馏系统几乎不存在环烷酸腐蚀问题。而煤焦油的酸腐蚀几乎贯穿全流程,因此对抗酸腐蚀是煤焦油延迟焦化技术的关键。

2) 关键技术

由于煤焦油的性质特征有别于常规焦化原料,开发的延迟焦化工艺加工煤焦油成套技术重点破解了制约长周期运行的瓶颈,包括管道配件及设备防腐蚀、加热炉炉管的防腐蚀/防结焦、高温部位防结焦、提取粗酚油等,煤焦油延迟焦化仍遵循自由基反应机理,借鉴渣油延迟焦化先进技术,根据中温煤焦油原料特性,选择适宜的反应温度、合理的设备选型及选材防腐、优化的加热炉技术及提取粗酚油工艺等。

(1) 管道配件及设备防腐蚀。

针对煤焦油的腐蚀特性和焦化反应产物中腐蚀介质的特点,装置选材有别于常规延迟焦化装置。焦炭塔基材选用铬钼钢,下部塔壁通常都附着一层牢固而致密的焦炭保护层,隔离了腐蚀介质,泡沫段及以上部分腐蚀介质直接与塔体接触,在生产过程中该部分塔体会产生高温硫腐蚀与低温露点腐蚀,为此塔体选用铬钼钢+06Cr13(S11306)复合板。

煤焦油延迟焦化装置的高温腐蚀主要发生在煤焦油、柴油、循环油和蜡油部分高温系统中,腐蚀介质主要是硫化物和酚类,腐蚀形态呈均匀腐蚀加局部冲刷腐蚀。

碳钢中添加适量的铬会增加材料的抗硫化物腐蚀能力,选用铬质量分数分别为5%、7%和9%的铬合金在高温硫腐蚀中能提供可靠的材料性能,不锈钢材料可以使用在高含硫的高温部位。

酚类为石油酸中的一种,与环烷酸具有类似的腐蚀特性。操作温度高于220℃时,酚类与金属发生化学反应,腐蚀开始,且腐蚀产物为油溶性;操作温度高于270℃时,腐蚀加剧。酚类腐蚀与介质流速有关,流速较大的部位或涡流区(弯头、三通处),腐蚀速率明显增加,选用耐冲刷腐蚀的材料,并加大壁厚。当有硫存在时,酚类使腐蚀反应生成的硫化铁保护膜破坏,两者共同作用促使金属腐蚀加剧,此部位管配件可选用12Cr5Mo、12Cr9Mo、316L、317L和321材质。管道布置应尽量避免形成涡流、冲刷和腐蚀性介质聚集。

分馏塔操作介质中含较多酚类酸性物质,具有强腐蚀性,壳体选用Q245R+06Cr18Ni11Ti(S32168)复合板,内件材质为06Cr18Ni11Ti(S32168)。

(2) 加热炉腐蚀/结焦防控技术。

煤焦油热稳定性极差,280℃左右开始发生裂解缩合反应,起始反应温度远低于常规渣油,因此以高流速、短停留时间的设计作为炉管内结焦的防控手段。管外防控则以尽量降低管壁温度、炉管热强度分布均匀、缓和管内受热为目标，采用双辐射室、双对流室、两管程卧管阶梯炉型，水平的单排炉管布置在梯形截面炉膛中间，两侧分别设一排低 NO_x 底烧式附墙气体燃烧器，与常规水平管双面辐射箱式炉相比有更明显的结焦防控优势，每一路辐射盘管位于单个炉膛内，更加便于操作和调节。

煤焦油机械杂质含量高、硬度高，为防结焦而采用的高流速则加剧了炉管的冲刷磨蚀，为提高炉管抗腐蚀、抗冲蚀、抗高温氧化性能，延长开工周期，辐射炉管材质采用TP310L，对流炉管材质采用TP316H，辐射管及遮蔽管采用铸造回弯头，进一步提高抗磨损强度，辐射炉体两端设置端管板及弯头箱，方便检维修。

(3) 高温防结焦技术。

煤焦油结焦前驱点温度为 260~280℃，高温结焦倾向大，不仅常规的分馏塔高温部位（如脱过热段、循环油集油箱和塔釜）存在结焦及焦粉沉积问题，换热过程中也有局部结焦的可能。为避免与高温物料接触引起结焦，煤焦油不再进分馏塔，而是通过混合器与循环油快速混合，并控制混合温度不高于起始裂解温度。因此，需要根据设定的循环比反算循环油温度，并精确控制分馏塔底温度，确保进加热炉前煤焦油性质稳定。采用塔外取热蜡油洗涤的工艺流程，根本上避免了煤焦油与高温反应油气接触，减轻了分馏塔高温段结焦。常规延迟焦化换热流程以追求最高的原料换热终温为目标，煤焦油则不同，换热终温需严格控制。同时，为防止低速部位产生局部高温引发煤焦油结焦，与之换热的物料温度也需严格控制。煤焦油固含量较高，与常规焦化原料换热走壳程不同，煤焦油走换热器管程，而且严格控制操作流速，防止低流速发生机械杂质沉积。

(4) 提取粗酚油技术。

酚类化合物占煤焦油的 10%~30%（质量分数），是重要的化工原料，具有较高的经济价值，在煤焦油加工流程前端提取酚油对装置还有节能作用。换热至接近反应起始温度的煤焦油进入汽提塔，所含大部分粗酚油被汽提进入分馏塔，在分馏塔合适的位置引出酚油作为产品，包括汽提来的一次粗酚和反应生成的二次粗酚。该技术既减少了进入下游流程的物料量，同时汽提出的一次粗酚不再进入反应系统，有利于提高轻质油收率，节省能耗。

3) 工业应用

由中石油华东设计院提供技术工艺包，该技术应用于陕西东鑫垣化工有限责任公司 $50×10^4$ t/a 煤焦油延迟焦化装置建设，投产后生产出合格产品并一次达到设计加工能力，装置液体收率达 78.38%（质量分数），其中柴油收率约为 60%（质量分数），粗酚油收率约为 6.4%（质量分数），装置运行安全、平稳，经济效益好。原料和产品实物如图 5-14 所示。

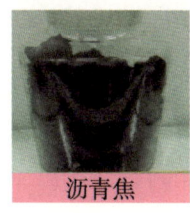

图 5-14 原料和产品实物图

延迟焦化工艺加工煤焦油成套技术将难以处理的煤焦油转化为轻质汽柴油及优质石油

焦，提取高附加值的粗酚油，流程简短，操作条件缓和，汽柴油收率高，经过加氢处理即可得到清洁燃料油组分，变废为宝，为中低温煤焦油深加工开创了一条新路。

6. 延迟焦化生产油系针状焦成套技术

针状焦是制造高功率（HP）、超高功率（UHP）石墨电极和高功率锂电池负极电极的优质材料。按生产原料划分，针状焦可分为油系针状焦和煤系针状焦，总体而言，油系针状焦质量和用途均优于煤系针状焦，尤其是制造大型超高功率石墨电极时，只能采用油系针状焦。目前，国际上仅有美国、中国、英国和日本拥有油系针状焦生产技术。

1）原料特点

生产针状焦对原料的要求如下：

(1) 富含芳烃：一般要求原料中线性连接的三环、四环短侧链芳烃含量居多，芳烃含量在30%~50%为宜，富集芳烃的原料有利于生成比较完整的石墨结构晶格；而多于五环的芳烃热敏感性较高，易发生无取向交联反应呈不规则排列，造成晶格缺陷。

(2) 胶质和沥青质含量低：胶质和沥青质是大分子稠环环烷烃和芳烃或带较长侧链的烃类化合物，分子结构复杂，碳化反应速率快，易生成老化的中间相。胶质、沥青质含量越低，越有利于提升针状焦质量，一般控制庚烷不溶物含量小于2.0%（质量分数）。

(3) 灰分含量低：灰分含量包括催化剂粉末、游离碳、金属含量等，高灰分会阻碍中间相小球体的长大、融并，在针状焦结构中表现为中间相不发达，一般要求原生喹啉不溶物含量为0，催化剂粉末含量小于100μg/g。

(4) 硫含量低：硫大多集中在胶质和沥青质中，碳化后大部分又集中在焦炭中。高硫焦炭会导致碳素制品石墨化时发生晶胀，造成产品带有裂纹，成品率低，影响使用性能，一般要求硫含量不大于0.5%（质量分数）。

(5) 原料密度要求大于1.0kg/m³以保证针状焦产率。分子量分布范围较窄、馏程范围适当、黏度较低等都是保证针状焦质量的必要条件。

2）关键技术

常规延迟焦化以高液体收率、低焦炭收率为目标，针状焦装置则以焦炭收率最大化为目标，同时追求最优的针状焦质量。由于针状焦原料须具有高芳烃含量、低硫含量、低金属含量、低灰分等品质，因此选择芳烃富集+延迟焦化的加工总流程，并在延迟焦化生产针状焦技术中采用非常规工艺参数，如高循环比、高焦炭塔压力、高加热炉出口温度等苛刻反应条件，这样才能满足针状焦的生产要求。

常规加热炉很难适应针状焦原料在高苛刻条件下结焦趋势加重和结焦速率加快的特点，中石油华东设计院自主开发的"底烧式梯形附墙燃烧焦化炉"专利技术，在针状焦延迟焦化装置中成功应用，为焦化原料提供了短停留、高效率给热、低热强度峰值、均匀温度场分布的安全运行环境，创新开发的独立管程、对流辐射一体模式的两管程结构，使焦化炉具有更大的调节弹性，有利于调节和控制针状焦品质。

原料换热系统采用螺旋折流板式换热器，相比弓形折流板，螺旋折流板的导流作用使原料油在壳程内呈螺旋状流动，几乎不存在流动死区，能有效减少污垢沉积，保证换热器长期处于高效运行状态。

针对针状焦生产要求，分馏系统的循环油塔外取热技术、柴油馏分作急冷油的雾化喷淋注入技术、轻蜡油洗涤技术等的集成应用,使关键设备、关键部位能够有效防堵防结焦,系统压力方便调节、易于稳定,确保产品质量均一以及装置长周期运行。

3)工业应用

中石油华东设计院自主开发的延迟焦化生产油系针状焦成套技术,已应用于山东滨州某公司针状焦项目 20×10⁴t/a 针状焦延迟焦化装置。针状焦产品质量满足行业标准 NB/SH/T 0527—2015《石油焦(生焦)》中 1 号石油针状焦(生焦)的标准,且国内领先,并出口国外,经济效益显著,该企业已成为国内针状焦行业标杆企业。图 5-15 为产品针状焦实物图,图 5-16 为针状焦生产装置实景图。

图 5-15 山东某公司生产的针状焦产品

图 5-16 山东某公司针状焦生产装置实景

二、中国石油延迟焦化单项技术

1. 新型焦化加热炉技术

1)底烧式烟气导流附墙燃烧技术

(1)技术特点。

底烧式烟气导流附墙燃烧技术为中石油华东设计院开发且为中国石油拥有自主知识产权。该技术采用 CFD 流场模拟技术进行流场模拟优化,在辐射室侧墙增设烟气导流装置,消除烟气流动死区。图 5-17 和图 5-18 中 CFD 流场模拟结果显示,炉膛内烟气流场及温度场分布得到充分改善,炉膛内上、下温度和辐射炉管表面热强度更趋均匀。

配套开发的附墙燃烧气体燃烧器具有多孔分级燃烧和阶梯式分级燃烧的特点,分层与助燃空气混合燃烧,实现燃烧无缝,火焰贴墙,炉膛亮度均匀,NO_x 排放指标不大于 70μg/g,能够满足最新的 GB 31570—2015《石油炼制工业污染物排放标准》环保排放要求。

配合研发的高荷重软化隔热耐火砖,可实现焦化炉辐射室外壁温度不大于 60℃,有效降低炉体散热损失。优化余热回收系统,排烟温度降低至 120℃左右,焦化炉热效率达 93%。

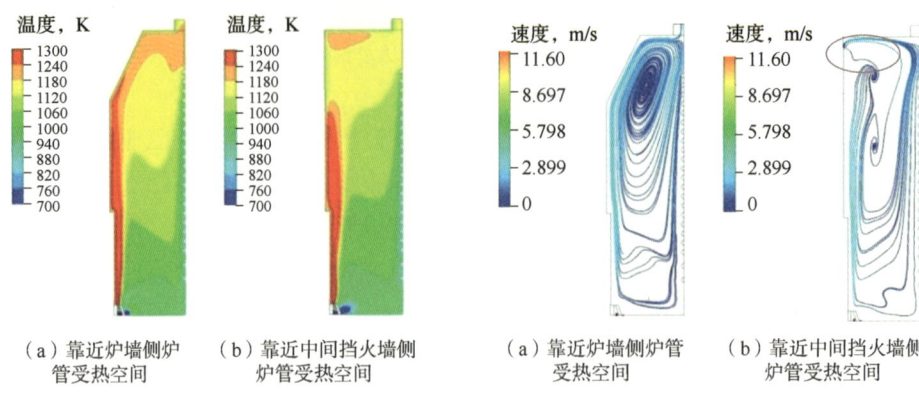

(a)靠近炉墙侧炉　　(b)靠近中间挡火墙侧　　(a)靠近炉墙侧炉管　　(b)靠近中间挡火墙侧
　　管受热空间　　　　　炉管受热空间　　　　　　受热空间　　　　　　炉管受热空间

图 5-17　炉膛截面温度场　　　　　　　图 5-18　炉膛烟气流动场

（2）工业应用。

底烧式烟气导流附墙燃烧技术首次应用于辽河石化 $100×10^4$ t/a 延迟焦化装置加热炉技术改造。改造后，炉体外壁温度不高于 60℃；加热炉热效率从改造前的 90% 提高到 93%，每年可节省燃料气消耗约 1090t。改造后炉管结焦速率明显降低，炉管压降长期维持在 1.0MPa 左右，为此，将设计扬程为 540m 的加热炉进料泵改造为扬程为 310m，节电约 40%，进料流量调节更加灵敏，系统的高温物料泄漏风险显著降低。经过 10 年生产运行的验证，该技术在应对劣质原料、苛刻操作条件方面具有明显优势，为装置长周期、安全、低耗运行提供了可靠保障。

图 5-19(a) 和图 5-19(b) 分别显示了辽河石化延迟焦化装置改造前常规双面辐射炉和改造后附墙燃烧炉炉膛火焰情况，图 5-19(c) 显示了 FW 公司专有技术阶梯炉炉膛火焰情况。

(a)常规双面辐射炉　　　　　(b)附墙燃烧炉　　　　　(c)FW公司阶梯炉

图 5-19　国内外附墙燃烧效果对比

2）底烧式梯形加热炉技术

底烧式梯形加热炉技术以底烧式梯形加热炉专利为主体，集成了加热炉炉管吊架、宽火焰扁平附墙低氮氧化物节能型气体燃烧器等自主专利技术和密闭看火门、新型炉衬结构、CO 燃烧控制技术等，综合提升加热炉的各项指标。图 5-20 显示了中石油华东设计院专利炉型——底烧式梯形加热炉。

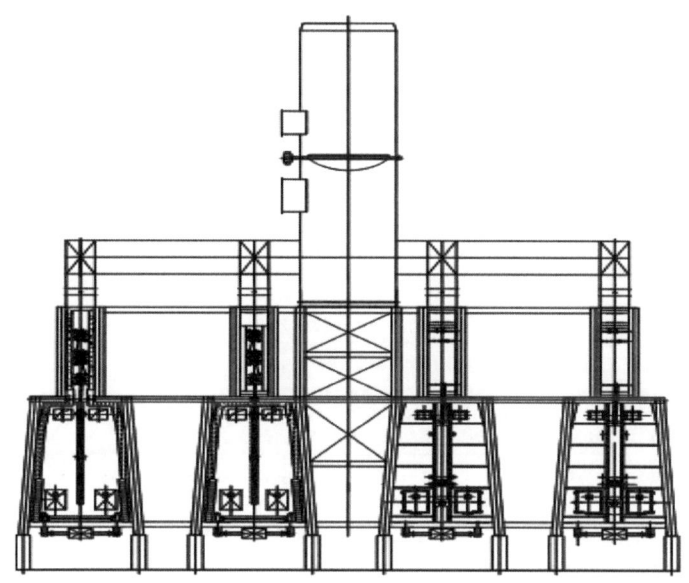

图 5-20 中石油华东设计院专利炉型——底烧式梯形加热炉

（1）技术特点。

底烧式梯形加热炉的辐射室截面形状呈下大上小的梯形结构，火焰呈扇形贴炉侧墙斜向上燃烧，可有效地提高辐射室炉膛上、下部烟气温度场和热强度场的均匀性，使辐射室上、下部的炉管表面热强度周向不均匀系数减小，火焰对炉管加热均匀，对管内介质产生稳定的温度上升梯度，减缓炉管内的结焦趋势。

该技术提供了多种辐射室—对流室组合形式，对装置加工量波动适应性好，调节弹性大，适应各种在线清焦手段。

采用密闭看火门并应用 CO 燃烧控制技术可以有效节能减排。在辐射室设置 CO 检测仪表，将 CO 检测数值作为鼓风机的控制变量，可精确控制炉膛供风量，促使实际燃烧接近理论配风比，有效抑制 NO_x 的生成，减少烟气排放量。

箱体式模块化设计、制造大幅减少现场安装工程量，降低现场安装组对的难度，提高安装精度，较常规模块化更加节省人工时，缩短施工时间。

通过加热炉钢结构优化设计，进一步节约钢材用量，降低工程费用。

（2）工业应用。

底烧式梯形加热炉技术与国内外先进的焦化炉技术相比，在热效率、运行周期、烟气排放及工程投资等方面具有明显的优势。该技术应用于云南石化 $120×10^4$ t/a 延迟焦化装置，装置自开工以来，焦化加热炉运行稳定，炉膛附墙火焰燃烧效果佳，烟气中 NO_x 检测值为 20μg/g，CO 检测值为 0~1μg/g，排烟温度低于 120℃，加热炉热效率保持在 93.3% 左右，在全厂加热炉热效率排名中名列前茅。

云南石化延迟焦化装置原料较特殊，为大比例掺炼催化油浆的减压渣油，掺炼比例实际运行高达35%，考虑到催化剂颗粒对炉管的冲刷破坏，加热炉炉管材质选用P9，壁厚由普通加热炉的8mm增加至14mm。加热炉采用附墙燃烧设计，炉侧墙倾斜角度与国产宽火焰扁平附墙低氮氧化物气体燃烧器相匹配，火焰不接触炉管，避免局部高温结焦。单管程独立对流—辐射梯形炉特别适合大比例掺炼催化油浆的苛刻工况，四辐射室对应四对流室的配置方案避免了各炉膛之间火焰的相互干扰，每路出口设置双隔断阀，一旦发现某路炉管压降过大，随时进入在线清焦操作，对装置后续系统和全厂不产生影响。

云南石化焦化加热炉与国内延迟焦化装置常规加热炉对比情况见表5-5。

表5-5 加热炉技术对比表

项目	国内延迟焦化装置常规加热炉	云南石化延迟焦化装置加热炉
炉型	双面辐射炉型	四对流室—四辐射室底烧式梯形炉
燃烧器安装位置	炉底部(炉管两侧)	炉底部靠近侧墙
火焰燃烧方向	垂直向上	沿炉墙倾斜向上
管程数/单个辐射室	2管程	1管程
炉管管径，mm	114/127	114
炉管壁厚，mm	8/10	14
炉管材质	P5/P9	P9
辐射炉管连接形式	急弯弯管	急弯弯管
辐射炉管支撑形式	上支撑	上支撑
炉管注汽(水)	注汽	注汽
余热回收系统	有	有
热效率，%	>90	>92
加热炉清焦方式	停炉烧焦、停炉机械清焦	在线清焦、在线机械清焦、停炉烧焦

图5-21显示了云南石化$120×10^4$t/a延迟焦化装置底烧式梯形加热炉实景，图5-22和图5-23分别显示了密闭看火门和附墙燃烧火焰情况。

图5-21 云南石化$120×10^4$t/a延迟焦化装置底烧式梯形加热炉实景

图 5-22　密闭看火门　　　　图 5-23　附墙燃烧火焰

采用工厂模块化设计,每一个辐射室分成上、中、下 3 个箱体,对流室分成上、下两个箱体,炉体钢结构通过优化的精准设计,钢材用量仅为同规模同类型焦化炉钢材用量的 70% 左右,与引进 FW 公司专有技术焦化加热炉相比,仅为其造价的 1/3。图 5-24 和图 5-25 显示了底烧式梯形加热炉炉体模块化制造、组装的现场情况。图 5-26 显示了应用底烧式梯形加热炉技术的山东某公司 $200×10^4 t/a$ 延迟焦化装置加热炉设计方案情况。

图 5-24　底烧式梯形加热炉模块工厂制造预组装

3）双斜面阶梯式焦化炉技术

为了进一步改善加热炉炉膛温度场和传热条件,筛选理想的炉型和结构参数,通过对加热炉 4 种不同的炉型、进料方式(上进下出、下进上出)、燃烧器间距、管心距等关键参数对比分析,中石油华东设计院开发了双斜面阶梯式焦化炉技术。4 种炉型分别为双斜面阶梯炉型、惠州炉型、双阶梯炉型和标准箱式炉型(图 5-27),采用数值模拟方法考察其炉膛内烟气流动与传热的差别。

大型炼油技术

图 5-25　底烧式梯形加热炉现场安装

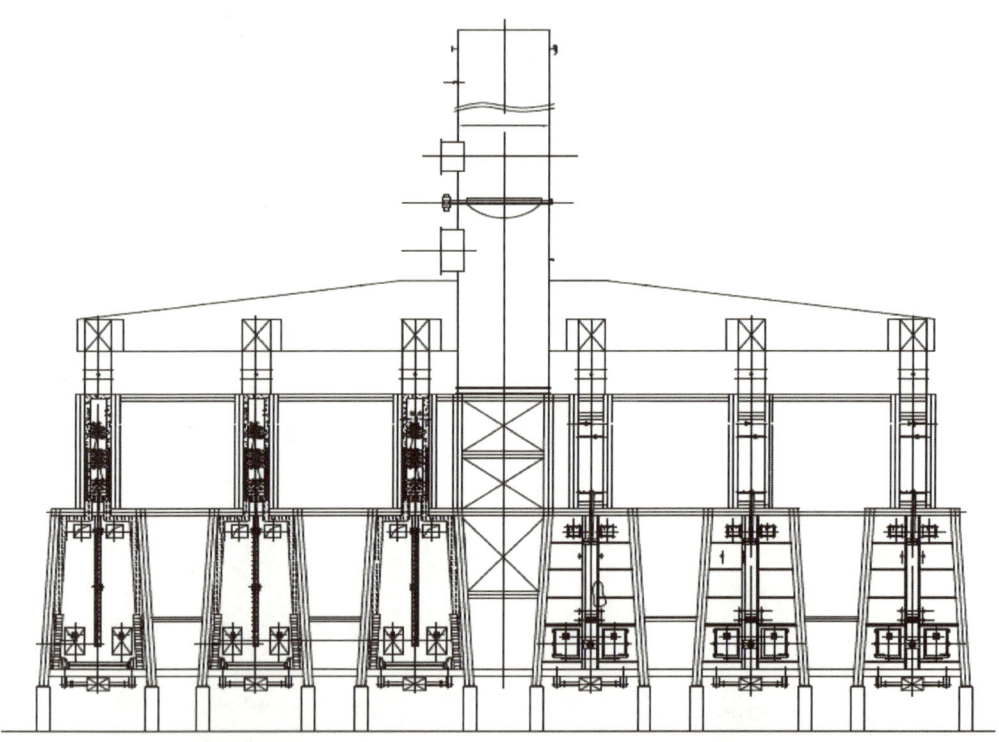

图 5-26　山东某公司 200×10⁴t/a 延迟焦化装置加热炉设计方案

图 5-28 显示了不同炉型炉膛内温度场对比情况。从图中可以看出，对于双斜面阶梯炉型、惠州炉型、双阶梯炉型和标准箱式炉型，炉膛中上部同一位置烟气的温度逐渐升高，双斜面阶梯炉型炉膛中上部的温度最低，标准箱式炉型炉膛中上部的温度最高。4 种炉型在底部侧墙上的温度场分布基本一致(图 5-29)。

结合 4 种炉型炉膛内温度场分析，辐射室侧墙倾斜度增大，侧墙与炉管之间的距离减小，辐射热传递效果增强，同时高温烟气向炉管方向聚集，对流热传递效果增强，底部炉管的吸热量增多，造成炉膛中上部烟气温度降低，上部炉管的吸热量减少，炉管热强度分布的均匀性下降，但炉管总的吸热量增多，辐射室热效率提高，烟气出辐射室温度降低。

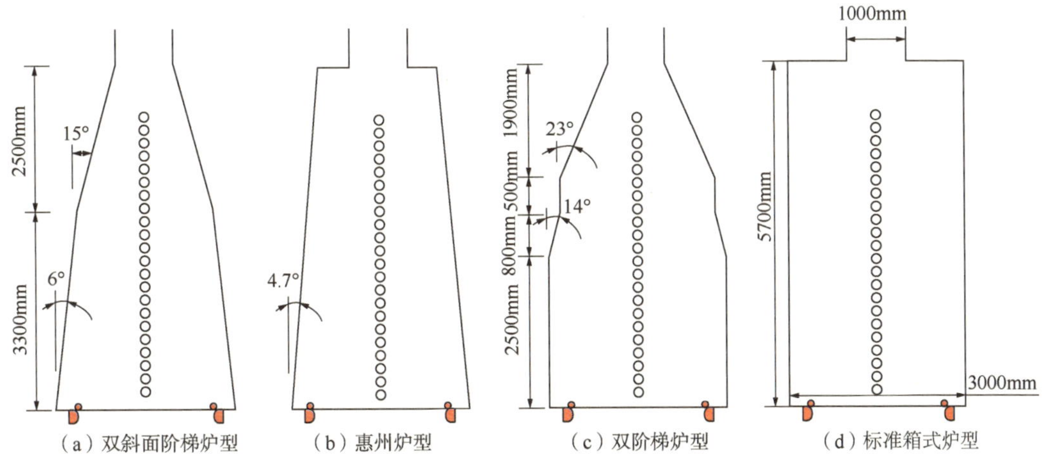

第五章 延迟焦化技术

图 5-27 不同炉型结构

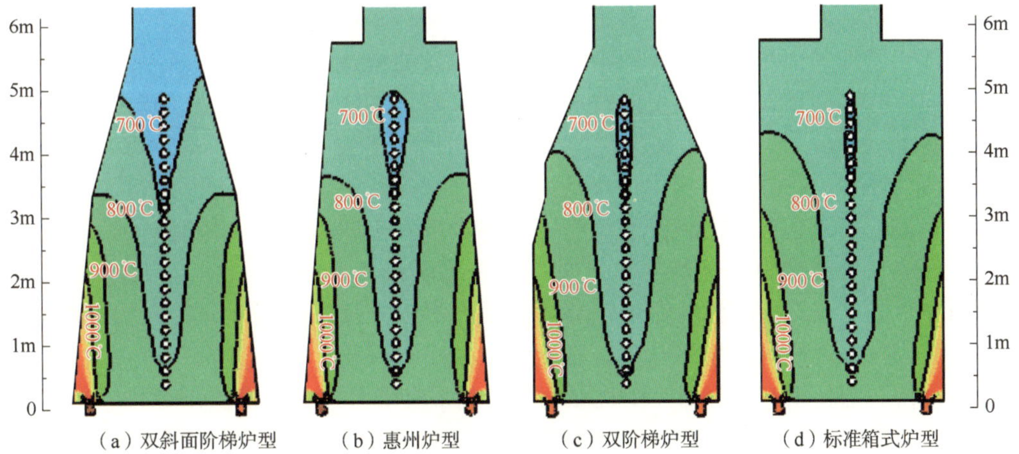

图 5-28 不同炉型炉膛内温度场对比

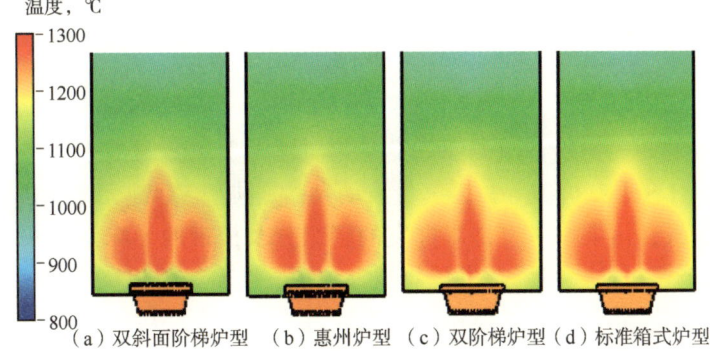

(a) 双斜面阶梯炉型 (b) 惠州炉型 (c) 双阶梯炉型 (d) 标准箱式炉型

图 5-29 不同炉型炉墙温度场对比

双斜面阶梯炉型辐射室热效率比传统箱式炉型提高3%,炉膛温度降低56℃,相同裂解深度前提下,双斜面阶梯式焦化炉出口温度较传统方箱式焦化炉低8℃,可有效降低炉管结

117

焦速率，延长操作周期。双斜面阶梯炉型是处理劣质原料的理想炉型，值得推广应用。

2. 焦炭塔安全联锁与顺序控制技术

1）技术特点

在每个生焦周期内，焦炭塔都要执行多个规定步骤下多个阀门的操作，周而复始地频繁操作，容易使外操人员情景意识失效。由于大部分阀门依靠手动就地操作，劳动强度大，对外操技能要求高，当执行多个、同步操作步骤时易发生误操作，整个生产过程风险大、管理难、效率低。

焦炭塔区阀门顺序控制系统以步骤间的安全联锁程序控制为手段，实现对焦炭塔工艺操作过程中各步骤操作前后顺序的管控，确保每步操作的正确性。该监控软件设置多级用户授权，包括系统管理员、工程师、班长和操作员；控制系统不直接控制阀门动作，只限定阀门动作条件，阀门的动作仍由外操执行；在内操设置直观的画面显示，指示每个步骤中所需条件，指导外操操作，阀门未按程序规定完成动作时（事故状态），自动显示错误提示，当仪表信号与外操确认信号不一致时，最终由内操确认通过四通阀/切断阀等阀门切换，实现小吹汽—大吹汽—给水—泡焦—放水—除焦（包括开顶底盖—除焦—关顶底盖）—赶空气试压—引油气预热—换塔等各步骤按程序预设的模式连续进行。该控制系统可实现人、机双向监控，避免人为操作失误造成的安全风险，并降低劳动强度，缩短切换操作时间，便于管理。

2）工业应用

中国石油在多套延迟焦化装置上均应用了焦炭塔安全联锁与顺序控制技术，如辽河石化、大港石化、玉门油田公司炼油化工总厂、独山子石化、云南石化、苏丹喀土穆炼厂，以及目前在建的广东石化两套延迟焦化装置；地方的独立炼厂也有部分装置实施了焦炭塔安全联锁与顺序控制技术，如东营联合石化、山东汇丰石化、山东寿光鲁清石化、山东海化、山东京博石油化工有限公司、中化弘润石油化工有限公司、山东滨阳燃化、浙江石化、宁波中金石化的延迟焦化装置等。焦炭塔安全联锁与顺序控制技术在国外已经普遍采用，中国石化大部分延迟焦化装置也实施了顺序控制系统的改造。实践证明，顺序控制系统有效地规范了焦炭塔操作程序，使操作过程标准化，提高了自动化水平，降低了劳动强度，避免了人为操作失误，做到了人机双检，确保了延迟焦化装置安全平稳运行。

3. 延迟焦化废气治理技术

1）废气来源

延迟焦化装置的废气主要有两类：一类是焦炭塔开顶底盖时产生的废气，该废气湿度大、含少量烃类、H_2S 和有机硫等，废气量波动大，是典型 VOCs 无组织排放源；另一类是冷焦水罐组罐顶废气，污染物主要是可挥发的轻组分及携带的异味污染物，其中异味污染物有 H_2S、NH_3、硫醇、硫醚等易挥发性物质，与挥发性轻烃蓄积在罐顶气相空间中。当储罐顶气相空间压力增大后，罐内气体将释放至大气中，产生环境污染。某采用溢流冷焦工艺的延迟焦化装置，冷焦水热水罐顶现场采集数据显示，溢流及放水期间顶部气体 H_2S 含量达 $200\mu g/g$，可燃气体含量达 23.32%（体积分数），其中 H_2 含量达 7.6%（体积分数）。由于部分装置冷焦水系统并未密闭，有的通过脱臭设施后排大气，但脱臭设施抽吸力不足，现场环境未见明显改观；有的则直接与大气环境相通，存在爆炸和中毒的双重风险。

2）治理技术

废气治理的典型流程为废气收集—废气处理—达标排放。

（1）废气收集。

根据废气特点、排放设备、排放部位的具体情况选择不同的废气收集设施。非罐类设备（如焦炭塔顶盖机、溜焦槽）的排放废气以水蒸气为主，携带部分可挥发烃类和臭味气体，这部分废气含大量空气，可燃烃含量低，浓度远低于爆炸下限，可通过收集罩集气。

焦池需要定期抓焦作业，封闭收集废气和开放生产作业二者难以协调。目前，智能电动开合式膜结构系统可以很好地解决封闭收集和开放作业的矛盾，又可以简化操作，提高设备自动化程度。焦池自动开合式反吊膜设施采用嵌套式结构，通过滑轨横向移动，可采用机械或人工两种方式（图5-30）。根据焦池长度，可将焦池分为4个区域，每个区域使用一套滑动反吊膜设施封闭。4个区域从左到右分别由滑动单元1、滑动单元2、滑动单元3和滑动单元4封闭覆盖。其中，滑动单元2和滑动单元3为上层主动单元，配有电动机和电磁铁，可以自主独立运动，也可带动下层单元运动；滑动单元1和滑动单元4为下层从动单元，可在上层主动单元的电磁铁拉动下被动运动。在进行除焦产生大量废气时，不进行抓焦操作，各滑动单元分别覆盖各自的区域，各单元间的衔接设计能有效减少废气逸散，通过风机收集封闭空间内的废气。当需要抓焦操作时，可开启对应的区域。膜设施配置组合及开合动作形式可根据实地情况及使用要求进行适应性设计。

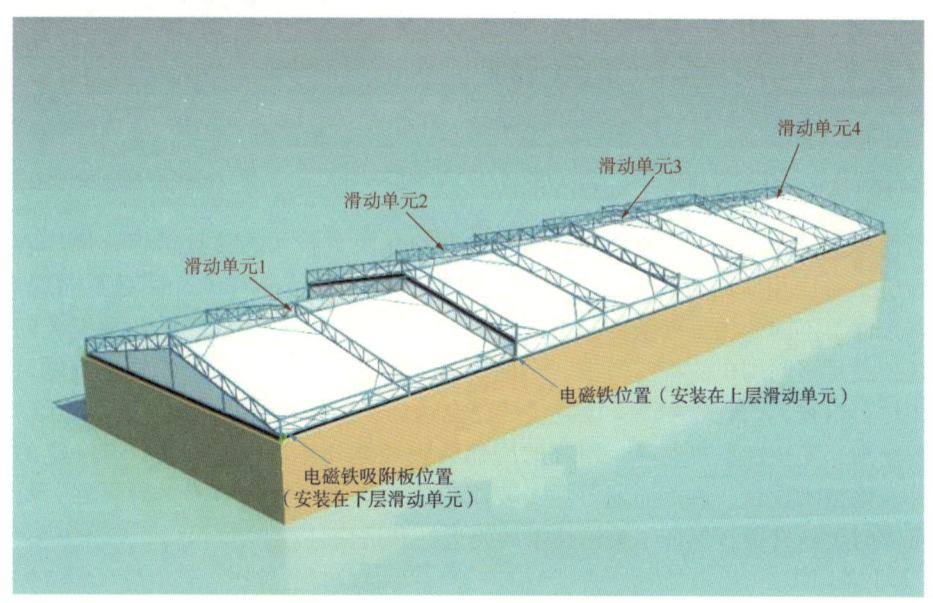

图5-30 钢结构反吊膜装置示意图

对于罐类设备（如冷焦水罐），排放的废气中可燃烃浓度高，宜考虑密闭集气，对罐进行氮气密封，将其与大气隔绝，罐顶设单呼阀，罐内压力超过单呼阀设定压力时，排放气通过油气收集管进入收集总管，完成密闭收集。切焦水罐可燃烃含量极低，可通过收集罩或导流筒收集废气。

（2）废气处理。

废气处理多采用"冷凝分液—废气增压—废气脱硫—加热炉风道焚烧"的解决方案。收集的废气经冷凝冷却、分液后,不凝气经液环真空泵或风机抽吸增压送至脱硫罐脱硫,脱硫后的尾气引入加热炉鼓风机入口,作为加热炉配风燃烧,并通过加热炉烟囱高空排放。废气自风机出口至加热炉风道总管上须设置可燃气体在线浓度检测并设置联锁,测量可燃气体浓度,浓度达到联锁条件时停集气风机,同时开启氮气吹扫。

来自冷焦水罐组的废气有两种情形——氮气密封隔绝空气方式收集的废气和导流筒集气罩等方式收集的废气,后者含大量空气,二者监测目标不同,对应不同的废气处理技术和不同的去向。采用氮气密封隔绝空气收集方式时,为保证收集管线的气密性,防止氧气泄漏进入,在收集总管上宜设置分析仪,监测集气总管中的氧气含量。废气去向可选择排入火炬系统或加热炉鼓风机入口,应依据装置实际的运行监测数据核算确保安全。

图 5-31 显示了延迟焦化装置废气回收系统的典型配置,图 5-32 显示了延迟焦化废气处理一体化装置。

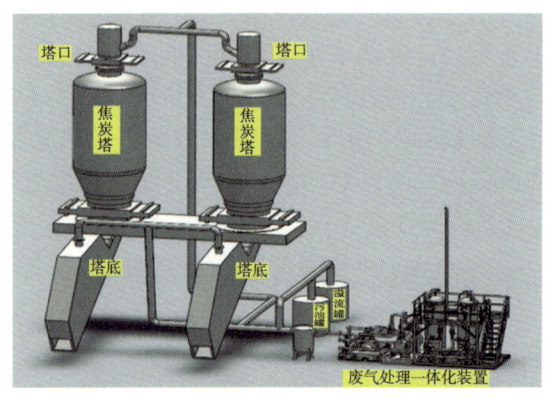

图 5-31 延迟焦化废气回收系统的典型配置

图 5-32 延迟焦化废气处理一体化装置

中石油华东设计院开发了废气回收治理的模块化集成技术。该技术综合炼厂各类废气的典型性质,对比相应的各类集输、处理、回收等各个环节的技术,针对不同现场条件、不同废气条件、不同公用工程条件和不同处理要求,优化选择并集成可随意组合的柔性化模块系统,满足不同用户的特定需求,全面解决了炼厂废气回收处理的技术难题。与散点式技术相比,该技术回收效率高,废气排放完全达标;采用在线监测技术和安全联锁设施,自动化程度高,安全性更有保障,回收的凝缩油和烃类气体可以再利用,有一定的经济效益。此外,该技术设计、供货周期短,安装简单、投资省、实施容易、效果好,每个技术模块均可及时更新升级,保证了整体技术的先进性和适应性。

3) 工业应用

越来越多的延迟焦化装置开始进行废气回收治理改造,新建装置的废气回收技术已经作为常规设计技术。大港石化、兰州石化先后实施了技术改造,除焦废气及三级沉降池顶部无组织排放的含烃气体经脱硫处理后进入加热炉燃烧,大幅减少了装置无组织气体的排放。冷焦水罐区废气治理后无异味,罐顶呼吸阀处于正常工况下 VOCs 检测达标;冷焦热水罐实施氮气密封隔绝空气,消除了可燃烃短时达到爆炸极限的隐患。

云南石化延迟焦化装置焦炭塔顶、焦炭塔底及焦池都设有尾气收集系统,将焦炭塔顶和焦炭塔底尾气收集后送至脱硫罐进行脱硫除臭,焦池基本无异味,现场设备及流程设置

第五章　延迟焦化技术

情况如图 5-33 所示。兰州石化延迟焦化装置废气回收现场设施如图 5-34 和图 5-35 所示。

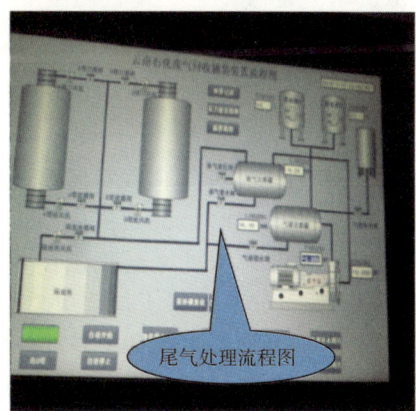

图 5-33　云南石化延迟焦化装置废气回收处理设施

图 5-34　兰州石化延迟焦化装置废气回收处理设施实景

121

图 5-35　兰州石化延迟焦化装置废气回收处理设施沉淀池电动开合式反吊膜装置

4. 密闭除焦技术

目前，延迟焦化装置的石油焦大都露天堆放，除焦、脱水、取焦、输送、存储及装车过程均为开放式作业，VOCs、恶臭气体及石油焦粉尘污染是亟待解决的污染源，石油焦密闭处理技术被广泛关注。国外密封除焦技术有德国 TRIPLAN 公司的 CCS 石油焦处理系统（图 5-36），技术特点如下：将所有敞开式的池体全部改为封闭式的空间，减少了废气的无组织排放，但没有解决环保问题，仍有部分废气排放；流程简单，设备数量少，焦炭塔底部焦浆池小，废气量少；各设备串联操作，中间没有缓冲，任何一台设备故障将导致焦化装置生产受影响；焦炭需要进行粉碎才能通过输焦泵进行输送，降低石油焦的品质和售价，1t 焦需要配置约 7t 水，能耗较高；对于老装置的改造范围较大，难度高，工期长，投资费用较高。

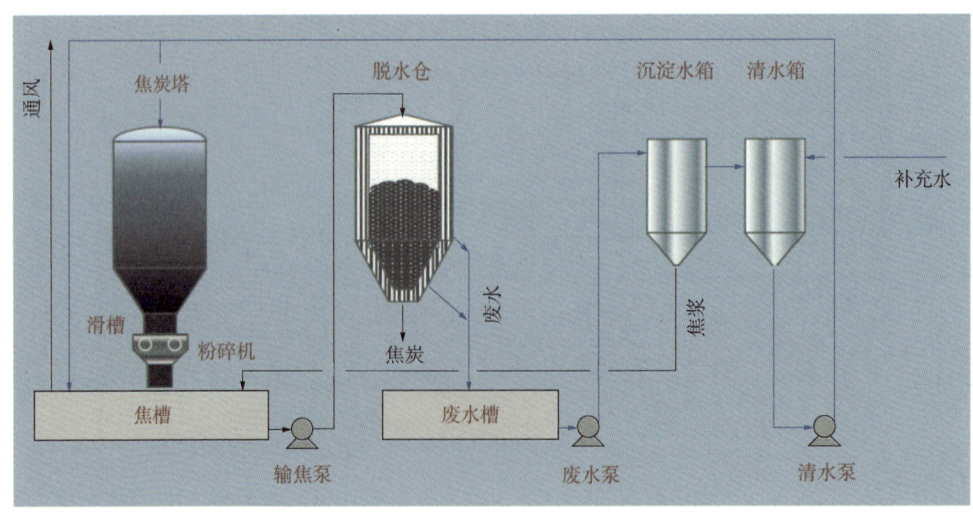

图 5-36　德国 TRIPLAN 公司的 CCS 密闭除焦技术

第五章 延迟焦化技术

目前国内密闭除焦等技术有中国石化的 S-CCHS 密闭除焦技术（图 5-37），技术特点如下：相比于德国 CCS 密闭除焦技术，改造范围稍小，改造难度相对较低；输焦过程改为皮带运输，减少运输过程产生的粉尘污染；废气量大，相同规模下约为德国 CCS 密闭除焦技术废气量的 5 倍；除焦时，封闭顶部会有大量的废气聚集，降低设备和钢结构的使用寿命；由于螺旋提升机及皮带输送机电动机及控制器均放在密闭焦仓内，直接暴露在蒸汽及焦粉环境中，设备故障点多，故障频率较高，需要人员到封闭空间内进行检修且检修时间较长，对检修人员的安全影响较大；焦炭塔底部需增加破碎机，降低了焦炭的品质和售价；需要对整个焦池底部和输焦方式等进行改造，改造范围较大，时间较长，投资成本较高。

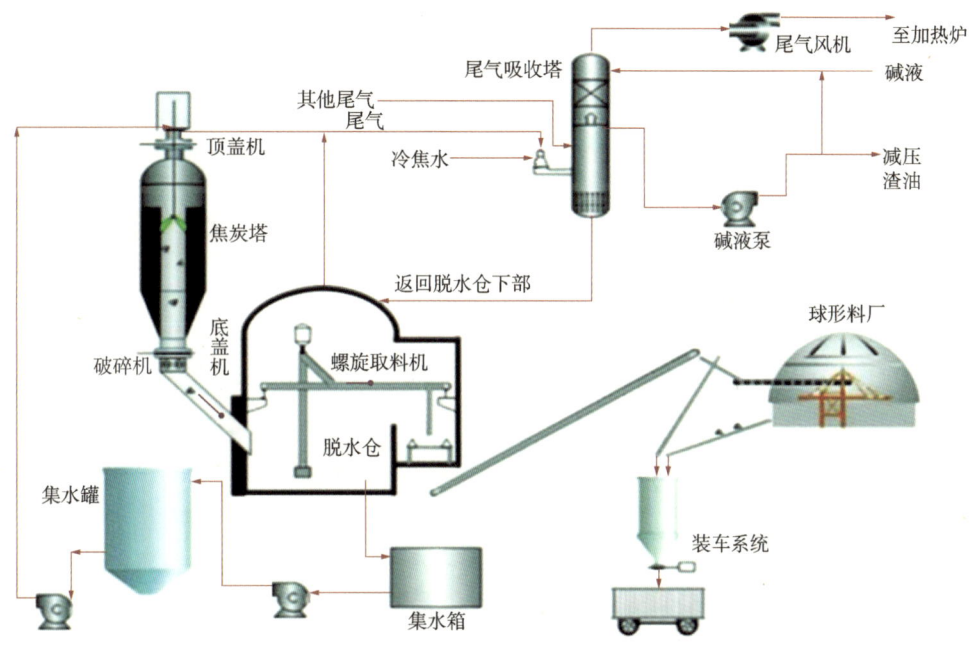

图 5-37　中国石化 S-CCHS 密闭除焦技术

中石油华东设计院联合不同的设备制造企业开发了不同的石油焦密闭处理系统。

1）料斗输焦密闭除焦技术

中石油华东设计院与上海铎点环保科技有限公司（以下简称上海铎点）合作开发料斗输焦密闭除焦技术，技术路线和技术流程示意如图 5-38 和图 5-39 所示。水力除焦落下的焦炭经取料输送机送至储焦脱水罐，取焦过程实现初步脱水，在储焦脱水罐中进一步静置脱水，滤水进入切焦水系统循环使用。脱水完成的石油焦从储焦脱水罐底部送往装车系统。装置中各设备排放的尾气收集进入尾气处理系统统一安全处理。

该技术的主要特点如下：所有电缆及电子元件均放在室外，电动机故障率低，检维修方便，火灾和事故的危险性降至最低，确保生产安全；无组织排放得到遏制，无粉焦和 VOCs 外排，最少的水蒸气排放，环境清洁；除焦、取焦输送与脱水系统同步连续运行，生产效率高；全过程自动化，劳动强度小；新鲜水消耗低，系统全密闭，水蒸气损失少；传动设备少，系统可靠性高；料仓面积小，废气量小，与 CCS 密闭除焦技术接近，为其他几种工艺的 20% 左右。

大型炼油技术

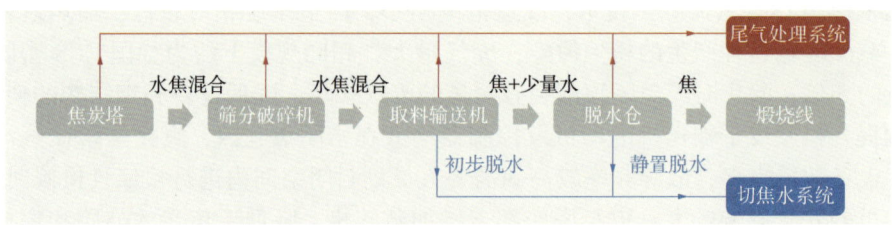

图 5-38　中石油华东设计院与上海铎点合作开发的料斗输焦密闭除焦技术路线

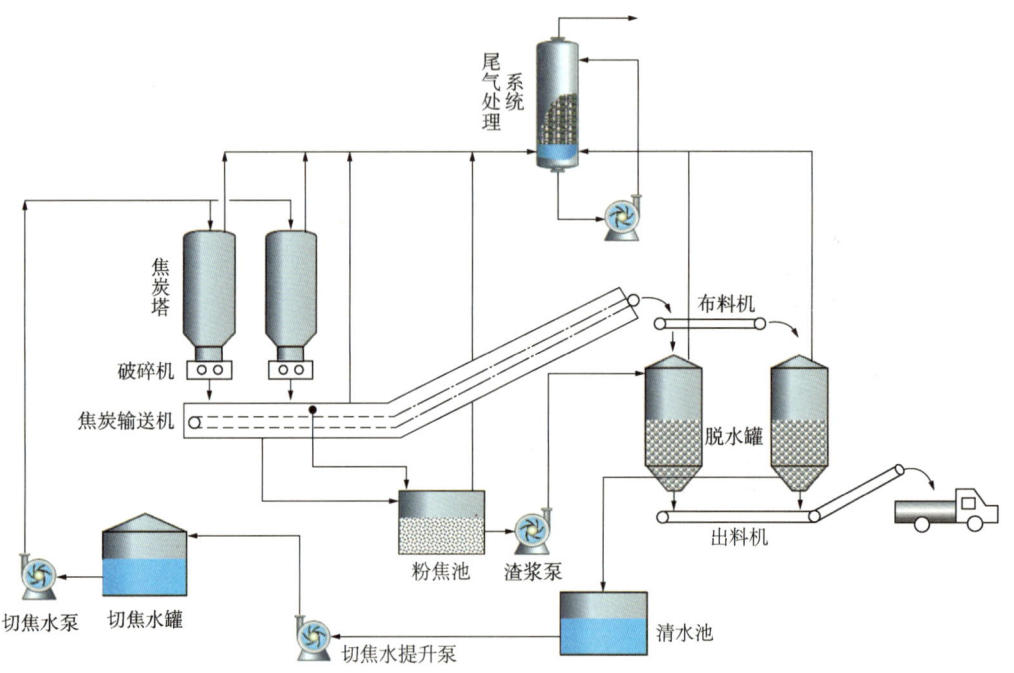

图 5-39　中石油华东设计院与上海铎点合作开发的料斗输焦密闭除焦技术流程示意图

该技术的取料输送机结构独特（图 5-40），采用箱式密闭取料输送机，额定处理量为 600t/h，采用链环+刮板移动方式输送焦炭，在移动输送过程中完成焦炭的初步脱水，取料输送机出口焦炭含水量小于 20%~30%。取料输送机驱动链轮为液压驱动方式。

料斗输焦密闭除焦技术特殊结构的储焦脱水罐脱水效果好，完成脱水的石油焦含水量小于 8%，滤水焦粉粒径小于 3mm。图 5-41 显示了储焦脱水罐现场安装情况和内部结构。

该技术已在两套针状焦延迟焦化装置上应用，系统性能指标先进，额定处理量为 600t/h，焦炭粒度小于 200mm，含水量小于 8%（质量分数），粉焦率小于 35%（质量分数），切焦水中焦粉含量不大于 800μg/g，焦粉粒径不大于 3mm，处理后尾气 H_2S 含量小于 10μg/g。

2）智能桁车密闭除焦技术

中石油华东设计院与中钢天澄正在合作推广智能桁车密闭除焦技术（图 5-42）。在不改变主体生产工艺的前提下，采用"焦池密闭+废气收集与处理+智能桁车抓焦"的工艺路线，

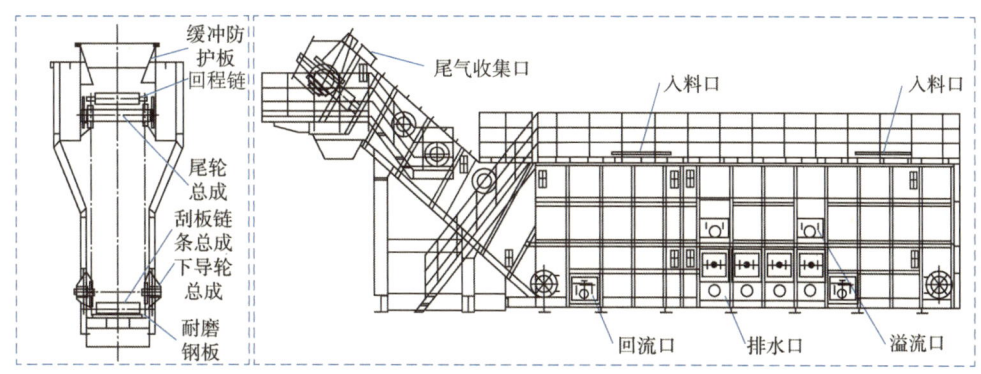

图 5-40 料斗输焦密闭除焦技术的取料输送机结构

图 5-41 储焦脱水罐现场安装情况和内部结构

通过抗腐蚀彩钢板、树脂板、反吊膜等方式将焦池、抓焦桁车、一次沉淀池、二次沉淀池等进行全封闭,解决储焦池等部位废气的无组织排放问题。然后在位于焦池封闭顶部、焦炭塔顶部以及溜焦槽顶部设置可移动式翻盖抽风罩及多点风量平衡系统,以最小的风量实现

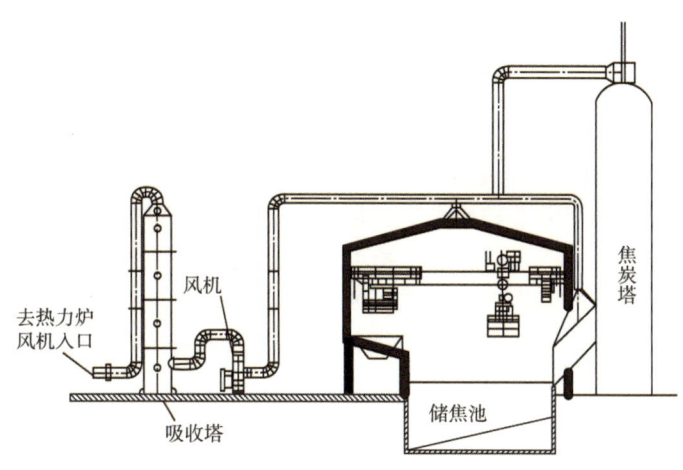

图 5-42 智能桁车密闭除焦技术

装置现场无组织排放废气的有效控制。收集后的废气经脱硫除尘处理后,送至附近的焦化炉内焚烧,实现废气达标排放和绿色生产,显著改善生产及周边环境,消除了周边环境异味。

该技术的主要特点如下:有针对性地控制合适风量对废气进行收集,能有效保证密闭空间内的废气收集效果,实现达标排放;不对焦炭进行破碎处理,对品质及售价无影响;装置改动小,最大程度保留原有焦化生产工艺和装置不变,仅对现有桁车及其配套设施进行改造,焦化装置停工30天左右即可,总工期6个月即可完成,投资约为S-CCHS密闭除焦技术的60%~70%。该技术已经在山东汇丰石化集团有限公司实现工业应用(图5-43),具有环保治理效果好、安全稳定性高、装置改动量小、建设周期短及建设投资省等优点。处理后的气体中H_2S含量不大于$25mg/m^3$,颗粒物含量不大于$10mg/m^3$,非甲烷总烃含量不大于$30mg/m^3$。

图5-43 山东汇丰石化集团有限公司实施智能桁车密闭除焦技术改造后实景

5. 放空系统优化技术

焦炭塔在吹汽、冷焦工段产生的大量蒸汽及携带的焦炭中残存的油气、H_2S、宽馏分油和焦粉进入放空系统回收处理,放空系统在运行中普遍存在诸多共性问题。一是挡板易脱落,塔底泵易抽空。一般放空塔设置10层左右的挡板,为放空油气提供换热空间,使油气冷凝并回收凝缩油,国内焦化装置大部分都存在挡板脱落和塔底泵抽空的问题。二是塔顶冷却效果差。生产中常常出现冷却效果差、三相分离器的温度超标、放空气带水的情况;检修发现空冷器和后冷器管束上挂蜡严重,原因是进入塔顶冷却系统的气相携带了较多重污油和焦粉,遇冷管壁挂蜡,影响冷却系统正常运行。三是放空塔顶分液罐油水乳化严重,分离效果差,污水含油、含焦粉多,造成下游酸性水汽提装置换热器结垢、汽提塔塔盘堵塞等,实际生产中大部分装置被迫将放空塔顶污水改至冷焦水罐作为冷切焦水的补水,或直接排放焦池,导致周边环境中H_2S浓度超标,存在安全和环保隐患。四是不凝气直排火炬而未进行有效回收。

1) 技术特点

中石油华东设计院研究开发的放空系统优化技术[5](图5-44)主要从稳定压力、降低气速和改善洗涤效果 3 个方面对放空系统进行技术改进升级。

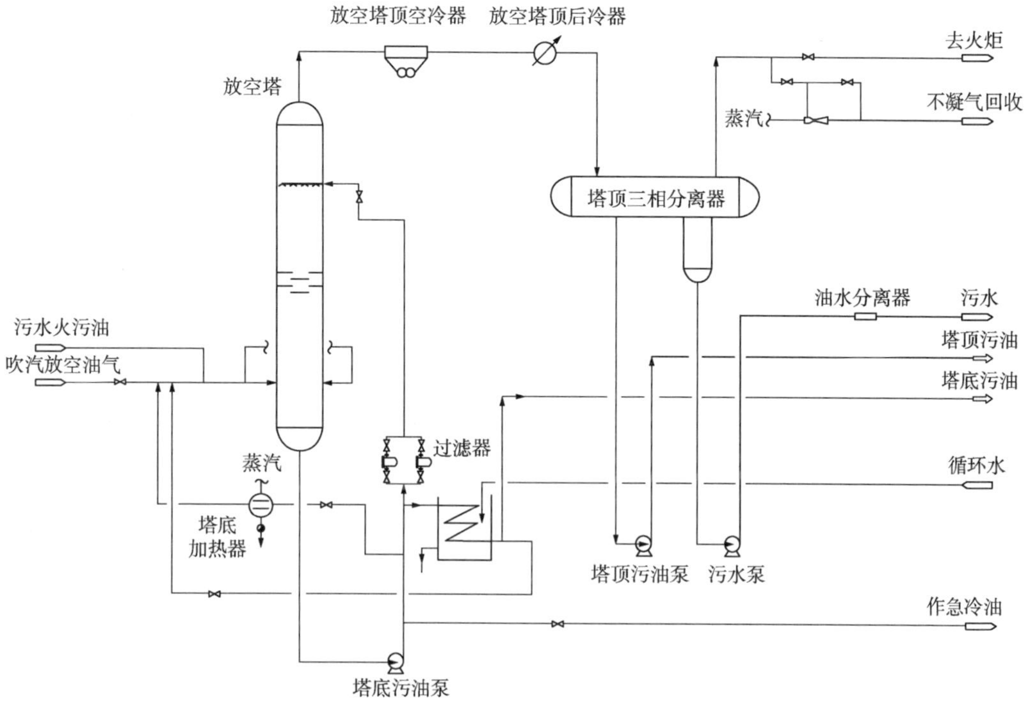

图 5-44 放空系统优化流程

增设不凝气回收线到分馏空冷器前,并设置补压和超压排火炬的压控流程,在放空系统无进料尤其在冬季气温偏低时,能有效维持系统压力稳定,防止切入进料时气速过高引起夹带和对挡板冲击,减少顶部冷却系统焦粉、凝缩油的夹带;采用直管段+扩径+对冲式双进料方式,使放空油气入塔后快速在塔内达到均匀分布;对放空塔进料气注入冷介质降温以降低进料气速及空塔气速,确保最大负荷下的气速低于气液分离的临界气速,进一步避免焦粉、凝缩油的夹带;采取进料雾化预吸收强化液相捕集焦粉效果,在进料段即回收、捕集大部分凝缩油和焦粉,利用塔内空间进一步吸收、洗涤、沉降,提高污油回收率。该技术可将大部分凝缩油和焦粉在塔釜回收,大幅减少夹带到塔顶的量,塔顶冷却系统挂蜡堵塞明显缓解。

放空塔为间歇操作,增设塔底加热措施保证塔底泵能稳定运行不抽空。

优化塔内件结构形式,采用流场模拟技术对最苛刻工况进行系统仿真模拟,选择更为合理的进料分配形式,避免对塔内件破坏性冲击造成脱落。

该技术可使放空系统操作压力趋于稳定、凝缩油回收率提高、不凝气回收更完全、塔顶三相分离器油水分离更清晰,酸性污水含油率大幅降低,显著改善酸性水汽提装置进料品质。增设破乳剂注入措施也可进一步提高三相分离器的油水分离效果。

2)工业应用

大港石化延迟焦化放空系统采用该技术改造后,冷焦中期放空塔三相分离器含硫污水的分析化验数据显示,含油量为 207mg/L。改造前三相分离器内油水呈乳化状态,改造后油水分离清晰,塔顶冷却系统运行平稳,塔顶罐温度可控,未发生塔底泵抽空,并利用该装置对全厂污油进行脱水回炼,发挥出良好的环保和经济效益。

三、中国石油延迟焦化技术工业应用

中国石油延迟焦化技术在20余套延迟焦化装置中获得应用。目前,拥有的自主技术应用覆盖各类劣质重油,原料从减压渣油、高酸高钙稠油、100%委内瑞拉超重油渣油、中低温煤焦油到催化油浆、脱油沥青的掺炼,以及污泥、污油、催化油浆滤渣的回炼等;单系列设计规模从$20×10^4t/a$到$40×10^4t/a$、$60×10^4t/a$、$100×10^4t/a$、$120×10^4t/a$、$160×10^4t/a$、$200×10^4t/a$,从传统型的反应油气与原料在塔内直接接触脱过热流程,到改进型可调循环比循环油外取热流程,再到自主开发的两级脱过热蜡油洗涤循环比定值调节的新型流程,均有成功应用,并且可操作循环比最低为0.01,最高可达0.6以上。从单面辐射、双面辐射到自主开发的底烧式附墙燃烧的各类加热炉技术和焦炭塔裙座板焊结构、锻焊及锻件组焊技术的广泛应用,见证了中国石油延迟焦化技术一路创新、不断提升的发展历程。中国石油延迟焦化技术工业应用业绩详见表5-6。

表5-6 中国石油延迟焦化技术应用业绩

序号	项目名称	规模 $10^4t/a$	采用技术	备注
1	中国石油抚顺石化公司延迟焦化装置	240	国产大型化成套技术,国内自主设计的国产化的首套9.8m直径焦炭塔和三炉膛六管程的加热炉,焦炭塔裙座采用板焊结构	减压渣油
2	中国石油大港石化公司扩建工程延迟焦化装置	100	国产大型化成套技术,传统的塔内换热流程,对流辐射串联的双面辐射炉型	减压渣油
3	山东石大科技公司延迟焦化装置	100	国产大型化成套技术,传统的塔内换热流程,对流辐射串联的双面辐射炉型	减压渣油(高硫)
4	山东滨阳燃化公司延迟焦化装置	100	国产大型化成套技术,传统的塔内换热流程,对流辐射串联的双面辐射炉型	减压渣油和180#燃料油兼顾(高硫)
5	中国石油独山子石化公司延迟焦化装置	120	国产大型化成套技术,可调循环比换热流程,对流辐射串联的双面辐射炉型	减压渣油,高比例掺炼脱油沥青,兼顾大循环比,操作弹性要求高
6	山东天宏石化公司延迟焦化装置(详细设计完成,未建设)	160	国产大型化成套技术	高硫、高残炭减压渣油
7	山东某公司延迟焦化装置	200	国产大型化成套技术	高硫、高残炭减压渣油
8	中国石油辽河石化公司延迟焦化装置	100	抑制弹丸焦生成的劣质重油延迟焦化成套技术,加热炉采用底烧式烟气导流附墙燃烧技术,传统的塔内换热流程和两级脱过热蜡油洗涤循环比定值调节流程在线切换技术	工业试验原料为委内瑞拉超重油渣油,正常生产时使用超稠油、渣油或大混合油

续表

序号	项目名称	规模 10^4 t/a	采用技术	备注
9	中石油云南石化有限公司延迟焦化装置	120	抑制弹丸焦生成的劣质重油延迟焦化成套技术,底烧式梯形加热炉技术,两级脱过热蜡油洗涤循环比定值调节流程及空塔喷淋技术	减压渣油掺炼25%催化油浆
10	中石油克拉玛依石化有限责任公司延迟焦化装置低循环比改造项目	30	高液体收率HRDC成套技术,两级脱过热蜡油洗涤循环比定值调节的新型流程,首次采用空塔喷淋技术	减压渣油,供氢体选择及循环比配比要求准确
11	哥斯达黎加延迟焦化装置(FEED设计后停止建设)	70	高液体收率HRDC成套技术,并采用低压低循环比设计	减压渣油
12	苏丹喀土穆炼厂延迟焦化装置(一期)	100	高酸高钙稠油原油延迟焦化成套技术,国产大型化成套技术	高酸高钙稠油
13	苏丹喀土穆炼厂延迟焦化装置(二期)	120	高酸高钙稠油原油延迟焦化成套技术,国产大型化成套技术	高酸高钙稠油
14	山东滨州某针状焦生产装置(一期)	10	延迟焦化生产油系针状焦成套技术,底烧式烟气导流附墙燃烧加热炉技术,单室单管程、对流辐射一体模式的结构	催化油浆
15	山东滨州某针状焦生产装置(二期)	10	延迟焦化生产油系针状焦成套技术,底烧式烟气导流附墙燃烧加热炉技术,单室单管程、对流辐射一体模式的结构	催化油浆
16	山东滨州某针状焦生产装置(三期)	10	延迟焦化生产油系针状焦成套技术,底烧式烟气导流附墙燃烧加热炉技术,单室单管程、对流辐射一体模式的结构	催化油浆
17	四川盛马石化公司延迟焦化装置	20	传统的塔内换热流程,对流辐射串联的双面辐射炉型	减压渣油
18	山东垦利石化公司延迟焦化装置	40	传统的塔内换热流程,对流辐射串联的双面辐射炉型	减压渣油(高硫)
19	山东恒台炼油厂延迟焦化装置	20	传统的塔内换热流程,对流辐射分开的单面辐射炉型	减压渣油
20	中国石油抚顺石化公司一厂延迟焦化装置	120	传统的塔内换热流程,对流辐射分开的单面辐射炉型	减压渣油

第三节 延迟焦化技术展望

延迟焦化技术是具有显著经济性的劣质重油轻质化技术,已成为当今最常用的渣油加工技术之一。随着原油价格的波动和原油质量逐渐变劣变重,延迟焦化在渣油加工工艺中的地位和作用以及在炼厂的地位已被业界所广泛接受,并将得到进一步的应用和发展。

大型炼油技术

未来，延迟焦化技术将围绕节能降耗、绿色低碳和智能化方向进行技术升级。

一、进一步节能降耗，减少碳排放

1. 降低排烟温度，提高加热炉热效率

延迟焦化加热炉燃料消耗在装置总能耗中占比为60%~85%，中国石油目前加热炉平均热效率为91%。另据研究，某炼厂的加热炉效率平均提高1%，全厂综合能耗降低0.4%，而炼化业务的碳排放量有约80%来自燃烧过程。因此，开发并推广加热炉优化提效技术，提高加热炉效率，对未来延迟焦化装置乃至整个炼厂的节能减排具有重要意义。

在燃料气脱硫达标的基础上，开发新型蓄热式燃烧技术、高温低氧燃烧技术和高效余热回收技术——烟气低温冷凝潜热回收及超低污染物排放技术，解决烟道及引风机露点腐蚀问题，解决烟气酸性冷凝水收集中和处理问题。超低NO_x及其他污染物低排放燃烧器、CO燃烧控制技术，能实现超低过剩空气系数下燃料完全燃烧。加热炉排烟温度可由目前较普遍的130℃左右降低到不大于80℃，热效率由目前的平均值91%提高到95%以上，烟气污染物NO_x及SO_2含量不大于$50mg/m^3$，达到国际先进水平，将为进一步降低碳排放做出可观贡献。

2. 完善并推广先进控制技术

常规控制系统主要是从单输入、单输出对象的角度来考虑问题，很难处理像加热炉、焦炭塔、焦化分馏塔等具有多变量、有约束和强耦合的复杂过程控制问题，控制品质难以满足装置优化控制的要求。先进控制技术一改常规控制为多变量模型预估控制，是生产过程控制革命性的突破，先进控制技术工业应用使工艺生产控制更加合理、优化，提高装置运行平稳率，实现卡边操作，提高优质产品产率、降低能耗、减少操作人员劳动强度，提高劳动生产率，挖掘装置潜能，创造效益。

对于焦炭塔，先进控制技术能实现充分利用焦炭塔空高，在满足加热炉炉膛温度、炉管表面温度与线速度等约束的前提下，提高加热炉的新鲜进料量，提高装置处理量；对于加热炉，能实现平稳加热炉的操作、控制氧含量、降低能耗，满足炉出口温度和炉管表面温度的控制要求，延长炉管使用寿命；对于压缩机，能在焦炭塔切换过程中避免富气量大幅波动，增强压缩机抗干扰性，稳定分馏、吸收部分的操作，在线预测产品质量、实现卡边操作、保证产品质量，使高价位产品（汽油、柴油）产率最大；针对焦炭塔切换、预热等事件，进行实时监测和前馈补偿模型，缓解切换操作对分馏塔工艺参数的影响，保证分馏塔气液负荷的稳定，满足各种工艺约束，提高高品质热量的利用率等。

先进控制技术在国内外多套延迟焦化装置应用，应用范围包括焦化炉、焦炭塔、主分馏塔、吸收稳定系统等，技术成熟，实现卡边操作，节能降耗作用显著，十分有利于减少碳排放。

二、进一步创新工艺过程，减少污染物排放

1. 升级密闭除焦技术并广泛推广

密闭吹汽放空、密闭冷焦水处理、冷焦水脱臭等技术在延迟焦化装置中被广泛应用，加热炉在线蒸汽清焦、水力机械清焦等技术代替空气烧焦技术以及加热炉低NO_x燃烧器的

开发应用,装置排放污染物已有显著降低,废气回收技术则进一步减少了环境污染,石油焦密闭处理技术被广泛关注。中国石油目前拥有两种密闭除焦技术,特别适合在役延迟焦化装置密闭除焦技术改造,其改造周期、投资、能耗、维护等方面较国外和中国石化技术具有明显的优势。

2. 开发灵活焦化自主成套技术

近年来,原油劣质化程度加剧,延迟焦化工艺面临大量高硫焦的利用难题,而冷焦、除焦、储焦、运输、脱水过程中废气、异味、粉尘污染受制于越来越严苛的环保要求,必将制约延迟焦化装置扩能。与延迟焦化工艺相比,灵活焦化不设加热炉,可避免因炉管结焦引起的装置停工,对原料的适用性强,灵活焦化对原料残炭的适应性可以达到35%;灵活焦化工艺为连续操作,操作简单,需要的操作人工少,可长周期运转,最长运转时间为36个月;流态化焦化流化部分的机械设备少,装置的平均开工系数可达90%以上,有的已达95%,可靠性高;灵活焦化将绝大部分石油焦密闭转化为低热值瓦斯,可部分替代天然气作为炼厂燃料,兼具工艺装置和公用工程的双重角色,焦炭循环为全密闭系统,低热值瓦斯经过净化后作为燃料气,有环保优势。

灵活焦化反应机理与延迟焦化相同,都是以重质油为原料,在高温条件下进行深度热转化反应。灵活焦化技术在原料劣质化、生产连续化、环境清洁化方面具有非常大的优势,从全厂综合效益考虑,值得深入研究,灵活焦化技术的推广和成套技术的自主开发具有重要意义。

延迟焦化技术经过几十年的发展,很多在役装置面临生命周期的终结,此类装置可考虑报废后改建灵活焦化装置,彻底解决延迟焦化技术固有的安全和环保弊端。

三、提升装置生产全过程远程自动化水平,紧跟炼厂数字化和智能化步伐

1. 远程自动除焦控制技术

目前,延迟焦化装置除了除焦过程,已基本实现远程自动化控制,为实现装置全过程远程自动化控制,提高除焦系统的安全性,远程自动除焦控制技术应运而生。通过声学模拟、频谱分析及高清摄像等技术的综合利用,实现除焦过程的在线检测、远程控制和自动化,操作人员不需到焦炭塔顶现场操作,在地面控制室就可完成除焦过程的所有操作,消除了除焦安全隐患,降低了劳动强度,同时还极大地提高了除焦的准确率,缩短了除焦时间。中国石油与协作单位合作,对除焦器、驱动设备、升降设备、除焦控制阀及塔顶阀、塔底阀等切焦设备进行了开发和优化,包括自动除焦器喷嘴和整流器的结构和性能,提高换向阀可靠性,电动、液压、气动等不同驱动方式的水龙头的性能,提高起重设备安全性的防断绳机构,大通径、高压力的除焦控制阀等的研究,塔顶阀和塔底阀的泄漏量能满足ANSI/FCI70-2 CLASS Ⅵ,密封蒸汽耗量不大于0.4t/h,全行程时间不大于6min,并通过模拟试验选择最优的除焦过程自动检测系统。将远程自动除焦控制技术尽快应用到生产中不仅能提高装置生产安全水平,更是实现装置全面远程自动化控制的重要一环。

2. 数字化逆向设计、智能化升级

炼化企业的智能化能为企业提供科学决策能力、安全运行能力、应急响应与风险防范能力,提高全员劳动生产效率和能源利用率,持续改进产品质量,改善运行环境,智能化

建设是企业转型升级的必然选择。智能化工厂是一个集成的、知识的(机理驱动为主)、多模型的工厂。通过人机结合提高员工能力和效率，炼化生产操作与运营的决策和执行都依据信息系统完整而准确的数据信息，驱动工厂各类业务活动，因而数字化是智能化的基础平台。

延迟焦化装置因其工艺特点，对数字化和智能化具有更加迫切的要求。延迟焦化装置加工原料是性质最恶劣的，工艺过程既有高温又有高压，生产过程间歇性波动，操作难度大而且有高毒、高爆炸风险，设备更容易发生腐蚀泄漏引发安全事故。数字化和智能化能实现对高危设备的日常管理、腐蚀管理、可靠性管理和检维修管理，对生产运行状态进行及时监控、智能巡检、摄像头集成监控；快速统计生产数据，有利于先进控制技术的高效应用，提高延迟焦化装置的运行稳定性，并实现数据获取、存储、处理、分析及智能决策，为生产、设备、安全等提供智能化的决策。

中国石油延迟焦化装置从20世纪60年代开始建设到目前，建设时间跨度大，而且大部分装置进行过多次改造，能反映装置实际状况的图纸有较大缺失，资料不完整，数字化基础差。20世纪90年代之前是手工制图描图阶段；2000年前后建设的装置才开始在绘图中开始使用CAD绘图软件，出现电子版设计文件交付；目前只有在建的广东石化两套$300×10^4$t/a延迟焦化装置开始数字化交付设计，中国石油实现数字化和智能化升级首先面临的是现有的绝大部分装置实现数字化的巨大挑战。对装置的现有资产、图纸、文档、数据等信息进行逆向数字化加工处理，将装置三维模型导入，对变更部分激光扫描建模，进行导入模型与激光扫描三维模型拟合，通过图文档电子化、数据结构化等技术手段，形成一套与现有装置一致的数字化"孪生装置"，为炼厂数字化和智能化升级夯实基础。

参 考 文 献

[1] 瞿国华. 延迟焦化工艺与工程[M]. 2版. 北京：中国石化出版社，2018.

[2] 胡尧良. 延迟焦化装置技术手册[M]. 北京：中国石化出版社，2013.

[3] 颜峰，谢崇亮，范海玲. 延迟焦化装置大油气管线结焦原因分析及改进措施[J]. 炼油技术与工程，2017，47(11)：31-34.

[4] 谢崇亮，李胜山，毕治国. 高酸高钙重质原油延迟焦化装置的设计与运行[J]. 炼油技术与工程，2008，38(12)：15-18.

[5] 颜峰，谢崇亮，王松涛，等. 延迟焦化装置放空冷却系统存在问题及对策[J]. 炼油技术与工程，2015，45(3)：60-63.

第六章 渣油加氢技术

渣油加氢是重油深加工最有效的方法之一，目前世界上渣油加氢工艺有固定床、沸腾床、移动床和悬浮床(又称浆态床)四大类，都已经实现工业化。固定床渣油加氢技术于20世纪60年代开始发展，是比较成熟的渣油加工技术，相较于其他渣油加氢技术具有投资和操作费用低、运行安全的特点，是目前渣油加氢首选技术，也是目前工业应用最多的渣油加氢技术，占渣油加氢总加工能力的3/4，主要用于催化裂化原料的加氢预处理。截至2020年底，全国已建成投产固定床渣油加氢装置29套，加工能力达到$7540×10^4$t/a[1]。预计未来固定床渣油加氢技术占据主导地位的格局不会有大的改变。

为适应原料劣质化、企业提质增效以及满足绿色环保要求的挑战，中国石油通过多年技术攻关，开发了具有自主知识产权的固定床渣油加氢成套技术，并成功应用于中国石油新建固定床渣油加氢装置上，结束了引进国外技术的历史，大大增强了中国石油在固定床渣油加氢装置上的综合竞争力。

第一节 国内外渣油加氢技术现状

固定床加氢工艺又分为常压渣油加氢处理工艺(以下简称ARDS)和减压渣油加氢处理工艺(以下简称VRDS)。典型的固定床加氢工艺主要有CLG公司的RDS工艺和VRDS工艺、UOP公司的RCD Unionfining工艺、Axens公司的HYVAHL工艺、Shell公司的HDS工艺以及中国石化的S-RHT工艺等。

一、国外技术现状

1. CLG公司固定床渣油加氢技术

Chevron公司于20世纪60年代开始从事渣油改质研究工作。目前，Chevron公司是世界上最大的渣油加氢技术供应商，拥有一系列渣油转化技术及相关催化剂。Chevron公司技术领先于其他技术的原因是其分级催化剂系统比较先进且性能良好。2001年，Chevron公司和ABB Lummus公司技术部门进行了联合，称为CLG公司。

目前新建的固定床渣油加氢装置大部分用于生产催化裂化装置的原料。

2. UOP公司RCD Unionfining技术

UOP公司从20世纪40年代开始从事加氢工艺的研究，世界上第一套渣油加氢脱硫装置(1967年在日本千叶炼油厂建成，生产低硫燃料油的常压渣油加氢脱硫装置)就是采用UOP公司的专利技术。

RCD Unionfining技术是UOP公司的固定床渣油加氢技术。UOP公司早期的渣油加氢工艺名称为 RCD Unibon。1995 年，UOP 公司兼并美国 Unocal 公司 PTLDivision（工艺和技术转让部）后，RCD Unibon 技术与原 Unocal 公司的渣油加氢技术 Resid Unionfining 合并，统称为 RCD Unionfining 技术。

3. Axens 公司 HYVAHL 技术

法国 Axens 公司也是国外主要渣油加氢技术专利商之一，其 HYVAHL 技术的加氢深度较深，主要产品为重油催化裂化原料，典型的加氢脱硫率和加氢脱金属率都在 90% 以上，同时副产 12%~25% 的石脑油和柴油。Axens 公司为了应对高金属渣油加氢装置操作周期短的问题，开发出正反序可切换保护反应器技术（Permutable Reactor System，以下简称 PRS），该技术的显著特点是反应系统设置两台保护反应器，可在装置不停工的情况下，把其中一台保护反应器切换出来，进行催化剂更换并对新鲜催化剂进行硫化，之后并入系统重新投用，采用该技术的渣油加氢装置可加工更劣质的渣油而不影响操作周期。

具有 PRS 的 HYVAHL 技术在韩国某炼厂首次工业应用，该装置于 1996 年初建成投产，加工能力为 200×10^4 t/a，设计进料为减压渣油，主要产品为低硫的催化裂化（IFP 公司的渣油催化裂化技术）装置进料。该装置反应系统只设 1 个系列，6 个反应器，其中有 2 个 PRS 反应器和 4 个主反应器，每个反应器均为单床层。

二、国内技术现状

1. 中国石化技术现状

1）抚顺石油化工研究院 S-RHT 技术

抚顺石油化工研究院从 1986 年开始进行渣油加氢催化剂研发，是国内率先进行固定床渣油加氢技术研究的机构。1999 年在茂名成功建成投产第一套国产化的 200×10^4 t/a 渣油加氢处理装置，填补了中国在渣油加氢技术领域的空白。截至 2020 年 12 月，抚顺石油化工研究院先后开发研制出 FZC 系列渣油固定床加氢处理催化剂 4 大类 60 多个牌号，在国内外近 20 套渣油加氢装置上进行了 60 多个周期的工业应用，为企业带来较好的经济效益。

新型 FZC 系列渣油固定床加氢处理催化剂从改善原料内扩散入手，注重渣油进料中的杂质在催化剂体系中"进得去、脱得下、容得下"。注重加氢性能的提升和胶质、沥青质的高效转化，具有高容金属能力和抗结焦能力，实现了催化剂性能与长周期运转之间的平衡。

新一代催化剂对催化材料、载体制备技术、活性金属组分负载以及催化剂级配等技术进行了针对性的大幅度改进和技术创新，并对催化剂工业生产技术进行了革新和优化，提高了催化剂工业生产过程和产品质量的稳定性。

抚顺石油化工研究院针对渣油加氢装置与下游催化裂化装置运转周期相匹配技术进行了研究。在催化剂研发方面主要进行催化剂容金属能力提升技术研究，强化大分子胶质和沥青质梯级转化，通过催化剂级配优化研究，解决了装置运转周期的制约因素（即床层压降）和热点问题。

在工艺研究方面，主要进行前置保护反应器可轮换/切出技术研究。可切出加氢保护反应器技术主要是在第一反应器或第二反应器增设跨线，当第一反应器床层压降达到极限时，将第一反应器切出，原料和氢气的混合物料通过跨线直接进入第二反应器，解决前置反应器压降快速上升的问题。此外，还可以在第一反应器和第二反应器上增设反应器催化剂在线装卸及硫化系统，将切出后的加氢保护反应器装填新鲜催化剂后再重新投用，充分发挥主催化剂加氢性能，进一步延长装置运转周期。

2) 石科院 RHT 技术

石科院在深入认识渣油加氢反应过程的基础上，开发出 RHT 系列渣油加氢催化剂，该催化剂于 2002 年 11 月成功在齐鲁石化进行工业应用。经过 10 多年的发展进步以及不断积累的工业应用实践，RHT 系列渣油加氢催化剂的技术水平得到不断提升，在国内多家炼厂进行了累计近百次的工业应用。目前，石科院 RHT 系列渣油加氢催化剂已发展到第三代，催化剂具有优良的杂质脱除能力及运转稳定性。

除催化剂以外，石科院还开发了渣油加氢与催化裂化双向组合工艺(RICP)。RICP 技术利用常规渣油加氢与催化裂化组合工艺的便利条件，通过改变重循环油的循环方式，将催化裂化原来自身回炼的重循环油改为循环到渣油加氢装置，与重油原料一起加氢后再返回催化裂化装置进行转化，使重循环油在渣油加氢和催化裂化两套装置间循环。该技术方案以最简捷的方式，有效并且低成本地解决了传统渣油加氢与催化裂化组合工艺存在的技术难题。工业试验结果表明，采用 RICP 技术，渣油加氢原料中加入 20%重循环油，可降低加氢催化剂上积炭量，提高加氢催化剂整体性能，有效促进渣油加氢脱杂质反应，为下游催化裂化提供更优质进料，从而使催化裂化总液体产品(汽油+柴油+液化气)收率提高约 3 个百分点。

2. 中国石油技术现状

中国石油是国内最早进行渣油加氢技术应用的企业之一。早在 20 世纪 90 年代初，大连西太引进 UOP 公司关键技术，建成一套 200×10^4 t/a 的渣油加氢装置，采用 RF 系列催化剂，于 1997 年 8 月开工投产，加氢处理后的常压渣油全部进重油催化裂化装置加工。大连西太渣油加氢装置建成投产后，中国石油又先后引进国外技术建设了大连石化、四川石化、广西石化、云南石化和华北石化的渣油加氢装置。大连石化引进 CLG 公司渣油加氢技术建设 300×10^4 t/a 渣油加氢装置，主要加工俄罗斯常压渣油、俄罗斯减压渣油及沙特阿拉伯轻减压渣油的混合油。四川石化引进 CLG 公司渣油加氢技术建设 300×10^4 t/a 渣油加氢装置，主要加工 Kumkol、南疆及北疆原油的减压重蜡油和减压渣油的混合油。广西石化引进 UOP 公司渣油加氢技术建设 400×10^4 t/a 渣油加氢脱硫装置，主要加工沙特阿拉伯轻质原油、沙特阿拉伯中质原油混合原油的减压渣油和减压蜡油。云南石化引进 CLG 公司渣油加氢技术建设 400×10^4 t/a 渣油加氢脱硫装置，主要加工科威特、沙特阿拉伯轻质原油和沙特阿拉伯中质原油混合原油的常压渣油、减压渣油、减压蜡油以及来自焦化装置的焦化蜡油。华北石化引进 UOP 公司渣油加氢技术建设的 340×10^4 t/a 渣油加氢装置，主要加工冀东海上、冀东陆上、华北混合、巴士拉中、乌姆谢夫混合原油的减压渣油和催化循环油。

中国石油建设渣油加氢装置主要为催化裂化装置提供合格的原料，同时副产一部分高附加值产品(如石脑油、柴油等)。

固定床渣油加氢作为一种经济环保的重油加工工艺，在加工重质原料方面有独特的优势，是重油加工的首选工艺技术。中国石油已建的 6 套渣油加氢装置引进国外技术，导致固定床渣油加氢装置投资高、建设周期长，炼油业务发展受到外部制约。为了打破这一被动局面,"十二五"和"十三五"期间,中国石油先后通过"千万吨级大型炼厂成套技术"和"大型炼油基地设计技术升级与提质增效技术开发应用"重大科技专项,对超厚壁渣油加氢反应器分析设计、高压脉动管道计算分析、高效喷射型渣油加氢反应器气液分布器、高效循环氢旋流聚结脱液内件及渣油加氢梯形炉等固定床渣油加氢关键技术进行研究开发,在消化吸收引进技术的基础上,开发出具有中国石油自主知识产权的固定床渣油加氢成套技术,全面替代引进技术。相关技术已应用于辽阳石化、锦州石化和锦西石化的渣油加氢装置上。

石化院自2008年开始进行渣油加氢系列催化剂(PHR系列)的研发工作,历经8年时间,先后完成了小试、中试(千克级)与工业放大(吨级)、组合工艺评价、模拟开工评价(1L)以及工业装置挂篮等试验研究,开发出PHR系列催化剂,包括保护剂、脱金属剂、脱硫剂和脱残炭剂4大类12个牌号。2015年,在大连西太200×10^{4}t/a渣油加氢装置Ⅰ系列进行首次工业试验,加工原料主要为中东渣油,采用袋式装填技术装填,成功实现了安全、平稳、满负荷、长周期运行。标定结果表明:与同步运行的Ⅱ系列进口催化剂相比,PHR系列催化剂的脱硫、脱氮、脱残炭性能较好;由于脱金属剂装填比例比进口催化剂少7个百分点,渣油中Ni+V含量略高于进口催化剂。运行过程中,PHR系列催化剂总压降最大值为1.84MPa,进口催化剂系列总压降最大值为2.22MPa,PHR系列催化剂比进口催化剂系列总压降低20.65%左右。整个试验过程中,PHR系列催化剂床层总压降比进口催化剂系列低0.2~0.4MPa,且随着运行时间延长,差值也在增加。

第二节 中国石油渣油加氢技术

中国石油总结已有设计经验,在消化吸收引进工艺技术的基础上,通过持续技术攻关,先后掌握大型厚壁渣油加氢反应器分析设计技术、高压脉动管道计算分析技术,并开发出固定床渣油加氢催化剂及级配技术、高效喷射型渣油加氢反应器气液分布器、高效循环氢旋流聚结脱液内件以及渣油加氢梯形炉技术等多项关键技术,在此基础上形成了大型固定床渣油加氢装置成套技术,推广应用效果显著,为中国石油炼化业务稳健发展提供了有力技术支撑。

一、固定床渣油加氢装置成套技术

1. 技术特点

中国石油具有自主知识产权的固定床渣油加氢成套技术具有以下特点:

(1)原料适应性强、杂质脱除率高。

杂质脱除率如下:①脱硫率大于90%;②脱金属率大于90%;③脱残炭率大于60%;④脱氮率大于60%。

(2)装置能耗较低。

中国石油引进国外技术建设了6套固定床渣油加氢装置,6套渣油加氢装置中,能耗最高为23.92kg标准油/t原料,能耗最低为18.99kg标准油/t原料,平均装置能耗为22kg标准油/t 原料。采用中国石油自主技术设计建设的辽阳石化 240×10^{4}t/a 渣油加氢装置能耗为 14.39kg 标准油/t 原料，锦西石化 150×10^{4}t/a 渣油加氢装置能耗为 15.71kg 标准油/t 原料，与国外技术相比有较大降低。

（3）装置运行周期长。

辽阳石化 240×10^{4}t/a 渣油加氢装置于 2018 年 9 月一次开车成功后，一直保持安全平稳操作，其中Ⅰ系列运转至 2020 年 8 月，进行停工换剂工作，运行时间为 23 个月；Ⅱ系列运转至 2021 年 3 月，进行停工换剂工作，运行时间为 30 个月。

（4）渣油加氢反应器采用分析设计技术。

加氢反应器是渣油加氢装置中的核心关键设备，它操作于高温、高压、临氢环境下，介质中含有 H_2S 和 NH_3 等腐蚀性成分，操作环境苛刻。除了操作工况，反应器还需适应工艺过程的其他各种工况。由于反应器十分重要，并且造价较高，因此在设计阶段应着重考虑可靠性和经济性，针对设计、制造和使用等各个环节提出严格要求。加氢反应器的设计水平，不仅能代表一家公司的总体技术水平，也是整个行业技术水平的体现。中石油华东设计院针对加氢反应器进行了大量的技术开发工作。

① 加氢反应器设计方法。

对于厚壁加氢反应器等重要设备，无论是国外还是国内，均有以应力分析为基础的设计标准，即"分析设计"方法。在渣油加氢装置的工程设计中，各大工程公司一般要求在反应器设计上采用分析设计。目前，国内的分析设计是以塑性失效与弹塑性失效准则为理论基础，对容器有关部位的应力进行详细计算以及按应力的性质进行分类，并对各类应力及其组合进行评价，同时对材料、制造、检验也提出了比"常规设计"更高的要求，从而提高了设计准确性与使用可靠性。

② 分析计算关键技术。

渣油加氢反应器采用分析设计的方法进行计算与评定，并对结构进行优化。综合考虑渣油加氢反应器在运输、吊装、运行、检维修等过程中的各种工况，确定反应器设计计算时应考虑的载荷条件及其组合形式，采用分析设计的方法，对渣油加氢反应器整体结构进行全面的分析计算与评价，并依据分析结果对结构参数进行进一步的优化，满足渣油加氢反应器在全过程中的安全性、经济性和可靠性。

得益于科研开发工作的成果和工程经验的积累，分析设计的新技术不断涌现，分析设计的技术水平也越来越高。

a. 吊装工况下加氢反应器分析计算研究。

大型渣油反应器吊装一般采用反应器顶部人孔设置主吊、尾部辅吊的方案，固定在顶部人孔的吊耳在整个吊装过程中承受主要吊装载荷。随着加氢反应器的大型化，反应器本体的重量越来越大，吊装载荷对反应器本体的影响不可忽视。吊装载荷通过吊耳传递到反应器顶部人孔上，并且随着吊装角度的变化，吊装载荷的方向和载荷值也在改变。不同的吊装角度对反应器整体结构应力分布的影响也不相同。

吊装工况下针对不同吊装角对渣油加氢反应器建立全尺寸有限元模型，采用最大剪应力理论作为失效理论，对危险部位划分应力评定路径，进行不同吊装角度下渣油加氢反应器结构的计算、分析与评定，了解整个结构中较为薄弱的部位，为反应器结构的优化和吊装方案的制订提供有力的依据。特别是对于重型反应器结构,进行吊装工况的分析评定是非常必要的。

b. 反应器热箱局部结构耦合场分析研究。

渣油加氢反应器裙座支撑区是设备受力最复杂的部位。高温、高压操作条件下反应器底封头与裙座筒体的连接一般采用整体锻件结构,并在裙座与封头连接的根部设置热箱以缓解温度梯度过大引起的热应力。热箱部位保温结构的尺寸参数直接影响局部温度场的分布,梯度过大的温度场会在裙座根部引起较大的温度应力,与压力载荷和重力载荷叠加,可能会造成局部结构的超限变形甚至塑性垮塌,对反应器长周期安全稳定运行造成威胁,为此有必要对裙座支撑区热箱结构的温度场及组合应力进行详细的分析计算与评价。

针对加氢反应器的情况,容器只承受内压,虽然带有交变性质的应力(如开停车等),但经过疲劳筛分判定可以免除疲劳分析,因此可能存在的失效模式有塑性垮塌和局部失效。再进一步分析,由于不存在发生塑性大变形的可能性,因此加氢反应器裙座支撑结构的失效模式确定为局部失效。

加氢反应器裙座热箱结构的计算首先采用间接法计算结构热应力,然后将温度载荷与压力载荷等叠加进行应力强度分析与结果评定,结构各部位的应力强度水平需满足设计标准的要求,裙座支撑结构不应发生局部塑性失效,以此保证反应器结构的安全。

分析设计允许采用较高的设计应力强度,在相同设计条件下,反应器的厚度可以减薄,重量可以减小。各个标准体系下,分析设计的应力强度许用值一般都比常规设计值高10%以上。表6-1中所列近年来设计的大型加氢反应器均采用分析设计方法,辽阳石化渣油加氢装置两系列共8台反应器,锦西石化和锦州石化的渣油加氢装置各5台反应器,广东石化加氢裂化装置3台反应器。作为对比,估算了按照常规设计的反应器重量。从表6-1中可以看出,分析设计的重量比常规设计减轻10%以上,对于大型加氢反应器,由此降低的造价比较可观,对于控制项目建设投资、提高企业利润有很大意义。

表6-1 加氢反应器采用分析设计后造价降低情况

项目	反应器数量,台	反应器直径,mm	常规设计总重,t	分析设计总重,t	降低的造价,万元
辽阳石化渣油加氢	4×2	4600	5232	4504	5096
锦西石化/锦州石化渣油加氢	5	4800	4001	3391	4270
广东石化加氢裂化	3	5500 5000	5059	4477	4074

注:分析设计相对常规设计,重量降低。表中数据仅考虑反应器出厂价降低值,未考虑由此引起的运输、吊装等费用的降低。单价按照近年来反应器出厂价平均值估算。

(5)高压管道采用厚壁管道设计技术。

渣油加氢装置高压管道的设计至关重要,是实现核心工艺流程的设计关键,进而保证进料泵、反应器、换热器、分离器、空冷器、加热炉等高压核心设备法兰安全,确保装置长周平稳运行。

① 合理优化的平面布置。

合理优化的平面布置是高压管道优化设计的前提条件。渣油加氢装置平面布置满足工艺流程、安全生产、环境保护的要求,设备按照工艺流程顺序和同类设备适当集中相结合的原则,结合建设地区的自然条件和地理位置的要求合理用地和减少能耗,以流程式布置为主,考虑设备、建构筑物之间的防火、防爆安全间距及装置操作、维护、检修、施工和消防的要求,完成装置平面布置。

装置平面设计以"流程顺畅、紧凑布置"为原则,采用露天布置的方式,减少装置建设用地和建设投资。装置为多个工艺操作单元的组合,各单元设备尤其是高压设备实行相对集中布置。例如,成组的反应器宜中心线对齐,并成排布置;高压和超高压的压力设备宜布置在装置的一端或一侧;高压换热器宜成组布置,地面布置的换热器可按一端支座基础中心线对齐,或管程进出口中心线对齐等。平面布置设计过程中,结合关键高压管道的应力分析,在满足管系安全评定前提下,可通过调整设备的定位或其固定端定位,降低管系应力水平和管口受力,减少高压管道的补偿长度和能耗,节约工程投资和长期运行费用。

② 安全经济的材料设计。

针对渣油加氢装置高压管道部分运行环境高温、高压、临氢,并且介质中含硫及 H_2S 等腐蚀性组分的特点,具体分析使用部位的工况和腐蚀环境,综合考虑介质的氢腐蚀、高温 H_2S 腐蚀和装置停工期间的连多硫酸应力腐蚀,管道元件制造的加工工艺性、经济性、可施工性等因素,对高压管道的制造、施工、检验、试验等提出具体要求,确定合理的高压管道的材料设计,保证装置的安全运行、工程投资及建设周期。

③ 高压管道的设计原则。

高压管道布置满足工艺设计的要求,协同考虑,统一布置。例如,多台并联反应器的管道布置应保证流体分配均匀,各台反应器的压力降符合工艺要求。反应器进料管道控制直管段长度,保证气液两相混合均匀。

高压管道设计方案要安全可靠,满足高压管系的安全评定准则,设计合理可靠的管道支吊架,保证高压设备的管口受力满足要求。若管道内介质为两相流且本身固有频率偏低,设计阶段可采用阻尼器进行防振。

高压管道布置做到经济合理。高压设备管口受力不超过允许值的情况下,应使管道最短,管件最少,尽量减少高压管道的用量。

高压管道设计综合考虑检修的要求,不影响催化剂的装卸。

应用高压管道设计技术,指导完成 4 套渣油加氢装置工程设计,分别为山东某企业 $200 \times 10^4 t/a$ 渣油加氢装置、辽阳石化 $240 \times 10^4 t/a$ 渣油加氢装置、锦州石化 $150 \times 10^4 t/a$ 渣油加氢装置、锦西石化 $150 \times 10^4 t/a$ 渣油加氢装置,其中辽阳石化渣油加氢装置已投产 3 年,运行平稳。

(6)压缩机管道采用振动分析技术。

往复式压缩机是渣油加氢装置中提高气体压力的关键设备,由于压缩机气缸周期吸气和排气,造成气缸吸排出的气体呈脉动状态,激发相连管道系统的振动,强烈的管道振动造成管道及附件的连接部位松动和破裂，对安全生产造成威胁。因此，在设计过程中通过振动分析，优化机组和辅助设备的平面布置，调整管道和支架的设计方案，采用有效的防振措施，保证机组及管道的平稳运行，避免泄漏和爆炸事故的发生。

① 机组及辅助设备的优化布置。

机组及辅助设备的优化布置是相连工艺管道优化设计的前提条件，主要从以下几个方面进行考虑：

a. 设备布置首先满足工艺流程的要求，并考虑与供电、供气、供水系统配置的合理性，使管道布置简单、路径短捷。设备布置与整个装置相协调，满足施工、运行、维护、吊装和检修的要求。

b. 压缩可燃气体的压缩机，与明火设备需保持防火间距。

c. 压缩机的布置根据场地情况，通过全面的技术经济比较，确定压缩机采用横向布置还是纵向布置。

d. 根据压缩机构造形式和布置特点确定其安装高度。

e. 入口分液罐和中间冷却器尽量靠近压缩机布置。

f. 压缩机组、油站布置在厂房内，入口分液罐、级间冷却器、级间分液罐可布置在厂房外。

② 机组相连管系的设计原则。

压缩机活塞的往复运动造成管内流体脉动，使得相连管道系统产生振动，因此设计过程中建立合理的计算模型，利用压力脉动管道振动分析技术，在设计中较为准确地预测和控制气流脉动水平，优化管道布置，确定支架形式和间距，保证机器、辅助设备、管道的安全。主要从以下几个方面考虑：

a. 并排布置的多台压缩机，其振动管道统一规划，沿同一走向成组布置，统一设置防振支架。

b. 从压缩机进口分液罐到压缩机进口之间的管道应最短，压力损失最小，管道内应不存凝液。

c. 靠近压缩机出口管口处应设置缓冲器，以减小脉冲振动，保证缓冲器不能设置在共振管长上。

d. 为减小压缩机管口作用力和力矩，在管道上设止推支架，止推支架宜设置在地面上。在弯头、三通、阀门以及其他附加荷载集中点附近处设置防振支架，有效防振。

e. 管道布置应尽量直，减少弯头数量，建议弯头曲率半径 $R \geqslant 3DN$。

f. 管道布置应尽量低，支架敷设在地面上，并采用独立基础，保证支架的刚度，确保支架数量。

g. 自压缩机进出口管道上引出的 $DN \leqslant 40mm$ 的分支管道及仪表管嘴应采取加强措施，设计有效的防振管卡与主管道进行绑定联合抗振。

③ 机组管系有效的减振措施。

a. 气流脉动控制措施。

包括合理配置曲柄错角及气缸间夹角、设计合适的气腔或阀腔容积、按照 API 618 标准设计缓冲器容积、设置孔板。

b. 管道振动控制措施。

降低对管道系统的激发,将管道内气流脉动压力不均匀度控制在许用范围内,尽量减少弯头、异径管等产生振动激发力的元件;按照 API 618 要求严格控制管道系统振幅和动应力水平;采取改变管径、管道走向等措施防止管道系统产生机械共振;采用有效的防振管卡,结合计算结果确定管卡间距。

应用压力脉动管道振动分析技术,核算多套加氢装置往复式压缩机管道系统,指导往复式压缩机进出口管道系统优化设计,保证各项控制指标满足 API 618 的要求,避免管道系统发生共振及破坏,辽阳石化渣油加氢等装置投产后机组均运行平稳。辽阳石化 240×10^4 t/a 渣油加氢往复式压缩机组管路系统计算模型如图 6-1 所示,锦西石化/锦州石化 150×10^4 t/a 渣油加氢往复式压缩机组管路系统计算模型如图 6-2 所示。

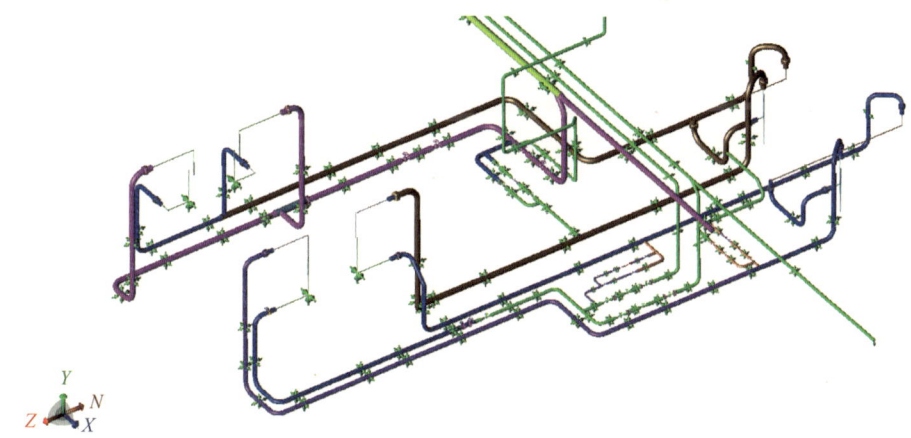

图 6-1　辽阳石化 240×10^4 t/a 渣油加氢往复式压缩机组管路系统计算模型

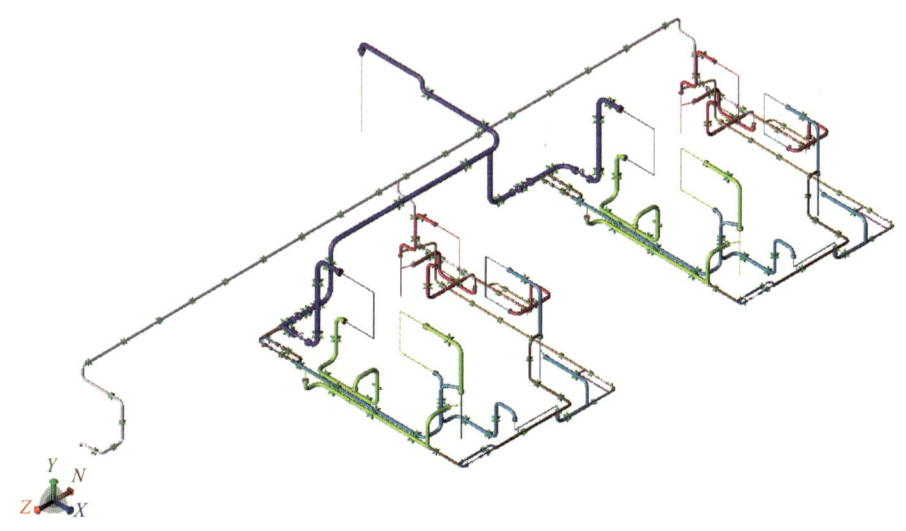

图 6-2　锦西石化/锦州石化 150×10^4 t/a 渣油加氢往复式压缩机组管路系统计算模型

(7) 自控采用测量新技术。

渣油加氢装置具有临氢、高压、高温、高 H_2S 腐蚀的特点,操作条件苛刻,通过新的测控技术,实现装置长周期监控运行。

① 热高压分离器反吹氢气测量液位技术方案。

热高压分离器具有高温、高压、临氢、介质黏稠且易结焦等特点，是渣油加氢高压系统控制的关键设备，为避免高压气体串入低压设备，需严格控制高压设备液位，因此热高压分离器等高压容器的液位控制成为装置安全、稳定运行的关键。

对于渣油加氢装置热高压分离器液位的测量，目前一般采用普通差压变送器配引压管的方式，外加伴热或冲洗油。这种测量方式极易因工艺介质进入引压管产生结焦或凝结，从而导致引压管堵塞，造成测量不准确，给渣油加氢装置安全生产带来极大隐患。

为了提高热高压分离器液位控制的安全性，中石油华东设计院开发了反吹氢气液位测量技术。反吹氢气液位测量技术方案主要组成如下：双法兰液位变送器+自力式流量调节阀+就地转子流量计。在双法兰差压变送器上、下膜片处均设置独立的反吹氢气，保证变送器膜片表面与高温黏稠渣油和高温油气隔离，达到膜片表面降温及避免黏稠介质堵塞膜片的双重效果，满足高压分离器苛刻液位长周期监控需求。

为避免测量误差，双法兰差压变送器上、下反吹新氢流量应保持一致，反吹氢气管线上均设置自力式流量调节阀及就地转子流量计，用于调节和监测反吹氢气流量(图6-3)。

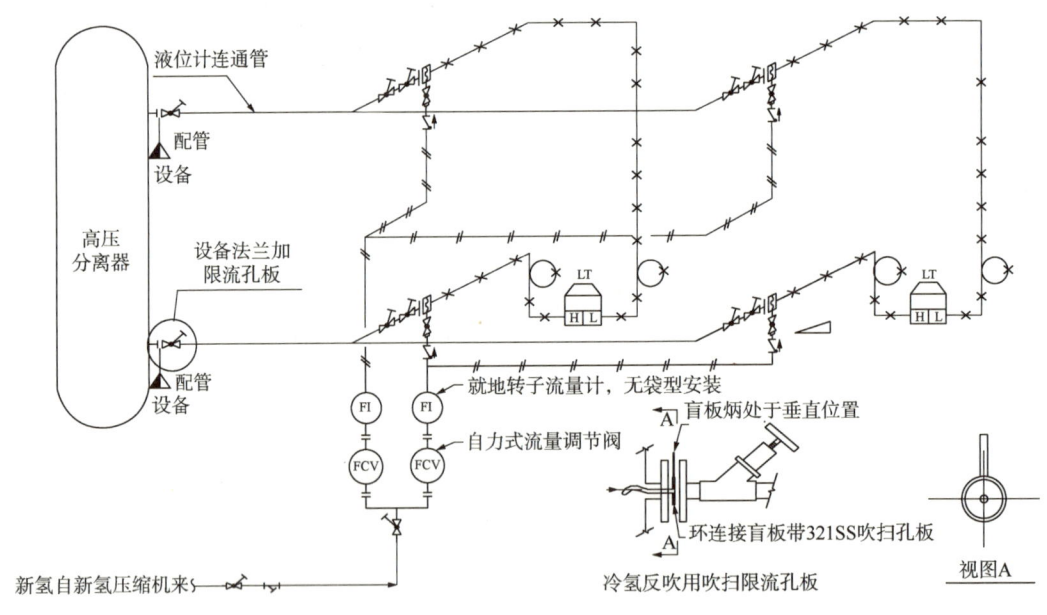

图6-3　高压分离器液位反吹氢气测量仪表管路连接图

通过反吹氢气，使得测量管路内充满氢气，从而达到隔离工艺介质的目的，避免了测量管路堵塞问题；而且，通过反吹氢隔离，使得变送器感压膜片与高温易堵介质隔离、膜片表面的温度降至常温，从而保证了液位变送器长周期稳定运行要求。

② 新氢压缩机逐级返回压力调节阀选型优化。

对于渣油加氢新氢压缩机逐级返回流量调节，正常调节流量与最大调节流量之间差距很大，选用常规的套筒调节阀要考虑涵盖最大流量，那么实际正常流量调节时，调节阀长期处于小开度调节状态，阀门产生噪声及振动严重，对调节阀及连接管线损伤很大。渣油加氢装置新氢压缩机逐级返回压力调节阀最大调节流量及正常操作调节流量数值比值高达10，此处的调节阀选型及流量系数C_v选择一直受到业内关注。

对于上述工况，建议选用特殊C_v值修正流量特性的调节阀，如FISHER公司的Whisper系列修正流量特性降噪套筒调节阀，针对正常调节流量及最大调节流量进行流量特性修正，可实现大可调比调节，保证全工况在调节阀合理的调节开度范围内。实现原理如下：小开度时，调节阀处于套筒小开孔调节范围内，此时流通能力小，C_v值较小；超过一定开度，调节阀处于套筒大开孔调节范围内，流通能力大，C_v值较大。

正常操作流量在5000m³/h左右，经计算C_v值在1左右；最大操作流量为50000m³/h，经计算C_v值在9左右，采用Whisper系列修正流量特性降噪套筒修正后，对照C_v值与开度对应表（表6-2），正常流量对应调节阀开度在40%左右，最大流量对应调节阀开度在60%左右，达到了很好的开度调节范围及降噪效果。

表6-2 Whisper系列修正套筒C_v值与开度对应值

开度,%	10	20	30	40	50	60	70	80	90	100
C_v值	0.22	0.36	0.57	1.34	4.36	11.18	21.04	31.01	41.01	51.00

2. 工业应用

辽阳石化新建240×10⁴t/a渣油加氢装置由中石油华东设计院设计，采用中国石油自主开发的渣油加氢成套技术，装置于2018年9月13日投产（图6-4）。

图6-4 辽阳石化240×10⁴t/a渣油加氢装置全景图

装置由反应部分（包括氢气压缩机和循环氢脱硫设施）、分馏部分及干气低分气脱硫部分组成。装置公称规模为240×10⁴t/a，实际处理量为242.56×10⁴t/a，装置加工的原料油为减压渣油210.06×10⁴t/a、催化重循环油18.12×10⁴t/a、催化重柴油14.38×10⁴t/a，共计242.56×10⁴t/a，设计弹性为50%~110%。装置的主要目的是为催化裂化装置提供优质原料，同时生产部分柴油和石脑油，副产品是脱硫干气、脱硫低分气和不稳定石脑油。

装置开工后，满负荷生产运行平稳，设备运转正常，产品收率和质量均达到设计要求。

1）装置加工原料性质

装置加工原料性质见表6-3。

表6-3　辽阳石化240×10⁴t/a渣油加氢装置加工原料性质

项目	设计值	标定值
密度(20℃)，kg/m³	969	956
硫，%(质量分数)	1.98	0.8865
氮，μg/g	3284	2527
残炭，%(质量分数)	10.44	8.81
Ni，μg/g	23.64	14.72
V，μg/g	24.62	19.13

2）主要操作条件

主要操作条件见表6-4和表6-5。

表6-4　辽阳石化240×10⁴t/a渣油加氢装置主要操作条件(设计值)

项目	数值
反应器入口氢分压，MPa	16.0
体积空速，h⁻¹	0.20
反应器入口氢油比，m³/m³	600
催化剂床层平均温度，℃	386(运转初期)/410(运转末期)
反应器总温升，℃	73(运转初期)/72(运转末期)

表6-5　辽阳石化240×10⁴t/a渣油加氢装置主要操作条件(标定值)

项目	数值
反应器入口氢分压，MPa	16.0
体积空速，h⁻¹	0.20
反应器入口氢油比，m³/m³	600
催化剂床层平均温度，℃	375.68[运转初期(Ⅰ系列)]/374.94[运转初期(Ⅱ系列)]
反应器总温升，℃	53.84[运转初期(Ⅰ系列)]/57.98[运转初期(Ⅱ系列)]

从表6-4和表6-5中数据可以看出，反应温度及温升较设计值都有所降低，有利于装置的长周期运行。

3）加氢渣油性质

加氢渣油性质见表6-6。

表6-6　辽阳石化240×10⁴t/a渣油加氢装置加氢渣油性质

分析项目	设计指标	标定值
密度(20℃)，kg/m³	≤930	926
硫，%(质量分数)	≤0.2	0.137
残炭，%(质量分数)	≤4.6	4.08
Ni，μg/g	≤4	2.5
V，μg/g	≤4	3.4

第六章 渣油加氢技术

由表6-6中可以看出,加氢渣油硫含量、残炭和金属含量均优于设计值,有利于催化裂化装置长周期平稳运行。

4) 产品收率及能耗

主要产品收率见表6-7。

表6-7 辽阳石化240×10⁴t/a渣油加氢装置主要产品收率

物料	设计产品收率,%(质量分数)	标定产品收率,%(质量分数)
脱硫干气	0.61	0.43
脱硫低分气	0.63	0.56
不稳定石脑油	0.21	0.66
稳定石脑油	2.50	0.45
柴油	11.43	7.2
加氢常压渣油	84.18	89.28

从表6-7中可以看出,装置主要产品加氢渣油的收率比设计值高,其他副产品的收率比设计值低,有利于提高全厂的经济效益。

装置标定能耗为14.39kg标准油/t原料,低于设计能耗1.47kg标准油/t原料。

二、固定床渣油加氢单项技术

1. 喷射型渣油加氢反应器分布器

气液分布器的作用是使进入反应器的物料均匀分散,充分发挥催化剂的作用。反应器分布器的性能直接关系到能否充分发挥高活性催化剂的效能和加氢装置的长周期运行。反应器分布器的性能对渣油加氢装置的长周期运行影响尤为显著。

目前在固定床加氢反应器上应用最多的是泡罩式分布器。泡罩式分布器被广泛应用于各种馏分油加氢装置(从汽油加氢到蜡油加氢),从工业应用效果来看,性能良好,能够保证装置的长周期运行及催化剂的有效利用;但用于固定床渣油加氢反应器时,应用效果却不甚理想。国内某采用泡罩式分布器的渣油加氢装置,反应器床层径向温差初期为5℃左右,后"热点"逐渐增大,末期床层径向温差最高达到60℃,导致装置停工时催化剂(保护剂、脱金属剂、脱硫剂、脱氮剂和脱残炭剂等)还有10%~50%活性没有得到利用[2]。究其原因,与其他轻质馏分油相比,渣油黏度更高,随着原料黏度增加,必然会影响其在反应器内的动力学特性及分配性能。此外,随着渣油加氢装置规模变大,反应器内径也越来越大,这都给渣油加氢装置反应物料的均匀分散提出了更高的要求。

针对渣油加氢装置反应物料黏度高、反应器直径大等特点,中石油华东设计院开发出适用于高黏度物料分配的喷射型反应器分布器。

图6-5显示了单个分布器的冷态模拟实验结果。从分布器分布效果图可以看出,对物料的分配效果较好。

为了考察模拟喷射型分布器在工业装置上的使用效果,分别进行了1000mm和2000mm直径的分布盘冷态模拟实验。直径1000mm实验装置冷态模拟实验如图6-6所示。直径1000mm实验装置共需喷射型分布器19个,将19个喷射型分布器安装到直径1000mm分布盘上,实验测试数据见表6-8。

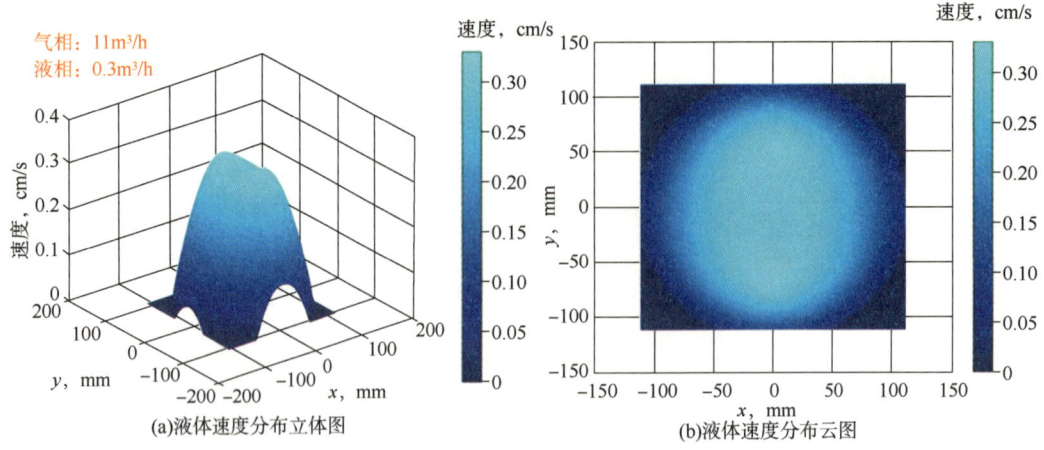

图6-5 喷射型分布器分布效果

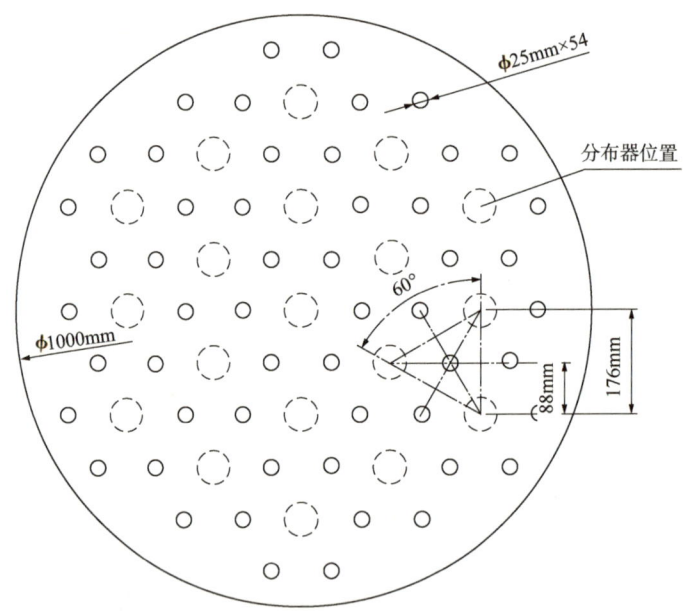

图6-6 直径1000mm实验装置分布器排列方式

表6-8 直径1000mm实验装置分布不均匀度

液量, m³/h	气量, m³/h	分布不均匀度, %	压降, Pa
5.7	348	9.89	1850
5.7	383	9.51	2100
7.6	278	9.14	1370
7.6	314	8.88	1850

续表

液量，m³/h	气量，m³/h	分布不均匀度，%	压降，Pa
9.5	348	8.93	2400
9.5	383	8.17	2400
10.5	348	9.31	2450
10.5	383	9.32	3000
11.4	209	8.86	1250
12.5	209	8.08	1450

从表6-8中可以看出，喷射型分布器在直径1000mm实验装置中叠加的分布不均匀度低于10%，且喷射型分布器的分布不均匀度随着气液量的变化波动较小，操作弹性高，适用于各种操作条件。

直径2000mm实验装置安装100个喷射型分布器，根据实验结果计算得分布不均匀度为7.48%，与直径1000mm实验装置的分布不均匀度相差较小，说明喷射型分布器无放大效应。

新开发的喷射型分布器具有气液混合效果好、操作范围广、安装难度小的特点。实验和模拟也验证了分布盘液位波动对单分布器通过液量的影响，液位波动对单分布器产生的影响较小，即使在分布盘上存在一定的液位梯度，每个分布器通过的液量相差也较小，可保证整个分布盘的分布效果。

2. 循环氢旋流聚结脱液内件技术

渣油加氢装置中设有高压分离器，使加氢反应产物实现气液两相分离，然而分离后的循环氢气体常常夹带烃类液滴，尤其是夹带的C_5、C_6、C_7及以上重烃，易引起下游循环氢脱硫塔中胺液发泡，增大脱硫塔操作负荷。经过循环氢脱硫塔脱硫的循环氢，也会携带大量胺液，导致循环氢的分子量增加，循环氢压缩机的操作负荷增大，降低氢气纯度，缩短催化剂使用寿命并降低反应效率。除此之外，一旦循环氢携带胺液量过大，若循环氢压缩机入口分液罐液体排放不及时，势必造成循环氢压缩机联锁停机，影响装置的长期稳定运行。因此，循环氢夹带重烃液滴分离是循环氢系统亟待解决的重要问题。

气液物理分离一般包括离心分离、惯性分离和聚结分离3种分离方式。图6-7显示了化工操作过程中气液分离的场合及所对应的液滴直径，同时对应列举了目前常用气液分离设备及分离精度。从图中可以看出，旋风分离器无法去除小粒径液滴（小于10mm），这是因为细粒子由于离心力过小无法满足离心分离条件。针对循环氢系统气液分离瓶颈问题，中石油华东设计院开发了循环氢旋流聚结脱液内件来解决细小液滴无法分离的难题，即在旋流分离和聚结分离的耦合作用下实现高效的气液分离。

为了评估旋流聚结内件在各种操作工况条件下的分离性能，开发了旋流聚结内件性能检测装置。性能检测实验流程如下：在空气压缩机产生的高压空气和淡水箱产生的高速液体的作用下，双流体喷嘴产生雾化液滴；雾化液滴被喷射到混合罐中，并与风机产生的气

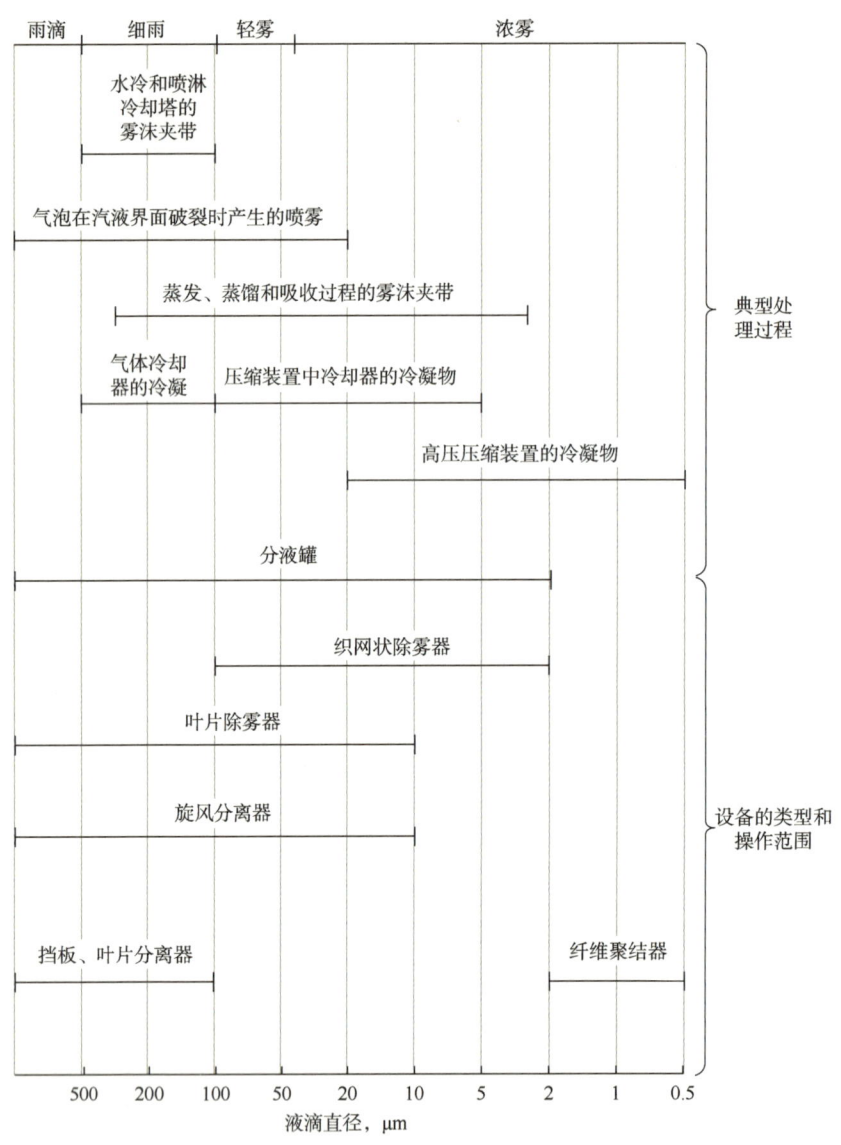

图 6-7 不同分离设备对应的分离能力

体混合形成气溶胶；气液两相送至旋流聚结内件的入口，在重力沉降、旋风分离和聚结分离之后，大部分液体被分离出来，随后被排放到旋风分离器和聚结器底部的收集器中，而净化后气体从分离器的顶部排出。

气液旋流聚结内件分离效率：图 6-8 显示了丝网聚结、旋流结构和旋流聚结 3 种结构形式对分离效率和压降影响。从图中可以看出，与单纯丝网聚结或旋流结构相比，旋流聚结结构有着最高的分离效率；随着进口流量增大，分离效率急剧增大，到达一定流量时分离效率到达最高值，这是因为该气速下，能够保证液滴以充足的离心力分离；气液旋流聚结内件在进口流量为 40m³/h 下分离效率可达 96% 以上。实验所用测试仪器精度为 1mm，出口液滴粒径未能测出，可得平均粒径 7μm 的液滴回收率大于 95%。

第六章 渣油加氢技术

气液旋流聚结内件压降：气体旋流器的压降是指气体在进气管与溢流管处的静压差，它用来表示气体通过旋流器时的能量损失，是微旋流器的重要技术指标和操作参数。从压降曲线[图6-8(b)]可知，当进口流量为最佳工况 40m³/h 时，旋流聚结结构压降小于1000Pa，压降仅为同类的1/10。

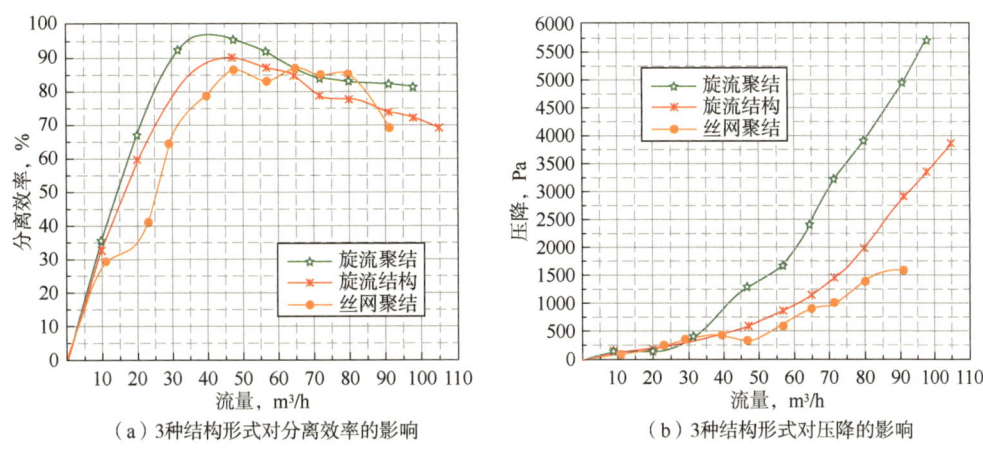

（a）3种结构形式对分离效率的影响　　（b）3种结构形式对压降的影响

图6-8　旋流聚结结构性能规律

中石油华东设计院开发的循环氢旋流聚结脱液内件已应用于锦州石化和锦西石化等炼厂多套渣油加氢、蜡油加氢装置上，可有效降低循环氢气体中烃液携带量，提高循环氢压缩机和循环氢脱硫塔的操作安全性，使用效果良好。

3. 渣油加氢梯形炉技术

渣油加氢装置一般设有反应进料加热炉和分馏炉各一台，反应进料加热炉和分馏炉均为箱式炉。反应进料加热炉为水平管双面辐射形式，分馏炉为水平管单面辐射形式。二炉采用联合空气预热系统回收烟气余热，加热炉计算热效率为93%以上。

反应进料加热炉因管内加工物料为易结焦油品，一般采用纯辐射管双面加热方式，对流段不布置炉管，即所加热工艺物料皆布置在辐射段炉管加热，便于精准调节控制炉管内油品温度，缩短介质在炉管内停留时间。出辐射室高温烟气与出分馏炉对流烟气混合后，利用后置余热锅炉回收加热炉高温烟气热量。

反应炉管内介质为混氢渣油，辐射段出口温度达到395℃，渣油极易在炉管内结焦，不但影响产品质量，也会大大缩短装置操作周期。为延长反应炉管内结焦周期，需要对反应进料加热炉设计进行技术升级。

传统反应进料加热炉辐射室为箱式结构，辐射侧墙与水平面垂直，燃烧器布置在炉膛炉管与炉墙之间，离开火墙一段距离，火焰向上燃烧；辐射管水平布置在炉膛中间，双面火焰高温辐射，辐射管用吊挂结构或底部支撑结构。

传统箱式辐射室侧墙（侧墙和端墙）垂直水平面布置，通过对该箱式辐射室炉膛烟气流场和温度场分布的模拟优化，将箱式辐射室炉膛调整为梯形结构（图6-9），辐射室两侧侧墙向炉垂直中心线方向倾斜一定角度，端墙垂直不变，可以使炉膛内烟气流场和温度场分布更加合理。这是因为加热炉炉膛内必然存在涡流，传统设计涡流常靠近顶部，且部分位于死角区域，而倾斜的侧墙设计可以迫使涡流向下，促使更多烟气回流至炉膛低温区，对炉膛温度场均匀化有利；同时，将炉底燃烧器布置位置由中间位置调整到倾斜的辐射侧墙附近，使高温短火焰直接冲刷侧墙，利用侧墙高温耐火材料的辐射热，对辐射炉管进行加热，可以使辐射炉管受热更加均匀温和，避免高温火焰对炉管的直接辐射，避免在辐射炉管上产生过热点，降低管内介质结焦趋势，延长操作周期。经CFD模拟计算，该梯形炉结构可以得到更均匀的管壁热强度。

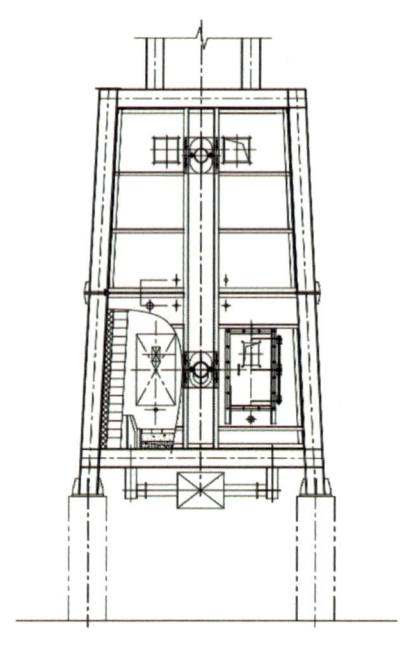

图6-9 渣油加氢梯形反应进料加热炉示意图

高温下辐射管架的垂直方向热膨胀，与水平辐射管系在垂直方向上高温热膨胀的膨胀量不同，会导致管架和炉管管系在垂直方向上膨胀协调性不合理，需要改进此吊挂结构或支撑结构。通过设计一种新的吊挂结构，可以自由吸收管系在高温下的热膨胀，使管系合理受力，避免脱空或支架受力过载。

改进结构是在垂直于炉底方向的竖直炉管支架上，沿竖直方向设置自由滑动的滑块，水平炉管组用滑块支撑。当滑块与炉管在高温下竖直方向热膨胀时，滑块因高温膨胀向上滑动，管系也因为高温向上膨胀，二者膨胀得以协调、吸收，使炉管始终落在滑块上，避免管系高温时膨胀悬空，使管系上下自由膨胀。

中石油华东设计院开发的渣油加氢梯形炉技术，已应用于辽阳石化 $240×10^4 t/a$ 渣油加氢装置反应进料加热炉，炉膛烟气温度为698℃，炉管壁内膜温度与此处介质温度相差73℃，加热炉热效率为93%。

第三节 渣油加氢技术展望

随着原油劣质化趋势的加剧及环保法规的日益严格，渣油加氢技术已成为炼厂提高轻质油收率的关键技术。固定床渣油加氢处理技术是较为成熟的渣油加工技术，投资和操作费用低、运行安全简单，是渣油深度转化的首选技术。固定床渣油加氢技术研发的重点在于如何延长装置的运转周期和突破劣质原料加工的瓶颈，其技术进步将围绕高性能催化剂研制、装置大型化工程技术、提高装置在线率和快速开停工技术等方面展开。

一、高性能渣油加氢催化剂

固定床渣油加氢技术未来将加强渣油原料与加氢产物性质变化规律的基础研究。开展渣油原料微观性质表征(分子结构及分子形态研究)；研究渣油原料与结焦、结垢的关系；

开展渣油加氢反应机理、分子结构变化规律、结焦机理、产物稳定性等与反应有关的基础研究;建立渣油加氢原料类型、级配方案和操作条件数据库。

固定床渣油加氢催化剂发展的方向如下:(1)载体形状设计、载体制备技术的改进与应用;(2)Al_2O_3载体扩孔技术以及大孔容与载体强度匹配技术;(3)活性组分负载技术开发;(4)抑制结焦技术;(5)降低催化剂的生产成本。催化剂的主要研发方向是提高催化剂的活性和稳定性,减少催化剂用量和延长开工周期[3]。催化剂研发的主要难点是平衡好催化剂的使用寿命与活性(基于同步失活理论的催化剂级配技术),增加催化剂的脱残炭能力、抗结焦能力及容金属能力,提高沥青质的加氢转化,避免活性中心的过快中毒失活,防止反应器出现压降和"热点"。

渣油加氢催化剂是固定床渣油加氢技术的核心,为了适应原料油的重质化和劣质化,催化剂专利商会在新型催化材料的开发、优化催化剂的制备技术等方面深入研究,进一步改善催化剂的性能,降低成本,并适用于处理更加劣质的原料和固定床渣油加氢装置的长周期运转。

二、装置大型化工程技术

随着加氢技术的日益成熟,加氢催化剂的不断改进和创新,反应器大型化成为加氢技术发展的主要方向。在设备制造能力范围内,渣油加氢装置建设投资与加工规模指数(一般为0.65~0.70)成正比;可比条件下,渣油加氢装置加工规模越大,能耗越低;对于单系列渣油加氢装置,装置规模越大,投资利用率越高;对于双系列或多系列渣油加氢装置,集成度越高,装置规模越大,投资利用率越高。渣油加氢装置大型化工程技术开发包括加氢反应器及内构件、螺纹锁紧环高压换热器等。

反应器大型化以后,内构件的先进适用性将更加重要。良好的加氢反应器内构件可提高装置的处理能力,降低反应器床层的径向温差,降低对床层水平度的要求,保证气液分布均匀,减少零部件数量,方便维修。高效喷嘴可在催化剂表面形成更加均一的气液分布,在气液喷雾状态良好的条件下,催化剂达到完全浸湿所需的床层厚度有所减小,催化剂利用率提高,同时增强了分布盘的耐用性,避免其在运行过程中出现非正常状况。

新型内构件以及单系列大型装置无疑会降低能耗和节省投资,从而增产油品、减少CO_2排放,经济和社会效益显著。随着渣油加氢技术的日益成熟,渣油加氢催化剂的不断改进和创新,渣油加氢反应器设计水平的不断提升成为渣油加氢技术发展的主要方向。

三、提高装置在线率的组合工艺

由于固定床加氢反应器的第一个床层容易堵塞,产生压力降,影响装置操作周期,同时也导致固定床渣油加氢对原料要求较高。为了克服固定床渣油加氢工艺操作周期短、原料适应性差的缺点,国内外渣油加氢技术专利商都开发了降低反应器压降、延长操作周期的技术,如CLG公司上流式保护反应器(UFR)技术、Axens公司正反序可切换保护反应器(PRS)技术等,但从工业应用效果看,仍达不到长周期操作的要求。随着沸腾床渣油加氢和浆态床渣油加氢技术日渐成熟,使得开发沸腾床(浆态床)反应器与固定床反应器组合工艺成为可能。由沸腾床(浆态床)反应器代替固定床保护反应器,在不显著增加装置投资的前提下，可充分利用沸腾床（浆态床）反应器对原料适应性强的特点，在沸腾床（浆态床）内大幅降低原料杂质含量，改善固定床进料性质，势必可以大幅延长装置的操作周期。

四、装置快速开停工技术

固定床渣油加氢装置催化剂更换频率一般为每年一次，而炼厂大检修停工周期通常为3~4年一次，如何缩短渣油加氢装置开停工时间、减少对其他装置的影响成为一项重要任务。通过对装置操作模式、开停工方案、催化剂装卸步骤、催化剂预硫化方法、催化剂失活机理等进行规律总结，在技术论证、经济评价的基础上，开展压减装置开停工时间和缩短装卸催化剂时间的优化研究，加强各节点之间的过渡衔接，提高装置在线率。

参 考 文 献

[1] 龚建议. 固定床渣油加氢技术国产化的启示[J]. 中国石化，2021(6)：45-48.
[2] 徐彬，韩剑敏，窦志俊，等. 渣油加氢装置运行中存在问题及措施[J]. 炼油技术与工程，2013，43(2)：24-28.
[3] 张庆军，刘文洁，王鑫，等. 国外渣油加氢技术研究进展与发展趋势[J]. 化工进展，2015，34(8)：2988-3002.

第七章 加氢裂化技术

20世纪初，德国利用加氢裂化技术将煤转化成液体燃料，以满足紧缺的燃油供应，当时英国、法国、德国、日本等主要致力于煤制油相关工艺和技术的研发，美国则以石油工业为基础，发展石油馏分的加氢裂化技术。自1959年美国Chevron公司研发出Isocracking加氢异构裂化技术以来，馏分油加氢裂化技术已有60余年的发展历程。中国自20世纪50年代发展使用固定床加氢转化页岩油技术，并同时研究低温干馏煤焦油加氢裂化技术。20世纪60年代开始馏分油加氢裂化技术研究，1966年在大庆石油化工总厂建成的$40×10^4$t/a加氢裂化装置，为中国自行开发、设计和建造的首套加氢裂化装置。20世纪70年代初至90年代初，中国相继引进建设了5套加氢裂化装置。与此同时，中国科技工作者经过努力攻关，开发拥有自主知识产权的加氢裂化技术。从20世纪80年代开始，开发的中油型与轻油型等催化剂，相继在荆门炼油厂、齐鲁石化、茂名石化、上海石化等公司的加氢裂化装置上应用。进入21世纪，随着市场对清洁油品和优质化工原料需求的增长，中国加氢裂化技术应用进入高速发展阶段。截至2020年，中国高压加氢裂化装置（以蜡油为原料）超过60套，加工能力超过$1.2×10^8$t/a[1]。加氢裂化具有原料适应性强、生产操作和产品方案灵活性高、产品质量好等特点，能够将各种重质劣质原料直接转化成优质的喷气燃料、柴油、化工原料及润滑油基础料，在全厂生产流程中起到产品分布和产品质量双重调节器的作用，是"油—化—纤"结合的核心，也是当今石油化工企业中实现炼化一体化的重要技术。

为适应原料来源及市场对产品需求结构的变化，应对产品质量、安全环保的双重挑战，中国石油通过多年技术攻关，成功开发了具有自主知识产权的加氢裂化成套技术，在加氢裂化系列催化剂技术、新型反应器内构件、大型关键设备、长周期运行等方面开发了多项技术，先后应用于10余套加氢裂化/加氢改质装置，有力支撑了各企业炼化转型与提质增效，显著提升了中国石油在加氢裂化领域的核心竞争力。

第一节 国内外加氢裂化技术现状

根据不同时期原料来源及市场对产品需求的变化，围绕催化剂升级换代、改变产品结构、提升产品质量和安全环保等方面技术进步，国内外做了大量研究工作，近年来馏分油加氢裂化技术方面得到了蓬勃发展，开发形成了门类齐全的工艺技术及品种多样的级配催化剂。

一、国外技术现状

1959年，美国Chevron公司首先宣布开发了Isocracking加氢裂化技术；1960年，美国

大型炼油技术

UOP公司宣布开发了Lomax加氢裂化技术，接着美国Union公司宣布开发了Unicracking加氢裂化技术。后来，美国Gulf公司、荷兰Shell公司、法国IFP公司、德国BASF公司和英国bp公司等也都相继宣布开发了其自主加氢裂化技术。

目前，国外拥有并对外转让加氢裂化技术的公司主要有UOP公司、Chevron公司、Shell公司和Axens公司，加氢裂化催化剂的主要生产及供应商有Akzo公司、Haldor Topsoe公司、Criterion公司和United Catalysts公司等。

1. UOP公司

UOP公司开发的加氢裂化技术工业应用已60多年，工业应用最多、总加工能力最大，而且不断有新的技术进展，主要推出了HyCycle Unicracking工艺、APCU工艺、加氢裂化—加氢处理组合工艺等。

1）HyCycle Unicracking工艺

HyCycle Unicracking工艺采用倒置的反应器排列，加氢裂化反应器（第一反应器）在前，加氢处理反应器（第二反应器）在后，上游反应器具有较高的氢分压和氢油比，更有利于裂化反应。新鲜进料进入第二反应器，可吸收第一反应器出口热量，有效利用第一反应器反应热。生成油进入装有后精制剂的分离器，可进一步提升轻端产品质量。该工艺采用低单程转化率（20%~40%）、大循环比操作模式，可实现原料油完全转化，且充分利用物料的热能和压力能，操作能耗较低。

2）APCU工艺

APCU工艺是在HyCycle Unicracking工艺基础上的延伸，该工艺的特点是在传统加氢裂化流程后部增加一个带有补充精制反应器的高效热分离器，既可处理热分离器闪蒸的加氢裂化轻组分，也可加工处理外来的轻质煤油、柴油馏分，进行深度脱硫及提高十六烷值。该工艺可在低转化率、中等压力（低于10MPa）下，生产超低硫、高十六烷值柴油，比全转化装置投资大幅降低。

3）加氢裂化—加氢处理组合工艺

加氢裂化—加氢处理组合工艺集UOP公司的渣油加氢RCD Uniofining、加氢裂化HyCycle Unicracking、馏分油加氢Uniofining三种工艺于一套装置，采用分步进料的方式同时加工脱沥青油、减压馏分油和常压馏分油，并共用补充氢系统、循环氢及循环氢脱硫系统、产品分馏系统，装置建设投资和操作费用对于加工重质原料具有明显优势。

UOP公司在加氢裂化催化剂方面，可为各种工艺流程提供宽泛的各种类型加氢裂化催化剂，主要有HC-170、HC-29、HC-185、HC-190轻油型催化剂，HC-53、HC-150、HC-140LT灵活型催化剂，HC-110、HC-115、HC-215、HC-120LT中油型催化剂等。

2. Chevron公司

为了降低装置投资和操作费用，适应原料加工和产品市场需求，Chevron公司在其原有的单段一次通过（SSOT）、单段循环（SSREC）和两段循环（TSR）加氢裂化工艺技术的基础上，近年来又推出了优化部分转化（OPC）、SFI分步进料、反序串联（SSRS）、ISOFLEX等加氢裂化新工艺。

Chevron公司开发的加氢裂化催化剂主要有ICR511、ICR512（用于加氢裂化原料预处理）和ICR183、ICR185、ICR188、ICR214、ICR215、ICR250、ICR255（用于加氢裂化）等，

这些催化剂可用于减压瓦斯油加氢裂化最大化生产柴油、生产石脑油和柴油/航空煤油的加氢裂化装置。其中，ICR18 系列催化剂采用优化后孔径更窄的孔道，替换原孔径为 1nm 的 USY 分子筛孔道，保证了催化剂的选择性，提高了蜡含量较多的未转化油的柴油转化率。

3. Haldor Topsoe 公司

Haldor Topsoe 公司开发了一种低成本的 HPNA Trim 加氢裂化工艺，可通过减少未转化油的排出来控制多环重芳烃沉积，以防止催化剂失活使转化率下降和下游换热器表面结垢的现象。HPNA Trim 加氢裂化工艺可把主分馏塔底用于循环的一部分未转化油送入一座小的汽提塔，汽提得到的轻馏分油返回主分馏塔底部，可减少未转化油量。

Haldor Topsoe 公司开发了 TK-961、TK-962、TK-965 缓和加氢裂化催化剂，TK-925、TK-926 中油型加氢裂化催化剂。在含微量分子筛加氢裂化催化剂 TK-931 基础上，开发的 TK-941 和 TK-951 具有更好的活性、选择性及抗氮性能。

4. Criterion 公司

Criterion 公司在原有 DN-3110、DN-3120、DN-3300 等加氢裂化预精制催化剂的基础上，推出了 CENTINEL DN-3630 新一代加氢预精制催化剂，活性和稳定性均有较大幅度的提高，具有更高的加氢脱氮活性和间接脱硫能力。

在新一代加氢裂化催化剂开发方面，Criterion 公司分别推出了用于精制段反应器底部的脱氮—缓和裂化型 Z-2513 加氢裂化催化剂，最大量生产中间馏分油型 Z-2623 加氢裂化催化剂，灵活生产石脑油-中间馏分油型 Z-2723、Z-3723、Z-3733 和 Z-FX10 加氢裂化催化剂，最大量生产石脑油型 Z-853、Z-863、Z-NP10 加氢裂化催化剂等。

二、国内技术现状

中国是世界上最早从事加氢裂化技术开发和最早掌握加氢裂化技术的少数几个国家之一[2]。20 世纪 70 年代末，中国加氢裂化工艺及催化剂开发进入蓬勃发展阶段，除已开发并掌握传统的单段加氢裂化、两段加氢裂化、中压加氢裂化、缓和加氢裂化和中压加氢改质技术以外，还开发出多种特点鲜明、满足用户不同需求的加氢裂化技术。中国加氢裂化工艺及催化剂主要技术来源为抚顺石油化工研究院、石科院及石化院。

1. 抚顺石油化工研究院

抚顺石油化工研究院除对单段串联高压加氢裂化技术不断完善和革新以外，还开发了单段两剂加氢裂化（FDC）、加氢裂化—蜡油加氢处理（FHC-FFHT）组合工艺、加氢裂化—加氢处理（FHC-FHT）反序串联、多产优质化工原料两段加氢裂化（FMC2）、中压加氢裂化（MPHC）、中压加氢改质（MHUG）、中压加氢裂化—中间馏分油补充精制、缓和加氢裂化（MHC）、最大化提高劣质柴油十六烷值（MCI）等一系列加氢裂化技术，并在工业装置上得到广泛应用。

抚顺石油化工研究院针对不同原料油及生产不同目的产品的需求，开发了种类齐全的系列加氢裂化催化剂，主要有 3825、3905、3955、FC-24、FC-46 轻油型催化剂，3824、3903、3976、FC-12、FC-32 灵活型催化剂，3901、3974、FC-16、FC-20、FC-26、FC-50 中油型催化剂。此外，还有劣质柴油改质（MCI）催化剂、生产低凝点柴油的择形裂化催化剂、生产润滑油基础油的择形裂化和择形异构化催化剂等。

2. 石科院

石科院开发了中压加氢改质技术、中压加氢裂化（RMC）技术、最大限度提升劣质柴油十六烷值（RICH）技术、催化柴油加氢裂化生产高辛烷值汽油或芳烃料（RLG/RLA）技术、多产石脑油加氢裂化（RHC-N）技术、多产化工料加氢裂化（RHC-C）技术等。

石科院还开发了 RT-1、TR-5、RT-25、RT-30、RHC-1、RHC-3、RHC-5、RHC-100、RHC-131、RHC-210、RHC-220 系列加氢裂化催化剂和生产润滑油基础油的择形裂化催化剂。此外，催化剂的器内、器外再生和催化剂的器内、器外预硫化均开发成功并取得了工业应用。

3. 石化院

石化院开发了中间馏分油型加氢裂化、化工原料型加氢裂化、劣质柴油加氢改质、柴油加氢裂化等一系列加氢裂化技术，并在工业装置上得到广泛应用。

石化院采用研发的中强酸体系下 Y 分子筛有机配位改性技术，开发了中油型加氢裂化催化剂 PHC-03，大幅增加了分子筛结构稳定性和孔道扩散性，提高了催化剂活性和中间馏分油选择性，于 2012 年进行了工业应用，同等原料下反应温度降低 2~5℃，中间馏分油选择性提高 2.6~6.4 个百分点。石化院创新性地开发了 MSY 专用分子筛合成及改性技术、载体梯级复配及金属高效负载技术，开发出化工原料型加氢裂化催化剂 PHC-05，具有反应活性高、液体收率高、重石脑油收率高、活性稳定性好等特点，重石脑油收率达到 45% 以上，轻、重石脑油和尾油化工原料总收率达到 70% 以上[3]。2018 年，化工原料型加氢裂化催化剂 PHC-05 在某石化公司 120×10⁴t/a 加氢裂化装置成功应用，可多产化工原料、兼产航空煤油，可根据需求不产柴油。

此外，石化院还开发了 PHU-201 劣质柴油加氢改质催化剂、PHU-211 柴油加氢裂化催化剂。其中，PHU-201 可使催化柴油十六烷值提高 10~15 个单位，密度降低 15~40kg/m³，多环芳烃含量小于 2%；PHU-211 柴油加氢裂化催化剂具有原料适应性广、脱氮活性高、芳烃择向转化选择性高、重石脑油和液体收率高等特点，可最大化生产重石脑油，还能兼产柴油作乙烯裂解原料。

第二节　中国石油加氢裂化技术

加氢裂化技术可进一步提高原油资源加工深度，日益成为调整产品结构、实现炼化原料优化的关键技术[4]。中国石油在独立自主设计完成多套加氢裂化装置的基础上，消化吸收引进技术，整合已有技术进行再创新，尤其是通过中国石油重大科技专项，围绕不同用途催化剂开发、新型反应器内构件研发、大型关键设备设计与优化、大型加氢裂化装置成套工艺包等关键技术进行攻关，成功开发了一系列具有自主知识产权的加氢裂化关键技术，填补了中国石油加氢裂化催化剂、工艺包、反应器内构件等自主技术的空白，并在国内首创高压换热器管程直连等多项工程技术，推广应用效果显著，为中国石油炼化业务转型及高质量发展提供了有力技术支撑。

一、中国石油加氢裂化技术开发

1. 加氢裂化系列催化剂技术

石化院自主研制开发了 PHC-03 中油型、PHC-05 化工原料型、灵活型等加氢裂化催化剂以及 PHT-01 加氢预精制催化剂技术体系。中油型加氢裂化催化剂 PHT-01/PHC-03 组合技术，与国内同类型参比剂相比，柴油凝点较低，活性较高。中油型加氢裂化催化剂对比情况见表 7-1。

表 7-1 中油型加氢裂化催化剂对比

项 目			PHT-01/PHC-03	国内参比剂	国外参比剂
反应温度,℃			372/375	372/374	385/402
C_{5+} 液体收率,%(质量分数)			98.5	98.3	98.5
产品分布及性质	石脑油馏分	<65℃轻石脑油收率,%(质量分数)	2.53	2.60	2.12
		65~138℃重石脑油收率,%(质量分数)	9.78	10.01	9.77
		芳烃潜含量,%(质量分数)	43.4	41.2	43.4
	柴油馏分	138~370℃柴油收率,%(质量分数)	58.22	58.16	59.04
		凝点,℃	-21	-17	-10
		十六烷值	59.4	59.3	59.0
	尾油馏分	>370℃尾油收率,%(质量分数)	29.47	29.23	29.07
		BMCI 值	7.6	9.0	4.5

中油型加氢裂化催化剂 PHC-03 在某石化公司 $120×10^4$t/a 加氢裂化装置上进行了工业应用试验，开展了多种原料方案和多产尾油、多产柴油、增产低凝柴油及 3# 喷气燃料等生产调整，催化剂原料适应性强，产品方案灵活。与上周期原催化剂相比，柴油和喷气燃料总收率提高 3~4 个百分点，柴油凝点低 4℃以上，尾油 BMCI 值低 2 个单位。

化工原料型加氢裂化催化剂 PHC-05 与国内外同类型先进催化剂相比，在重石脑油收率及产品性质相当时，PHC-05 自主技术液体收率高 2~6 个百分点。化工原料型加氢裂化催化剂对比情况见表 7-2。

表 7-2 化工原料型加氢裂化催化剂对比

项 目			PHC-05 自主技术	国内参比剂	国外参比剂
裂化温度,℃			375	375	370
产品分布及性质	石脑油馏分	C_{5+} 液体收率,%(质量分数)	96.5	93.9	90.1
		<65℃轻石脑油收率,%(质量分数)	10.81	9.02	10.42
		65~177℃重石脑油收率,%(质量分数)	43.30	43.31	42.92
		芳烃潜含量,%	41.5	41.0	40.0
	柴油馏分	177~320℃柴油收率,%(质量分数)	29.24	30.28	26.98
		十六烷值	63.3	59.9	60.4
	尾油馏分	>320℃尾油收率,%(质量分数)	16.65	17.39	19.68
		BMCI 值	5.9	6.5	5.5

2. 大型加氢裂化成套工艺包技术

大型加氢裂化成套工艺包技术含工艺流程模拟、专利反应器内构件、大型反应器分析

大型炼油技术

设计、大型高压换热器设计、高压换热器管程直连和大型反应加热炉设计等多项关键技术和特色技术,已获授权国家发明专利 5 件、实用新型专利 7 件、PCT 国际专利 1 件,中国石油技术秘密 1 项,加氢裂化设计导则 1 项。大型加氢裂化成套工艺包技术具有原料适应性强、液体产品收率高、产品方案灵活等优点,工艺流程总体优化、新型热高压分离流程方案、稠环芳烃防积聚技术、压力能回收技术、分馏塔顶污水直接回用技术等技术先进,能耗和运行成本较低,运行周期长。

适宜原料:主要有常压蜡油、减压蜡油、催化循环油、焦化蜡油等,残炭值不大于 0.5%,沥青质含量不大于 0.05%,金属(Ni+V)含量不大于 2μg/g,干点不大于 570℃。

推荐流程:单段串联一次通过或单段串联全循环。

典型操作条件:反应压力为 8.0~18.0MPa,反应温度为 330~440℃,氢油体积比为 800~1200,精制段和裂化段新鲜进料体积空速分别为 $1.2~2.2h^{-1}$ 和 $0.8~1.5h^{-1}$。

主要技术指标:单段串联一次通过工艺综合能耗一般小于 30kg 标准油/t 原料,单段串联全循环工艺综合能耗一般小于 38kg 标准油/t 原料;反应器床层径向温差不大于 3℃,操作运行周期不低于 3 年。

加氢裂化技术流程示意如图 7-1 所示。

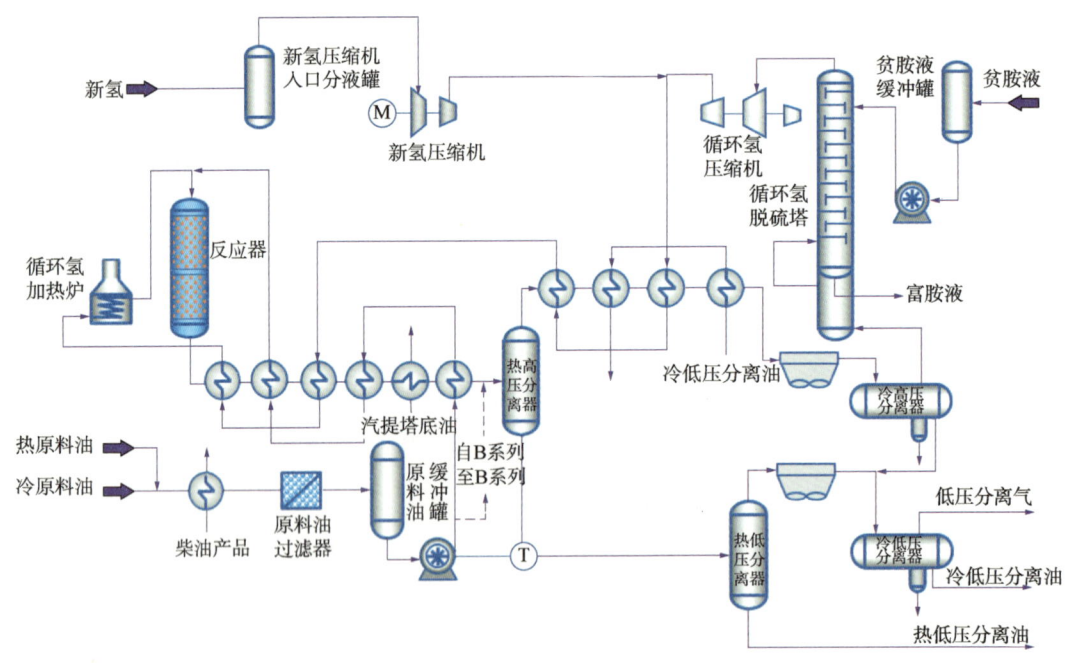

图 7-1 加氢裂化技术流程示意图

3. 加氢裂化全流程高精度模拟计算技术

工艺流程模拟计算的精确与否对加氢裂化设计与操作具有至关重要的影响,而加氢裂化工艺所涉及的物料广泛、复杂,含重柴油、蜡油、氢与轻烃的混合物,H_2S、NH_3、水、轻烃和生成油的混合物,以及 $NH_3—H_2S—H_2O$ 挥发性弱电解质体系等,且均处于高温高压环境,无法通过选用简单的热力学方程准确计算出物性数据。

中国石油选用具有代表性的 GS、SRK、PR 和 BK10 热力学方程,研究比选适当热力学方程作为主方程后，对焓值和熵等热力学子方程进行修正，并与特殊物系方程进行不同组合深入对比研究及二次开发，取得了蜡油加氢裂化装置高压含氢物系物性数据计算技术、分离器中 H_2S—NH_3 三相平衡计算技术、氢平衡计算技术三项关键技术成果，自主开发了氢平衡计算专用模块，实现了蜡油加氢裂化装置工艺流程模拟计算方法完善与升级，可实现加氢裂化全流程高精度模拟计算。

4. 新型成套加氢裂化反应器内构件技术

反应器内构件是加氢反应器的核心组成部分之一，性能优异的反应器内构件可以使混氢原料油均匀分布于各催化剂床层，对延长催化剂使用寿命、延长装置操作周期及确保装置安全平稳操作起到关键作用。中国石油创新开发了具有自主知识产权的新型成套反应器内构件技术，含具有导流结构的气液并流入口扩散器、具有悬空结构及双层碎流板的泡罩型气液分布器、冷氢高速射流作为推动力和混合手段的水力旋流式冷氢箱等，流体径向分布效果优良，拥有 3 件发明专利、2 件实用新型专利和 1 件国际 PCT 专利。

1) 气液并流入口扩散器技术

中国石油开发的新型入口扩散器导向锥结构，在锥体高度、导流槽形式与数量、双层挡板结构等多个方面进行了研究优化，并在上层挡板边缘增设带有条缝的垂直挡板，取得了明显优于国外对比专利商技术的流体分布效果。图 7-2 显示了中国石油自主技术与对比技术扩散器液体分布效果对比情况，对比分析发现，对比技术扩散器出口集中出现两条对称液体分布带，并未覆盖整个圆周；自主技术液体分布取得几乎覆盖圆周的效果。

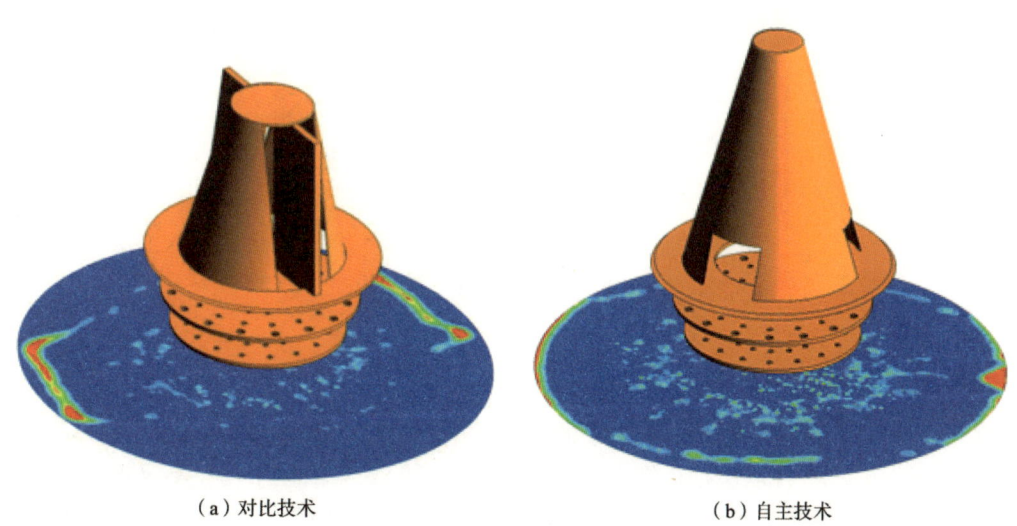

(a) 对比技术　　　　　　　　(b) 自主技术

图 7-2　内筒导向锥结构对液体分布的影响

为进一步提高流体分散度和扩散范围，新型入口扩散器在挡板结构及开孔方案上也进行了深入研究，重点研究了多种挡板开孔方案，并研究改进了挡板结构，创造性地提出沿上层板边缘设置一圈具有特定高度和条缝宽度的垂直挡板（图 7-3），使液体层飞出时得到分散而成为液滴。

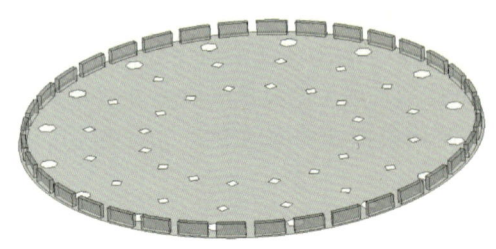

图7-3 边缘处设有垂直挡板的上层挡板结构

2) 双层碎流板的悬空结构气液分布器技术

气液分布器是加氢反应器中重要的内构件，使气液两相均匀分布到催化剂床层，其性能主要从压降、分布性能和操作弹性等方面衡量。随着对气液分布器原理的不断研究，纯溢流型分布器已不再使用，目前主要采用抽吸型和溢流—抽吸混合型结构，且均不同程度存在溢流现象和壁流问题。

中国石油自主技术提出将分布器设计为悬空结构，使壁流和液团在到达下降管出口后失去支撑面，再在悬空段内受气流冲击而转化为细小液滴，使气液分散度得到提高；并通过条缝高度的优化研究，调整获得适当的分布器抽吸能力，既保证装置在不同负荷下操作的适应性，又可取得理想的抗倾斜性能，提高了分布器安装高度存在误差时的使用可靠性。

图7-4为具有悬空结构的分布器结构示意图，由外管和悬空放置的内管共同组成，内管靠环板安装在外管的内壁。外管为支撑管，安装在分布器塔盘上。为使分布管具有抽吸作用，通过盖板使外管顶端封闭。外管壁上开一定数量的椭圆形孔道作为气液流体入口。为提高液体分散半径，外管的出口端设计为扩口结构。

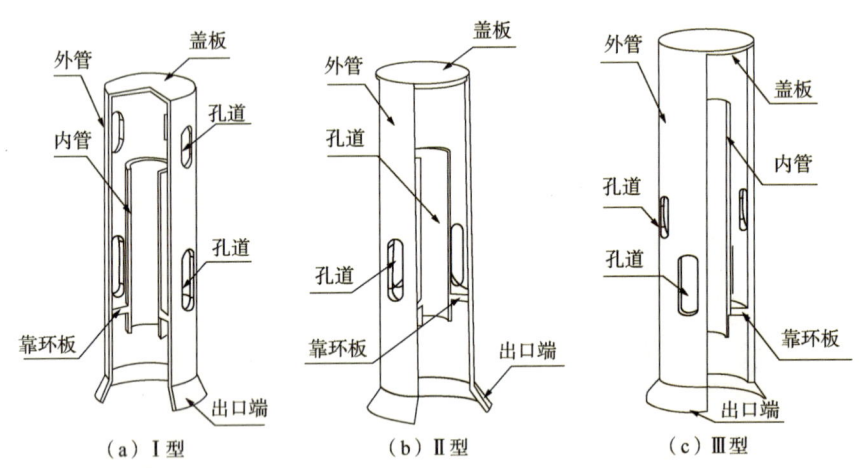

图7-4 具有悬空结构的分布器结构示意图

因无挡板下液滴转变为1.3mm以下的临界气速大约是有挡板的两倍，自主技术研究对比3种挡板结构及11种双层挡板组合方式，优选特定的双层挡板结构，不仅可以改善喷洒角度，还起到强化传质的作用。相关研究表明，挡板可使液体分布均匀度提高约40%，床层催化剂的利用率提高约25%。

3) 冷氢射流推进的旋流式冷氢箱技术

加氢反应属放热反应，对于多床层加氢反应器，油和氢气在上一床层反应后温度升高，为了下一床层继续加氢反应的需要，就必须控制混合物的温度，即用冷氢降低反应物料温度。由于加氢反应多为高温、高压工况，增加冷氢输入量或增加空间都会大大增加设备投资和运行成本。

冷氢箱的结构比较复杂，往往是一种冷氢箱带有多种技术特点，因此相互间区分较困难，主要分为绕流式、折流式及旋叶式3种方式。已有冷氢箱设计方法可归纳如下：增加停留时间，并通过流体在冷氢箱内的折流碰撞来达到流体混合与传热的目的。这些方法虽已在工业中得到应用，而且效果基本令人满意，但仍存在体积过于庞大的问题，主要原因在于必须将多种混合方式结合起来，才能获得高混合效率。

中国石油首创采用冷氢射流喷射方式，通过冷氢高速射流产生强烈卷吸和超重力旋流，有效促进氢气的快速溶解和热量交换，冷氢箱气液传质系数和液液微观混合效率均较高，冷氢箱混合效率达95%以上，并获国际PCT专利授权。

采用冷氢射流喷射方法，将冷氢引入冷氢箱（图7-5）。冷氢高速射流可产生对液相流体的强烈卷吸，促进氢气的快速溶解和热量交换。冷氢箱混合筒内安装两层叶片，迫使流体高速旋转，进一步强化混合传热。采用冷氢射流强化传质传热的方式，使混合效果显著提升的同时，冷氢箱高度更小，提高了反应器空间利用率。

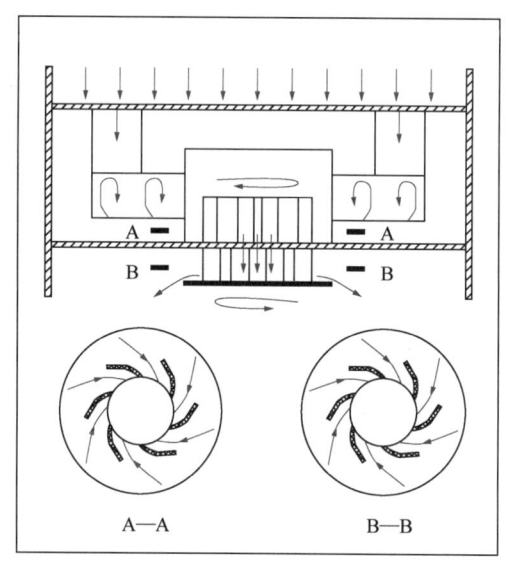

图7-5 冷氢箱结构和工作原理

5. 大型高压加氢关键设备设计技术

1）大型高压加氢反应器分析设计技术

集成开发了大型高压加氢反应器分析设计技术，采用Ansys有限元分析设计方法进行了大型反应器设计，实现了整体和局部结构的设计优化，较常规设计方法节省材料15%以上，制造费用大幅降低，设备运输和安装费用相应降低。同时，反应器应力分布优化，操作运行安全性高。

2）大型高压加氢换热器设计技术

自主开发完成了高压螺纹锁紧环换热器计算程序，可准确计算确定各承压件的强度及各零部件相关配合尺寸，提高了设计精度和效率，可显著缩短设计周期。

开展完成了逆流高效高压换热器技术的研究并进行了工业应用，可有效减少高压换热器台数，提高反应产物换热深度，显著降低装置操作成本及能耗，并消除现有高压螺纹锁紧环结构换热器的泄漏问题，有利于装置长周期安全运行和提高装置经济效益。

3) 高压换热器管程直连技术

国内首创高压加氢换热器管程直连技术，该技术可实现高压换热器管程直连，大幅节省高压管道材料投资及占地，并可更好平衡高温引起的管道热位移量，有利于减少换热器管嘴处的受力，在国内加氢领域大型高压换热器安装方案上具有独创性，处于领先地位。

二、中国石油加氢裂化技术工业应用

中国石油开发的加氢裂化技术适用于加氢裂化或加氢改质装置的新建与改造，在中国石油系统内炼化企业进行了广泛推广应用，对改善加氢裂化装置的产品结构、节能降耗及长周期安全运行等方面发挥了重要作用。同时，开发的加氢裂化工艺及工程能力也为开拓中国石油系统外、海外同类项目提供了有力的技术支撑。

1. 辽阳石化 $110×10^4$t/a 加氢裂化装置改造

1) 装置概况

原装置设计规模为 $100×10^4$t/a，以减压蜡油及焦化蜡油为原料，采用单段串联一次通过流程，炉前混氢、冷高压分离方案，最大化生产中间馏分油。根据产品结构调整需要，装置改造为最大化生产重石脑油方案，改造后设计规模提高至 $110×10^4$t/a。

2) 装置主要改造内容

因产品结构调整，重石脑油收率大幅增加，轻柴油、重柴油和尾油收率降低，装置主要改造内容体现在以下几个方面：

(1) 原有的分馏塔上部塔径不能满足要求，为减少对分馏部分原有塔设备的改造工程量，采用了增设重石脑油侧线汽提塔方案，将大部分重石脑油从侧线抽出。

(2) 装置分馏部分高温位热源（重柴油和尾油）流量大幅降低，提供的换热负荷也大幅减少，原有的换热流程不能满足改造后的换热需求，装置换热流程重新优化。

(3) 反应器床层温升增加，各床层间冷氢需求量增加，为满足新增加的冷氢需求，需改造压缩机和汽轮机。

主要改造情况如图 7-6 和图 7-7 所示。

3) 装置改造后运行情况

(1) 产品方案调整超过预期。

装置改造后重石脑油收率由 17.97%（质量分数）提高至 46.56%（质量分数），比设计值高 0.67 个百分点。

(2) 装置用能更加优化。

虽然改造后装置产品分布变化较大，用能需求增幅较大，但通过分馏流程优化与换热流程优化，改造后装置实际综合能耗为 34.13kg 标准油/t 原料，较设计值降低 1.06kg 标准油/t 原料。

(3) 经济效益显著提升。

通过多方案对比研究与优化，装置改造实现了最大限度减小改造范围、利旧原有设备

第七章 加氢裂化技术

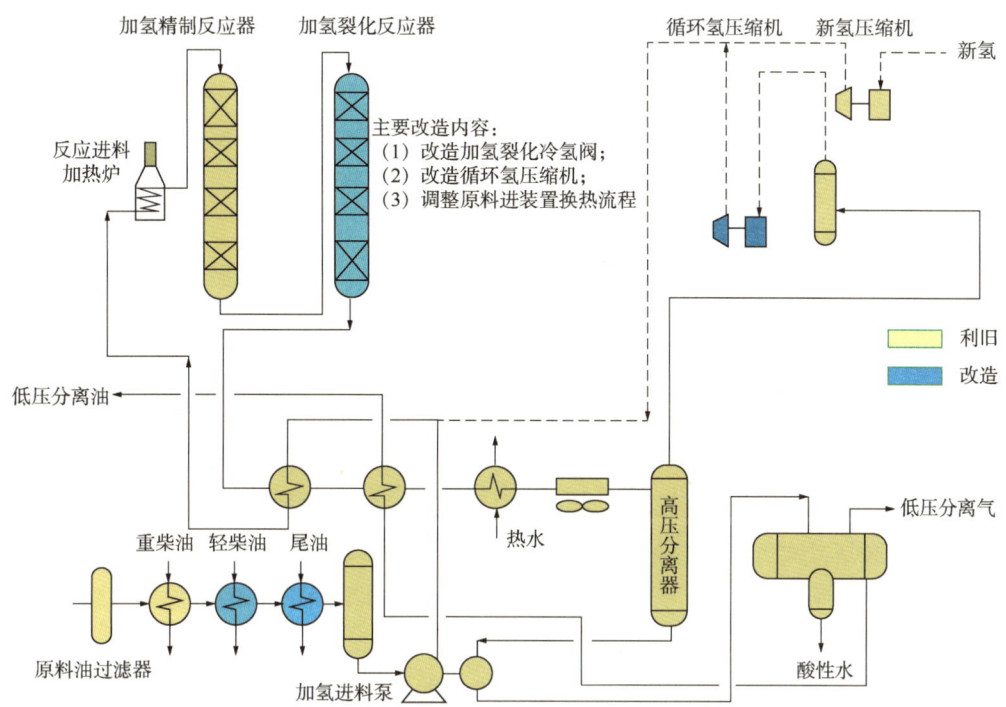

图 7-6 辽阳石化加氢裂化装置改造反应部分流程示意图

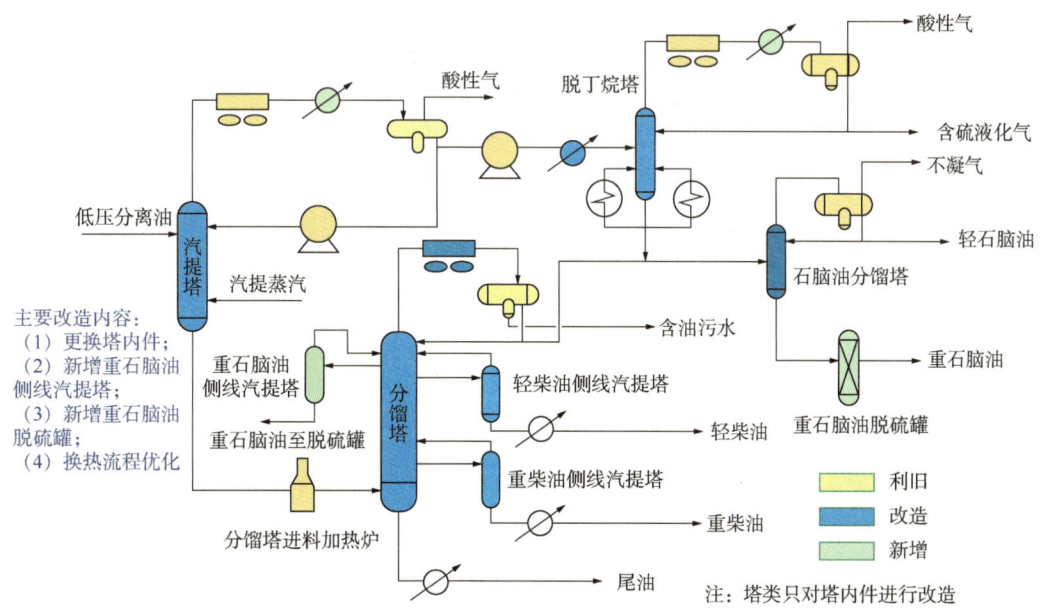

图 7-7 辽阳石化加氢裂化装置改造分馏部分流程示意图

设施，以节省投资并缩短施工周期，装置改造总投资仅为 3342.67 万元。装置改造后，年新增利润约 4600 万元。

2. 大庆石化 120×10⁴t/a 加氢裂化装置改造

1）装置概况

原装置设计规模为 120×10⁴t/a，以直馏蜡油和焦化蜡油为原料，采用单段串联一次通过流程，炉前混氢、热高压分离方案，最大化生产中间馏分油，根据产品结构调整需要，装置改造为最大化生产重石脑油方案，改造后设计规模不变。

2）装置主要改造内容

装置改造后，重石脑油产品收率大幅增加，航空煤油、柴油和尾油的收率降低，对原有的分馏部分流程影响较大，装置主要改造内容如下：

（1）循环氢压缩机改造。

（2）脱气塔、分馏塔、航空煤油汽提塔、柴油汽提塔更换塔内件，石脑油分馏塔整体更换。

（3）新增热高压分离气/冷低压分离油换热器一台、污油水冷器一台、航空煤油水冷器一台，更换热高压分离气与混氢换热器、航空煤油重沸器、重石脑油重沸器、石脑油分馏塔进料和重石脑油换热器、航空煤油与分馏塔进料换热器、轻石脑油水冷器、重石脑油水冷器。

（4）原航空煤油和冷低压分离油换热器，取消两台，利旧两台，并改为航空煤油与原料油换热器。

（5）更换热高压分离气空冷器、热低压分离气空冷器、石脑油分馏塔顶空冷器和重石脑油空冷器。

（6）分馏塔顶空冷器新增四片管束。

（7）新增航空煤油重沸器凝结水罐一台，更换分馏塔顶回流罐和石脑油分馏塔顶回流罐。

（8）更换脱气塔顶回流泵、分馏塔顶产品泵、分馏塔顶回流泵、柴油泵、轻石脑油泵和重石脑油泵。

（9）新增两台尾油泵、两台尾油接力泵，原尾油泵及尾油接力泵各拆除一台。

主要改造情况如图 7-8 和图 7-9 所示。

3）装置改造后运行情况

（1）产品方案调整超过预期。

装置改造后重石脑油收率由 14.1%（质量分数）提高至 47.01%（质量分数），比设计值高 1.77 个百分点。

（2）装置用能更加优化。

虽然改造后装置产品分布变化较大，用能需求增幅较大，但通过方案研究与能量优化，改造后装置实际综合能耗为 29.80kg 标准油/t 原料，较设计值降低 2.12kg 标准油/t 原料。

（3）经济效益明显提升。

装置改造后，重石脑油产量较改造前增加 37.88×10⁴t/a，尾油产量较改造前降低

第七章 加氢裂化技术

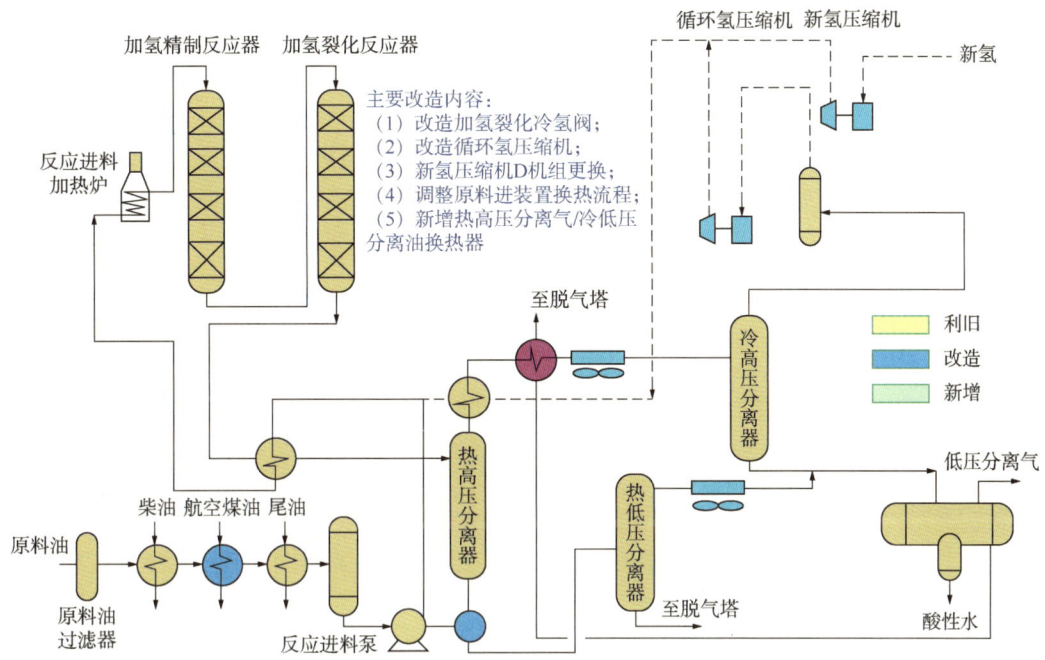

图 7-8 大庆石化加氢裂化装置改造反应部分流程示意图

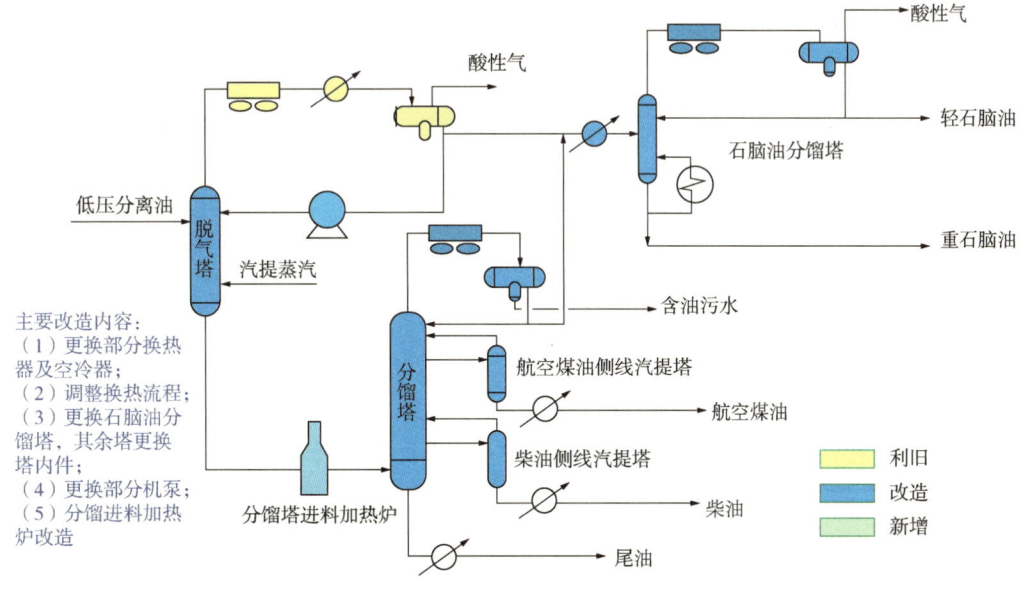

注：除石脑油分馏塔，其他塔内件改造

图 7-9 大庆石化加氢裂化装置改造分馏部分流程示意图

$35.856 \times 10^4 t/a$，同时柴油产量降低，实现了优化产品结构、降低柴汽比的目标。装置改造后，年新增利润约 1770 万元。

中国石油加氢裂化技术可为炼化企业新建或改造加氢裂化装置提供成套技术，满足产品结构转型和质量升级的双重需求。相关成套技术可拓展应用于柴油加氢裂化生产石

165

脑油、航空煤油等领域，为炼厂柴汽比生产结构优化、炼化转型升级等提供技术支撑。"十二五"以来，中石油华东设计院承担并自主设计完成的加氢裂化装置主要业绩见表7-3。

表7-3 "十二五"以来中石油华东设计院承担并自主设计完成的加氢裂化装置主要业绩

项目名称	工程规模，10^4 t/a	项目性质	服务范围
辽阳石化加氢裂化	110	改造	自主技术+工程设计
大庆石化加氢裂化	120	改造	自主技术+工程设计
哥斯达黎加MOIN炼厂加氢裂化	100	新建	自主技术+前端工程设计
阿穆尔黑河炼化项目加氢裂化	170	新建	自主技术+基础设计
辽阳石化加氢裂化	160	改造	自主技术+工程设计
兰州石化加氢改质	90	新建	数据包+工程设计
山东京博石油化工有限公司催化柴油加氢裂化	70	新建	数据包+一段设计
山东新海石化柴油加氢改质	80	新建	数据包+一段设计
广西石化柴油加氢改质	200	改造	数据包+工程设计
华北石化蜡油加氢裂化	290	新建	引进工艺包+工程设计
广东石化蜡油加氢裂化	370	新建	引进工艺包+工程设计
广东石化柴油加氢改质/裂化	330×2	新建	引进工艺包+工程设计
山东弘润石化柴油加氢改质	120	新建	引进工艺包+工程设计
山东弘润石化柴油加氢改质	150	新建	数据包+工程设计
锦西石化加氢裂化	150	改造	数据包+工程设计
云南石化加氢裂化	210	改造	数据包+工程设计

第三节 加氢裂化技术展望

基于炼化行业的发展趋势及加氢裂化原料适应性广、产品方案灵活的特点，未来加氢裂化技术发展主要围绕优化化工原料、扩展原料来源及适应性、提质增效与节能减排、先进控制与智能化方面进行技术升级。

一、优化化工原料

乙烯和芳烃在未来一个时期仍会保持一定的发展速度，蜡油加氢裂化所产的轻烃、轻石脑油有助于满足乙烯原料轻质化需要，所产尾油在乙烯裂解原料中的占比正逐步增大[5]，所产的重石脑油是优质的重整装置原料。开发新一代化工型蜡油加氢裂化成套技术，以更低成本生产更多优质的乙烯、芳烃所需原料，是高水平实现炼油企业化工转型的迫切需要。支撑新型加氢裂化成套技术的关键技术包括：（1）开发性能优异且选择性高的化工型催化剂，目标产物收率更高、品质更加稳定优异；（2）开发多相反应体系强化传质的微界面等强化反应应用技术，大幅降低加氢裂化反应条件，降低装置建设投资及运行成本；(3)集成与优化新型产物分离与脱硫流程，以适应新的反应体系下产品结构的变化。

二、扩展原料来源及适应性

随着各燃料型炼厂的转型升级及石油化工行业的快速发展，蜡油加氢裂化无法满足与日俱增的化工原料需求，势必需扩展原料来源，同时由于炼厂加工原油重质化、劣质化趋势明显，加氢裂化装置对原料的适应性也提出了更高的要求。为降低柴汽比、改善产品结构和多产化工原料，加氢裂化在不断增加二次加工柴油掺炼比例的同时，柴油馏分单独加氢裂化的需求突出，柴油加氢裂化装置新增产能增速显著，未来从提高资源利用率和扩展化工原料来源的角度，渣油将逐步扩展成为加氢裂化原料来源。加氢裂化原料来源扩展及适应性方面，需开展以下方向的研究：(1)沸腾床加氢裂化及悬浮床加氢裂化技术在催化剂、工艺及设备等方面的技术进步；(2)开展沸腾床/悬浮床加氢裂化与固定床加氢裂化深度组合技术研究，共用补充氢系统、循环氢系统及产品分馏系统等方案，缓解重质原料加氢裂化反应条件苛刻、建设投资和操作费用高的问题；(3)难加工处理的高硫、高残炭、高金属含量重质原料，从总加工流程全厂优化的角度，加强与脱碳工艺的结合与应用。

三、提质增效与节能减排

因现有蜡油加氢裂化装置大多功能定位与市场需求不匹配，且建成年代较早、能耗总体较高，通过产能挖潜或功能性改造，融合开展工艺流程改造升级及能量综合利用与优化，实现存量加氢裂化装置提质增效与节能减排将成为必然选择。受现有加氢裂化装置类型多样、不同装置改造方案可实施性差异的限制，现有加氢裂化装置改造比新建加氢裂化装置更加复杂、更有挑战性。除传统的流程及节能优化以外，需从以下几个方面努力：(1)开展适应原料多元化需求的催化剂级配技术研究，强化不同类型不同功能催化剂的组合应用与优化；(2)开展加氢裂化反序流程的改造方案优化研究，在有利于裂化反应的同时，充分利用加氢裂化反应热，降低装置能耗；(3)研究采用强化产物分离的新型设备及内件，提高产物分离的效果与效率，降低装置物耗与能耗；(4)开展补充氢、循环氢、冷氢等氢气系统优化，在满足装置改造需求的同时，做好氢气资源的利用与回收。

四、先进控制与智能化

当前，加氢裂化装置自控系统基本都采用DCS分散控制系统，仅为数不多的装置实施了先进控制技术，且由于难以适应原料性质、操作条件等的变化，先进控制技术尚不能充分发挥其价值和作用。为最大限度生产目标产品、发挥设备潜力提高处理量、延长装置运行周期，根据加氢裂化反应深度与转化率之间非线性、大滞后、多变量、强耦合的特点，先进控制努力方向包括：(1)开展建模理论、辨识技术、优化控制等方面的研究，提高软件及模型的抗干扰性和自适应性，实现先进控制和优化控制技术升级；(2)满足装置复杂操作工况需要，寻求对模型要求不高、运算高效且可应对过程和环境不确定性的控制策略和方法；(3)统筹现场仪表设备、在线分析仪表、先进控制和优化控制系统的规划与建设，为未来企业级全厂优化排产及在线优化奠定基础。

参 考 文 献

[1] 方向晨．加氢裂化工艺与工程[M]．2版．北京：中国石化出版社，2017．
[2] 李大东，聂红，孙丽丽．加氢处理工艺与工程[M]．2版．北京：中国石化出版社，2016．
[3] 蔺爱国．中国石油科技进展丛书(2006—2015年)：石油炼制[M]．北京：石油工业出版社，2019．
[4] 何盛宝．炼油化工降本提质增效实用技术[M]．北京：石油工业出版社，2018．
[5] 李立权．加氢裂化技术工程化发展的方向[J]．炼油技术与工程，2016，46(7)：1-6．

第八章 液相加氢技术

液相加氢最早由美国阿肯色州工艺动力学公司提出并于2003年4月获得首次工业应用，其目的是消除常规加氢反应中氢气向液相中的扩散速率对加氢反应速率的限制。在近20年的时间内，液相加氢工艺的研发与应用获得了长足的发展，国内外有40余套装置采用液相加氢工艺进行生产，加工原料涉及柴油、航空煤油、蜡油等多种馏分油，反应类型涉及加氢精制、加氢处理和加氢改质。液相加氢取消了气相循环系统，流程简单，且液相加氢采用热分流程，热量耦合性好，在能耗方面较常规滴流床加氢工艺有明显优势。在当前"双碳"目标和节能减排背景下，液相加氢工艺必将为炼油化工企业的减碳及节能减排做出更大的贡献。

为了满足不断提升的节能减排要求，中国石油通过多年技术攻关，开发出具有自主知识产权的液相加氢成套技术，在液相加氢工艺、专利反应器内构件、工程技术、成套技术集成等多方面进行了开发与创新，填补了中国石油在液相加氢领域的空白。

第一节 国内外液相加氢技术现状

目前，已经工业化的液相加氢技术主要有杜邦公司IsoTherming液相加氢技术、石科院和中国石化工程建设公司联合开发的SLHT连续液相加氢技术、抚顺石油化工研究院与洛阳石化工程公司开发的SRH液相加氢技术及中石油华东设计院自主开发的C-NUM液相加氢技术4种。

一、国外技术现状

美国阿肯色州工艺动力学公司开发了IsoTherming加氢处理技术，于2003年4月获得首次工业应用。该技术将氢气溶解于原料油中来满足加氢反应所需氢气，在反应器的催化剂床层上为纯液相，从而可消除氢气从气相到液相的传质影响。反应中消耗的溶解氢可以通过床层间补充溶解氢和高温高压液体循环携带的溶解氢加以补充，以满足加氢反应的需要。由于该技术不需要氢气循环，因此可节省循环氢压缩机和高压分离器等设备投资。阿肯色州工艺动力学公司于2006年被杜邦公司购买。

IsoTherming液相加氢技术具有以下特点：
(1) 高温高压循环泵采用价格昂贵的屏蔽泵；
(2) 在进加热炉前注入部分氢，有效防止炉管内结焦；
(3) 大幅度降低反应器温度梯度，消除反应热点，减少结焦倾向，使催化剂使用周期延长；

(4) 反应器内介质为纯液相，床层压降小；

(5) 取消了高压分离器和循环氢系统，提高了装置运行的可靠性，节省了装置占地；

(6) 能耗比常规加氢技术低30%~50%；

(7) 专利及设备引进费用昂贵，工程建设费用与常规滴流床加氢工艺大体相当。

第一套采用IsoTherming液相加氢技术的工业化装置位于美国新墨西哥州Giant的Gallup炼厂，于2003年4月开车，用于生产超低硫柴油。据不完全统计，截至2019年底，国内有8套新建工业装置采用杜邦公司的IsoTherming液相加氢技术。

二、国内技术现状

1. 中国石化SLHT连续液相加氢技术

SLHT连续液相加氢技术具有以下特点：

(1) 采用上流式反应器。在确保液相为连续相的前提下，氢气适度过量以维持循环油中不断消耗的氢气量。

(2) 在反应器间不设放空点，以循环油溶解氢及补氢点作为氢气补充。

(3) 增设热高分，对反应流出物进行氢气气提，降低反应产物中的H_2S和NH_3浓度，保证反应条件稳定。

(4) 设置循环油泵，将部分热高分的液相循环回反应器入口。

(5) 基本移植了齐鲁石化RDS装置的上流式反应器理念。

SLHT连续液相加氢技术已应用于石家庄炼化$260×10^4$t/a柴油加氢精制装置、安庆石化$220×10^4$t/a柴油加氢精制装置和哈尔滨石化$100×10^4$t/a柴油加氢装置。

2. 中国石化SRH液相加氢技术

SRH液相加氢技术于2009年5月通过中国石化组织的技术评议，2009年10月开始工业试验，工业试验在长岭石化$20×10^4$t/a柴油加氢装置上进行。该技术主要基于杜邦公司的IsoTherming液相加氢技术开发，整体流程与IsoTherming类似，只是在反应部分低压系统略有不同。

SRH液相加氢技术具有以下特点：

(1) 开发了一段液相加氢工艺和二段液相加氢工艺以及滴流床和液相加氢混合工艺。

(2) 自行研究特殊密封结构的离心泵，气、液、固三相介质混输，国产化制造。但根据九江石化、湛江东兴公司装置的试用情况来看，尚存在一定问题，不能保证无泄漏和长周期运转。

(3) 采用多级联合混合器。

(4) 反应器出来的反应产物直接降压后进入换热器，按低压设备进行设计，可节省投资。

SRH液相加氢技术已在九江石化、湛江东兴公司、镇海炼化进行工业应用。长庆石化$140×10^4$t/a柴油加氢装置、华北石化$100×10^4$t/a航空煤油加氢装置、四川石化$70×10^4$t/a航空煤油加氢装置、大港石化$40×10^4$t/a航空煤油加氢装置4套装置也均采用该技术建设。

3. 中国石油 C-NUM 液相加氢技术

C-NUM 液相加氢技术具有以下特点：

（1）采用上流式反应器，催化剂床层上液相为连续相、气相为分散相，适度增加氢气注入量，使氢气始终处于"边溶解、边反应"和"微过量、微鼓泡"状态，减少反应器内部液体中溶解氢的浓度梯度，加快反应速率。

（2）取消高温高压循环泵，彻底解决现有液相加氢技术杂质浓度被稀释、新鲜原料停留时间缩短、循环油中溶解 H_2S 和 NH_3 等固有的问题，同时也进一步降低装置投资。

（3）采用多段/多床层反应器，多点供氢，优化供氢和催化剂床层分配，使各床层氢气消耗量和温升均匀。

（4）取消床层间气液分离、液位控制，大大减少反应器开口数。既可以提高反应器空间利用率，降低泄漏等安全风险；又可以降低反应器制造和操作控制难度，降低制造成本，提高运转可靠性。

（5）采用新型反应器内件，减小内件尺寸，提高"供氢"效果，提高反应器容积利用率。

该技术于庆阳石化 $40×10^4 t/a$ 航空煤油加氢装置开展工业试验，2018 年 12 月一次开车成功，产出合格航空煤油产品；2019 年 2 月通过国产航空（舰艇）油料鉴定委员会的认证；2021 年 1 月通过中国石油科技管理部组织的"无循环上流式液相加氢生产航煤技术工业试验"成果鉴定。

2020 年底，中石油华东设计院与山东鲁清石化达成一致，签订 C-NUM 液相加氢技术转让协议，采用该技术加工鲁清石化常减压蒸馏装置的常一线油，生产满足国Ⅵ标准的柴油调和组分。

第二节　中国石油液相加氢技术

中石油华东设计院充分利用液相加氢技术氢气快速溶解、液相停留时间长等优点，以此为基础开发了"无循环、上流式、多床层多点注氢鼓泡床"C-NUM 液相加氢技术。该技术提出了无循环上流式液相加氢反应机理，开发了无循环上流式液相加氢工艺，创造性地取消了循环氢系统和循环油系统；攻克了液相加氢反应器床层催化剂装填与补氢量关系及工艺条件优化、液相加氢配套反应器内构件等关键技术；集成开发了"嵌入式"定制设计技术、反应器流型控制技术、快速开停工技术等特色工程技术，形成具有中国石油自主知识产权的 C-NUM 液相加氢成套技术。该技术具有能耗低、流程简单、投资低、占地省的特点，先后在庆阳石化、鲁清石化成功应用，效果显著，为中国石油炼油业务节能降耗、满足"双碳"目标提供了有力的技术支撑。

一、中国石油液相加氢技术开发

1. 无循环上流式液相加氢工艺
1）上流式液相加氢工艺

三相催化反应器广泛应用于加氢过程，按照操作形式可分为下行式反应器、逆流式反应器和上流式反应器 3 种。上述 3 种反应器的流体力学特性和传质传热性能有较大的差异。传统三相催化反应采用的是滴流床反应器,其中液相以催化剂颗粒表面液膜或液滴形式存在,气相通过填满剩余间隙与液相接触,在反应过程中气相反应物先通过液膜扩散进入液相,溶解后的气体再与液相反应物扩散到催化剂颗粒表面进行反应,反应过程受扩散过程限制。与其他两种反应器形式相比,上流式反应器持液量大,液相停留时间长,液相和固相间传质和传热速率高,能消除局部"热点"的产生,对于某些液固传质为控制步骤和强放热反应过程,具有独特的技术优势。具体表现如下:当反应器直径与催化剂颗粒直径之比较小时,催化剂与液相的接触较滴流床反应器更为有效;任何条件下传热系数都比滴流床反应器高;对于反应受液相控制的反应(液相通量小而气相通量大),由于催化剂完全润湿,液相反应物传递到催化剂表面的速度更快;当催化剂床层较浅时,在相同操作条件下,上流式反应器的转化率比下行式反应器高。

在上流式反应器中,根据操作气速和液速的不同,可划分为鼓泡区、脉动区和雾化区 3 种流型。当上流式反应器处于鼓泡区时,可称之为固定床鼓泡反应器。其中,液相是连续相,气相是分散相。这种操作形式能够在催化剂完全润湿的同时保证较高的含液率,适用于用少量的气相去处理液相反应物。固定床鼓泡反应器内主要特性有流体力学特性、传质性能、反应器模型等。

(1) 上流式反应器优势。

与下行式反应器相比,采用上流式反应器具有如下优点:

① 反应物流的气液两相自下而上流过催化剂床层,介质流动方向与气体扩散方向一致,最大限度地减少了气体在反应器内局部累积的可能性,有利于将少量的氢气分布均匀。

② 气液并流向上式反应器具有较高的催化剂装填率,需要的内构件结构更为简单,内构件占用空间小,反应器空间利用率高,检修工作量小,反应器压降小,节约能耗,简化反应器设计。

③ 简化了反应器的控制方案。

中国石油 C-NUM 液相加氢技术采用固定床鼓泡反应器,可有效解决杜邦公司 IsoTherming 液相加氢技术下行式反应器带来的空间利用率低、氢气"浓度梯度"带来的贫氢及反应产物杂质抑制反应性能等弊端,提高了加氢反应性能。

(2) 上流式液相加氢工艺加氢性能优势。

传统滴流床加氢通常采用较大的氢油比,氢油比对加氢反应的影响较小。但是,在液相加氢过程中,为了保证反应器内液相为连续相,通常采用较小的氢油比。氢油比的大小不仅会影响反应器内氢气浓度,还会影响反应器内流体分布状态。增大氢油比会提高氢分压,有利于氢气在柴油中的溶解和加氢反应的进行,但氢油比过大会影响连续液相的形成。因此,合适的氢油比既要保证连续液相的形成,又要满足加氢反应的氢耗需求。

通过考察反应温度、反应空速、注氢量等条件,发现上流式柴油加氢工艺比下行式加

第八章 液相加氢技术

氢工艺具有更好的加氢性能。相对于下行式柴油加氢工艺,上流式柴油加氢工艺适宜采用相对较高的空速、较低的反应温度和较低的注氢量。

① 氢油比的影响。

图 8-1 显示了氢油比对产品硫含量的影响。从图中可以看出,随着氢油比的增加,产品硫含量不断降低。氢油比的增大能够提高氢分压,促进氢气溶解,提高氢气在催化剂表面的吸附浓度,有利于加氢反应的进行。同时,增大氢油比也可以提高原料汽化率,原料汽化改变了反应物在气相和液相的分布,从而对加氢反应有着显著的影响。为了直观地反映氢油比对柴油加氢过程中原料汽化率的影响,采用 Aspen Plus 模拟反应条件下的原料汽化率,模拟结果如图 8-2 所示。

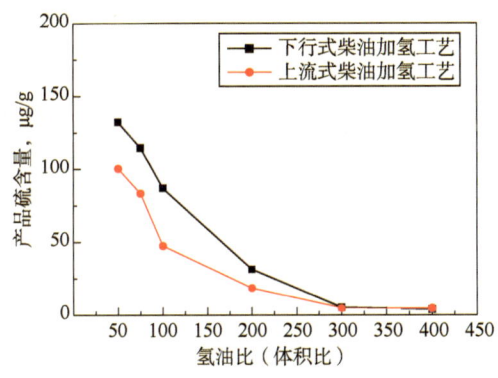
图 8-1 氢油比对产品硫含量的影响

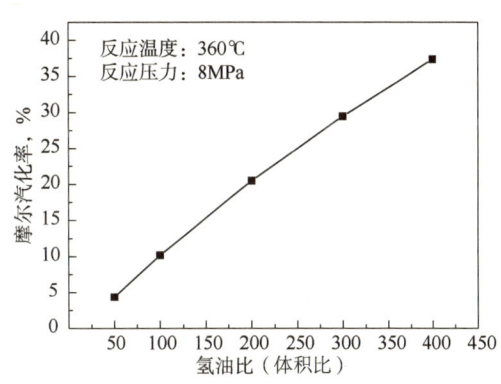
图 8-2 氢油比对产品汽化率的影响

从图 8-2 中可以看出,在反应条件下随着氢油比的增大,原料汽化率近似成线性增大,氢油比为 50 时的原料汽化率不到 5%,氢油比为 400 时的原料汽化率达 37%。有研究者认为,原料汽化率增大后,催化剂表面的液膜厚度减小,反应物向催化剂孔道内的扩散速度加快,从而加快了反应速率。

从图 8-1 中还可以看出,在氢油比为 50~300 的条件下,上流式柴油加氢工艺比下行式柴油加氢工艺具有更好的加氢脱硫效果。在高反应压力下,氢气溶解速度快,液相反应物向催化剂表面的扩散为加氢反应的控制步骤,催化剂润湿因子越高,越有利于液相反应物的扩散,上流式反应器中的催化剂润湿效果较下行式反应器好,因而前者加氢性能好。

② 反应温度的影响。

图 8-3 显示了反应温度对上流式柴油加氢工艺和下行式柴油加氢工艺产品硫含量的影响。从图中可以看出,在不同的反应温度下,上流式柴油加氢工艺比下行式柴油加氢工艺具有更好的反应效果。在反应温度为 350℃时,上流式柴油加氢工艺条件下产品硫含量为 163.1μg/g,明显低于下行式柴油加氢工艺条件下产品硫含量(209.9μg/g);当反应温度为 370℃时,上流式柴油加氢工艺条件下产品硫含量为 38.7μg/g,下行式柴油加氢工艺条件下产品硫含量为 42.2μg/g,差异不明显。表明在高反应温度下,上流式加氢与下行式加氢脱硫效果相近,在低反应温度下上流式加氢的优势才明显。这是由于反应温度低时,反应速

率较低，上流式柴油加氢工艺条件下，液相物料停留时间长，从而为反应物提供了更充足的反应时间，促进反应进行的优势体现得更为显著。

③ 进料空速的影响。

图 8-4 显示了空速对上流式柴油加氢工艺和下行式柴油加氢工艺产品硫含量的影响。从图中可以看出，空速为 2.0h^{-1} 和 3.0h^{-1} 时，上流式柴油加氢工艺比下行式柴油加氢工艺具有更好的反应效果，且在空速较大时优势更为明显；但是，当空速为 1.0h^{-1} 时，上流式柴油加氢工艺脱硫效果要差于下行式柴油加氢工艺。

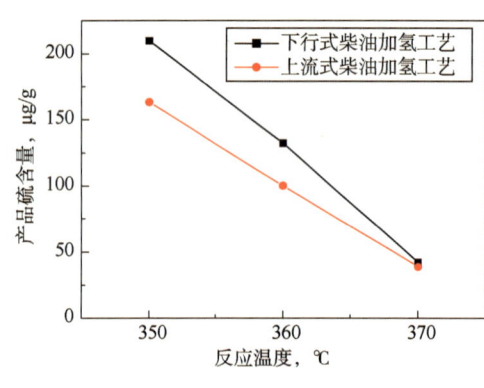

图 8-3　反应温度对上流式柴油加氢工艺和下行式柴油加氢工艺产品硫含量的影响

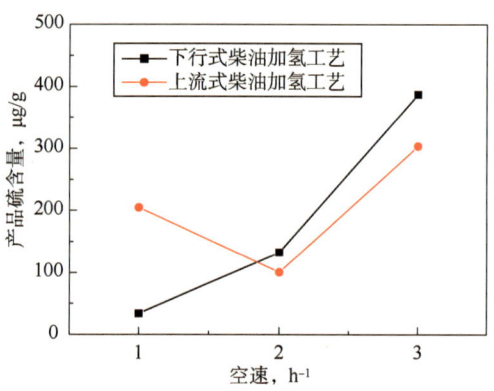

图 8-4　空速对上流式柴油加氢工艺和下行式柴油加氢工艺产品硫含量的影响

与下行式反应器相比，上流式反应器内持液量高，催化剂润湿因子高，液相物料停留时间长，这都有利于加氢反应的进行；但是上流式反应器内的物料返混作用强，这会使反应物在反应器内的分布不均匀，不利于加氢反应的进行。高空速条件下，有利于加氢反应的因素作用更强，因而上流式柴油加氢工艺性能优于下行式柴油加氢工艺；低空速条件下，上流式柴油加氢工艺加氢停留时间长的优势不明显，而反应物和氢气在反应器内分布不均匀对上流式柴油加氢工艺加氢性能的影响变大，导致加氢脱硫效果较下行式柴油加氢工艺差。

综上，上流式液相加氢工艺比下行式液相加氢工艺具有更好的反应效果，尤其是在高空速、低温度的反应条件下，上流式液相加氢工艺的优势更明显。但是在低空速条件下，上流式液相加氢工艺存在反应热分布不均匀和催化剂床层后段贫氢的问题，采用多床层、多点注氢的办法可以及时补充反应消耗掉的氢气，解决催化剂床层后段贫氢的问题，从而大大提高上流式液相加氢工艺的反应效果。

2) 多床层多点注氢工艺

与常规滴流床柴油加氢反应器相比，上流式柴油液相加氢反应器内液相为连续相，并且流体自下而上流经反应器，物流分布状态的不同必然会造成反应规律、化学氢耗分布和温升分布等的不同。上流式柴油液相加氢过程的反应规律和氢耗分布规律对于加氢反应器的设计具有重要指导意义。

氢气在柴油中的溶解度低和化学氢耗高是制约柴油液相加氢技术的关键问题。提高液相加氢反应效果的主要途径是增加氢气的溶解度和补充氢气。C-NUM 液相加氢技术取消了液相循环泵，虽然简化了工艺，但也在一定程度上削弱了供氢能力。与杜邦公司 IsoTherming 等有液相循环的工艺相比，需要更多的床层、更多的补氢点用于氢气补充。因此，液相加氢工艺必须采用多床层、多点注氢工艺满足加氢反应所需氢气。

（1）液相加氢反应规律。

① 加氢反应沿催化剂床层的分布规律。

图 8-5 显示了硫、氮脱除率沿催化剂床层的变化情况。从图中可以看出，沿着催化剂床层，加氢脱硫和加氢脱氮反应速率逐渐降低，硫、氮的脱除主要集中在催化剂床层前段，在前 30% 催化剂床层上，硫的脱除率达 80%，氮的脱除率达 55%。

催化剂床层前段的加氢反应速率远远高于催化剂床层后段，一方面是由于在催化剂床层前段反应物浓度高，且活性高的硫化物和氮化物占的比重大；另一方面是随着反应的进行，氢气不断消耗，催化剂床层后段因氢气浓度过低而导致加氢反应速率减慢。

图 8-6 显示了芳烃含量沿催化剂床层的变化情况。从图中可以看出，沿着催化剂床层，单环芳烃含量逐渐增多，多环芳烃含量逐渐减少，并且沿着催化剂床层，芳烃加氢反应的速率逐渐降低。这是由于芳烃加氢反应是可逆反应，并且是逐步进行的，多环芳烃先加氢生成单环芳烃，单环芳烃再加氢变为环烷烃，随着环数的减小，加氢反应的难度增大。同时，由于芳烃加氢反应是可逆反应，平衡转化率受氢分压的影响较大，催化剂床层后段贫氢，致使芳烃加氢反应难以进行。

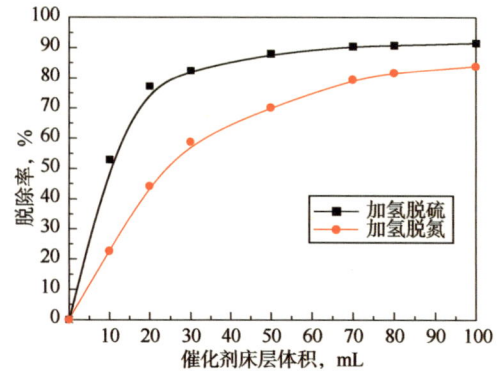

图 8-5　硫、氮脱除率沿催化剂床层的变化

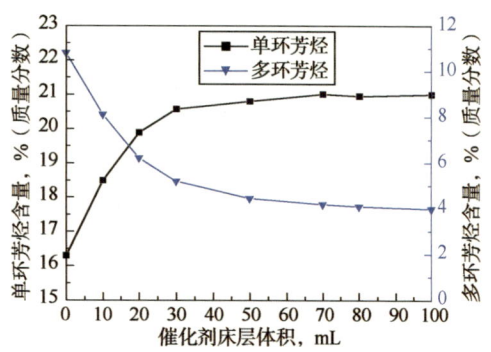

图 8-6　芳烃含量沿催化剂床层的变化

② 化学氢耗沿反应器床层的分布规律。

直馏柴油加氢精制过程中主要发生加氢脱硫、加氢脱氮和芳烃加氢饱和反应，加氢脱氧和烯烃饱和反应可以忽略。

图 8-7 显示了化学氢耗沿催化剂床层的分布情况。从图中可以看出，氢气的消耗速率与加氢反应的速率一致，催化剂床层前段氢耗远远大于催化剂床层后段，50% 的氢耗集中在前 10% 催化剂床层上，70% 的氢耗集中在前 20% 催化剂床层上。化学氢耗在催化剂床层上分布不均匀，前段催化剂床层氢耗过高会导致催化剂床层后段贫氢，影响加氢反应效果和催化剂的使用寿命。

图 8-8 显示了反应器内氢气浓度沿催化剂床层的变化情况。从图中可以看出，沿着催

化剂床层，氢气浓度迅速下降，催化剂床层后半段氢气浓度不足，严重制约加氢反应的进行，大大降低了催化剂床层的有效利用率。由此可知，适时、适量地补充反应消耗掉的氢气将有利于改善催化剂床层后半段上的加氢反应效果。

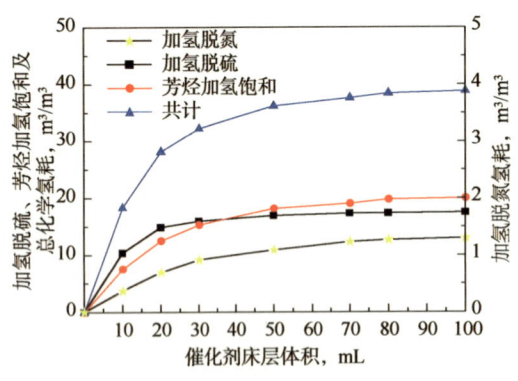

图 8-7 化学氢耗沿催化剂床层的分布　　图 8-8 反应器内氢气浓度沿催化剂床层的变化

③ 化学反应热沿催化剂床层的分布规律。

工业柴油加氢装置上通常采用绝热反应器，由于加氢反应是强放热反应，反应器内必然存在温升，温升过高会引起裂化、结焦等副反应加剧，从而降低柴油液体收率，还会导致催化剂因局部结焦而过快失活。因此，加氢反应热在柴油加氢装置的设计过程中是一个重要的物理量。李大东[1]给出了 4 种计算加氢反应热的方法，根据油品性质来计算反应热，具体如下：

$$Q_R = 生成物生成热 - 反应物生成热 \tag{8-1}$$

$$Q_F = (78.29 \times C + 338.85 \times H + 22.2 \times S - 42.7 \times O) - Q_C \tag{8-2}$$

$$Q_C = 81 \times C + 300 \times H - 26(O - S) \tag{8-3}$$

式中　Q_R——反应热，kcal/kg；
　　　Q_F——生成热，kcal/kg；
　　　Q_C——高热值燃烧热，kcal/kg；
　　　C，H，S，O——分别为碳、氢、硫、氧元素的质量分数，%。

根据上式计算加氢过程的反应热，结果如图 8-9 所示。

从图 8-9 中可以看出，反应热沿催化剂床层的分布与氢耗沿催化剂床层的分布规律类似，催化剂床层前段反应放热量很大，而后段反应放热量低，必然会引起催化剂床层温升不均匀。

对 C-NUM 液相加氢技术而言，反应器床层数的设定必须要满足及时补充反应消耗掉的氢气和降低床层温升的要求，根据化学氢耗沿催化剂床层的分布情况，反应器设计时应该设置多个催化剂床层，一般以四五个为宜。在床层比例和注氢位置的确定上，由于化学氢耗和反应热沿催化剂床层的分布极不均一，等比例床层设置会导致前段床层无法及时补充氢气，而后段床层补氢量很少，从而降低了催化剂床层的有效利用率。因此，在确定注氢点的位置时应尽量采用等氢耗的原则，使各段床层的化学氢耗量相等，补氢点能够及时补充反应消耗的氢气,保证反应器中的氢气浓度始终处于较佳的状态。

(2)国Ⅵ车用柴油生产。

根据上流式柴油加氢反应器内氢耗分布规律,加工国Ⅵ车用柴油需将催化剂床层分为4段,设置4个注氢点来为加氢反应供氢。

① 以直馏柴油为原料生产国Ⅵ车用柴油。

以长庆石化直馏柴油为原料,以生产国Ⅵ车用柴油为目标对反应条件进行优化,在不同反应条件下进行加氢实验,实验结果见表8-1。

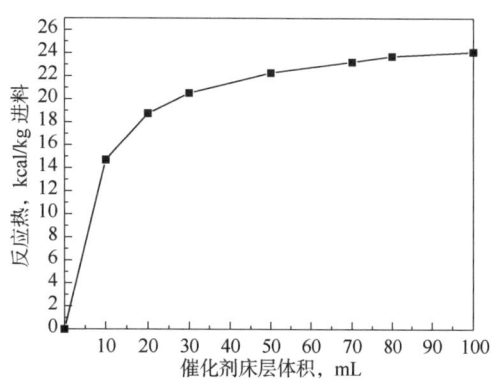

图8-9 反应热沿催化剂床层的分布

表8-1 长庆石化直馏柴油加氢产品性质

项目	数值						
反应温度,℃	350			340			
进料空速,h⁻¹	2	1.5	2	2	1.5	2	1.5
反应压力,MPa	6	7	8	6	7	8	8
密度,g/cm³	0.8178	0.8159	0.8156	0.8185	0.8167	0.8178	0.8162
硫,μg/g	15.9	7.8	6.6	20.7	12.1	14.3	8.9
氮,μg/g	9	2.7	2.2	12.6	2.1	5	3.1

从表中可以看出,以长庆石化直馏柴油为原料,采用四段无循环上流式柴油液相加氢工艺,可满足生产国Ⅵ车用柴油的要求。

② 以混合柴油为原料生产国Ⅵ车用柴油。

以长庆石化混合柴油(直馏柴油:催化柴油=4:1)为原料,以生产国Ⅵ车用柴油为目标对反应条件进行优化,在不同反应条件下进行加氢实验,实验结果见表8-2。

表8-2 长庆石化混合柴油加氢产品性质

项目	数值				
反应温度,℃	350			360	
进料空速,h⁻¹	2	1.5	1.2	2	1.5
反应压力,MPa	8	8	8	8	8
密度,g/cm³	0.8218	0.8202	0.8189	0.8203	0.8187
硫,μg/g	48.2	20.2	8.2	25.2	7.6
氮,μg/g	50	18.9	7.9	20.3	5.8

从表中可以看出,以长庆石化混合柴油为原料,采用四段无循环上流式柴油液相加氢工艺,可满足生产国Ⅵ车用柴油的要求。与同类液相加氢技术相比,生产国Ⅵ柴油产品对

比情况见表 8-3。

表 8-3　不同液相加氢技术生产国Ⅵ柴油产品对比表

项目		工艺					
		杜邦公司 IsoTherming 技术（下行式反应器）		中国石化 SLHT 连续液相加氢技术（上流式反应器）		C-NUM 液相加氢技术（上流式反应器）	
原料		催化柴油：直馏柴油=1:1.3（质量比）	直馏柴油	焦化柴油：直馏柴油=8:92（质量比）		青岛炼化直馏柴油	长庆石化直馏柴油	长庆石化催化柴油：直馏柴油=1:4（质量比）
床层平均温度,℃		365	348	360	370	370	350	360
总压, MPa		6.4	6.4	9	9	8	7	8
空速, h^{-1}		1.55	1.55	1.5	1.4	1.2	1.5	1.5
原料性质	硫, μg/g	870	455	3570		15464	539	757
	氮, μg/g	720	98	290		244	133	375
柴油产品性质	硫, μg/g	35	7	25	8.5	9.5	7.8	7.6
	脱硫率,%	95.98	98.46	99.3	99.76	99.94	98.55	99

从表中可以看出，采用中国石油 C-NUM 液相加氢技术加工直馏柴油或直馏柴油+催化柴油的混合原料，完全可以满足生产满足国Ⅵ质量标准的车用柴油的需求。与同类技术相比，C-NUM 液体加氢技术具有操作条件缓和、产品质量好、脱硫率高等优点。

2. 反应器内构件技术

微气泡具有比表面积大、含气率高、上升速度慢和溶解速度快等特点，广泛应用于废水处理[2]、酿酒[3]和好氧生物养殖[4]等领域。例如，在好氧生物养殖过程中，需要向好氧生物生存的海水中输送氧气，人们利用微气泡发生器产生微气泡，由于微气泡具有比表面积大的特点，增大了气液接触面积，加速了氧气在海水中的溶解，促进了好氧生物的生长，极大地缩短了好氧生物的养殖时间，带来了巨大的经济效益。

微气泡发生器的种类很多[5]，按微气泡的发生方式主要有以下几种：（1）剪切破碎成泡，如文丘里型微气泡发生器；（2）微孔成泡[6]，如微孔塑料、橡胶和陶瓷管等；（3）降压或升温成泡，如压力溶解型微气泡发生器。

对于鼓泡反应器，气相以气泡的形式分散于液相中，气泡尺寸、气液接触面积和传质系数是鼓泡反应器的重要参数[7]。鼓泡反应器主要采用气体分布器来布气，床内气泡大小主要由气体分布器结构和填料物理性质决定。

在上流式反应器中，少量氢气以气相形态存在，通过维持稳定的氢分压，为氢气溶解于液相提供足够的推动力，保证液相中溶解氢始终处于较高的浓度。其中，液相为连续相，气相为分散相，气液两相自下而上流过催化剂床层，最大程度减小了气体在反应器内局部累积的可能性，有利于实现少量气相的均匀分布。为了避免气液两相分布不均匀导致的床层径向温差增大、催化剂失活、结焦积炭等问题，气液分布器和再分布器的设计至关重要。

开发新型高效气液分配器等无循环上流式反应器内构件，是实现氢气快速溶解、气液均匀分布、补氢高效分散的关键。在上流式反应器中，气体和液体初始分布的均匀性直接

第八章 液相加氢技术

影响下游催化剂的使用效率。如果气液分配器设计不合理，反应原料分配效果差，会造成加氢反应在催化剂床层中的不均匀性，导致径向温差过大，从而降低催化剂的利用率和寿命，甚至造成产品的质量达不到要求。为避免这些不良后果，加氢反应器对气液分配器性能的要求也越来越高。

圆筒型气液分布器已经实现工业化应用，其结构如图 8-10 所示。实际运行过程中，在气液分布器下方会形成气垫层，气体从气垫层经分布管上的进气孔进入，可提高气液分布器的抗塔板倾斜性能。

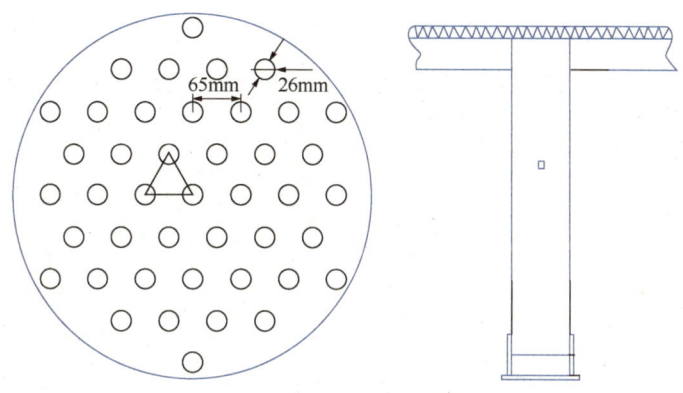

图 8-10　圆筒型气液分布器

圆筒型气液分布器适用于高气液比的加氢反应，反应进气量较大，圆筒型气液分布器的气液分散效果较好。但 C-NUM 液相加氢技术中进气量较小，氢气需实现"微过量、微鼓泡"状态，圆筒型气液分布器并不适用于 C-NUM 液相加氢技术。通过对图 8-11 中 4 种形式的微气泡发生装置的比选，发现文丘里型气液分布器能满足微过量、微鼓泡的要求，进一步对其结构参数进行优化设计，开发了具有强剪切破碎功能的文丘里型气液分布器。

（a）圆筒型气液分布器　（b）文丘里型气液分布器　（c）金属滤筒　（d）不锈钢烧结滤片

图 8-11　4 种气泡发生装置照片

新开发的具有强剪切力的文丘里型气泡分布器，液体从分布器的底部流入管内，当液

179

体经过喉管时,由于流通面积突然减小,导致液速突然增大,从而使喉管处的压力降低,产生较强的抽吸作用,使气体经过侧面的小孔进入管内形成毫米级的气泡,进而在高速液流的剪切作用下形成微米级的气泡。

图8-12为在相同的气速和液速条件下,不装填催化剂时4种气泡发生装置所产生的气泡照片。从图中可以看出,所生成的气泡按照尺寸从大到小的次序排序为圆筒型气液分布器>不锈钢烧结滤片≈金属滤筒>文丘里型气液分布器;按照气泡数量从大到小的次序排序为文丘里型气液分布器>金属滤筒>不锈钢烧结滤片>圆筒型气液分布器。

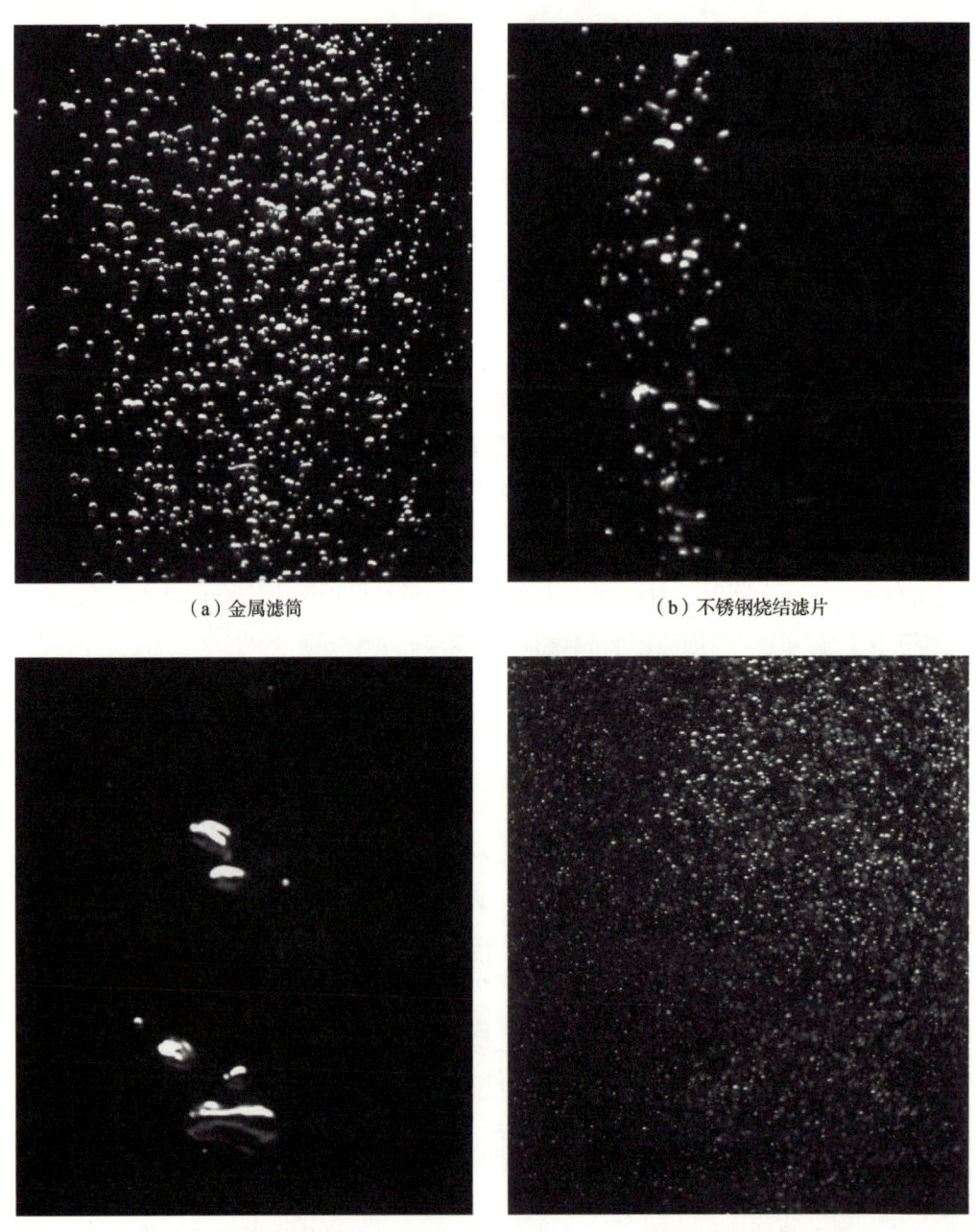

图8-12 4种气泡发生装置的效果对比

表8-4中列出了在相同的气速和液速条件下气泡发生装置所产生的不同尺寸气泡数量的统计结果。从表中可以看出，文丘里型气泡分布器产生的微米级气泡个数为994个，远远多于圆筒型气液分布器。

表8-4 不同气泡发生装置所产生的气泡尺寸及分布

气泡尺寸，mm	数量，个			
	文丘里型气液分布器	金属滤筒	不锈钢烧结滤片	圆筒型气液分布器
0~0.5	534	87	1	0
0.5~1	460	170	23	3
1~1.5	224	312	37	2
1.5~2	100	161	28	4
2~2.5	49	53	10	1
2.5~3	25	29	5	0
3~3.5	15	14	5	0
3.5~4	12	11	4	1

气泡发生装置所生成的微气泡数量分率随液体流速的变化情况如图8-13所示。从图中可以看出，文丘里型气液分布器所产生的微气泡数量分率随液速的增大而增大，近似呈线性关系增长。此外，在较高的液速条件下，文丘里型气液分布器产生微气泡的能力最强，远远强于圆筒型气液分布器。

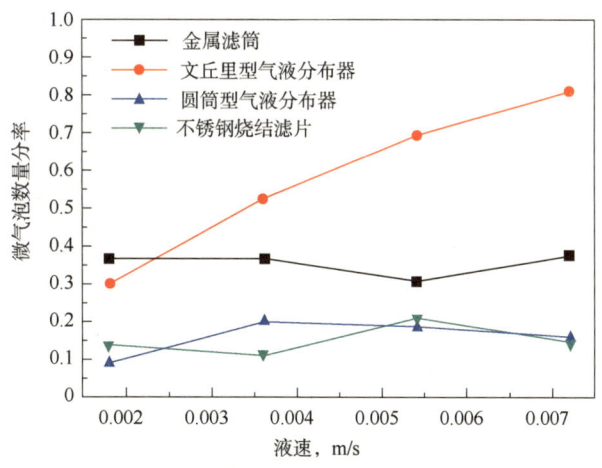

图8-13 4种气泡发生装置生成的微气泡数量分率随液速的变化(气速为0.0009m/s)

文丘里型气液分布器的流体通道相对较大，合理设置喉管处内径，可确保高速流体对气体形成良好的剪切作用，在无循环上流式液相加氢反应器低气液比的条件下，可以保证每个文丘里型气液分布器具有良好的微气泡发生能力；而且其外形尺寸与现有的圆筒型气液分布器接近，不仅加工简单，而且排布方式和安装均可借鉴现有工艺，工业化应用的风险最低。

对不同操作条件下的文丘里型气泡分布器进行CFD模拟。图8-14显示了不同液速下文丘里型气液分布器内部的压力轴向分布情况。从图中可以看出，随着液量的增大，文丘里型气液分布器的压降增大,流体经过喉管后的压力曲线变得更加陡峭,压力变化更剧烈,得到的气泡尺寸越小。

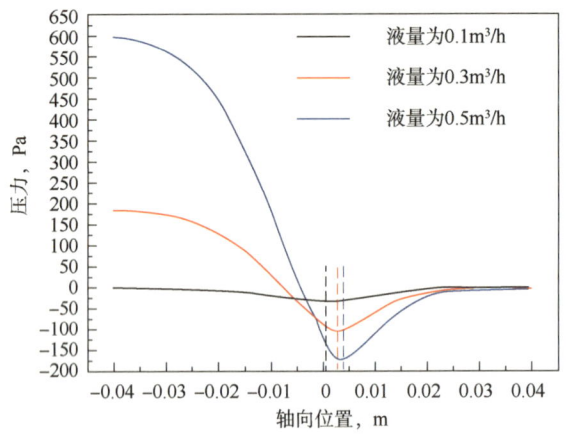

图 8-14　文丘里型气液分布器内的压力轴向分布(气速为 0.006m³/h)

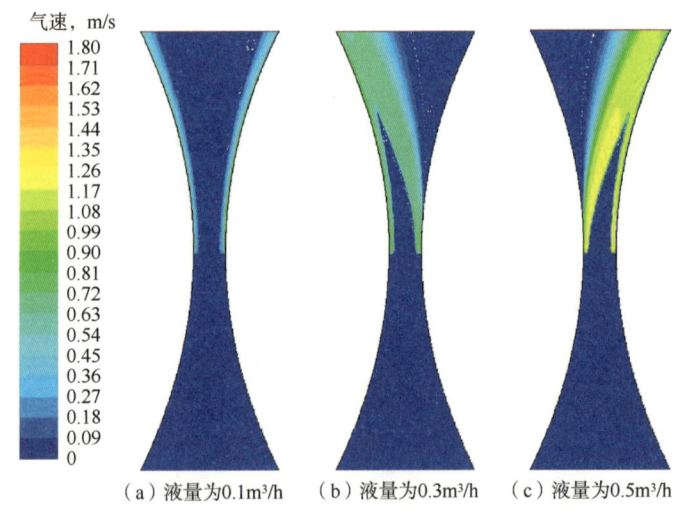

图 8-15　文丘里型气液分布器内气速分布云图

图 8-15 为不同操作条件下文丘里型气液分布器内部的气速分布云图。从图中可以看出,由于液量增大导致气体的有效流通面积减少,使得气速增大,气速分布云图的颜色越来越深。此外,在低液量下,气速分布较为对称;但在高液量下,气速分布不对称,气体偏流。这是由于随着液量的增加,液体出现偏流(图 8-16),偏流的液体带动气体出现偏流。

综上所述,气速和液速对文丘里型气液分布器具有较大的影响,气速一定时增大液速有利于产生微气泡,当液速一定时降低气速有利于产生微气泡,在低气液比条件下操作有利于产生微气泡。在设计文丘里型气液分布器时,要保证通过单个文丘里型气液分布器的液速和气液比在合适的范围内,以获得较好的微气泡发生效果。

3. 中国石油液相加氢工程化技术

针对液相加氢低氢油比、流程简单、占地少等特点,中石油华东设计院开发了一系列

第八章 液相加氢技术

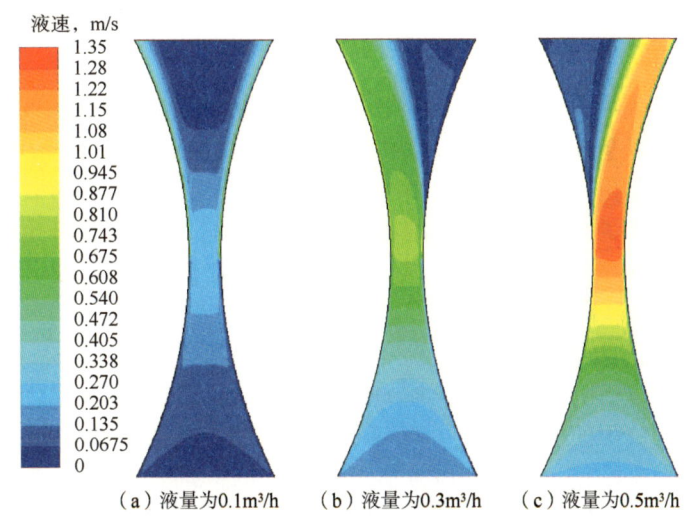

图 8-16 文丘里型气液分布器内液速分布云图

工程化技术，以满足后质量升级时代炼化企业"减油增化"、节能减排的需求。

1)"嵌入式"定制设计技术

近年来，随着对减油增化的需求增长，部分炼化企业需要对某一馏分油单独加工，增加新的加工装置或对原有加氢装置进行扩能改造难以实现。与常规滴流床加氢相比，中国石油 C-NUM 液相加氢技术具有投资低、能耗低、氢耗低、占地面积小等优点。利用常减压蒸馏装置的空余地，将馏分油液相加氢单元"嵌入"至常减压装置，不失为解决炼厂扩能及产品质量升级的良策。

C-NUM 液相加氢技术馏分油加氢单元基础流程示意如图 8-17 所示。

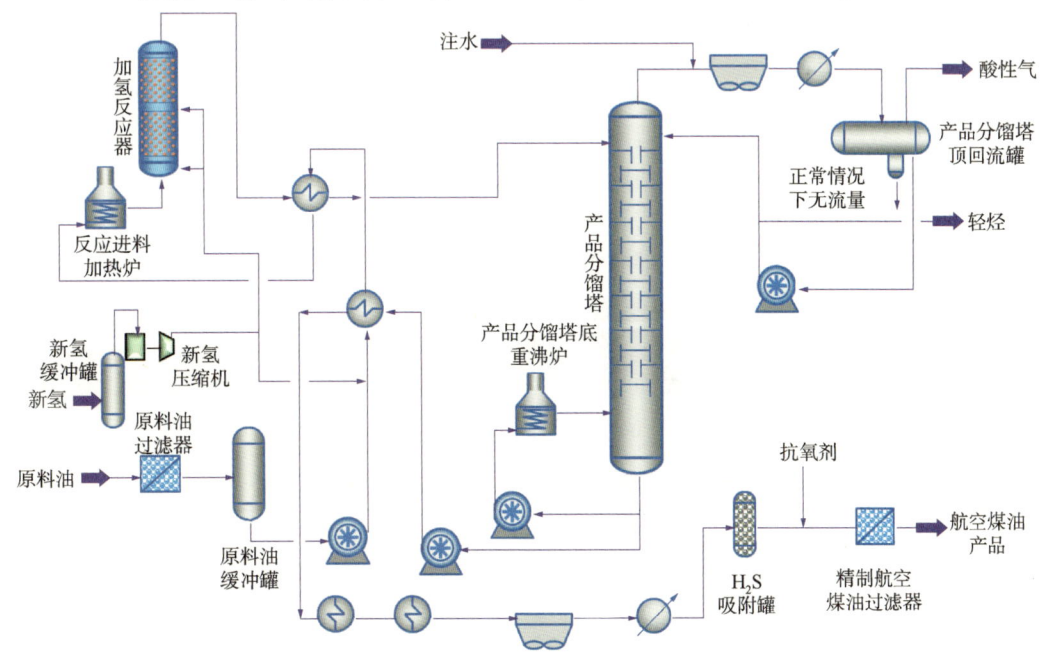

图 8-17 C-NUM 液相加氢技术馏分油加氢单元基础流程示意图

为进一步降低装置投资、节能占地及减少能耗，满足加氢单元"嵌入"常减压蒸馏装置的需求，从以下方面进一步优化：

(1) 与常减压蒸馏装置进行深度热联合。除了常规的加工原料直接采用热进料送至加氢单元，还可由常减压蒸馏装置直接提供高温热源替代常规的加热炉，节省占地与投资。

(2) 反应所需新氢由厂内柴油加氢精制或加氢裂化等装置提供，节省占地及投资。

(3) 加氢单元产生的热源可送至常减压蒸馏装置换热，提高热量利用率。

优化后的馏分油加氢单元设备、管道、仪表及阀门数量大幅减少，施工及安装费用降低，占地面积得到极大优化，能量利用率极高，能耗进一步降低。

2) 反应器流型控制技术

氢油比是液相加氢中的重要参数，较大的氢油比有利于氢气在油品中的溶解和加氢反应的进行，降低酸性气中的 H_2S 浓度，有利于产品腐蚀指标的改善；但氢油比过大会导致反应器内介质流型发生变化，影响反应效果，严重时可能导致催化剂床层的稳定性。因此，合适的氢油比既要保证连续液相的形成，又要满足加氢反应的氢耗需求。

为精准控制氢油比，反应部分设置氢气计算器，根据进料量、反应器床层设置及产品中硫含量、硫醇含量等指标调整新氢注入量。确保反应器中氢气为"微过量"，在合理的氢油比下反应器内液相为连续相，气体为分散相，使反应器保持鼓泡床状态，也满足反应器内气液均匀分布的要求。

3) 快速开停工技术

液相加氢装置开工主要包括反应系统干燥、催化剂装填、催化剂干燥、反应系统气密、分馏系统油运、催化剂硫化等过程，停工时需要降温、退油、置换等。中国石油 C-NUM 液相加氢技术虽然具有流程简单、投资低、能耗低、占地少等优点，方便了装置操作和维护，但由于装置内各种设施相对缺乏，尤其是对于"嵌入式"单元，压缩机等单元也从装置外借用，给装置的开停工带来了较多不便。例如，装置开工过程中的升温、停工过程中的降温及带油，若采用氮气或氢气一次通过流程，既导致大量氮气或氢气直接排入火炬系统造成浪费，也会因全厂供氮、供氢能力不足导致开停工过程被拖延，大量气体排入火炬还有可能会导致火炬系统波动，影响全厂运行。

为解决该问题，可通过设置单独的开停工压缩机、新氢压缩机兼顾开停工工况甚至借用全厂备用的氢气压缩机等多种方式来满足液相加氢对快速开停工的需求。在小流程方面，还可通过设置轻质油品置换、快速排液系统等多形式、多措施加快该过程。

中石油华东设计院结合自身在加氢领域的经验，集成液相加氢 4 大类 12 项单项特色技术，形成 C-NUM 液相加氢成套技术。与国内外同类技术相比，C-NUM 液相加氢技术具有既无液相循环也无气相循环、流程简单等特点，便于装置降低投资、节省占地，提高装置本质安全性。C-NUM 液相加氢成套技术与同类技术的对比情况见表 8-5。

表 8-5　C-NUM 液相加氢技术与同类技术对比情况

项目	常规工艺	IsoTherming 液相加氢技术	SLHT 连续液相加氢技术	SRH 液相加氢技术	C-NUM 液相加氢技术
热高分	有	无	无	无	可选
冷高分	有	无	无	无	无

续表

项目	常规工艺	IsoTherming 液相加氢技术	SLHT 连续液相加氢技术	SRH 液相加氢技术	C-NUM 液相加氢技术
循环氢压缩机	有	无	无	无	无
冷高分气空冷器	有	无	无	无	无
热低分气空冷器	有	无	有	无	无
热低压分离器	有	有	有	有	有
冷低压分离器	有	有（冷循环）	有	有（冷循环）	有
循环氢脱硫塔	有	无	无	无	无
反应器循环泵	无	有	无	无	无
热氢汽提塔	无	无	无	无	无
液力汽轮机	可选择	可选择	无	无	可选
反应器形式	下行式	下行式	上流式	下行式	上流式

二、中国石油液相加氢技术工业应用

C-NUM 液相加氢技术在庆阳石化新建 $40×10^4$t/a 航空煤油加氢装置进行工业试验，验证 C-NUM 液相加氢技术及新型反应器内构件性能，完成该技术工业验证和优化完善。2018 年 9 月该装置完成工程设计和施工，12 月 6 日一次开车成功，并于 2019 年 9 月完成标定。

1. 装置基本情况

装置主要由反应部分、分馏部分及公用工程部分组成。装置设计规模为 $40×10^4$t/a，操作弹性为 60%~100%，年开工时数为 8400h。装置加工常压蒸馏装置来的直馏煤油，生产满足 GB 6537—2018《3 号喷气燃料》标准的 3 号喷气燃料，副产少量石脑油及干气。该装置采用的主要技术包括：（1）固定床鼓泡反应器；（2）多床层多点注氢工艺；（3）强剪切力文丘里型气液分布器；（4）反应器流型控制技术、快速开停工技术等工程技术。

2. 装置运行情况

装置开工后，生产运行平稳，设备运转正常，产品收率和质量均达到设计要求。

1）原料油与产品规格

装置原料为来自常压蒸馏装置的直馏煤油，原料及产品主要性质见表 8-6。

表 8-6 庆阳石化新建 $40×10^4$t/a 航空煤油加氢装置原料与产品规格

性质	原料 设计原料	原料 标定原料	产品 设计产品	产品 标定产品
密度（20℃），kg/m³	784.3	784.7	775~830	785.1
总硫，μg/g	186	190.1	≤2000	8.8

续表

性质	原料		产品	
	设计原料	标定原料	设计产品	标定产品
硫醇硫，μg/g	90	91	≤20	<3
总氮，μg/g	1.0	1.4	—	0.5
闪点，℃	44	39.0	≥38	44.0
酸值，mg KOH/100mL	0.005	0.0015	≤0.015	0.0013
冰点，℃	−59.1	−50.4	≤−47	−50.4
烟点，mm	28.6	27.2	≥25	27.2
动态氧化安定性（280℃，2h），级	—	—	—	0.01
静态氧化安定性 mg/100mL	—	—	—	4.8
银片腐蚀，级	—	—	≤1	0
铜片腐蚀，级	—	—	≤1	1a

从表中数据可以看出，航空煤油产品的各项指标均满足 GB 6537—2018《3 号喷气燃料》的要求。

2）操作条件

反应器操作条件见表 8-7。

表 8-7 庆阳石化新建 40×10⁴t/a 航空煤油加氢装置反应器主要操作条件

项目	设计		操作
	初期	末期	
反应器入口压力，MPa	3.5		3.5
总温升，℃	2	2	0
平均反应温度，℃	246	281	241
注氢量(纯氢)，m³/m³	7~8		14~16

3）标定能耗

装置标定能耗为 4.48kg 标准油/t 原料，比设计能耗低 0.38kg 标准油/t 原料。

3. 反应器内构件工业应用情况

新型高效的反应器内构件是 C-NUM 液相加氢技术的核心，是实现氢气快速溶解、气液均匀分布、补氢高效分散的关键。装置投产后催化剂床层径向温差小于 1℃，反应器出口径向温差小于 2℃，均小于设计值 3℃。结果表明，气液分布器的分布效果较好，完全达到了设计要求。

标定期间，在装置现场采用声发射技术对反应器内构件的性能进行了检测分析。

图 8-18 显示了现场采集到的气液分布器下方[图 8-22(a)]和气液分布器上方[图 8-22(b)]的声信号。从图中可以看出，气液分布器下方的声信号很弱，而气液分布器上方出现较强的

声信号，表明气液分布器下方没有气泡，而气液分布器上方存在气泡。

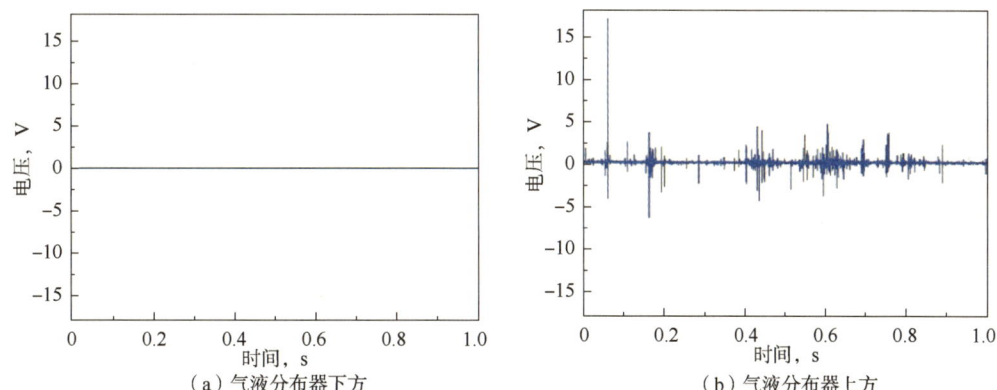

图8-18　工业实验声信号时域图

进一步对声信号做频谱分析，以分析气泡尺寸大小，结果如图8-23所示。从图中可以看出，气液分布器上方的声信号频谱呈现多峰分布的特征，其中主频为64Hz的信号峰是液体运动的特征峰，气泡引起的声信号主要集中在200～2000Hz频率范围内。主频大于1000Hz的声信号主要是由直径小于1mm的微气泡运动产生的；主频小于1000Hz的声信号主要是由直径大于1mm的微气泡运动产生的。图8-19(b)所示结果表明，气液分布器的微气泡发生效果较好，气泡尺寸分布较宽，产生大量直径小于1mm的微气泡，气泡平均直径约为2.3mm。这与反应器中温度分布均匀、径向温差小的结果是吻合的。工业应用结果表明，气液分布器实现了气液均匀分布和气相高度分散。

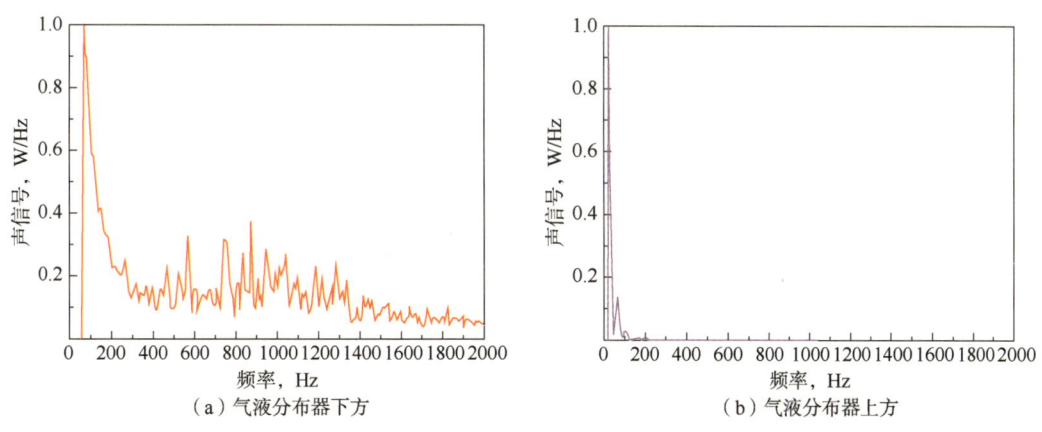

图8-19　工业实验声信号频谱图

4. 应用效果

C-NUM液相加氢技术应用于庆阳石化40×10⁴t/a航空煤油加氢装置的效果如下：

（1）实现了中国石油自主知识产权的液相加氢技术的首次应用，填补了中国石油在液相加氢领域的空白。

（2）工业试验装置的成功运行充分说明该成套技术的优越性，具有工艺领先、流程优化、操作维护方便、反应器内件性能良好、技术指标先进等特点。与采用常规滴流床加氢技术同类装置相比,该工业试验装置总投资减少383万元,折合约10%;装置占地减小约2000m²,节省约50%;能耗降低5kg标准油/t原料,折合约50%,年操作费用可减少约400万元,有利于全厂减排和节能降耗。

(3) 上流式液相加氢反应器及成套反应器内件性能优良,物流分布均匀,各床层径向温差仅1℃左右。

(4) 溶解在液相中的H_2S更易与催化剂中的氧化态活性金属反应,硫化效果好,装置开工时间短;自催化剂预硫化至生产出合格产品仅用时35h。

(5) 装置适应性好,可同时满足低凝柴油与航空煤油两种产品生产需求。

第三节 液相加氢技术展望

液相加氢技术在能耗方面的极大优势,契合"双碳"目标和节能减排的需求,未来液相加氢技术将在加工原料多元化、强化反应的新型反应器内件开发、组合工艺等方面进一步发展。

一、加工原料多元化

液相加氢技术的核心在于如何更为经济、合理地解决溶氢与供氢的矛盾。开发之初,基于该工艺经济合理性考虑,油品加工范围限定在化学氢耗不大于0.6%(质量分数)的油品加氢,油品加工范围明显偏窄,难以有效支撑现阶段炼厂"减油增化"、节能减排、"双碳"目标实现等的需求。中国石油在液相加氢技术油品加工拓展方面,目前已经完成了液相加氢技术加工劣质蜡油生产合格的催化裂化进料的中试试验,初步验证了液相加氢技术的原料适应性。未来需要持续加大在加工原料多元化方面的研发:一是加工油品由传统的直馏柴油渐次拓展到二次加工柴油、蜡油甚至渣油等重质油品,也包括润滑油、重整生成油、烷基化进料等特种油品;二是反应类型由现阶段的加氢精制逐步拓展到加氢改质、异构脱蜡、芳烃饱和等。液相加氢技术将呈现加工油品由单一向多元化拓展、加工工艺由简单向复杂转化的历程。相应地,每一种原料液相加氢工艺条件、流程、关键设备也将出现分化,需要不同的关键技术支撑,在开发出的关键技术基础上,集成整合形成各具特点的、适应不同需求的中国石油系列化液相加氢工艺成套技术。

二、开发新型反应器内构件

中国石油液相加氢技术开发的文丘里型气液分布器可在反应器中将气相破碎为微米级气泡,并对气液两相进行均匀分配;反应器床层入口径向温差为1℃,满足不大于3℃的设计目标。由于该反应器内构件仍存在气泡尺寸较大(约500μm)、仅满足气液均匀分配的基本需求,有必要进一步开发新一代反应器内构件。新开发的反应器内构件将使产生的微气泡缩小至介观级别(5~50μm)甚至更小,收窄尺寸分布范围,使微气泡能够在油品中以悬浮液形式存在,呈现"乳化"状态,进一步削弱反应器中因氢气"浓度梯度"对加氢反应性能的抑制,强化氢气补充,提升反应性能,拓宽液相加氢应用范围,提升中国石油液相加氢性能及工艺的经济性。

三、开发液相加氢组合工艺

液相加氢从工艺属性来讲仍然属于加氢工艺，与传统滴流床加氢工艺一脉相承又有发展。液相加氢可广泛应用于油品加氢处理，充分体现其能耗低的特点；而高氢耗油品加氢深度改质/裂化可采用传统滴流床加氢工艺满足原料深度加工的需求。充分挖掘不同工艺的优势、发挥它们之间的协同互补作用，是减少装置工程量、降低投资、提高加工能力、降低能耗的重要手段。开发如液相加氢—固定床蜡油加氢、液相加氢—固定床渣油加氢、液相加氢精制—馏分油加氢裂化等组合工艺，以液相加氢工艺作为固定床加氢的预处理单元，可以降低后续深度加氢所需固定床加氢反应器的苛刻度，减少占地，节省投资，降低能耗，充分发挥液相加氢与固定床加氢各自的优点与长处，规避短板，形成液相加氢与滴流床加氢组合，油品分炼、高低互补的局面。

参 考 文 献

[1] 李大东. 加氢处理工艺与工程[M]. 北京：中国石化出版社，2004.

[2] Usui M. The advanced treatment of the sewage by aerobic filter bed using microbubbles[J]. J. Water Waste, 2006, 48(6): 511-517.

[3] Devatine A, Chiciuc I, Poupot C, et al. Micro-oxygenation of wine in presence of dissolved carbon dioxide[J]. Chemical Engineering Science, 2007, 62(17): 4579-4588.

[4] Ago K, Nagasawa K, Takita J, et al. Development of an aerobic cultivation system by using a microbubble aeration technology[J]. Journal of Chemical Engineering of Japan, 2005, 38(9): 757-762.

[5] Parmar R, Majumder S K. Microbubble generation and microbubble-aided transport process intensification-A state-of-the-art report[J]. Chemical Engineering and Processing: Process Intensification, 2013(64): 79-97.

[6] Telmadarreie A, Doda A, Trivedi J J, et al. CO_2 microbubbles-a potential fluid for enhanced oil recovery: bulk and porous media studies[J]. Journal of Petroleum Science and Engineering, 2016(138): 160-173.

[7] Akita K, Yoshida F. Bubble size, interfacial area, and liquid-phase mass transfer coefficient in bubble columns[J]. Industrial & Engineering Chemistry Process Design and Development, 1974, 13(1): 84-91.

第九章　柴油加氢技术

柴油是需求最大的炼厂产品。从20世纪90年代开始，各国出于环保需要，不断执行更严格的清洁柴油标准，柴油质量不断升级，清洁柴油生产技术不断更新换代。为适应柴油产品质量不断升级、装置大型化的挑战，中国石油经过多年的技术攻关，已成功开发并应用了大型柴油加氢精制及改质成套技术。

第一节　国内外柴油加氢技术现状

国外柴油加氢典型技术主要有 UOP 公司的 MQD 联合精制技术、Axens 公司的 Prime-D 柴油加氢脱硫技术、ABB Lummus Global 公司的 SynSat/SynShift 工艺技术、Haldor Topsoe 公司的 HDS/HAD 柴油加氢技术[1]。

国内石科院、抚顺石油化工研究院、石化院开发了多项柴油加氢技术，这些技术都很好地实现了柴油质量升级的目标。

一、国外技术现状

1. UOP 公司 MQD 联合精制技术

MQD 联合精制技术是针对减压馏分油、直馏柴油馏分、裂化柴油馏分等进行改质以生产清洁柴油燃料，使柴油燃料的硫含量、芳烃含量和十六烷值等满足要求的一种技术。MQD 联合精制技术中采用的工艺流程和催化剂由工艺目标所决定。如果转化是主要目的，则采用单段工艺流程和非贵金属催化剂；如果以降低芳烃含量和提高十六烷值为主要目的，则需要采用两段工艺流程，在第二段流程采用贵金属催化剂。

2. Axens 公司 Prime-D 柴油加氢脱硫技术

Axens 公司开发的 Prime-D 柴油加氢脱硫技术是以 HR416、HR426 和 HR448 为催化剂的单段柴油超深度加氢脱硫处理技术。在总压为 3.0~5.0MPa、温度为 340~360℃、液时空速为 $1h^{-1}$ 和 $2h^{-1}$ 的操作条件下，通过深度加氢脱硫或超深度加氢脱硫，可使直馏粗柴油及其与催化粗柴油混合油的硫含量分别降到需要的水平。若采用两段工艺，则可减少柴油的多环芳烃含量并提高十六烷值。

3. ABB Lummus Global 公司 SynSat/SynShift 工艺技术

由 Shell Global Solutions 公司、ABB Lummus Global 公司和 Criterion 公司组成的 SynAlliance 开发了改进柴油品质的不同种类催化剂。所涉及的工艺称为 SynTechnology，包括 SynHDS、SynShift、SynSat 和 SynFlow 四种。其中，SynSat 工艺可生产超低硫柴油，使芳烃（多环芳烃和单环芳烃）饱和，降低密度并改进十六烷值；SynShift 工艺是选择性开环工艺，第一段采用 DC-185、DC-160 非贵金属催化剂,第二段采用 DC-200 贵金属催化剂,着重于加工全沸程原料而生产超低硫柴油,同时降低密度、改进95%馏出温度数值以及改进十六烷值。

4. Haldor Topsoe 公司的两段加氢深度脱硫、脱芳烃 HDS/HAD 工艺

采用非贵金属和贵金属催化剂的两段法柴油加氢改质工艺,在高空速下使用贵金属催化剂可将芳烃脱到所要求的程度。第一段采用 TK555 和 TK573 高活性 Ni-Mo 催化剂进行深度脱硫、脱氮加氢处理,第二段加氢脱芳烃采用 TK907/TK908 或 TK915 催化剂。

二、国内技术现状

1. 中国石化技术现状

1) 石科院 RTS 柴油深度加氢脱硫技术

近年来,石科院推出的新型柴油超深度加氢脱硫催化剂 RS-2100/RS-2200 在保持高活性的同时显著改善了运行稳定性,已在超过20套工业装置应用。在此基础上,石科院开发出了具有高活性和高稳定性的镍钼型柴油超深度脱硫催化剂 RS-3100,其初活性与 RS-2100 相当,稳定性提高40%,且堆积密度较 RS-2100 降低20%以上,已投入工业应用[2]。

针对国Ⅵ柴油对多环芳烃更严格的要求,石科院对 RTS 柴油深度加氢脱硫技术进行了升级,完成了"RTS+"技术的开发,该技术通过对两个反应区操作参数的更合理匹配,可改善运转末期产品柴油多环芳烃含量,达到多环芳烃含量不大于7%(质量分数)的要求,并延长装置运行周期。

2) 石科院 MHUG 柴油中压加氢改质技术

MHUG 柴油中压加氢改质技术是石科院研发的柴油改质技术。该技术采用非贵金属催化剂,一段串联工艺流程可大幅度提高柴油十六烷值[3]。以催化柴油、重油催化柴油或加入部分常三线、减一线馏分油为原料,在反应压力为 6.4MPa、空速为 $1.0h^{-1}$ 的条件下,采用 MHUG 柴油中压加氢改质技术处理大庆石化重油催化柴油与常三线、减一线馏分混合油,混合比例为 1:1 时,柴油收率为55.26%(质量分数)、重石脑油收率为21.35%(质量分数)、尾油收率为15.07%(质量分数),生成油的硫含量小于 $5\mu g/g$,柴油十六烷值提高至51。

3) 抚顺石油化工研究院 FHUDS 系列柴油深度加氢脱硫技术

抚顺石油化工研究院近年来开发了 FHUDS 系列催化剂,其中 FHUDS-5 为高活性柴油超深度脱硫催化剂,同时具有加氢脱硫活性选择性好及氢耗低等特点,特别适合以直馏柴油为主高硫柴油原料油的超深度脱硫。

2. 中国石油技术现状

1) 柴油加氢精制 PHF 系列技术

为了适应国家对柴油质量日益严格的要求,石化院自2003年起开始进行 PHF 超低硫柴油加氢精制技术开发,成功开发出 PHF-101、PHF-102 和 PHF-131 两个系列3个牌号的超低硫柴油加氢精制催化剂,先后在大庆石化、乌鲁木齐石化、辽阳石化等12家企业的15套柴油加氢装置实现工业应用。应用结果表明,PHF 系列催化剂总体水平优于国内外同类先进催化剂,完全满足中国石油柴油质量升级的要求,为实现中国石油柴油加氢催化剂自主化、完成柴油质量升级做出了重大贡献[4-5]。

使用 PHF 系列加氢精制催化剂,可实现柴油深度脱硫、脱氮、脱芳烃和选择性开环,改善产品质量,可生产满足国Ⅴ和国Ⅵ标准的柴油。

PHF超低硫柴油加氢精制技术采用高效规整结构催化剂制备技术，将催化活性结构以规整可控的方式引入催化剂，在形成更加集中、规整的孔道结构，显著增强催化剂孔道的扩散性能，强化传质过程的同时，利用两种催化材料在催化剂中产生的协同催化作用，显著提升催化剂的加氢脱硫、加氢脱氮和芳烃饱和性能，实现了硫、氮、芳烃的同步超深度脱除。

2）柴油加氢改质PHU系列技术

柴油加氢改质技术主要用于大幅度提高催化柴油等劣质柴油的十六烷值，兼顾脱硫、脱氮、降低密度等功能。近年来，柴油加氢改质技术发展较快，柴油加氢改质催化剂性能不断提升。为了适应国家对柴油质量日益严格的要求，满足中国石油柴油质量升级需要，石化院成功开发了PHU-201柴油加氢改质催化剂。与国内外同类催化剂相比，PHU-201催化剂具有以下特点：

(1) 原料适应性强：可加工催化柴油、焦化柴油、直馏柴油、焦化汽油等油品。

(2) 产品质量好：可以使催化柴油等劣质柴油的十六烷值提高10~15个单位，密度降低15~40kg/m^3，多环芳烃含量小于2%（质量分数），硫含量小于10μg/g，可作为国V、国VI清洁柴油的调和组分。

(3) 生产灵活性大：通过调整反应温度，可以使石脑油产率达25%（质量分数）以上，芳烃潜含量高达63.5%（质量分数），可作为优质的重整原料。

第二节　中国石油柴油加氢技术

近年来，中国石油自主开发了一系列加氢精制催化剂、加氢改质催化剂，并在多套装置上应用。此外，柴油加氢装置建设规模逐渐大型化，许多关键设备的尺寸越来越大，反应器、换热器、反应进料加热炉向大型化转变，如何保证装置安全、稳定运行是急需解决的问题。经过多年的技术研发，中国石油已成功开发并应用了大型柴油加氢精制及改质成套技术，具体包括具有中国石油自主知识产权的催化剂、新型反应器内构件设计技术、高压换热器技术、大型加氢反应进料加热炉防结焦技术等。

一、中国石油柴油加氢技术开发

1. 催化剂

石化院在柴油加氢领域具有深厚的研发基础和工业应用经验。中国石油大庆化工研究中心开发的PHF-101新型柴油加氢精制催化剂具有优异的加氢脱硫、脱氮和芳烃加氢活性，特别适合于劣质柴油（催化柴油、焦化柴油）的深度加氢精制。自2008年成功开发以来，PHF-101催化剂分别于2010年9月和2011年11月在大庆石化120×10^{4}t/a柴油加氢精制装置和乌鲁木齐石化200×10^{4}t/a柴油加氢精制装置成功进行工业应用。PHF-101催化剂是中国石油自主开发的第一个满足国Ⅳ、国Ⅴ标准清洁柴油生产的加氢精制催化剂，该催化剂可以满足直馏柴油、催化柴油、焦化柴油或汽柴油混合油加氢生产国Ⅳ、国Ⅴ标准清洁柴油的生产需要。与国内外同类型柴油加氢精制催化剂相比，PHF-101催化剂具有原料适应性强、活性稳定性好、处理量大、抗结焦能力强、装填密度低的特点。

目前，PHF-101催化剂已经应用在中国石油20多家企业30余套柴油加氢精制装置，并出口应用于国外多套柴油加氢装置。

2016年8月，石化院开发的PHU-201柴油加氢改质催化剂在乌鲁木齐石化180×10⁴t/a柴油加氢改质装置进行了首次工业应用试验。各项指标均达到协议要求，有力推动了企业炼化一体化高度融合发展，是中国石油院企合作推进高质量发展的典范。乌鲁木齐石化柴油加氢改质装置标定结果见表9-1。

表9-1 乌鲁木齐石化柴油加氢改质装置标定结果

项目	方案一（满负荷）			方案二（多产石脑油）		
油品性质	原料油	柴油	石脑油	原料油	柴油	石脑油
收率,%（质量分数）	—	89.38	9.87	—	74.57	24.70
密度，kg/m³	847.0	832.7	737.1	857.8	825.7	741.2
十六烷值	44.8	53	—	44.7	52.6	—
硫，μg/g	1012	0.8	0.9	1220	1.3	0.5
芳烃潜含量，%	—	—	50.7	—	—	63.5

注：方案一（满负荷）原料油组成为6.9%焦化汽油、34.2%催化柴油和58.9%直馏柴油；方案二（多产石脑油）原料油组成为34.7%催化柴油和65.3%直馏柴油。

从标定结果可以看出，PHU-201催化剂具有较好的生产灵活性，通过调整反应温度，可以灵活调整石脑油、柴油的收率。多产石脑油方案中，石脑油收率为24.70%（质量分数），柴油收率为74.57%（质量分数）。石脑油是优质重整原料，炼厂在采用柴油加氢改质工艺时使用PHU-201催化剂，不仅可以使柴油产品达到车用柴油标准要求，还有利于降低柴汽比。

PHU-201柴油加氢改质催化剂的成功开发及应用，是中国石油炼油全系列催化剂研发取得的一项重大成果，对加快中国石油自主研发柴油加氢改质技术的全面推广应用具有典型的示范意义。劣质柴油加氢改质技术适用于现有及新建的柴油加氢装置，加工劣质催化柴油、焦化柴油、直馏柴油等原料油，可实现柴油改质及降低柴汽比的双重功效，为中国柴油质量升级提供技术支撑。

从2010年开始，中国柴油需求量降低，汽油消费量增加，同时芳烃需求量不断增加，炼化企业面临着如何降低柴油产量、提高重整装置负荷的严峻挑战。在柴油加氢裂化技术领域，中国石油历经多年探索攻关，先后完成了催化剂小试、中试放大及吨级工业放大，开发出具有自主知识产权的柴油加氢裂化催化剂（PHU-211）技术。

在对柴油加氢裂化反应机理深入认识的基础上，中国石油通过开发具有丰富介孔结构和中强酸性的DHCY分子筛材料，攻克了芳烃大分子受扩散限制难以接近酸性中心发生选择性开环转化反应、芳烃过度加氢增加氢耗、原料油氮含量高且难以脱除等技术难题，实现了在非常苛刻条件下大幅度提高重石脑油产量的目标，形成了具有中国石油自主知识产权的劣质柴油加氢裂化技术。

2019年6月，PHU-211催化剂在抚顺石化120×10⁴t/a柴油加氢裂化装置上开展工业试验，重石脑油收率为35%（质量分数），较上周期提高15个百分点，芳烃潜含量为48%（质量分数），较上周期提高3个百分点，持续为重整装置提供优质原料，推动重整装置满负荷运行；250℃以上柴油馏分是优质乙烯裂解原料，乙烯收率为33.2%（质量分数）；化工原料总收率达到70%（质量分数），实现了劣质柴油向化工原料的高效转化。表9-2中列出了抚顺石化柴油加氢裂化装置运行部分数据。

表9-2 抚顺石化柴油加氢裂化装置运行部分数据

项目	数据	项目	数据
裂化平均温度,℃	345~350	芳烃潜含量,%(质量分数)	>46
液体收率,%(质量分数)	96~98	柴油十六烷值	提升10~15个单位
重石脑油收率,%(质量分数)	32~37		

2. 反应器内构件

加氢工艺技术水平的高低,主要取决于催化剂性能的先进性,而催化剂性能的充分发挥,在很大程度上取决于反应器内部结构的先进性和合理性。设计合理的加氢反应器内构件应具有如下功能和特点:反应物流混合充分,催化剂床层温度分布均匀;压降小;占用反应器空间小,装卸催化剂方便,检修检测方便;操作安全和投资低。

随着加氢装置的大型化以及加氢设备制造能力的提高,反应器直径不断增大,对反应器内构件的反应物流分配效果要求越来越高。如果反应器内构件设计不合理,分配效果差,会造成催化剂床层径向温差大,催化剂利用率降低,甚至造成反应产物质量达不到要求。因此,国内外对加氢反应器内构件的研究和工程开发一直非常重视,许多工程公司都开发了自己的成套技术。中国昆仑工程有限公司(以下简称昆仑工程公司)沈阳分公司多年来一直致力于汽柴油加氢精制和改质技术的开发,并将开发出的先进内构件技术成功地应用于工业生产。

1) 反应器内构件类型及其特点

典型加氢反应器内构件包括入口扩散器、内置积垢器、气液分配器、冷氢箱、出口收集器、催化剂支撑和液体再分配盘等。其中,重点改进的内构件包括内置积垢器、气液分配盘和冷氢箱三部分。

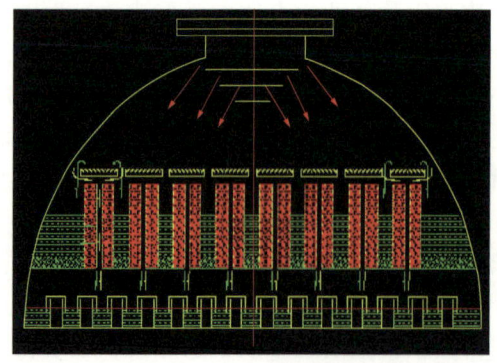

图9-1 新型内置积垢器示意图

(1) 内置积垢器。

一般加氢反应器介质进入反应器遇到的第一个部件为入口扩散器,为了使介质能够均匀地扩散到反应器的整个截面、消除气液介质对顶分配盘的垂直冲击,入口扩散器大多结构复杂。为了利用顶部封头闲置空间,增加脱硫、纳垢能力,延长反应器运行周期,改善第一床层的流体流动形态,简化入口扩散器结构,开发了内置积垢器(图9-1和图9-2),将原来的水平过流面(床层截面)改进为立式过流面,并实现清污分流、污污分区。

内置积垢器由于使用垂直过流面,积垢器积垢后不会因堵塞而形成额外的压降。通过阻垢剂堆积床层形成的多孔介质、阻垢剂活性及附着胶质的能力实现清污分离,保证反应器长周期运行。

(2) 气液分配器。

在催化剂床层上面,采用分配盘是为了均布反应介质,改善其流动情况,实现反应介质与催化剂的良好接触，进而达到径向和轴向均匀分布。分配盘能实现上述功能，分配盘中的气液分配器起着十分重要的作用。开发的新型气液分配器(图9-3)能提高气(油气和氢气)、液(油品)和固(催化剂)三相的接触效率，以充分发挥催化剂的作用，从而确保反应产物的质量和收率。

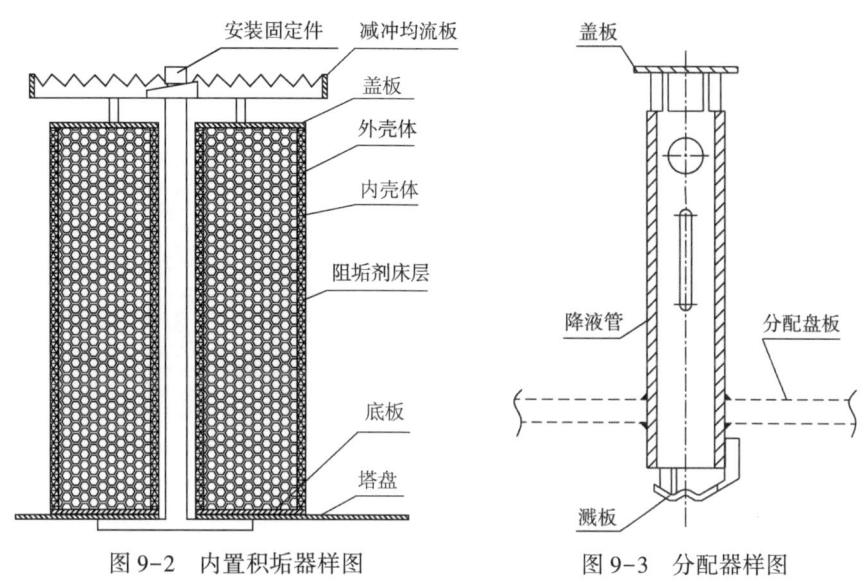

图9-2 内置积垢器样图　　　　图9-3 分配器样图

新型气液分配器由于分配盘板上形成一定的液位高度，液相在重力势能的作用下形成液膜并在气相的强烈吹拂下，实现一次碎液，气相夹带一次碎液在溅板的作用下实现二次碎液，并随气相夹带实现分散，动能耗尽后实现滴落。

新型气液分配器具有独特的结构形式，特点如下：(1)新型气液分配器结构简单、尺寸小，因此在分配盘上分布点多，节省反应器空间。(2)经过两次碎液，液相雾化液滴粒径小，从而大大增加液相表面积。(3)可调整侧面开槽尺寸，形成合理的分配盘存液深度，降低分配盘水平度偏差带来的分配不均匀。(4)利用了势能的液体喷溅形式，减小压降。

新型气液分配器与国内外气液分配器相比具有分配效果好、压降低、节约安装空间并对床层的冲击力小等优势。

(3) 冷氢箱。

当催化剂分层装填时，在两床层之间应设置冷氢箱，其作用是将上床层来的反应物流和注入的冷氢充分混合，带走反应热，控制反应温度不超过规定值，并使物流在进入下一层催化剂床层之前重新分配均匀。目前，冷氢箱的设计大体上基于两种途径的协同作用：一是增加停留时间；二是通过流体在冷氢箱内的折流碰撞来达到流体混合的目的。存在的不足之处在于：一是流动阻力较大；二是气液混合效果不够理想。

新型冷氢箱采用旋叶和溅板结构，利用旋流原理使流体在冷氢箱内沿旋叶进行三维超重力旋流混合，降低流动阻力并同时提高气液两相流体的混合与传热效果。

新型冷氢箱具有如下优点：(1)流动阻力小，结构简单，体积小，加工费用比传统冷氢箱低；(2)由于旋流过程产生高速湍流，并且流体流动过程中存在流体方向的改变，因此冷氢箱内气液混合与传热传质效果好；(3)相比于传统冷氢箱，新型冷氢箱通过旋流的方式，冷氢箱内无滞流区，不需要清洗，运行和维护费用低。

对于反应器内部流体的流动情况，采用专业软件进行模拟分析。整个过程是在 ANSYS Workbench 工作平台下，通过几何建模工具 DesignModeler、网格划分软件 ANSYS Meshing、流体通用模拟软件 Fluent、后处理软件 CFD-Post 完成。

图 9-4 显示了冷氢箱管入口横截面速度分布情况，温度为 673.15K 的高温混合流体从顶部入口进入反应器，温度为 349.13K 的冷氢从冷氢管上均匀布置的喷嘴中喷射进入，由于温度梯度和速度梯度的存在，两种流体迅速混合，并快速进行换热。

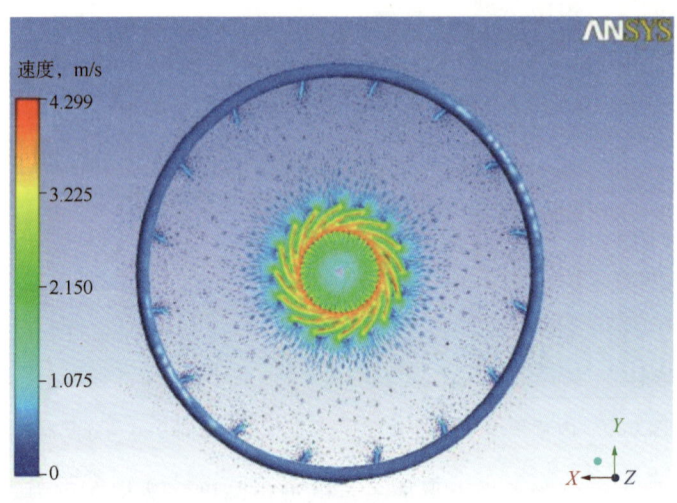

图 9-4 冷氢箱内冷氢管入口横截面速度矢量图

冷氢箱中旋叶附近流体的流动情况如图 9-5 和图 9-6 所示。混合流体收到旋叶的导向作用，在旋叶的附近形成旋转流动。旋叶和内部溅板的存在，一方面延长了流道，增加了冷氢和高温混合流体的混合时间；同时，也增大了流体间的周向剪切作用，有利于流体间的混合与换热。

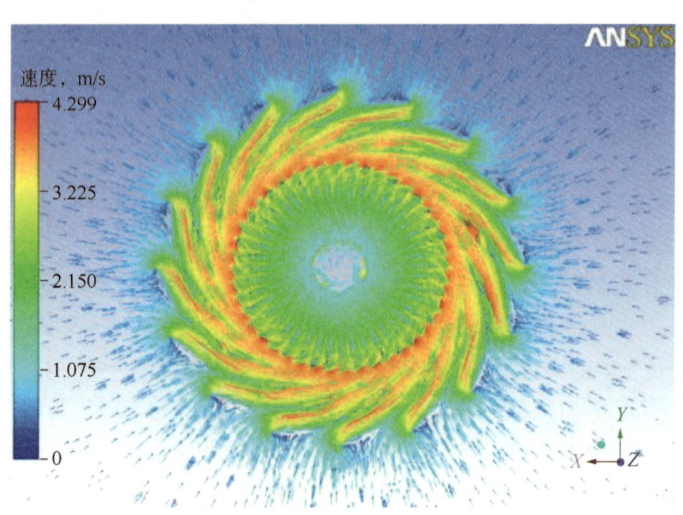

图 9-5 冷氢箱旋叶横截面局部速度矢量图

第九章 柴油加氢技术

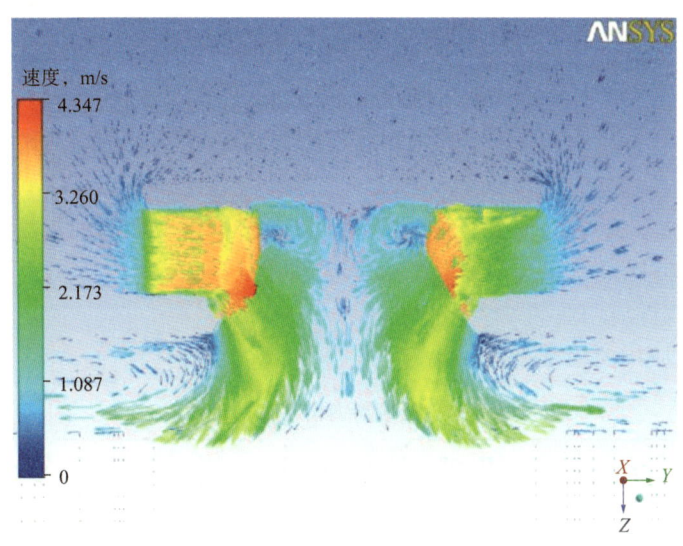

图 9-6 冷氢箱旋叶纵截面速度矢量图

图 9-6 为 $X=0$ 位置冷氢箱旋叶纵截面流体速度矢量图。从图中可以看出,冷热流体经过叶片后,多孔板的作用使得流体沿着径向流动,这样就改善了冷氢在径向的分布,同时在溅板下边沿形成漩涡。

新型冷氢箱对冷氢浓度分布和温度分布具有较好的优化作用,在叶片上层部分,冷氢和高温流体还未充分混合,存在一定温差;经过旋叶和内部溅板后,冷热两种流体的温度和冷氢浓度都逐渐均匀,混合和换热都在叶片周围发生。

冷热流体流经冷氢箱的叶片进行混合与换热,经过多孔板流入下一床层,在冷氢箱出口处,出口温度分布更加均衡,氢气浓度分布更加平均。出口处流体的温度分布和冷氢的质量分布统计见表 9-3。

表 9-3 出口界面数据

项目	最小值	最大值	加权平均
温度,K	672.1	672.2	672.159
冷氢,%(质量分数)	0.00152	0.00164	0.0016

从表 9-3 中可以看出,通过冷氢箱冷却作用以后,出口混合流体的径向温差为 0.1K,径向冷氢浓度差为 0.012 个百分点,说明新型冷氢箱不仅有很强的换热性能,还有很好的混合性能。

2) 反应器内构件应用情况

(1) 四川石化 350×10⁴t/a 柴油加氢精制装置。

该装置于 2013 年 1 月投产,反应器直径为 4.8m,内设两个床层,每个床层设有上、中、下 3 层热电偶,分别有 5 点、5 点和 13 点。该装置反应器采用了昆仑工程公司沈阳分公司开发的新型反应器内构件。

从实际生产数据来看,床层径向温差最大为 3.3℃(一床层下部),其他均小于 3℃,最小为 0.4℃(一床层上部),表明反应器内气液混合效果良好,反应平稳均衡,达到了预期效果。

(2) 兰州石化 300×10⁴t/a 柴油加氢精制装置。

该装置于 2012 年 6 月投产，反应器直径为 4.8m，内设两个床层，每个床层设有上、中、下 3 层热电偶，分别有 4 点、4 点和 4 点。该装置反应器采用了昆仑工程公司沈阳分公司开发的新型反应器内构件。

从实际生产数据来看，各床层径向温差均小于 3℃，床层径向温差为最大为 2℃（一床层上部），最小为 0.3℃（二床层中部），达到了预期的目标。

3）反应器内构件应用业绩

反应器内构件应用业绩见表 9-4。

表 9-4　反应器内构件应用业绩

序号	项目名称与建设内容	装置投产时间
1	庆阳石化 120×10⁴t/a 柴油加氢改质装置	2010 年 10 月
2	兰州石化 300×10⁴t/a 柴油加氢精制装置	2012 年 6 月
3	呼和浩特石化 90×10⁴t/a 柴油加氢改质装置	2012 年 12 月
4	四川石化 350×10⁴t/a 柴油加氢精制装置	2013 年 1 月
5	大庆炼化 170×10⁴t/a 混合柴油加氢精制装置	2014 年 11 月
6	玉门油田公司炼油化工总厂 70×10⁴t/a 柴油加氢精制装置	2014 年 10 月
7	乌鲁木齐石化 180×10⁴t/a 柴油加氢改质装置	2016 年 8 月
8	云南石化 280×10⁴t/a 直馏柴油加氢精制装置	2017 年 8 月
9	云南石化 180×10⁴t/a 汽柴油加氢改质装置	2017 年 8 月
10	浙江石化 140×10⁴t/a 航空煤油加氢精制装置	2019 年 9 月
11	辽河石化 40×10⁴t/a 环烷基润滑油高压加氢项目	2019 年 12 月

3. 高压换热器

高压换热器是加氢裂化和加氢精制装置中的主要设备，由于这些装置的操作条件往往为高温、高压，介质为油气、氢气和硫化氢，因此对高压换热器的密封要求非常严格，高压密封结构既要满足密封性能，又要便于换热器检修和维护。在此背景下，昆仑工程公司沈阳分公司开发了既能防止高温高压腐蚀性介质泄漏，同时又兼顾换热器经济性及拆卸、维修合理性的高压换热器密封结构形式。

1）高压换热器密封结构

国内加氢装置中的高压换热器大多采用 U 形管式换热器，管束采用可拆卸连接，可抽出进行清洗维修。这种形式换热器常用的密封形式有金属环垫和螺纹锁紧环密封结构。

金属环垫（八角垫和椭圆垫）属于径向半自紧式密封。金属环垫安装在法兰面的梯形槽内，建立初始密封时依靠螺栓的预紧力产生轴向压缩，金属环垫与法兰的上下梯形槽贴紧，产生塑性变形，形成环向密封带；升压后介质的压力作用使金属环垫径向扩张，垫片与梯形槽的斜面更加贴紧，产生自紧作用，但同时由于介质的压力升高使螺栓和法兰变形，造成密封面间的相对分离，垫片应力下降，因此金属环垫被认为是一种半自紧密封结构。之前在加氢装置中使用最大设备直径为 DN750mm，显然不适用于炼油装置大型化的趋势。

加氢装置另外一种常用的密封结构为螺纹锁紧环密封结构，管壳程密封垫片、管壳程流体压差和作用在管箱盖板上的管程流体压力由管箱端部螺纹承担。换热器运行期间，如果出现泄漏，可通过拧紧内圈与外圈螺栓增大密封垫片的压紧力，消除泄漏。螺纹锁紧环密封结构具有结构紧凑、泄漏点少、密封可靠等优点，但也具有结构复杂、机加工量大、装配要求严格、拆卸困难等缺点。随着装置大型化及设备直径不断增大，螺纹锁紧环密封结构会带来以下问题：加工、组装、检修及维护难度大大提高；重量增加，密封结构经济上不具有竞争性。

2）隔膜式密封结构

（1）隔膜式密封结构简介。

隔膜式密封结构如图 9-7 所示，主要由平盖、密封盘、压紧法兰、分合环、套筒、主螺栓、压紧螺栓、内圈螺栓和垫片等组成。

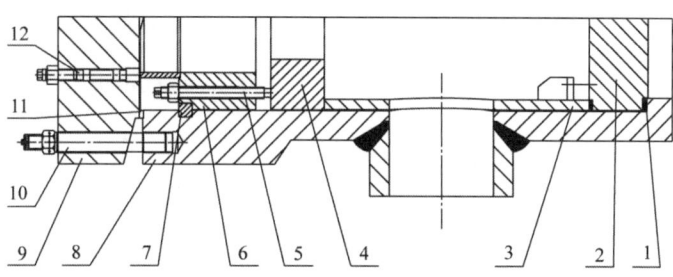

图 9-7　隔膜式密封结构示意图

1—管板垫片；2—管板；3—套筒；4—端盖；5—压紧螺栓；6—压紧法兰；7—分合环
8—管箱；9—管箱平盖；10—平盖主螺栓；11—密封盘；12—内圈螺栓

（2）密封原理。

隔膜式密封结构是一种焊接形式的密封结构。这种结构不需要垫片，较一般高压密封结构可靠，在高温及温度波动的情况下其优点更为突出。隔膜式密封结构制造简单，密封面的粗糙度要求不高，由于没有垫片密封时要求的压紧力，可减少平盖主螺栓直径及管箱平盖的厚度。密封盘选用耐管箱介质腐蚀且焊后不需要热处理的材料，以便现场检修及维护。

管板密封垫片的反力、管壳程流体压差产生的轴向力和作用在平盖上的管程压力由管箱平盖的主螺栓承担。换热器运行期间，如果出现内漏，可通过拧紧内圈螺栓增大对管板密封垫片的压紧力解决。

3）密封结构力学模型

压紧法兰上的压紧螺栓提供管壳程间密封所需的螺栓力。

内圈螺栓承受的力为管板密封垫片的反力、管壳程流体压差产生的轴向力和压环处管程压力。

管箱平盖主螺栓承担管板密封垫片的反力、管壳程流体压差产生的轴向力和作用在平盖上的管程压力。

管箱平盖计算根据材料力学原理，将平盖简化成以直径断面为截面，计算纵向截面的

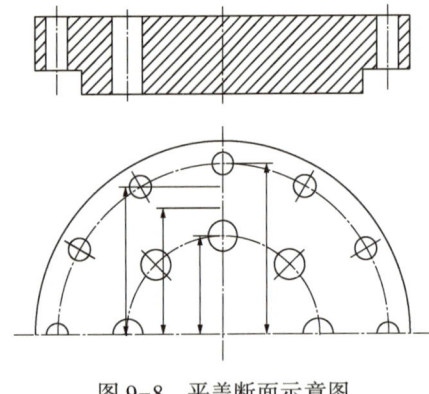

图 9-8 平盖断面示意图

弯曲应力,以此来校核平盖厚度。平盖断面示意如图 9-8 所示。

4) 高压换热器应用案例

昆仑工程公司沈阳分公司现已在多套加氢项目的高压换热器密封结构中使用隔膜式密封结构,具体设备情况和运行状况见表 9-5。

高压换热器的隔膜式密封结构简单,不必大量机械加工螺纹;检修与维护方便,不需要大型专用拆卸工装;较螺纹锁紧环密封结构重量轻,可降低设备费用。

表 9-5 隔膜式密封结构高压换热器汇总表

序号	项目名称	设备规格	设备状况
1	四川石化 350×10⁴t/a 柴油加氢精制装置(140 单元)	DFU1600 DFU1000	平稳运行
2	呼和浩特石化 90×10⁴t/a 柴油加氢改质装置	DFU1100	平稳运行
3	兰州石化柴油加氢工程 300×10⁴t/a 柴油加氢装置	DFU1600 DFU1300	平稳运行
4	长庆石化 60×10⁴t/a 柴油加氢精制装置	DIU900	平稳运行
5	云南石化 1000×10⁴t/a 炼油项目加氢联合装置	DFU1600/DFU1500 DFU1400/DFU1000	平稳运行

4. 加热炉

目前,中国柴油加氢装置正向着大型化发展,最大加工能力可达 $400×10^4$ t/a 以上,加氢装置中的反应进料加热炉也需要向大型化转变。昆仑工程公司沈阳分公司在加氢反应加热炉长期的设计与经验积累中,开发研制了大型加氢反应加热炉防结焦技术,可使反应器加氢反应加热炉效率有较大提高,提高装置的性能。

1) 反应进料加热炉管内流速流型

在压降允许的情况下,加氢反应加热炉的管内流速一般都取较高值,以便尽可能地减少油品局部过热。通过采用 FRNA-5PC 加热炉工艺设计软件进行工艺流程模拟计算研究,加热炉辐射对流管内流型设计为雾状流,从而控制油料局部过热发生裂解。

2) 反应进料加热炉炉管表面热强度

炉管表面最高热强度的限制因素主要是炉管金属的允许使用温度和被加热介质开始发生结焦的临界温度。对采用 Cr-Mo 钢炉管的中、低压加氢反应加热炉,两者都可能成为限制条件。对于加工重质油的高压加氢炉,其炉管材质一般较好,因此炉管壁温不会成为限制条件,但一般被加热介质开始发生结焦的临界温度会成为表面热强度的限制条件。

如果热强度最大峰值时的管壁温度超过管材允许的最高使用温度，应降低其设计的平均热强度。这种情况在加氢裂化的氢气加热炉上容易出现，解决的办法有以下两点：(1) 在压降允许的情况下，提高管内流速，从而提高内膜传热系数，降低管壁温度；(2) 增加排管面积，降低平均热强度。

3) 反应进料加热炉炉型

反应进料加热炉在满足平面要求的情况下优先采用单排管双面辐射立式炉。单排管双面辐射立式炉的优点如下：

(1) 单排管双面辐射平均热强度是单排管单面辐射的 1.5 倍，可以在最高热强度不超限的情况下，得到较高的平均热强度，可以提高昂贵的不锈钢炉管的利用率，降低加氢反应加热炉的投资。

(2) 同时由于单排管双面辐射平均热强度是单排管单面辐射的 1.5 倍，在相同的管内流速下，炉管的水力长度仅为单排管单面辐射的 0.66 倍，即压降仅为单排管单面辐射的 0.66 倍，这样就可以缩短炉管的长度和减少弯头的数量，从而得到最小的压降，降低加氢反应加热炉的投资。

4) 加氢反应加热炉结焦控制

加氢反应加热炉结焦控制方案如下：

(1) 多管程炉管设计及工艺配管应尽最大可能对称，加热炉各支路进料量也应均衡，燃烧器布置及操作严防偏烧。

(2) 正常停炉要严格按规定程序进行，同时应特别注意控制加热炉的介质降量速度和降温速度。

(3) 通过计算合理布置炉管表面热电偶安装位置，并在炉管表面热电偶上设置屏蔽罩。在操作时应监控各路表面热电偶温度变化情况。

昆仑工程公司沈阳分公司先后设计了泉州石化 375×10^4 t/a 柴油液相加氢装置、四川石化 350×10^4 t/a 柴油加氢精制装置、兰州石化 300×10^4 t/a 柴油加氢装置等大型规模装置的加热炉，装置开工后运行平稳，都达到了预期的工艺设计要求。

二、中国石油柴油加氢技术工业应用

1. 云南石化 240×10^4 t/a 直馏柴油加氢精制装置

云南石化 240×10^4 t/a 直馏柴油加氢精制装置采用石化院成套加氢精制工艺，设置一台加氢反应器，装填石化院 PHF-101 柴油加氢精制催化剂及 PHF-101P-2、PHF-101P-3 系列保护剂。装置公称规模为 240×10^4 t/a，适应性工况设计规模为 280×10^4 t/a，实际加工量为 281.06×10^4 t/a，设计弹性为 60%~110%，年开工时数为 8400h，于 2017 年 7 月一次开工成功。

1) 原料和产品规格

(1) 原料性质。

装置处理的原料油为来自常压蒸馏装置的直馏柴油，其规格见表 9-6。

表 9-6　云南石化 240×10⁴t/a 直馏柴油加氢精制装置原料油规格表

项目	设计工况	标定工况	
原料名称	直馏柴油	直馏柴油(常减压蒸馏装置直供)	直馏柴油(罐区)
混兑比例,%(质量分数)	100	90.7	9.3
密度(20℃), kg/m³	844.7	840.9	838.3
硫,%(质量分数)	1.434	1.14	1.09
氮, $\mu g/g$	100	69.9	56.9
闪点,℃	103	69.5	62.5
十六烷值	52	58.9	56.1

(2) 产品性质。

主要产品为精制柴油，柴油指标满足欧 V 标准，硫含量小于 $10\mu g/g$，可直接作为柴油产品出装置，或作为柴油的调和组分；副产品为低分气和汽提塔顶不凝气，其中，低分气至加氢裂化装置脱硫后回收氢气，汽提塔顶不凝气作为轻烃回收装置原料的一部分。精制柴油产品性质见表 9-7。

表 9-7　云南石化 240×10⁴t/a 直馏柴油加氢精制装置精制柴油产品规格表

项目	设计工况	标定工况
加氢精制产品	精制柴油	精制柴油
密度(20℃), kg/m³	832.4	824.2
硫, $\mu g/g$	<10	<10
氮, $\mu g/g$	<10	0.9
凝点,℃	<-5	-6
十六烷值	54	59.4

装置标定期间加工原料为常减压蒸馏装置直馏柴油和罐区直馏柴油，在切换原料时，直馏柴油原料硫含量容易发生变化。标定期间原料硫含量自 1.11% 波动至 1.18%，为此，将反应温度提高 2℃，增强脱硫反应，提高反应温度后精制柴油硫含量降至 $10\mu g/g$ 以下。

装置设计原料直馏柴油硫含量为 1.434%(质量分数)，氮含量为 $100\mu g/g$，装置加工原料硫、氮含量均在设计要求范围内，其他分析指标均在设计要求范围内。装置标定加工量为 252.3t/h，装置加工负荷为 75.7%，标定氢耗为 0.71%(质量分数)，产品质量完全达到设计要求。

2) 主要操作条件

装置反应器入口总压为 6.85MPa，主催化剂体积空速为 $1.2h^{-1}$，反应器入口氢油比为 350:1(体积比)，反应器平均反应温度为 345℃。

3) 装置能耗

装置设计能耗为 6.72kg 标准油/t 原料，标定能耗为 5.38kg 标准油/t 原料，主要能耗指标均低于设计值，优于同类装置水平。

4) 反应器径向温差

装置反应器各床层径向温差在1.1~2.9℃之间，反应器内件使用效果良好。

2. 大连石化 200×10⁴t/a 柴油加氢装置

大连石化 200×10⁴t/a 柴油加氢装置是大连石化为实现柴油产品质量升级新建的一套装置，以直馏柴油、催化柴油和渣油加氢柴油为原料，装填石化院 PHF-101 系列柴油加氢精制催化剂及 PHF-101P-1、PHF-101P-2 和 PHF-101P-3 系列保护剂，生产满足国 V 标准的柴油产品。

装置由压缩机部分、反应部分、分馏部分及公用工程等部分组成，设计规模为 200×10⁴t/a，操作弹性为 60%~110%，年开工时数为 8400h，于 2015 年 5 月一次开车成功，并产出合格产品。

1) 原料和产品规格

(1) 原料性质。

装置处理的原料油为直馏柴油、催化柴油和渣油加氢柴油，其规格见表9-8。

表9-8 大连石化 200×10⁴t/a 柴油加氢装置混合柴油规格表

项目	设计工况	标定工况
加工量，t/h	238.095	238
密度(20℃)，kg/m³	873.1	856.6
硫，μg/g	2504	2210
氮，μg/g	500	330.54
碱性氮，μg/g		58.99
酸值，mg KOH/100mL	2.10	2.44
总氯，μg/g		0.52
凝点，℃	0	−4
闪点，℃	69	74
十六烷指数	44.5	47
多环芳烃，%(质量分数)	21	22.1

(2) 产品性质。

装置主要产品为低硫柴油，硫含量小于 10μg/g，作为国 V 柴油的调和组分；副产品为脱硫干气至燃料气管网。低硫柴油产品性质见表9-9。

表9-9 大连石化 200×10⁴t/a 柴油加氢装置低硫柴油产品规格表

项目	设计工况	标定工况
产量，t/h	239.696	
密度(20℃)，kg/m³	850	840.2
硫，μg/g	≤10	4.86
氮，μg/g		3.04
碱性氮，μg/g		1.57
氧化安定性，mg/100mL		0.5
闪点，℃	≥57	82

续表

项目	设计工况	标定工况
十六烷值指数	47	50
多环芳烃,%(质量分数)	≤11	5.1

2）操作条件

装置反应器入口总压为7.77MPa，主催化剂体积空速为$1.3h^{-1}$，反应器入口氢油比为396∶1（体积比），反应器入口温度为303℃，反应器出口温度为342℃。

3）装置能耗

标定期间装置总体能耗合计为9.55kg标准油/t原料，低于设计能耗10.18kg标准油/t原料，装置设计能耗较为合理。

3. 乌鲁木齐石化180×10⁴t/a柴油加氢改质装置

乌鲁木齐石化180×10⁴t/a柴油加氢改质装置以一套常减压常一线油、二套常减压柴油组分、重油催化柴油、蜡油催化柴油、焦化汽油为主要原料。装置采用中国石油大庆化工研究中心研制的PHU-201加氢改质催化剂，主要产品为加氢改质柴油，改质柴油满足国V车用柴油标准要求，石脑油芳烃潜含量较高，是优质的重整装置原料。

装置由反应部分、分馏部分及公用工程部分组成。设计规模为180×10⁴t/a，操作弹性为60%~110%，年开工时数为8400h。

1）原料和产品规格

（1）原料性质。

装置处理的原料油为直馏柴油、催化柴油和渣油加氢柴油，其规格见表9-10。

表9-10　乌鲁木齐石化180×10⁴t/a柴油加氢改质装置原料油规格表

项目		设计工况	标定工况	
密度(20℃),kg/m³		833	847.0	850.6
机械杂质		—	无	—
碱性氮,μg/g		—	129	121
硫,μg/g		3350	1012	1030
十六烷值		43.0	44.8	46.6
十六烷指数		—	45.9	45.0
凝点,℃		—	-2	-2
实际胶质,mg/100mL		—	219.6	—
溴值,g Br/100g		—	15.1	—
金属含量,μg/g	Fe	—	0.03	—
	V	—	0.02	—
	Ca	—	0.02	—
	Na	—	0.27	—

（2）产品性质。

装置生产0号柴油，产品送至产品罐区调和后出厂；副产品是石脑油、低分气及酸性气。低硫柴油产品性质见表9-11，石脑油产品性质见表9-12。

表9-11　乌鲁木齐石化 180×10⁴t/a 柴油加氢改质装置柴油产品规格表

项目	设计工况	标定工况	
密度(20℃)，kg/m³	818.7	832.7	829.8
闪点，℃	≥55	81	78
机械杂质	—	无	
酸值，mg KOH/100mL	—	—	0.56
氮，μg/g	≤10	0.5	0.5
硫，μg/g	≤10	0.8	0.9
十六烷值	≥51	53.0	55.5
十六烷指数	—	53.6	55.1
凝点，℃	≤0	-3	-2
氧化安定性，mg/100mL	—	1.6	—
铜片腐蚀，级	—	1	1

表9-12　乌鲁木齐石化 180×10⁴t/a 柴油加氢改质装置石脑油产品规格表

项目	设计工况	标定工况	
密度(20℃)，kg/m³	731	737.1	737.5
初馏点，℃	40	46	47
终馏点，℃	165	166	174
氮，μg/g	≤1	0.5	0.5
硫，μg/g	≤1	0.9	0.6
溴值，g Br/100g	初馏点，℃	0.21	0.21
芳烃潜含量，%(质量分数)	初馏点，℃	50.7	51.5

2) 操作条件

加氢精制反应器入口总压为11.8MPa，主催化剂体积空速为1.6h⁻¹，反应器入口氢油比为700∶1(体积比)，平均反应温度为323℃；加氢改质反应器入口总压为11.55MPa，主催化剂体积空速为1.6h⁻¹，反应器入口氢油比为700∶1(体积比)，平均反应温度为345℃。

3) 装置能耗

标定期间装置总体能耗合计为10.36kg标准油/t原料，装置能耗低于设计能耗。

第三节　柴油加氢技术展望

经过几十年的发展，柴油加氢技术已经日趋成熟，其未来的发展方向主要围绕低成本柴油质量升级、裂解生产化工原料等方面。

大型炼油技术

一、低成本柴油质量升级

1. 低压柴油加氢技术

中国石油现有30余套5~8MPa中低压力等级的柴油加氢精制装置。随着国内成品油结构调整，航空煤油需求量增大，部分直馏轻柴油组分用于生产航空煤油，导致柴油加氢装置原料变重，二次加工油比例上升，生产满足国Ⅵ标准的柴油调和组分难度加大。

为有效解决高硫、高氮、高芳烃的催化柴油质量升级问题，石化院在前期成功开发出负载型柴油加氢精制催化剂PHD-112基础上，又开发了更高活性的非负载型柴油加氢精制催化剂PHD-201，目前已完成催化剂吨级工业放大及5000h长周期稳定性评价和中试试验；具备了工业试验条件。

呼和浩特石化与石化院、抚顺石化、昆仑工程公司沈阳分公司合作，开展了PHD-201柴油加氢催化剂的各种实验，利用PHD-201与PHD-112组合催化剂在氢分压为4.0MPa的加氢装置上加工近90%催化柴油的混合原料，最终获得了主要指标达到国Ⅵ标准的柴油组分。该技术工业试验成功后，将为低压条件加工重质柴油带来突破性的进展。

2. 微界面技术

微界面技术能够解决气液两相在反应过程中因气泡直径大而使气液相界面积小，造成传质效率较低，进而制约反应速率的难题。

延长集团碳氢高效利用技术研究中心通过对渣油组成、催化剂选择、操作条件、产品方案等进行综合分析，进而对微米级气泡的最佳直径、气液混合相中的含气率、最佳的气液相界面积、最佳的反应温度进行反复试验，成功开发了微界面乳化床反应器及相应的加氢反应体系，可将常规的减压渣油加氢反应压力由18~22MPa降低至4~10MPa。随着微界面技术的不断进步，可以期望在不久的将来，新一代微界面技术将应用在柴油加氢技术领域，为降低柴油加氢装置成本做出更大的贡献。

二、裂解生产化工原料

柴油裂解是降低炼厂柴汽比、增产航空煤油、提高优质化工原料产量的最好途径。柴油裂解技术具有原料适应性强、生产方案灵活、液体产品收率高等优点，可生产3#喷气燃料。同时，重石脑油芳烃潜含量高，是重整装置生产芳烃的优质原料；轻石脑油富含链烷烃，是蒸汽裂解制乙烯装置的优质进料。柴油裂解将成为未来柴油加氢技术发展的必然趋势，将在炼厂向化工原料型和纯化工型转型中发挥重要作用。

参 考 文 献

[1] 朱庆云，曾令志，鲜楠莹，等．全球主要炼油催化剂发展现状及趋势[J]．石化技术与应用，2019(3)：153-157．

[2] 丁石，高晓冬，聂红，等．柴油超深度加氢脱硫（RTS）技术开发[J]．石油炼制与化工，2011，42(6)：23-28．

[3] 张毓莹,胡志海,辛靖,等.MHUG技术生产满足欧Ⅴ排放标准柴油的研究[J].石油炼制与化工,2009,40(6):1-7.
[4] 王丹,郭金涛,张文成,等.PHF-101柴油加氢精制催化剂的工业应用[J].石油炼制与化工,2014,45(6):44-47.
[5] 赵纯革,张英华,王昆鹏.PHF-102催化剂与KF757/767催化剂的应用情况分析[J].炼油与化工,2016,27(2):21-23.

第十章 连续重整技术

连续重整是炼油和石油化工重要的工艺过程之一，其以石脑油为原料，在一定的温度和压力条件下，通过临氢催化反应，生成富含芳烃的重整生成油，同时副产含氢气体。

连续重整工艺自 20 世纪 70 年代初问世以来，发展很快，装置规模不断提高。20 世纪 80 年代，中国开始引进建设连续重整装置，主要引进美国 UOP 公司连续重整技术和法国 Axens(原 IFP 公司)工艺技术，中国第一套连续重整装置于 1985 年在上海金山投产，近 40 年来有了很大发展。截至 2020 年，中国共有催化重整装置 130 余套，总加工能力超过 1.3×10^8 t/a，其中连续重整装置超过百套，总加工能力超过 1.2×10^8 t/a。随着炼化一体化的发展，连续重整在现代炼化企业中的作用将越来越重要。

为了满足清洁油品的市场需求，支撑企业炼化转型，中国石油通过多年技术攻关，开发出中国石油 PTT 连续重整技术，在重整反应、催化剂再生工艺，以及关键设备和关键控制等方面均有新的突破，提高了中国石油在连续重整领域的综合竞争力。

第一节 国内外连续重整技术现状

一、国外技术现状

1. UOP 公司连续重整技术

重叠式连续重整工艺由美国 UOP 公司开发，经历了 3 个发展阶段。(1)常压再生工艺：反应压力为 0.88MPa，再生压力为常压。(2)加压再生工艺：反应压力降至 0.35MPa，再生压力增加到 0.25MPa。(3)CycleMax 工艺：反应和再生压力与加压再生工艺相同，只是对再生工艺流程和控制流程进行了一些改进，如再生器内筛网改为锥形、改进催化剂输送系统结构、采用两段还原等。目前，CycleMax 工艺催化剂再生尾气排放增加了 Chlorsorb 脱氯技术，用于再生气排放气的脱氯，就是使再生空气在排入大气前先在分离料斗下边用冷催化剂吸附其中携带的氯化物，回收率可达到 97%，可以取代放空气碱洗系统[1]。

2. Axens 公司连续重整技术

并列式连续重整工艺由法国 IFP 公司(现 Axens 公司负责技术转让)开发，经历了 4 个发展阶段。(1)分批再生工艺：反应流程与半再生工艺基本相同，反应压力降至 0.8MPa 左右，催化剂再生流程设置单独催化剂再生系统，再生压力为 1.3MPa。(2)Regen B 工艺：催化剂再生由分批改为连续，反应压力降至 0.35MPa，再生压力稍高于第一反应器。(3)Regen C 工艺：在 Regen B 工艺基础上进行了改进。将焙烧气由再生循环气改为空气，氧氯化气单独放空，改变再生器烧焦控制条件与方式等。(4) Regen C_2 工艺：在 Regen C 工艺基础上进行了改进。修改了再生部分的气体流程，氧氯化气与焙烧气仍分开，取消了单独的氧氯化气放空罐，焙烧气由空气改为空气与再生循环气的混合物。

二、国内技术现状

2000年以来，国内对重整催化剂和工艺技术也进行了开发，并成功开发出国产的催化剂和连续重整技术。

1. 中国石化 SLCR 连续重整技术

中国石化 SLCR 连续重整技术由中国石化洛阳石化工程公司开发，SLCR 连续重整技术与 UOP 公司、Axens 公司所研发技术主体流程类似，其主要特点如下：(1) 4 台重整反应器采用两两重叠式布置；(2) 采用干冷再生气体循环技术；(3) 采用一段烧焦；(4) 采用无阀输送催化剂循环技术，其闭锁料斗布置于再生器上方，利用再生器上部的缓冲区作为闭锁料斗的高压区。

2. 中国石化逆流连续重整工艺技术

中国石化逆流连续重整工艺技术由中国石化工程建设公司开发，逆流移动床重整催化剂的流动方向与反应物料流动方向相反，再生后的催化剂先经第四反应器、第三反应器再到第二反应器、第一反应器，然后去再生器，再生后的催化剂再送入第四反应器进行循环。该技术主要特点如下：(1) 反应器间催化剂的流动方向与反应物流的方向相反；(2) 催化剂由低压向高压的输送采取分散料封提升的方法；(3) 再生器采用两段轴向烧焦。

3. 中国石油 PTT 连续重整技术

中国石油自 2011 年开始进行重整催化剂的技术开发，先后历经小试、中试及工业替换试验，成功开发出 PCR-01 连续重整催化剂。基于石化院 PCR-01 连续重整催化剂，中石油华东设计院、石化院和庆阳石化共同进行了连续重整工艺技术的研究开发工作，成功开发出并列式上进上出(PTT)连续重整技术。该技术主要特点如下：

(1) 反应器并列式布置，反应器和加热炉之间管线直连，降低反应系统压降，提高反应的转化率和液体收率。

(2) 再生器一段烧焦，多段进气，提高烧焦的有效性。

(3) 采用新型再接触工艺，提高重整产氢的纯度和液化气的回收率。

(4) 重整四合一反应加热炉烟气采用顶烧式 U 形管加热炉工艺。

第二节 中国石油连续重整技术

"十一五"期间，中国石油连续重整主要依靠引进国外技术和购买工艺包，仅具备工程设计能力，2009 年开始建设的呼和浩特石化 60×10^4 t/a 连续重整装置，是中国石油第一套只购买专利使用权、不购买工艺包的连续重整装置。中石油华东设计院已经可以实现重整装置的全流程模拟和工艺计算，并已具备 200×10^4 t 级别连续重整装置的工程设计能力。

大型炼油技术

"十二五"期间,石化院开始连续重整催化剂小试研究,能够实现千克级催化剂的生产及评价,开发出 PCR-01 连续重整催化剂。中石油华东设计院主要解决重整反应和再生以外的技术和大型连续重整装置的工程化问题,突破了重叠式大型重整反应器等关键工程设计技术瓶颈,全面掌握了连续重整装置的工程设计技术,可以独立完成石脑油加氢、重整再接触、重整油分馏等除重整反应及再生部分以外全部内容的工艺包设计。

"十三五"期间,中国石油在"十二五"工作的基础上重点突破连续重整装置重整反应及再生部分关键工艺技术和设备技术,PCR-01 连续重整催化剂先后在庆阳石化和乌鲁木齐石化实现 1.8t 和 2.3t 的工业替换试验,达到了工业化应用的水平。基于石化院 PCR-01 连续重整催化剂,开发出中国石油 PTT 连续重整技术。

一、中国石油 PTT 连续重整反应技术

1. 并列式上进上出连续重整反应工艺

连续重整工艺按反应器的布置方式可分为重叠式连续重整和并列式连续重整。国内外现有的重叠式连续重整工艺的多台重整反应器为重叠布置,物流流经反应器采用上进上出的方式;并列式连续重整工艺的多台重整反应器为并列布置,物流流经反应器采用上进下出的方式。分析现有国内外连续重整技术的特点,为了使反应系统压降更低,尽量减少转油线的长度和弯头,中国石油开发出并列式上进上出连续重整反应工艺,其工艺流程如图 10-1 所示。

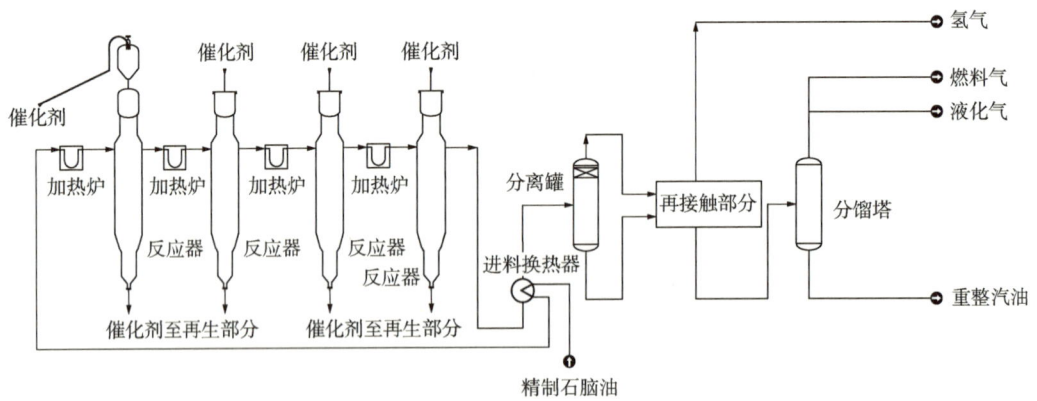

图 10-1 中国石油并列式上进上出连续重整反应工艺流程示意图

该技术反应器采用并列式布置,结构形式简单,易于安装与检修,降低了制造和装配难度,同时并列式布置更易于实现连续重整的大型化建设。重整反应器采用上进上出的形式,加热炉采用新型顶烧式加热炉,炉底设有烟道,将炉子标高抬高后,加热炉与反应器出入口采用同一标高(图 10-2)。

第十章 连续重整技术

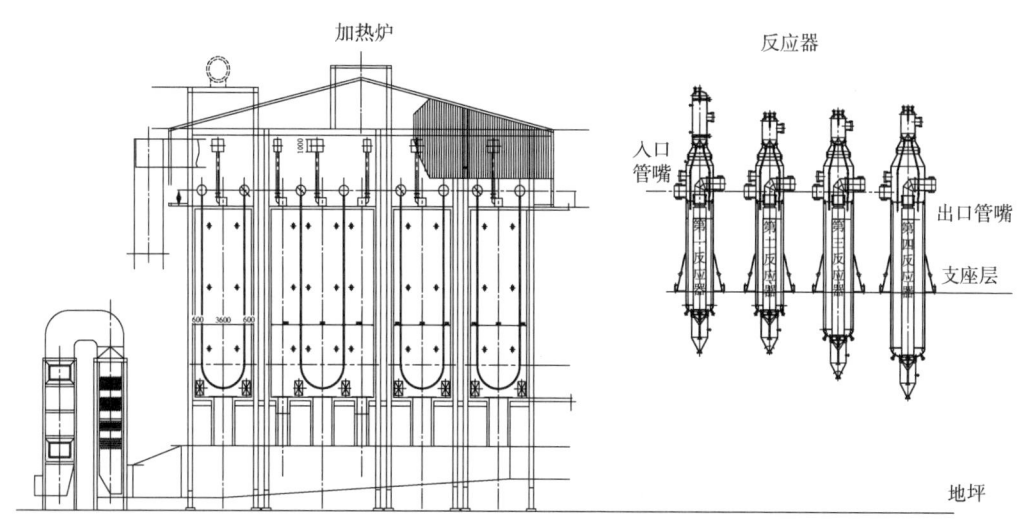

图 10-2 上进上出式反应器及顶烧式加热炉

根据重整反应的机理,重整反应系统的压降越低越好,在关键设备一定的情况下,并列式布置和上进上出的技术特点能够实现反应器和加热炉之间的管线直连,有效减少转油线的长度和弯头数量,重整反应系统压降降低。图 10-3 为反应器与加热炉直连平面图。

以 100×10^4 t/a 连续重整装置为例,采用中国石油并列式上进上出连续重整反应工艺后,加热炉出口与反应器入口 DN900mm 的转油线直连,反应器出口与加热炉入口的转油线在一个水平面,与同等规模的其他技术相比,转油线长度减少约 40%;DN900mm 转油线的弯头减少 13 个,减少高温的焊口,投资减少的同时安全性提高;重整反应系统压降较同等规模其他技术降低了 8%,降低了重整反应部分的平均压力,有利于提高产品液体收率和氢气产率;重整循环氢压缩机的功率降低 6%,有利于降低能耗。

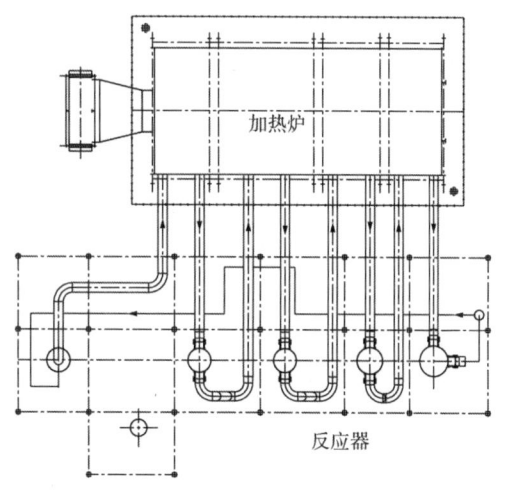

图 10-3 反应器与加热炉直连平面图

2. 新型再接触技术

再接触即重整产物分离罐顶的含氢气体和重整生成油在较高的压力和较低的温度下接触建立新的气液平衡。通常根据下游加氢装置或系统氢气管网对氢气边界压力的要求确定再接触的压力。对于传统的再接触式液化气回收系统,Axens 公司一般采用顺流一级再接触式回收,UOP 公司采用逆流二级再接触式回收。

以 UOP 公司逆流二级再接触式回收方案为例。重整产物分离罐顶含氢气体经重整循环氢压缩机升压后,一部分气体作为循环氢进入重整反应部分,另一部分气体先经过重整氢压缩机(一级)进行增压后进入 1 号再接触罐。1 号再接触罐顶部气体进入重整氢缩压机(二级)进行增压后再进入2号再接触罐。重整产物分离罐底液体经重整产物分离罐泵升压后与二级增压后的物料混合,然后冷却至低温后进入2号再接触罐进行油气分离,此时含氢气体中的部分烃类溶解在重整产物中,使产氢纯度提高,同时液体产品收率增加。2号再接触罐底的液相经过换热后,与重整氢压缩机(一级)出口含氢气体混合并冷却后送至1号再接触罐,即逆流二级再接触(图10-4)。

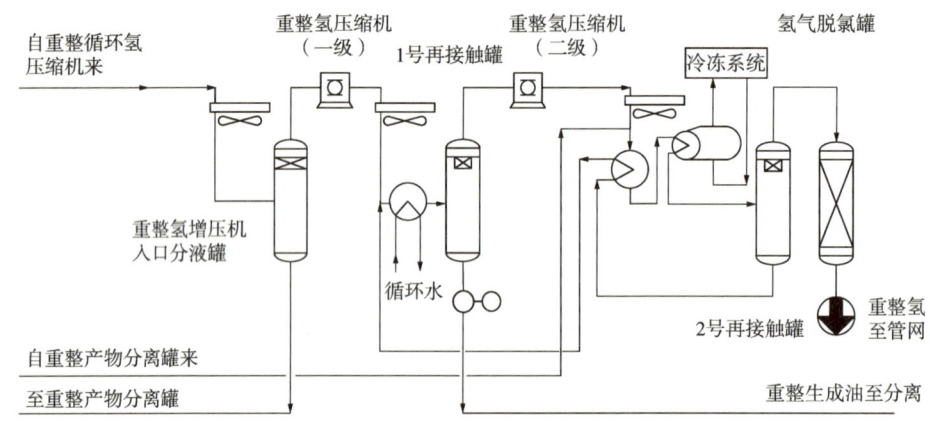

图10-4 逆流二级再接触流程

中石油华东设计院保持氢气外送压力不变,提出了新型再接触技术,通过新型再接触进一步回收重整产氢中的液化气馏分,提高重整产氢的纯度。具体如下:重整产物分离罐顶含氢气体经重整循环氢压缩机升压后,一部分气体作为循环氢进入重整反应部分,另一部分气体先后经过重整氢压缩机(一级)、重整氢压缩机(二级)增压后进入新型再接触塔底部。重整产物分离罐底液体经重整产物分离罐泵升压后,冷却至低温后进入新型再接触塔顶部接触吸收增压后含氢气体中的部分烃类,使产氢纯度提高,同时液体产品收率增加。

新型再接触技术主要特点如下:
(1) 设置一台高效新型再接触塔,采用一级高效接触;
(2) 重整生成油不经过压缩机入口缓冲罐或压缩机中间分液罐;
(3) 重整生成油和重整氢气的流程清晰。

与传统再接触技术相比,采用中国石油新型再接触技术后,液化气收率提高1.0个百分点;氢气的浓度提高接近1.0个百分点;液体收率大约提高0.1个百分点;重整生成油不经过重整氢压缩机,缓解重整氢压缩机气阀结焦问题;氢气流路上的冷换设备减少,从而减少了重整氢压缩机的功率消耗。

3. PTT连续重整反应器

1) 重整反应器结构

国外连续重整技术专利商有美国UOP公司和法国Axens公司两家,两家技术水平相当。在反应器方面,UOP公司采用重叠式布置,反应物流为上进上出;Axens公司采用并列式布置,反应物流为上进下出。近年来重整装置产能逐渐扩大,随着炼化一体化基地的建设,重整装置也朝着大型化发展,从$60×10^4$t/a连续重整装置规模发展至今单体最大$410×10^4$t/a连续重整装置规模,重整反应器需要装填的催化剂越来越多,重整反应器的直径(或容积)越来越大,床层越来越高,特别是第三反应器、第四反应器直径更大,床层更高。

重叠式反应器按照反应器的初始反应过程,将最先开始反应的反应器放置在重叠式反应器最上端,依次从上往下重叠。在重叠式反应器的最顶部设置还原段或缓冲段用于还原或缓冲提升的催化剂,在重叠式反应器的最底部设置催化剂收集段用于收集待生催化剂。每一台反应器的内部件包括一根中心管,8~15根催化剂输送管,均布在壳体器壁内表面的若干扇形筒,连接中心管与扇形筒的盖板或反应介质入口导流筒。重叠式反应器分"四合一""三合一""二合一"3种重叠结构,通常装置规模小于$140 \times 10^4 t/a$连续重整装置多采用"四合一"结构(图10-5);装置规模达到$140 \times 10^4 t/a$连续重整装置则需要两个并列的"二合一"结构(图10-6);对于目前$300 \times 10^4 t/a$以上连续重整装置,则采用"三合一"和"二合一"并列组合。

并列式反应通常采用四五个反应器并排布置,并列式反应器内件由中心管、扇形筒(小直径反应器可采用整体外筛网)、套筒、盖板、催化剂输送管组成。催化剂从顶部封头上开设的催化剂料腿入口进入,经输送管进入中心管和扇形筒(或整体外筛网)之间的催化剂床层,向下流动,从底部催化剂出口流出。油气从原料入口进入,经进料分配器进入扇形筒(或整体外筛网),然后径向流过催化剂床层,进入中心管,从下部或上部反应器出口流出。各反应器顶部均设置催化剂料斗,各台反应器均需配置一套催化剂提升系统将再生催化剂提升至上部催化剂料斗,再生催化剂在重力的作用下先进入还原罐用氢气还原后,再进入重整反应器进行连续重整反应。上进下出并列式重整反应器结构如图10-7所示。

2) 重整反应器中心管

各种形式的径向反应器都有一根中心管,它由内部开孔圆筒、外部V形丝网(V形金属丝和筋板焊接而成的筛网)和上下连接件(吊耳、盖板、支承座等)组成。内部开孔圆筒通常用不锈钢板卷焊而成,承受催化剂床层压差和催化剂的堆积重量产生的静压头。内部圆筒根据工艺要求的开孔率钻制一定数量的小孔,气流通过小孔时产生一定的压降,孔的大小、数量和布置是油气在催化剂床层中流动是否均匀、分配效果好坏的关键[2]。中心管外部V形丝网严格控制空隙宽度,其主要目的在于防止催化剂颗粒从中心管中流失,同时保证催化剂能沿丝网空隙向下自由移动,形成稳定的移动床层。常见的中心管为单根整体结构,随着装置大型化要求以及检修维护的需要,现已研制出多段组装式中心管结构。图10-8显示了重整反应器中心管结构。

中心管外部丝网有以下两种制造工艺方式:

(1) 第一种为传统电阻焊接V形丝网制造方式,是由V形丝和支撑筋板采用两电极压触焊接形成环向绕丝筒状结构,然后沿轴向切开网筒展开成平板状格栅,再将平板状格栅二次辊压沿支撑杆方向辊压卷制成弧形筛网,形成V形丝轴向支撑杆环向结构,平板状格栅V形丝网的缝隙长度(或开孔)方向须与催化剂的流动方向一致,卷制成型的弧形筛网进行圆周拼接组成V形丝轴向排布网筒结构,在支撑杆两端焊接连接板条构成纵缝拼接焊缝,最终V形丝网表面由若干数量纵向焊缝组成圆柱形筛网筒。根据中心管外部丝网总体长度,将预制的圆柱形筛网筒通过环形焊缝组焊拼接成一个整体的中心管,需注意将拼接的纵向、环向焊缝打磨圆滑,以减少催化剂的堵塞和磨损,且相邻每层圆柱形筛网筒纵向焊缝圆周须错开,避免形成十字形焊缝结构。此外,圆筒V形筛网的环向支撑杆必须与内部圆柱形孔板筒上的开孔错开,不得遮挡圆柱形孔板筒的小孔位置以免妨碍小孔油气流动。

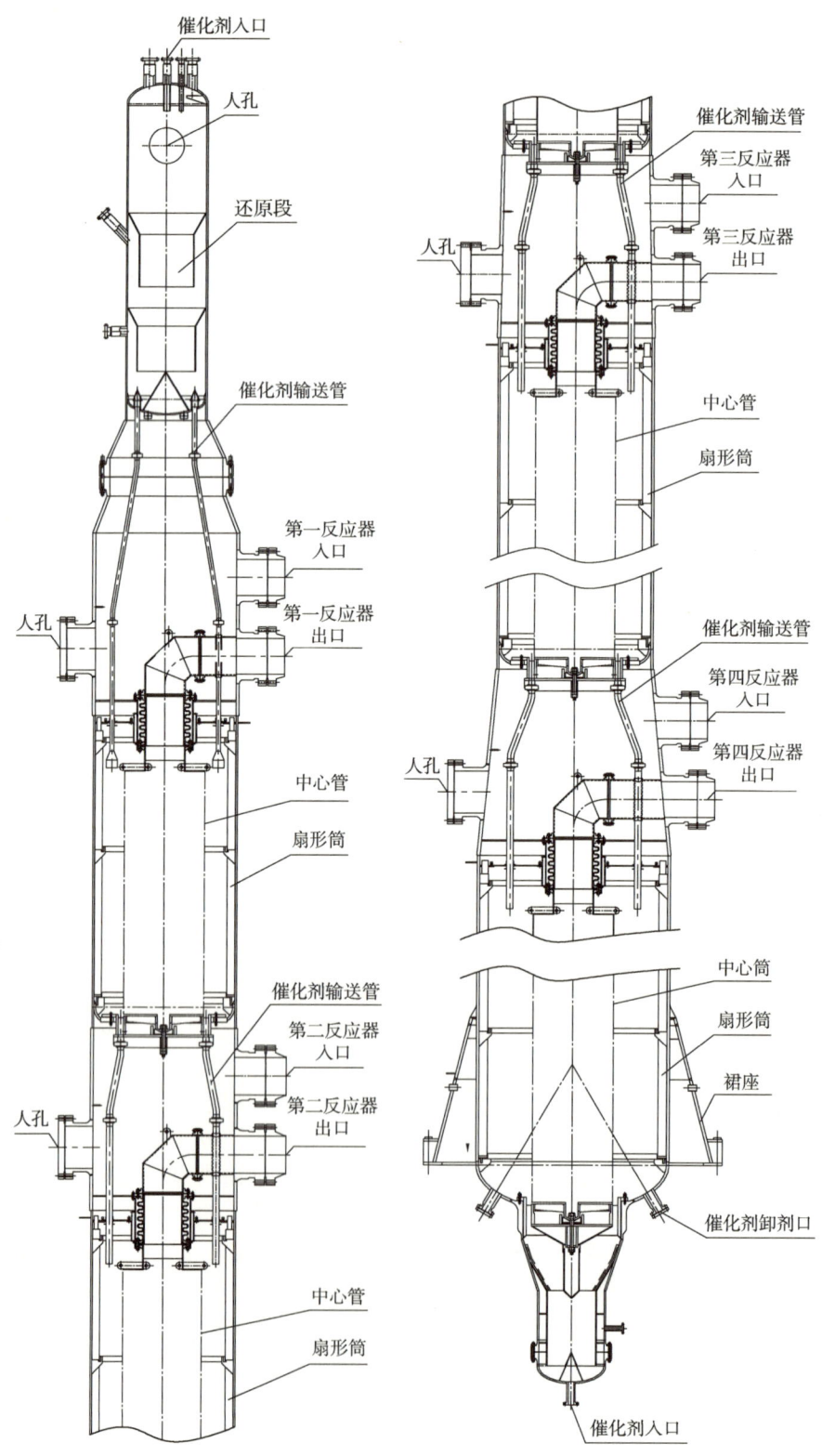

图 10-5 "四合一"重叠式反应器结构

第十章 连续重整技术

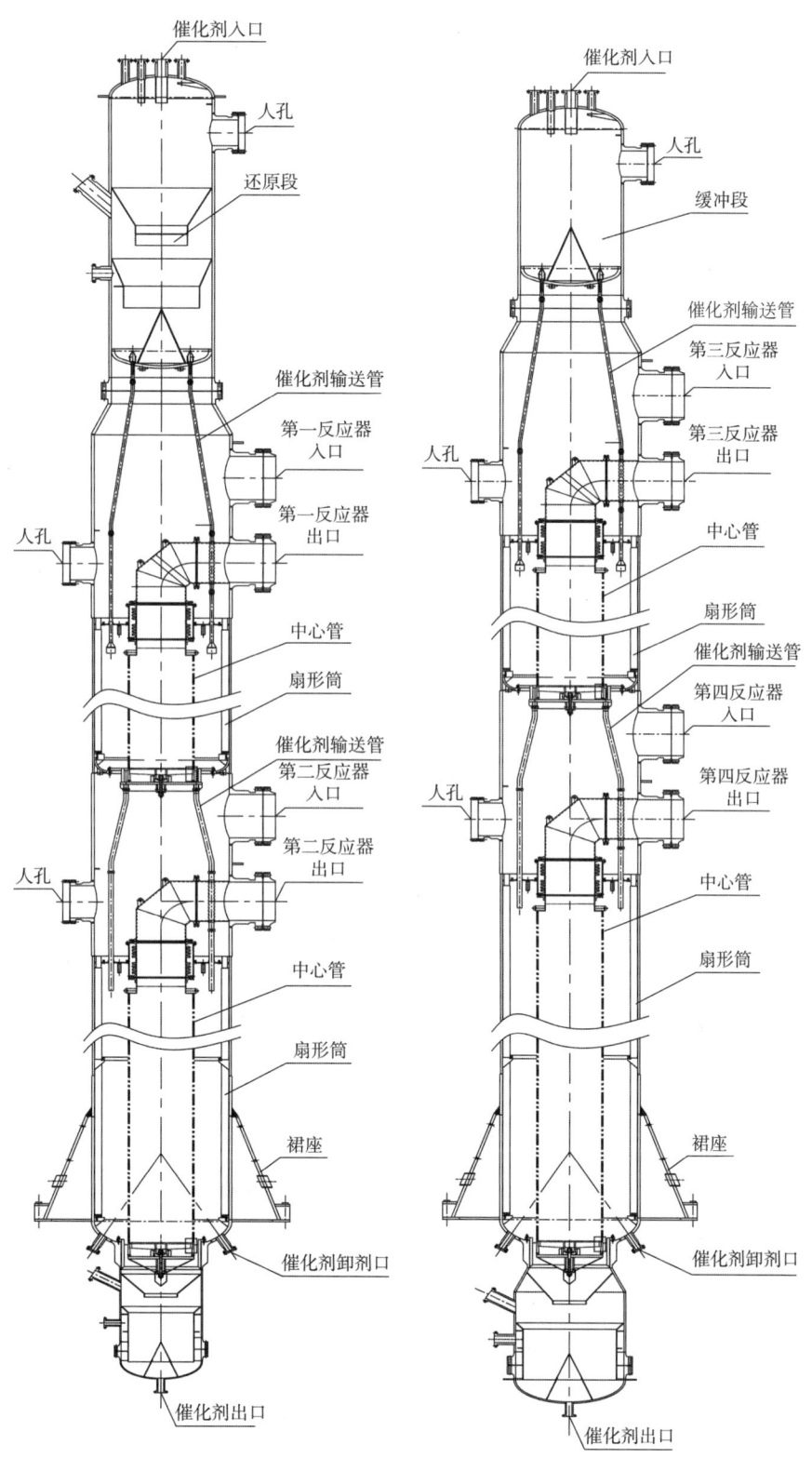

图 10-6 "二合一"重叠式反应器结构

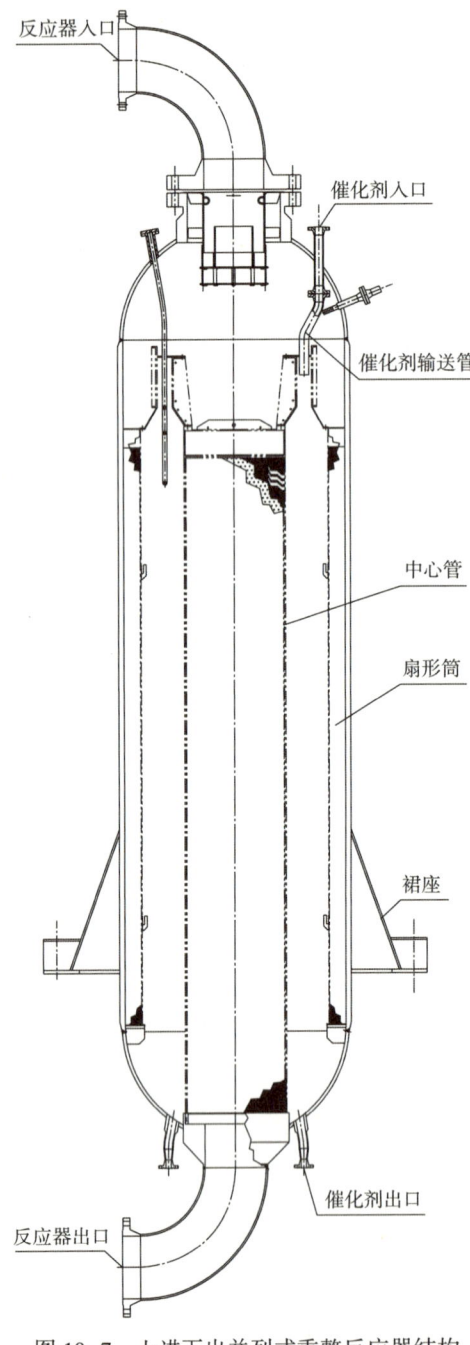

图10-7 上进下出并列式重整反应器结构

（2）第二种为激光切割和焊接V形丝网制造方式，此加工工艺无须二次成形，直接制造成无纵向拼接焊缝整体V形丝网圆筒筛网，目前已成为V形丝网加工最领先的技术水平。采用激光精确切割弧形支撑杆，通过特殊模具将V形丝网与圆环形支撑杆精准装配，并利用激光特有深熔焊技术将其焊接成一个丝网表面无纵向焊缝整体圆柱形V形丝网圆筒筛网，该加工工艺制造网筒尺寸精度高，网丝表面无焊接痕迹，无焊接变形，制造周期短，避免了由于高温热胀网筒表面纵向焊缝开裂破损现象的产生，大大增加了中心管的使用寿命，降低了生产维护成本。根据中心管总体长度，仅需环向焊缝拼接每一段圆筒筛网，需注意将拼接的环向焊缝打磨圆滑，以减少催化剂的堵塞和磨损。同时安装时也需要注意将环形支撑杆和内部圆柱形孔板筒上的小孔相互错开，不得遮挡圆柱形孔板筒的小孔位置以免妨碍小孔油气流动。

3）重整反应器扇形筒

扇形筒均匀布置在径向反应器内壁圆周，从上至下贯穿整个催化剂床层高度。扇形筒的下部安装于环形支持圈上，上部配备光滑紧凑的升气筒用于穿过扇形筒分配板，保证油气均匀进入每根扇形筒的同时兼顾扇形筒上端自由膨胀及密封。扇形筒的背面与反应器内壁紧紧贴合，扇形筒与催化剂接触面分两部分，上部接触300~1000mm长的部位为光滑壁板，用来密封催化剂床层，防止扇形筒出口气流短路直接喷吹催化剂床层上表面，使催化剂发生流化；下部与催化剂流通接触部位为冲孔或丝网孔区域，用来均匀分布反应介质流通催化剂床层。扇形筒单根质量较轻，通常可从反应器顶部设备大法兰或人孔装入和取出，便于维修和更换。

扇形筒与催化剂接触的主体部件有两种结构形式：

（1）第一种采用1.2~1.8mm厚的不锈钢薄板冲压成冲孔板结构，冲孔板制造较容易，早期小规模连续重整装置使用较普遍，用不锈钢板制造的扇形筒，在开孔区内需冲若干排，冲孔数量很大，冲孔公差要求较严。冲孔板扇形筒在使用过程中会出现因薄钢板刚度问题容易在下部支撑部位发现变形失效、扇形筒的中间部位因设置膨胀圈容易引起膨胀圈卡死冲孔槽而破坏扇形筒等问题。

（2）第二种采用 V 形丝和筋板焊接成丝网结构。近年来 V 形丝网制造技术已趋于成熟，V 形丝网扇形筒的整体刚性好、开孔率大，丝网开孔缝隙可沿着催化剂流动方向布置，可减少催化剂磨损和流动阻力，随着重整装置大型化，催化剂的床层高度变高，早期的不锈钢薄板冲孔板的结构强度已不适用于大型化重整装置，V 形丝网已成为当今设计扇形筒的首选结构。

为防止催化剂流入扇形筒背后，要求扇形筒背部和器壁之间贴合好。为此，对扇形筒的直线度、扭曲度和背部形状均有严格的要求，特别是连续重整反应器用扇形筒，顶部还带有 D 字形的升气管和密封板或专用密封结构，常用 D 形、梯形和 CATMAX 扇形筒结构如图 10-9 所示。D 形和梯形扇形筒的升气管和密封板的配合间隙和公差要求严格，是一种制造难度大的特殊结构。CATMAX 扇形筒技术已对此结构进行改进，扇形筒装入反应器后，将升气管与分配板现场焊接固定，扇形筒最上部自带的密封板与升气管紧密配合，可自由滑动，结构更加简化，取消了扇形筒和中心自己的密封盖板。

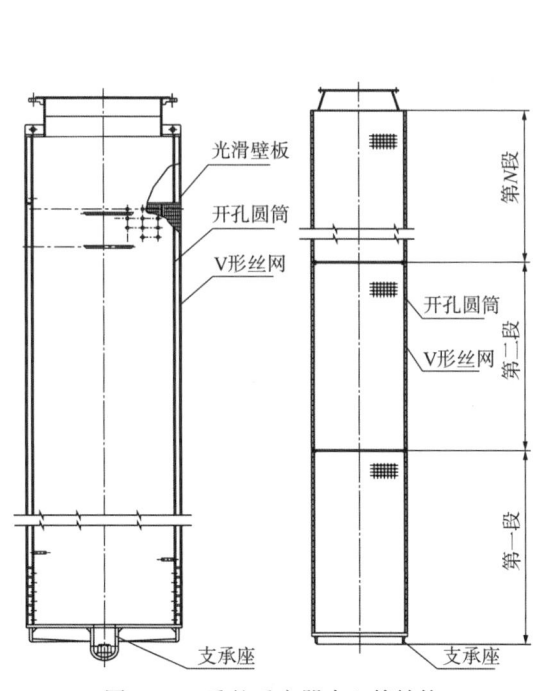

图 10-8 重整反应器中心管结构

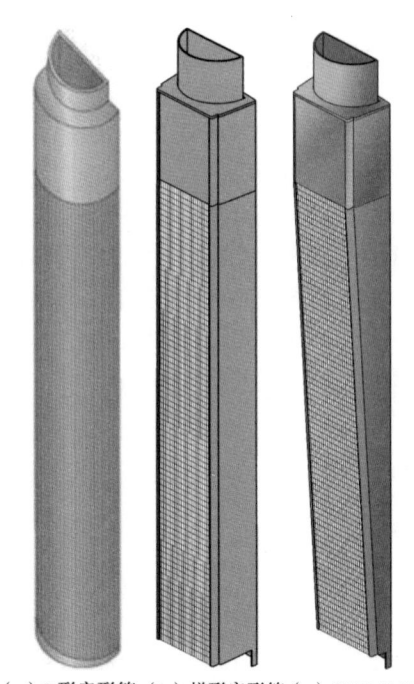

（a）D形扇形筒 （b）梯形扇形筒 （c）CATMAX扇形筒

图 10-9 常用扇形筒结构

中石油华东设计院通过调研中国石油系统内的大部分连续重整装置重整反应器和系统外的部分连续重整装置重整反应器使用、故障和改造情况，确定新型重整反应器的结构形式以及中心管、扇形筒等关键内构件的形式。根据 PCR-01 重整催化剂的理化性能，结合 CRFD 计算，确定新型重整反应器中心管、扇形筒的具体工艺结构，通过 CFD 软件确定重整反应器分布器形式、催化剂堆积情况等问题，完成中心管、扇形筒样品试制及力学性能试验。

中国石油 PTT 连续重整反应器力求简化，其结构及安装具有以下特点：

（1）为达到最佳油气分配和反应效果并防止催化剂泄漏，要求中心管、扇形筒的形状配合偏差小，其上缝隙、开孔尺寸均匀，公差要求严格。内件表面粗糙将加剧催化剂磨损，因此凡与催化剂接触的反应器内件表面及反应器壁内表面均要求打磨光滑平整。

（2）为实现油气在反应器床层中的均匀分布，除了控制中心管和扇形筒的结构尺寸和开孔率，还必须控制反应器壳体的圆度、中心管的垂直度、扇形筒的直线度以及内件安装精确度以确保油气在催化剂床层中压降相等。

（3）为保证催化剂在输送管内的流动连续性和均衡性，要求催化剂输送管以及相关连接件内表面必须光滑，相关焊缝必须打磨平整，连接件装配必须精确到位。

（4）扇形筒采用悬挂结构，方便安装操作，从结构上解决了扇形筒自行向下膨胀问题，以保证最终的装配质量和装置运行安全。

（5）中心管外部丝网和扇形筒均采用激光焊接V形丝网技术。

（6）上进上出式反应器在上部配置催化剂料斗，可直接通过内部催化剂输送管线流至催化剂床层，催化剂可在反应器腔体内进行预热。

（7）上进上出式反应器在下部配置催化剂收集料斗，可将催化剂集中收集流出反应器，减少外部管线连接。

（8）上进上出式反应器可结合管线布置进行设备安装高度的调整，确保外部工艺管线可在同一操作水平上，减少外部管线应力对设备本体的影响。

（9）上进上出式反应器为单系列布置，降低了设备整体高度，便于安装和检修，特别是对内件的安装与维护。

4. 顶烧式U形管重整加热炉

目前使用的连续重整装置反应进料加热炉均采用端烧U形管箱式炉炉型或底烧倒U形管箱式炉炉型，中石油华东设计院总结上述炉型的优缺点，对U形管箱式炉型结构进行了改进，将原水平对烧形式改为顶烧，从而开发出一种适合炼厂大型化连续重整装置的顶烧式U形管箱式加热炉（图10-10）。

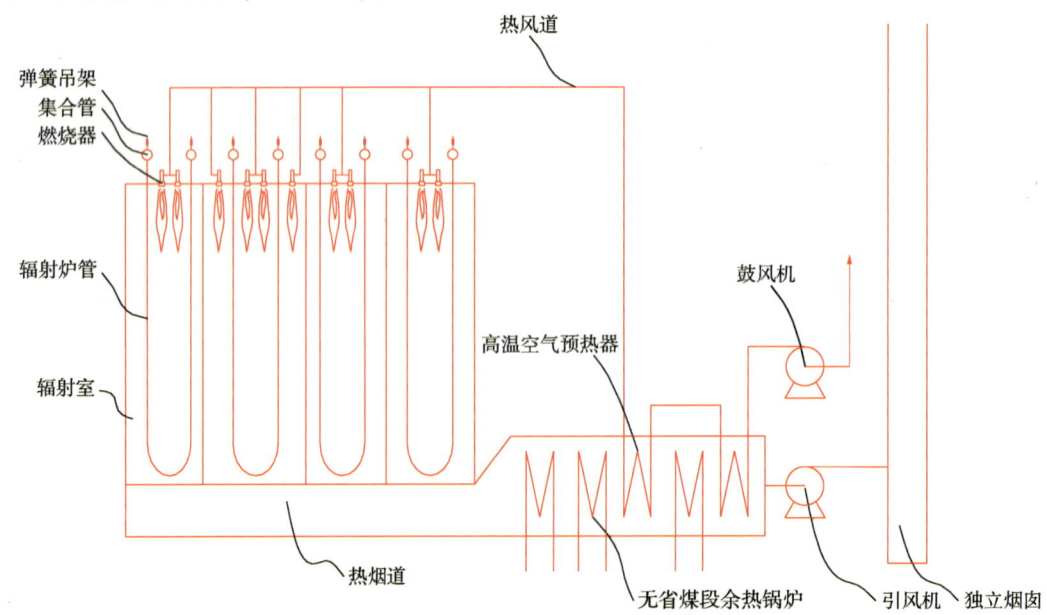

图 10-10 顶烧式 U 形管箱式加热炉

顶烧式 U 形管箱式加热炉的辐射室内设置有多路并联 U 形辐射管,并与进出口集合管相连,进出口集合管位于辐射室顶部(炉外),集合管与炉外弹簧吊架连接,将辐射盘管整体悬吊在炉体钢结构上,炉管受热后向下膨胀;在辐射室顶布置强制通风燃烧器向下燃烧,辐射管可为单面辐射,也可为双面辐射;辐射室下部设置热烟道通往独立的对流室余热锅炉及独立烟囱。

顶烧式 U 形管箱式加热炉还可以采用两个以上的辐射室连接一个对流室,形成两个以上的辐射室共同设置一个对流室的结构,对流室可以设置在辐射室正下方,也可设置在辐射室一侧。

顶烧式 U 形管箱式加热炉还对重整反应进料加热炉的余热回收方案进行了优化设计,在对流室余热锅炉中部及尾部分别增设高温及低温空气预热器,冷空气由空气鼓风机送入空气预热器与烟气换热后经热风道至炉顶燃烧器处供燃烧使用,出空气预热器冷烟气由烟气引风机排入独立烟囱。顶烧式 U 形管箱式加热炉有以下特点:

(1) 辐射室内烟气流动自上向下近似为平推流,避免了端烧 U 形管箱式炉辐射室内部存在烟气回流区的缺点,辐射室内烟气温度场更为均匀,可以使得辐射室内辐射管热强度分布更为均匀,提高了辐射管的辐射及对流传热效率。

(2) 由于采用顶烧结构,辐射室热烟气自上向下流动,U 形辐射管底部弯管不仅吸收烟气辐射热量,而且由于热烟气高速穿过这部分炉管,因此还存在较强的对流传热,使得辐射室内沿炉管长度方向的热强度分布更为均匀。

(3) 由于提高了辐射室内辐射管热强度分布的均匀性,降低了辐射室内辐射管壁最高温度,使得辐射管使用寿命延长,降低了设备维护及检修费用,同时延长了加热炉操作周期,从而提高了装置的生产经济效益。

(4) 由于降低了辐射室内辐射管壁最高温度,加热炉可长期在较高的热效率状况下操作,减少了燃料的消耗,从而降低了装置操作费用。

(5) 对流室余热锅炉去除省煤段增加空气预热器,减少了蒸汽发生量,同时将燃烧用空气温度提高至 300℃ 以上,与现有技术常温空气进燃烧器相比可以大大节省燃料的消耗,同时加热炉排烟温度可降低到 120℃ 以下,热效率可达 93% 以上,通过燃料气的深度脱硫和采用非金属空气预热器,可以进一步降低加热炉排烟温度,将加热炉效率提高到 95% 以上。

(6) 由于设置了烟气引风机,对流室可以选用较高的烟气流速,大大提高了对流传热系数,减少了对流排管面积,降低了对流段设备投资。

(7) 采用强制通风燃烧器后过剩空气系数可由自然通风燃烧器的 1.2 降低到 1.15 以下,大幅减少了燃料消耗;此外,强制通风燃烧器采用较高的空气流速,使得燃料与空气的混合更充分,燃烧效率更高,火焰更稳定,减少了火焰冲击炉管的风险;由于过剩空气的减少造成火焰区氮气浓度降低,相应降低了 NO_x 的生成量。

(8) 与端烧 U 形管箱式炉炉型及底烧倒 U 形管箱式炉炉型相比,辐射室长度方向及炉管高度方向增大均不受限制,易于实现重整反应进料加热炉大型化设计。

(9) 辐射进出口集合管位于炉顶,与上进上出并列式反应器相匹配,可以采用直连方式连接,减小了转油线压降并降低了转油线部分材料费用。百万吨级重整加热炉主要技术特征及关键参数对比见表 10-1。

表 10-1 顶烧式 U 形管箱式加热炉与常规重整加热炉对比表

项目	常规重整加热炉	顶烧式 U 形管箱式加热炉
一次性投资	基本相当	基本相当
通风类型	自然通风	强制通风
辐射段工艺介质热负荷,MW	51.08	51.08
对流段余热锅炉热负荷,MW	25.706	15.35
空气预热器热负荷,MW	无	5.94
燃料气用量,kg/s	2.26	1.91
燃料气低热值,kJ/kg	28606	28606
加热炉排烟温度,℃	161	120
空气进燃烧器温度,℃	13	246
对流段余热锅炉过热蒸汽量,kg/s	8.9	5.3
全炉计算热效率,%	91	93.3

注：对流段余热锅炉过热蒸汽出口温度为440℃，压力为4.3MPa。

通过与常规重整加热炉的对比，可以看出：

（1）顶烧式 U 形管箱式加热炉虽然增加了空气余热回收系统，但由于其对流段负荷大幅减少，对流管排及对流钢结构的投资大大减少，两者一次性投资基本相同。

（2）顶烧式 U 形管箱式加热炉采用无省煤段余热锅炉，使对流室热负荷大大减少，对流段约少产40%的中压蒸汽，对于蒸汽过剩或有燃煤动力锅炉的企业，可以节省约15%的燃料气，同时大大降低了烟气排放，经济及社会效益相当可观。对于燃料气价格较高、蒸汽价格较低的企业，该方案的经济效益更为明显。

（3）顶烧式 U 形管箱式加热炉采用无省煤段余热锅炉不仅可以将热效率由91%提高到93%以上，还可有效改善重整加热炉燃烧器的燃烧状态，提高了加热炉操作的安全性及可靠性。

二、中国石油 PTT 连续重整催化剂再生技术

1. 一段烧焦、多段进气的催化剂再生工艺

催化剂的再生过程分为烧焦、氧氯化、焙烧和还原4个步骤。UOP 公司工艺的催化剂烧焦区是由外网和锥形筛网组成，为一段烧焦，循环气不经过处理，含水量、温度高，为湿热循环，该工艺对催化剂的水热稳定性要求较高，催化剂的比表面积损失较快，影响催化剂的寿命，同时对设备材质要求高。Axens 公司工艺的催化剂烧焦区为两段内外网结构，两段烧焦，一段烧焦气出再生器经过冷却和补充氧气后进行二段烧焦，二段烧焦区出口的循环气需要经过碱洗、干燥、升压等处理后循环回一段烧焦区入口，一段烧焦区入口为干烧焦气，二段烧焦区入口为一段烧焦区出口的湿烧焦气，二段烧焦区同样影响催化剂的水热稳定性，从而影响催化剂的寿命。国内其他技术也为两段烧焦的方式，一段烧焦气出再生器经过冷却和补充氧气后进行二段烧焦，同样存在二段烧焦区入口再生气湿度大的问题。

中国石油 PTT 连续重整催化剂再生工艺技术主要关注再生器部分催化剂烧焦方式以及氧氯化和焙烧的区别，开发出新型的再生器一段烧焦、多段进气，以及再生气干冷循环的重整催化剂再生工艺（图10-11）。

第十章 连续重整技术

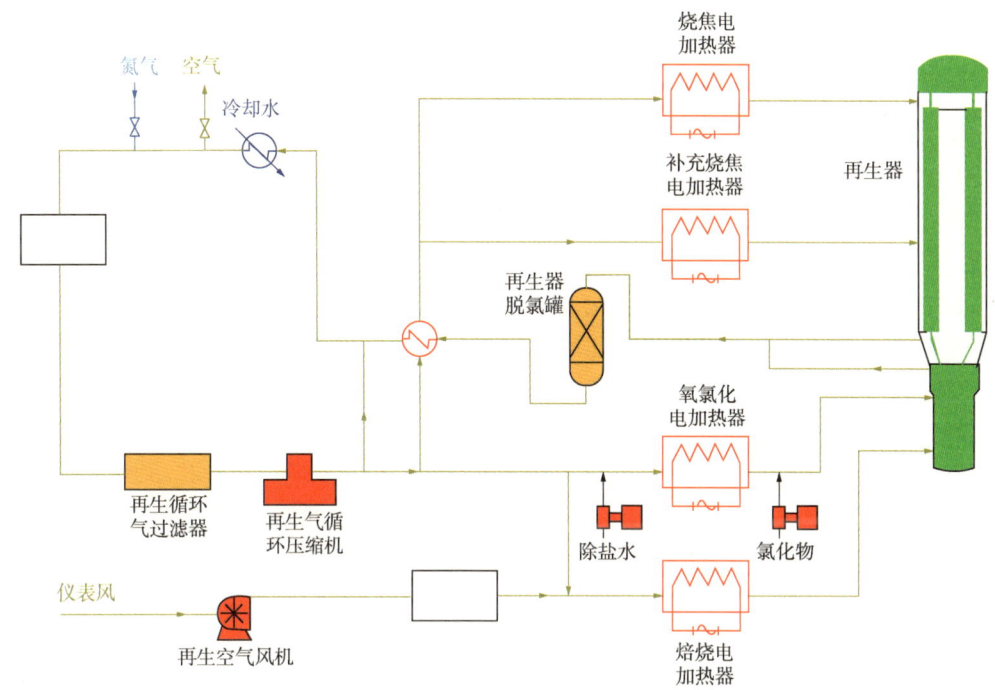

图 10-11 一段烧焦、多段进气的催化剂再生工艺流程

该工艺的特点为一段烧焦、多段进气。烧焦床层为一段连续床层，分气管通过环形隔板隔离为主烧焦区和补充烧焦区，上部为主烧焦区，下部为补充烧焦区。主烧焦区和补充烧焦区的烧焦气均为干烧焦气。主烧焦气通过电加热器加热到 450~550℃，进入主烧焦区，烧掉催化剂上的高氢碳比积炭；补充烧焦气通过电加热器加热到 460~600℃，烧掉低氢碳比的积炭，保证完成补充烧焦的催化剂上炭含量小于 0.2%（质量分数）。该工艺最大限度地保持了催化剂的比表面积，延长了催化剂的使用寿命。一段烧焦、多段进气的催化剂再生工艺的技术特点如下：

（1）一个烧焦床层，烧焦气多段进气，烧焦空气实现干冷循环。

（2）一段烧焦、多段进气工艺可以灵活调整各段烧焦进气温度，从而保证催化剂烧焦完全。

（3）多段烧焦气的入口为干烧焦气，有利于催化剂的水热稳定性，延长催化剂的寿命。

（4）烧焦气中氧气全部通过焙烧气补充，焙烧气采用仪表风，氧含量较高，有利于催化剂活性金属铂的氯化分散。

（5）烧焦气和氧氯化气出口设置过滤器，过滤催化剂粉尘，实现了再生气循环回路不停工清理粉尘。

2. PTT 连续重整再生器

失去活性的待生催化剂在再生器中再生，连续重整采用的移动床再生器分一段烧焦再生器和两段烧焦再生器两种形式。

1）一段烧焦再生器

一段烧焦再生器内部按工艺过程主要分为燃烧区/烧焦区、氯化区、干燥区和冷却区。

催化剂从再生器顶部的催化剂进口进入燃烧区，这是由再生器外筛网和倒锥形内筛网构成的环形空间。从燃烧区入口进入再生器的带有低氧含量的高温氮气穿过外网从外向内穿过床层，高温燃烧气体同来自氯化段向上的流动的气体相混合，该含富氧的氯化气体为烧焦提供了氧气。随着催化剂在自身重力作用下向下移动，催化剂上的焦炭不断燃烧，进行烧焦。烧焦后的催化剂在自身重力作用下流进氯化区。

催化剂离开燃烧区，在进入下面的氧氯化区之前先和来自再生风机的高温含氧氮气快速接触，催化剂温度被提高，同时催化剂上的积炭也进一步被烧除。催化剂向下流动进入氧氯化区。在氧氯化区，通过调节催化剂上氯含量来调节催化剂的酸性功能，同时对活性组分铂进行再分散。含氯气体从氧氯化区外筒和器壁之间的局部支持板开口部位进入再生器，再沿内筒外壁向下到达内筒底部进入内筒，沿内筒向上流动。含氯气体与内筒中向下流动的催化剂逆流接触进行催化剂的氧氯化，氧氯化后的催化剂向下流动进入干燥区。从干燥气入口进入的干燥气体沿干燥区套筒外侧的环形气相空间向下流动，到干燥区套筒的底部时进入干燥区套筒内向上流动，与筒内氧氯化后的催化剂逆流接触完成干燥过程。冷却气体从冷却气入口进入该区套筒和器壁之间的环形空间，先沿套筒外侧向下流动，再进入套筒内折流向上，与干燥后的催化剂逆流接触，将催化剂冷却。冷却后的催化剂从再生器底部的催化剂出口流出，经提升后送至反应器的还原段进行还原。催化剂的再生过程完成，催化剂开始了新一轮的循环。

一段烧焦再生器的主要内件包含烧焦区内件、氯化区内件、干燥区内件和冷却区内件。其中，烧焦区内件由圆柱形外网部件和倒锥形内网部件构成。内外网通常为支撑杆和V形筛条焊制而成的筛网结构。这种筛网表面光洁平整、缝隙均匀、开孔率大、对催化剂的磨损较小，而且接头牢固、机械强度高、刚性好、不易堵塞、不易变形。

2）两段烧焦再生器

两段烧焦再生器内部按工艺过程主要分为一段烧焦区、二段烧焦区、氧氯化区和干燥区。催化剂从再生器顶部中心的催化剂入口进入催化剂停留区，经催化剂输送管进入一段烧焦区，再经催化剂输送管向下流动到二段烧焦区，然后沿催化剂输送管依次向下流经氧氯化区和干燥区，最后从催化剂出口管进入下部料斗。

催化剂在再生器内完成烧焦、氧氯化和干燥。高温再生气从主烧焦区的一段烧焦区入口进入上、下两隔板之间的空间，向下流动到外筛网与器壁之间的环形空间，再径向进入催化剂床层，在烧焦区烧去催化剂上的积炭。燃烧之后的再生气进入中心管向下流动，从一段烧焦区出口排出。在二段烧焦区，二段烧焦气从二段烧焦区入口进入二段烧焦区的外筛网与器壁之间的空间，沿径向进入催化剂床层完成最终烧焦。燃烧后的再生气体向下流动到下部两隔板之间的空间，从二段烧焦器出口流出。含氯化物气体从氧氯化段的氧氯化区入口进入氧氯化区，经由焊接条缝筛网制成的升气管向上流动，与催化剂逆流接触，完成催化剂的氧氯化及铂金属分散。干燥气体从下部焙烧区入口进入后，沿焙烧区套筒的外壁向下流动，到套筒底部进入套筒，折返向上流动，与催化剂逆流接触，完成催化剂的干燥过程，完成干燥过程的气体与氧氯化气混合后一起从氧氯化区出口排出[2]。

二段烧焦再生器的主要内件包含烧焦区内件、氧氯化区内件和焙烧区内件。其中，烧焦区内件主要由外网、中心管和上下挡板构成,外网通常为与一段烧焦再生器的内外网结构类似的筛网结构。

中石油华东设计院通过调研国内连续重整装置再生器及内件机械故障及改造情况,开发出新型一段烧焦、多段进气、径向向心式连续重整再生器及内构件的机械结构,技术特点如下:

(1) 再生器的主要特点在于一段烧焦、多段进气。主烧焦气体从上部丝网进入烧结区,副烧焦气体从下部丝网进入烧焦区,实现多段进气、一段烧焦的目的。再生器上部设置大设备法兰,所有内件可通过大设备法兰进行吊装、维修。内件结构中设计了星形催化剂下料斗和星形催化剂收集料斗用于更加容易地疏导催化剂的流动,有效防止催化剂堆积,避免催化剂浪费,提高催化剂的利用率。

(2) 为实现燃烧气在再生器床层中的均匀分布,除了控制内外网的结构尺寸和开孔率,还必须控制再生器壳体的圆度、内外网的垂直度以确保燃烧气在催化剂床层中压降相等。

(3) 为保证催化剂在再生器内的流动连续性和均衡性,要求催化剂输送管以及与催化剂接触的连接件内表面必须光滑,相关焊缝必须打磨平整,连接件装配必须精确到位。

3. CCRMS 催化剂再生专用控制系统

重整催化剂连续再生控制和联锁保护关系到重整装置长周期、连续、稳定运行,是连续重整装置的核心。中国石油开发完成了一套新型催化剂连续再生专用控制系统(CCRMS),实现了重整催化剂连续再生、循环的可靠控制和联锁保护,具有可操作逻辑顺序控制和系统安全保护双重特点。

CCRMS 控制系统硬件采用冗余结构,基于冗余容错技术,满足 IEC 61508 SIL3 的安全完整性等级要求,具有高可靠性和稳定性。软件采用模块化结构指令程序,具有双重确认和自动排错提示功能,实现了良好的可读性、可扩展性和可开发性。该系统采用 DCS 与 CCRMS 为主从关系的两级结构,协同实现催化剂再生操作指令的执行和逻辑控制。

CCRMS 控制系统功能包括催化剂再生部分安全联锁保护和闭锁料斗循环控制两部分:

(1) 催化剂再生部分安全联锁保护。

包括再生器停车联锁、"黑烧"联锁、氧氯化停车联锁、第一提升停车联锁、第二提升停车联锁、第三提升停车联锁、第四提升停车联锁、第五提升停车联锁、氢气系统停车联锁、氮气系统停车联锁、氮气系统污染联锁、空气系统停车联锁、提升系统停车联锁、再生器密封系统停车联锁、重整反应器分离料斗密封系统停车联锁、第四反应器密封系统停车联锁、氮气系统密封停车联锁 17 项联锁停车。

(2) 闭锁料斗循环控制。

控制逻辑是为了实现再生器顶分离料斗和再生器之间催化剂的输送。当再生器顶分离料斗达到一定料位时,催化剂重力输送到闭锁料斗,然后到再生器。由于再生器顶分离料斗压力要远低于再生器,设置闭锁料斗实现上下压力的平衡,整个过程由 CCRMS 自动控制完成,通过压力和料位等工艺参数来控制阀门的开关。图 10-12 显示了闭锁料斗循环控制方案。

闭锁料斗循环控制包括装料和卸料,装料是催化剂从再生器顶分离料斗到闭锁料斗,卸料是催化剂从闭锁料斗到再生器,每个步骤均不超过 20min。任何时间操作人员可以在控制室发出指令中断催化剂输送,并且从装料或者卸料步骤开始。循环控制允许开启条件的

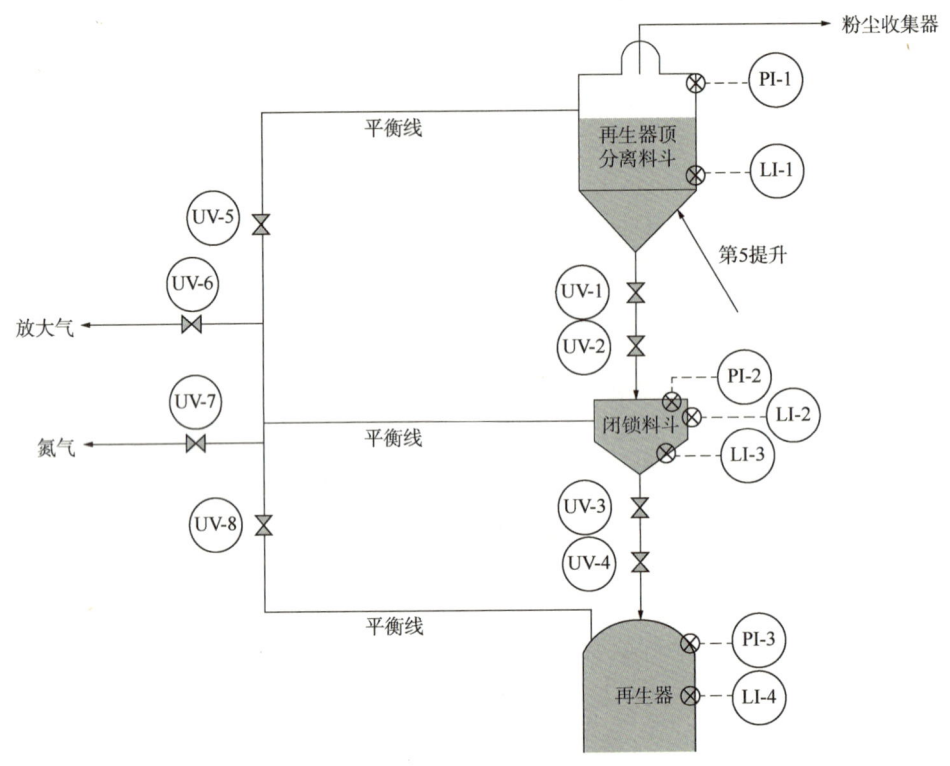

图 10-12　闭锁料斗循环控制方案

UV—两位式切断阀；PI—压力测量仪表；LI—料位测量仪表

确认可以阻止再生器顶分离料斗与再生器之间的直接联系。系统检测到任何异常状况(阀位、允许开始条件、仪表故障、工艺故障等)，顺序控制逻辑都会冻结在当前状态，问题解决并确认后，操作人员可以让顺序控制逻辑继续或者停止。

CCRMS 控制系统具有稳定可靠、逻辑动作准确、人机界面友好、易于操作人员掌握等特点，满足连续重整装置催化剂再生部分安全稳定运行的要求。

三、中国石油 PTT 连续重整关联技术

1. 分壁塔在连续重整装置中的应用技术

中石油华东设计院对一种完全热耦合的分壁塔进行研究，开发出分壁塔在连续重整装置中的应用技术。分壁塔构造是在常规精馏塔的中心位置设一垂直隔板，将塔自上到下分隔成 4 个部分，即上部公共精馏段、中部由隔板隔开的进料段及侧线产品采出段和下部公共提馏段。其中，进料段又称为预分馏塔，对中沸点组分进行粗分馏；上部公共精馏段、侧线产品采出段与下部公共提馏段作为一个整体被称为主塔，进行轻组分、中组分和重组分的分离(图 10-13)。含 A、B 和 C 三种物质的混合物从分壁塔进料段的中间位置进入塔内，进料段中，组分 A 和 B 向塔上方移动，组分 B 和 C 向塔下方移动，公共精馏段完成 A 和 B 的分离，纯组分 A 从塔顶采出，公共提馏段完成 B 和 C 的分离，纯组分 C 从塔釜采出，纯组分 B 从主塔的中间采出。分壁塔所采出的中间产品的纯度比普通精馏塔侧线出料的纯度更高。

第十章 连续重整技术

中石油华东设计院开发的分壁塔技术主要用于 C_6、C_7 及 C_8 组分的分离过程，其中 C_7 组分中甲苯纯度要求不低于97%（质量分数），常规两塔工艺流程如图10-14所示。重整生成油首先进入重整油分离塔，塔底 C_{8+} 馏分送至下游单元进行二甲苯产品分离，塔顶 C_{7-} 馏分送至粗甲苯塔分离粗甲苯。粗甲苯塔顶 C_5—C_7 馏分送至下游芳烃抽提装置，粗甲苯塔底分离出粗甲苯产品。采用分壁塔工艺流程，可将 C_5—C_7 馏分、粗甲苯和 C_{8+} 馏分集中在一座塔中进行分离，其工艺流程如图10-15所示。重整生成油由分壁塔的进料段中部进入，经过精馏，从塔顶分离出 C_5—C_7 馏分，塔底为 C_{8+} 馏分，粗甲苯由分隔壁隔开的侧线产品抽出段采用气相抽出，经冷凝冷却后作为产品送出。分隔壁两侧液相根据气液平衡按比例分配。

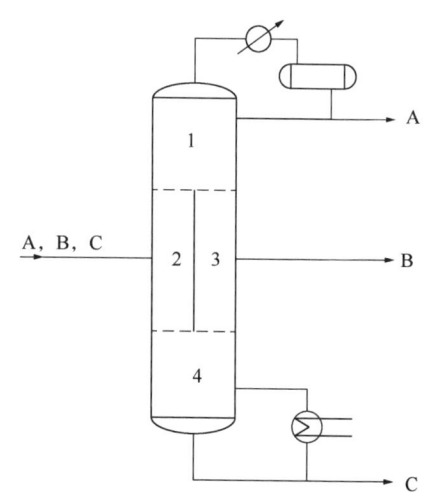

图10-13 分壁塔结构简图
1—公共精馏段；2—进料段；
3—侧线产品采出段；4—公共提馏段

分壁塔需要97层塔板，比常规流程两塔塔板总数120层少23层。采用分壁塔，重沸器总热负荷显著降低，这主要是由于分壁塔在热力学上是理想的系统结构，避免了进料与进料塔板间因组分组成的差异而引起的熵混的形成，同时也避免了中间组分的返混效应，具有较高的分离效率，塔内气相流量比常规两塔流程气相总量小，因此，对于给定的物料，完成同样的分离任务，分壁塔比常规两塔流程需要更小的重沸热量和冷凝量。采用分壁塔流程比常规两塔流程节能约31.2%。同时，由于分壁塔流程仅有一座塔，与常规两塔流程相比，可节省一座塔及其附属配套设施，占地面积较少，比常规流程减少占地约38.3%，总工程投资可降低约20.3%。

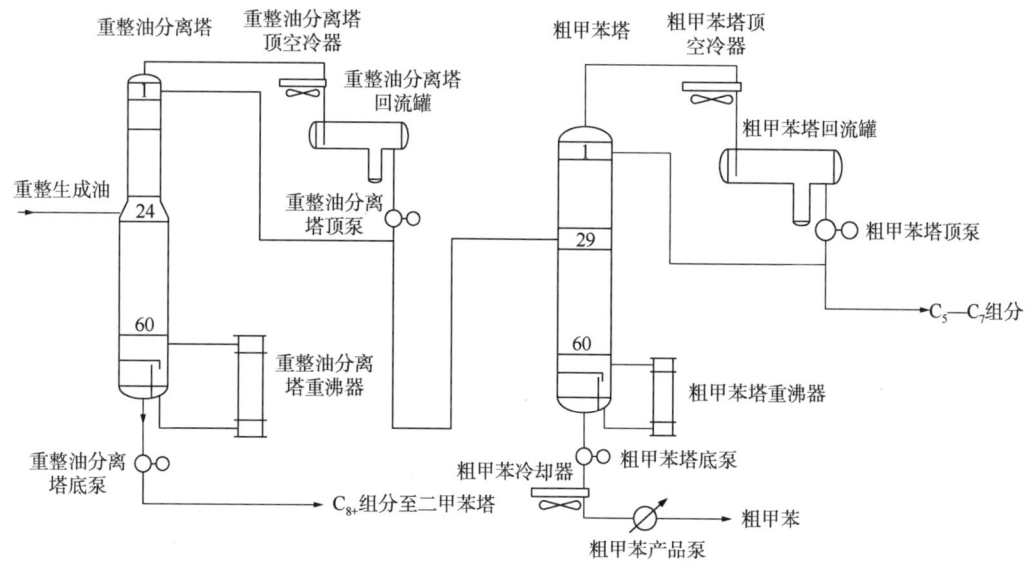

图10-14 常规两塔工艺流程

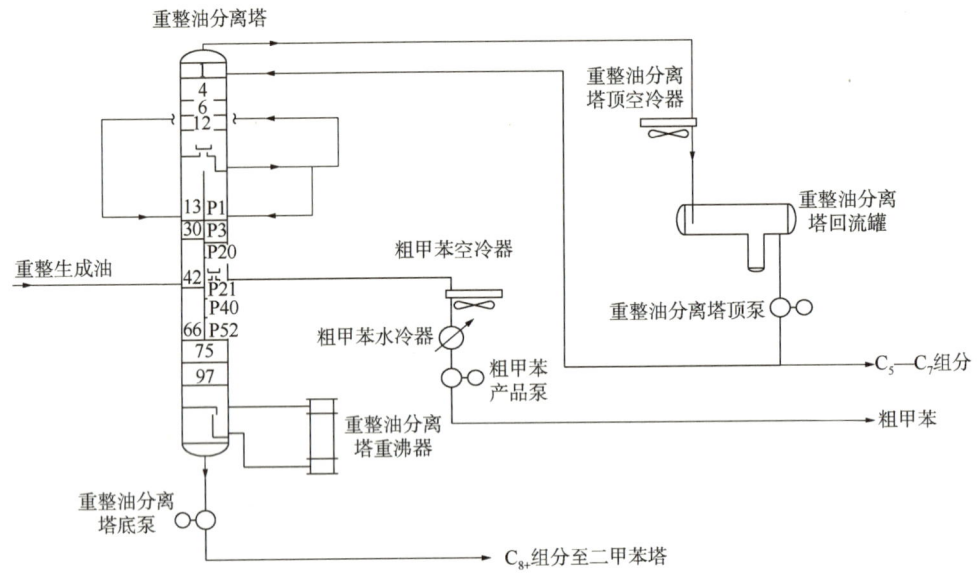

图 10-15 分壁塔工艺流程

2. 重整生成油加氢精制技术

中石油华东设计院和中科院山西煤化所共同研究重整生成油选择性加氢取代传统的白土精制工艺的流程方案,并考察干法钝化对重整生成油选择性加氢的适应性。

经过重整反应后,生成油中富含芳烃和部分烷烃,同时还含有少量烯烃。尤其是在高苛刻度的连续重整装置中,生成油的烯烃含量超过 2%(质量分数)。重整生成油中的烯烃存在会造成一系列问题:

(1) 抽提时少量烯烃进入芳烃馏分,造成芳烃产品的溴指数和酸洗颜色不合格;

(2) 大部分的烯烃进入溶剂油造成溴指数和铜片腐蚀试验不合格;

(3) 烯烃被氧化成有机酸可造成抽提系统设备的腐蚀,在抽提溶剂中聚合而污染抽提溶剂;

(4) 在一些高温设备(如二甲苯精馏塔的重沸器)中,烯烃容易引起结垢和结焦,从而堵塞管道,最终影响分离过程的顺利进行。

因此,脱除重整生成油中的烯烃,得到合格的芳烃产品和溶剂油是该化工生产过程中面临的一个问题。重整生成油烯烃的脱除工艺主要可分为硫化态加氢催化剂、白土精制、加氢精制和分子筛精制 4 种类型。加氢精制工艺对重整生成油全馏分进行选择性加氢脱烯烃,摒弃了最常用的对环境造成影响的白土精制工艺,是一项绿色环保的重整生成油脱烯烃工艺。

加氢精制工艺因具有绿色环保的特点,近些年发展较快。若要通过加氢的方法脱烯烃,则需要催化剂有非常好的选择性和适宜的活性,既要使饱和烯烃的反应顺利进行,又能有效抑制芳烃饱和的发生。为此,需要选择合适的活性组分并添加助剂,制备成具有特定金属分布的催化剂,以达到选择性加氢脱烯烃的目的。目前主要的加氢精制工艺有中科院山西煤化所选择性加氢工艺、美国 UOP 公司 ORP 脱烯烃工艺、法国 Axens 公司 Arofining

工艺、抚顺石油化工研究院 FHDO 重整生成油液相选择性加氢脱烯烃工艺和石科院 HER 重整生成油液相加氢脱烯烃技术。

中石油华东设计院在中科院山西煤化所重整生成油选择性加氢工艺基础上，对该技术进行了进一步的合作研究，主要是就重整生成油选择性加氢催化剂研究了干法钝化工艺。未经钝化处理的催化剂具有很高的初始芳烃加氢活性，催化剂必须经过钝化处理才能满足工业生产的要求。该技术可应用于重整生成油 C_6 和 C_7 馏分的加氢，替代白土精制工艺，减少废白土处理量，降低环境污染。

第三节　连续重整技术展望

基于连续重整装置在清洁油品和芳烃生产的贡献，连续重整装置在炼化企业中的作用将越来越重要。未来连续重整技术将围绕石脑油液相加氢技术、分子管理与实时优化技术和装置大型化等方面进行发展。

一、石脑油液相加氢技术

液相加氢技术已成功应用于柴油加氢和航空煤油加氢领域，液相加氢技术流程没有氢气循环系统和气液分离系统，增加了液相循环系统以及特殊的氢气与油的静态混合器，以保证氢气完全溶解在进料中，且在反应器中的物料以乳化态存在。液相加氢技术具有能耗低、投资节省、反应停留时间长、催化剂寿命延长等特点，因此在馏分油加氢精制方面表现出很大的技术经济优势。连续重整装置石脑油液相加氢需要开发相应的催化剂，以满足连续重整对精制石脑油的指标要求，这会进一步降低连续重整装置的能耗和操作成本。

二、分子管理与实时优化技术

基于原料详细分子组成和分子层级本征动力学机理的优化方法能够从分子水平认识石化生产过程，更准确预测产品性质，并且其使用范围更为广泛，在原料和反应条件发生较大变化时仍然能够具备很高的准确度。以生产过程的实时数据为基础，通过数据校正和模型参数更新，并根据经济数据与约束条件进行模拟和优化，最后将结果传送到相关的控制系统[3]以实现一个优化循环，实现基于分子管理的实时优化。

连续重整装置原料和产品含有 180 余种主要分子，目前的分析方法已经实现重整进料及产品的分子级组成分析，稳态模拟已经可以实现分子级的表征和管理，连续重整装置具备分子管理与实时优化的条件。需要开发基于分子水平的反应及全流程计算模型，并连接工厂的实时数据库和先进控制系统，针对产品价格、原料供应等外部环境变化，在线优化装置操作，实现装置的最优操作，进一步提高装置的效益。

三、装置大型化

连续重整装置已经从百万吨级逐渐发展到现在的 $400×10^4$ t/a 级别规模，连续重整装置大型化具有明显的投资节省、劳动生产率高和生产费用低的优越性。装置的规模化对工程实现提出了新的挑战,4台反应器重叠式布置已不适合在大型连续重整装置中采用,逐渐出现了"2+2""2+3"以及"2+2+1"的反应器布置形式。对于PTT连续重整技术,并列式反应器的布置方式适用于各种规模的连续重整装置,并列式的布置最大限度地减少了转油线长度,在降低反应压力上优势更加明显。同时装置大型化使加热炉负荷更大,需要加热炉排布更多的辐射炉管,端烧加热炉受制于火焰长度,目前大型连续重整装置的第二、第三加热炉多采用两台并联或串联的形式,装置占地增加,同时转油线的布置更加复杂,增加了油气分配的风险,顶烧式U形管箱式加热炉的结构解决了端烧火焰长度的问题,辐射室可以做到更大。从关键技术看,PTT连续重整技术适合于装置的大型化建设。

参 考 文 献

[1]《石油和化工工程设计工作手册》编委会.石油和化工工程设计工作手册(第十册):炼油装置工程设计[M].东营:中国石油大学出版社,2010.
[2] 徐承恩.催化重整工艺与工程[M].北京:中国石化出版社,2014.
[3] 徐春明,张霖宙,史权,等.石油炼化分子管理基础[M].北京:科学出版社,2019.

第十一章 催化汽油加氢技术

21世纪以来,全世界范围内的环保意识普遍提高,使用更加清洁的燃料以减少和降低排放污染物成为人们的共识。为减少汽车尾气污染物排放,中国加快了汽油质量升级的步伐。2010年开始执行车用汽油国Ⅲ标准,2014年和2018年起分别开始执行汽油国Ⅳ和国Ⅴ标准,2019年1月1日起执行汽油国ⅥA阶段标准,2023年1月1日起将执行汽油国ⅥB阶段标准[1]。汽油质量的持续、快速升级,既是对中国炼化企业清洁燃料生产技术和能力的严峻考验,更是清洁汽油生产技术发展的难得机遇。

众所周知,汽油中的主要污染成分硫和烯烃基本是由催化汽油组分贡献的。与欧美等发达地区国家相比,中国汽油池中催化汽油所占比例较高,因此中国汽油质量升级的关键是如何最大限度地脱除催化汽油中的硫、降低烯烃含量,并尽量减少辛烷值损失。中国车用汽油清洁化技术难以全面借鉴欧美地区发达国家的工艺路线,必须开发适合中国催化汽油原料特点的、具有自主知识产权的成套技术,满足汽油质量升级要求。

为满足中国车用汽油标准的不断变化和发展要求,中国石油通过多年持续技术攻关,成功开发了具有自主知识产权的催化汽油加氢成套技术,并在中国石油汽油质量从国Ⅲ到国Ⅳ、国Ⅴ以及国Ⅵ标准的持续升级中大范围推广应用,为中国石油炼油业务的发展提供了重要的技术支撑和保障。

第一节 国内外催化汽油加氢技术现状

国内外催化汽油处理技术可以分为两大类:一类是加氢处理技术,包括加氢脱硫和加氢脱硫改质技术;另一类是临氢吸附脱硫技术。两大类技术各有优缺点,在不同国家和地区的不同阶段,均有工业应用。但从国内外应用情况及发展趋势来看,催化汽油加氢处理技术占据市场主导地位。

一、国外技术现状

国外催化汽油脱硫的代表性技术主要有Axens公司的Prime-G+技术、ExxonMobil公司的SCANfining技术、INTEVEP公司和UOP公司联合开发的ISAL工艺、ExxonMobil公司的OCTGAIN技术、CDTECH公司的CDHydro/CDHDS技术等。

1. Prime-G+技术

Axens公司开发的Prime-G+技术是在Prime-G技术的基础上发展起来的,采用固定床反应器加氢脱硫技术。最初开发的Prime-G技术,首先将催化汽油分馏成轻汽油和重汽油,轻汽油采用常规的萃取脱硫醇方法，含硫量最高的重汽油采用单段加氢工艺进行脱硫，实现调和后的成品汽油含硫量为 100~150μg/g 的目标。Prime-G⁺ 技术是在 Prime-G 技术的基础上，在分馏塔前增加一台选择性加氢反应器，将催化汽油中的二烯烃首先进行加氢饱和，烯烃双键异构化及硫醇转化为更重的硫化物，从而避免重汽油加氢脱硫过程中因二烯烃聚合结焦，导致反应器压降上升及催化剂寿命缩短等问题。经选择性加氢后的催化汽油，进入分馏塔进行轻重馏分切割与分离，分离得到的轻汽油可直接去汽油池调和汽油，也可根据需要进一步加工，如醚化或烷基化等。由分馏塔分离出的重汽油进入双催化剂反应器系统，通过第一种催化剂完成大部分脱硫后，再通过第二种催化剂进行补充脱硫和脱硫醇精制，经加氢脱硫及脱硫醇精制后获得超低硫汽油。

Prime-G⁺ 技术主要包括全馏分催化汽油选择性加氢单元（SHU）和重汽油加氢脱硫单元（HDS），其中重汽油加氢脱硫单元有一段加氢脱硫和两段加氢脱硫两种工艺流程，分别适用于不同的原料性质和产品要求。Prime-G⁺ 技术可适合用于任何炼厂结构，也可以处理其他裂化汽油，如热裂化、焦化或减黏裂化汽油等。

Prime-G⁺ 技术最早于 2001 年在德国投产应用，在世界范围内应用最广。2008 年北京奥运会之前，大港石化和锦西石化新建汽油加氢脱硫装置均采用了 Prime-G⁺ 技术。截至 2020 年，中国石油系统内采用 Prime-G⁺ 技术建设的生产装置共 7 套。

2. SCANfining 技术

SCANfining 技术也属于选择性加氢脱硫技术，由美国 Exxon 研究与工程公司开发，现归 ExxonMobil 公司所有，于 1998 年实现工业化生产。催化汽油和氢气首先进入双烯烃饱和反应器对双烯烃进行饱和，以免双烯烃在换热器和反应器中结焦。饱和后的物流进入 SCANfining 固定床反应器，该反应器装填的 RT-225 催化剂由 Exxon 研究和工程公司与 Akzo Nobel 公司联合开发。

SCANfining 技术在美国应用较为普遍，也在部分欧洲国家得到应用。第一代技术是 SCANfining Ⅰ，第二代技术为 SCANfining Ⅱ。此外，为了生产硫含量小于 10μg/g 的汽油，ExxonMobil 公司与 Merichem 公司合作，联合开发了 SCANfining 和 EXOMER 工艺的组合工艺，EXOMER 工艺对 SCANfining 工艺产物中的含硫化合物进一步抽提，以减少氢耗和辛烷值损失。

3. ISAL 技术

ISAL 技术由委内瑞拉 INTEVEP 公司与美国 UOP 公司合作开发。该技术采用一种新型分子筛催化剂，其表面积、酸性和颗粒大小均经过优选，具有脱硫、脱氮和烯烃饱和作用，也具有异构化、裂化功能，并可使裂化的小分子在催化剂表面发生分子重排反应，从而解决了由于烯烃饱和导致辛烷值大幅降低这一常规加氢工艺无法解决的难题。ISAL 技术为低压固定床选择性加氢技术，主要进行原料的加氢脱硫、脱氮反应以及提高汽油辛烷值的加氢异构化反应。第一套采用 ISAL 技术的汽油脱硫装置于 2000 年 8 月在美国 Orion 炼制公司路易斯安那州诺科炼厂投产。

4. OCTGAIN 技术

OCTGAIN 技术是由美国 ExxonMobil 公司开发的一种全馏分催化汽油选择性加氢脱硫工艺。该工艺为固定床低压加氢过程，分为加氢精制和辛烷值恢复两段。反应在两个反应器中进行，第一段是将催化汽油进行加氢精制，脱除其中的含硫化合物和含氮化合物，反应中间产品的辛烷值因加氢饱和而降低；第二段采用一种改性的分子筛择形催化剂对第一段产物进行辛烷值恢复，即 OCTGAIN 过程，使第一段因加氢脱硫而损失的辛烷值在此得以恢复。1991 年，OCTGAIN 技术在 ExxonMobil 公司的 Joliet 炼油厂首次实现了工业化应用。

5. CDHydro/CDHDS 技术

CDHydro/CDHDS 技术由美国 CDTECH 公司开发，使用两段催化蒸馏工艺，两段工艺可单独使用，也可联合使用。

CDHydro/CDHDS 技术是对全馏分催化汽油进行催化蒸馏加氢脱硫。全馏分催化汽油和氢气首先送入催化蒸馏选择性加氢（CDHydro）塔的中部，该塔的上部规整填料中有 Ni 催化剂，使轻汽油中的硫醇与二烯烃反应生成高沸点含硫化合物，随中汽油、重汽油从塔底流出，塔顶产出低含硫的脱硫轻汽油。塔底产物经加热后进入催化蒸馏—加氢脱硫（CDHDS）塔中部，氢气从塔底进入。进料在含有 Co-Mo 催化剂的规整填料床层下进行催化蒸馏—加氢脱硫反应。原料中的硫转化为 H_2S，随中汽油油气从塔顶流出。加氢后中汽油和重汽油经过汽提塔分出轻组分，再与轻汽油混合后得到精制汽油产品。第一套采用 CDHydro/CDHDS 技术的装置于 2000 年 10 月在加拿大 Irving 石油公司 St. John 的 Brunswick 炼厂投运成功。此后，该技术在北美、欧洲和亚洲等地区得到普遍应用。

截至 2020 年底，中国石油系统内采用 CDHydro/CDHDS 技术建设的装置共 2 套，分别是广西石化和格尔木炼油厂。

二、国内技术现状

1. 中国石化技术现状

中国石化作为国内最大的炼油生产商，最早开展了催化汽油加氢相关技术的研究开发。其中，抚顺石油化工研究院开发的 OCT-M 技术和 FRS 技术，以及石科院开发的 RSDS 技术和 RIDOS 技术，在不同的阶段实现了工业应用。但在国Ⅳ、国Ⅴ汽油质量升级中得到普遍应用的是中国石化整体收购、最早由美国康菲石油公司开发的 S-Zorb 技术。

1）OCT-M 技术

OCT-M 技术由抚顺石油化工研究院开发。该技术根据硫和烯烃在催化汽油中的分布将催化汽油分馏成轻汽油和重汽油，轻汽油采用常规的碱抽提方法脱除硫醇，重汽油采用双催化剂进行加氢脱硫，然后再经调和，在达到脱硫目的的同时，尽可能减少辛烷值损失。

2）FRS 技术

由大连石油化工研究院开发的 FRS 技术以全馏分催化汽油为原料，采用专利催化剂体系，在较缓和的工艺条件下进行加氢处理；加氢产物经换热、空冷、高压分离器、低压分离器和汽提塔后再进行脱臭处理，得到低硫、低烯烃的清洁汽油。

3）RSDS 技术

RSDS 技术由石科院开发，将催化汽油原料切割为轻、重馏分，切割点为 80~100℃，然后轻馏分经碱洗脱硫醇，重馏分进行选择性加氢脱硫反应，在脱除重馏分中有机硫的同时，保持尽可能少的烯烃加氢饱和，减少辛烷值损失，脱硫后的重馏分与精制后的轻馏分混合得到汽油产品。

4) RIDOS 技术

RIDOS 技术是由石科院开发的催化汽油加氢脱硫异构降烯烃技术。将催化汽油切割为轻馏分和重馏分，轻馏分采用常规碱抽提方法脱除硫醇；重馏分送至加氢单元，进行加氢脱硫、烯烃饱和以及裂化、异构化等一系列反应，使汽油中的硫和烯烃大幅度下降。将经过处理后的轻馏分和重馏分混合，辛烷值得到保持，得到低硫、低烯烃的全馏分汽油产品。

5) S-Zorb 技术

S-Zorb 技术是由美国康菲石油公司为汽油脱硫专门开发的新技术。S-Zorb 技术采用与加氢原理完全不同的工艺，采用专有的吸附剂，运用吸附原理进行脱硫，在脱硫过程中，气态烃类与吸附剂接触后，在吸附剂和氢气的作用下，C—S 键断裂，硫原子从含硫化合物中除去转移到吸附剂并留在吸附剂上，而烃分子则返回到烃气流中。该工艺不产生 H_2S，避免了 H_2S 与产品中的烯烃反应生成硫醇而造成产品硫含量的增加，而且在加氢过程中很难脱除的含硫化合物在 S-Zorb 过程中能较容易地被脱除，因此 S-Zorb 技术较易得到低硫产品，而且氢耗较低。此外，由于其吸附剂完全不同于加氢催化剂，因此烯烃饱和较少，产品的辛烷值损失也较少。

第一套 S-Zorb 技术工业示范装置于 2001 年 4 月在美国的 Borger 炼油厂投产。2007 年，中国石化接受美国康菲石油公司技术转让，整体收购了 S-Zorb 技术，成为该技术的所有者。截至 2020 年底，在全球采用 S-Zorb 技术已经建成投产了 30 余套工业装置，其中 20 余套装置在国内，以中国石化系统内炼化企业为主。

S-Zorb 技术中反应为流化床反应，吸附剂连续再生，一方面需要连续的气固分离，另一方面反应系统与再生系统之间需设置闭锁料斗进行氢、氧环境的隔离和吸附剂的输送，因此操作复杂，对关键设备如料斗、程序控制阀门等的可靠性要求较高。由于含有较复杂的闭锁料斗系统、再生部分以及仪表控制系统，一方面使得工程投资相应增加，另一方面因系统复杂、设备可靠性等问题，也给装置长周期连续稳定运行带来一定困难。

中国石化收购 S-Zorb 技术后，针对影响长周期运行的关键问题（如反应器过滤系统可靠性差、再生器结块、进料换热器结垢等）进行了技术攻关，并应用到后续新建的装置中，实践证明是成功的，操作周期显著延长，基本可以满足装置长周期稳定运行的要求。

2. 中国石油技术现状

"十一五"期间，中国石油催化汽油加氢自主技术的开发尚处于起步阶段，没有工业化应用业绩。新项目建设主要采用引进技术和工艺包，装置投资高、建设周期长，炼油业务发展受到依赖引进技术的制约。截至 2010 年，中国石油新建并投运催化汽油加氢装置 5 套，总加工能力为 $470×10^4 t/a$，平均规模为 $94×10^4 t/a$。该 5 套装置均采用引进技术和工艺包，分别为 Axens 公司的 Prime-G$^+$ 技术和 CDTECH 公司的 CDHydro/CDHDS 技术。

面对油品质量标准不断升级的迫切需要，石化院、中国石油大学（北京）及抚顺石化催化剂厂等研究单位于"十一五"期间分别进行了自主催化剂的研究开发，并进行了工业试验。

2008 年 7 月，石化院开发的 DSO 技术在玉门油田公司炼油化工总厂 $32×10^4 t/a$ 催化汽油加氢精制装置进行了工业试验。标定结果表明：采用 DSO 技术催化剂处理较高硫、高烯烃含量的催化汽油完全达到指标要求，可生产硫含量小于 $70\mu g/g$（甚至小于 $50\mu g/g$）满足国Ⅳ硫指标要求的清洁汽油组分，液体收率在 99%（质量分数）以上，同时辛烷值损失较少。

2009年4月，石化院与抚顺石化催化剂厂合作开发的催化汽油改质技术在大连石化 20×10^4 t/a 催化汽油加氢改质工业试验装置进行了工业试验。采用加氢改质、选择性加氢脱硫组合工艺，在降低产品硫含量的同时，可以大幅度降低催化汽油的烯烃含量，同时产品辛烷值损失较小。加氢改质部分使用抚顺石化催化剂厂开发的 FO-35M 系列催化剂，加氢脱硫部分使用石化院开发的 GHC 系列催化剂。标定结果显示，该组合技术可降低汽油烯烃含量19个单位，芳烃含量可增加4~5个单位，辛烷值损失0.7个单位，液体收率在99%（质量分数）以上。

2011年，基于催化汽油改质技术的第二套工业试验装置乌鲁木齐石化 60×10^4 t/a 催化汽油加氢改质装置正式投产，实现了乌鲁木齐石化汽油质量的全面升级。

由中国石油大学（北京）和中国石油兰州化工研究中心联合开发的催化汽油选择性加氢脱硫—辛烷值恢复催化剂及工艺（GARDES）于2010年1月在大连石化 20×10^4 t/a 汽油加氢装置投入工业试验运行，并于2010年3月和8月完成两次标定。标定结果表明，GARDES 技术具有脱硫活性较高、辛烷值保持能力较强的特点。采用全馏分催化汽油进料时，可以将汽油中的硫含量从 $250\mu g/g$ 降至 $50\mu g/g$ 以下，烯烃含量降至25%（体积分数），加氢产品研究法辛烷值损失小于1个单位，汽油产品收率大于99%（质量分数）。

中国石油在"十一五"期间已开发自主催化剂并进行了相应的工业试验。在此基础上，开展催化汽油加氢工艺包成套技术研究开发并进行工业应用，既是提升中国石油在石油石化领域影响力和竞争力的需要，也是摆脱对引进技术和工艺包的依赖、降低项目建设成本、节省建设周期、全面完成汽油质量升级任务的现实需求。

"十二五"至"十三五"期间，中国石油通过持续技术攻关，成功开发了具有自主知识产权的催化汽油加氢3个系列成套技术工艺包，并在中国石油汽油质量从国Ⅲ到国Ⅳ、国Ⅴ以及国Ⅵ标准的持续升级中大范围推广应用。自主 PHG、M-PHG 和 GARDES 成套技术已成为中国石油下属炼化企业汽油质量升级项目的首选、主体技术，截至2020年底，在中国石油汽油质量升级项目共18套装置上工业化推广应用，总加工量达 1688×10^4 t/a，多套投产装置稳定运行时间已达7年以上，标定数据显示主要技术指标均达到或优于设计值。

第二节 中国石油催化汽油加氢技术

中国石油炼化企业催化汽油组分的普遍特点是烯烃含量高、硫含量处于中低水平，因此中国石油催化汽油清洁化技术的研究重点是适应脱硫、降烯烃、保持辛烷值的多元化需求，开发适合中国石油催化汽油特点的自主成套技术，以满足中国车用汽油标准超低硫、低烯烃以及保辛烷值的多重要求。

"十二五"至"十三五"期间，为快速突破催化汽油加氢关键瓶颈技术，提升科技自主创新能力和炼油业务核心竞争力，中国石油设立了"千万吨级大型炼厂成套技术研究开发与工业应用""中国石油国Ⅳ汽油质量升级技术推广""大型炼油基地设计技术升级与提质增效技术开发应用"等多个重大科技专项对催化汽油加氢技术进行专题研究攻关，在消化吸收国内外先进技术的基础上，成功开发了具有自主知识产权的催化汽油加氢 PHG（原 DSO）、M-PHG（原 M-DSO）和 GARDES 成套技术工艺包，在中国石油汽油质量升级项目（包括大庆炼化、大庆石化、庆阳石化、宁夏石化等炼化企业 18 套装置）上工业化推广应用（表 11-1），规模从 25×10⁴t/a 到 170×10⁴t/a 不等，为中国石油炼油业务的发展提供了重要的技术支撑和保障。

表 11-1　中国石油催化汽油加氢自主成套技术主要应用业绩

建设单位	规模，10⁴t/a	采用技术	首次开工年份
广东石化	170	PHG	在建
大庆炼化	150	PHG/GARDES	2013
云南石化	140	PHG	2017
大庆石化	130	GARDES	2013
宁夏石化	120	GARDES	2013
抚顺石化	120	GARDES	2013
呼和浩特石化	120	GARDES	2013
四川石化	110	GARDES	2016
辽阳石化	100	PHG	2018
哈尔滨石化	90	PHG	2013
独山子石化	80	GARDES	2013
庆阳石化	100	M-PHG	2013
长庆石化	75	PHG	2013
乌鲁木齐石化	60	M-PHG	2012
玉门油田公司炼油化工总厂	40	PHG	2013
辽河石化	40	GARDES	2013
格尔木炼油厂	25	GARDES	2014
泽普石化公司	8	PHG	2016

一、催化汽油加氢脱硫 PHG 技术

催化汽油加氢脱硫 PHG 成套技术由石化院和中石油华东设计院共同开发，其中催化剂技术由石化院提供，中石油华东设计院完成工艺包开发。2013 年，PHG 技术在中国石油国Ⅳ/国Ⅴ汽油质量升级项目中大范围推广应用，采用 PHG 技术的大庆炼化 150×10⁴t/a 催化汽油加氢装置、哈尔滨石化 90×10⁴t/a 催化汽油加氢装置、庆阳石化 70×10⁴t/a 催化汽油加氢装置、长庆石化 60×10⁴t/a 催化汽油加氢装置等装置陆续一次开车成功。

1. PHG 技术特点

PHG 技术采用全馏分催化汽油预加氢—轻重馏分切割—重汽油选择性加氢脱硫—加氢后处理的工艺技术路线和专有催化剂，通过优化工艺参数，降低反应苛刻度，在烯烃饱和尽量少的情况下进行深度、分段加氢脱硫。该工艺路线设计的核心理念就是以装置长周期平稳运行为前提，以最小的烯烃饱和为代价，实现深度脱硫。特点具体体现在：

（1）对全馏分催化汽油进行常温脱砷，可使下游单元催化剂不受原料中砷的毒害影响，由于在非临氢状态下操作，不会在脱砷过程造成产品辛烷值损失。

（2）对脱砷后全馏分催化汽油进行预加氢，可大幅度降低轻汽油馏分硫含量，使其满足调和需要（轻质含硫化合物重质化），同时延长后续加氢脱硫催化剂运转周期（饱和部分

二烯烃),并适当增加汽油中的高辛烷值组分(烯烃异构化)。

(3) 对全馏分催化汽油进行切割,将硫含量满足调和要求的轻汽油抽出,将硫含量高、烯烃含量低的重汽油馏分作为加氢脱硫单元原料,这是减少产品辛烷值损失的重要措施。

(4) 对重汽油馏分进行加氢脱硫,可将其中的大部分含硫化合物脱除,同时烯烃饱和较少,产品辛烷值损失较小。

PHG 技术工艺流程示意如图 11-1 所示。

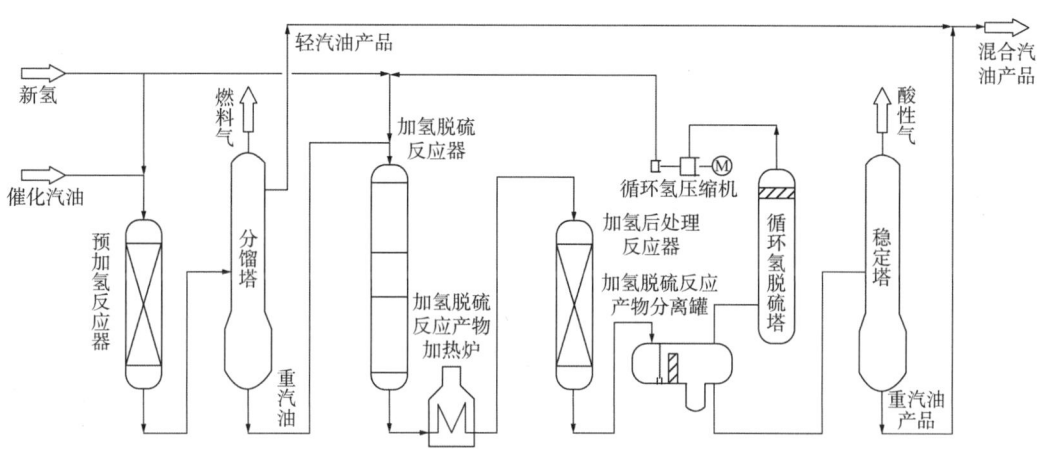

图 11-1 PHG 技术工艺流程示意图

PHG 技术主要工艺参数如下:反应压力为 1.5~2.5MPa,空速为 2.0~5.0h^{-1},预加氢反应温度为 95~205℃,加氢脱硫反应温度为 210~305℃,加氢后处理反应温度为275~370℃。

PHG 技术主要技术经济指标如下:C_{5+}汽油产品总液体收率不小于99.5%(质量分数),汽油产品硫含量不大于10.0μg/g,研究法辛烷值损失不大于1.5个单位,催化剂总寿命为8年,4年再生一次。

2. PHG 技术原理

1) 预加氢过程工艺原理

全馏分催化汽油在较低的温度和氢油比及一定的空速和压力条件下,在预加氢催化剂的作用下进行液相反应,主要发生轻质含硫化合物转化为重质含硫化合物,使轻汽油中含硫化合物含量满足国Ⅳ和国Ⅴ指标要求;同时大部分双烯烃选择加氢转化为单烯烃,部分烯烃发生异构化等反应,保护下游的重汽油馏分加氢脱硫催化剂,延长装置运行周期。

(1) 轻质含硫化合物转化为重质含硫化合物。
代表性反应如下:
$$RSH + R'(C_5—C_7烯烃) \rightleftharpoons RSR'$$

(2) 二烯烃加氢反应。

二烯烃很不稳定,极易聚合为胶质,因此将二烯烃转化为单烯烃可以提高产品的稳定性,并可最大限度延长下游重汽油加氢脱硫单元的操作周期。

(3) 烯烃异构化反应。

大部分二烯烃反应后,根据动力学观点,低温有利于该异构化反应的发生,有利于将烯烃由链端结构异构为更加稳定的链中结构，而且链中结构的烯烃有很高的辛烷值，因此通过烯烃异构化反应可适当增加产品中的高辛烷值组分。

2）加氢脱硫过程工艺原理

（1）加氢脱硫反应。

催化汽油加氢脱硫发生的主要反应如下：

$$RSH+H_2 \longrightarrow RH+H_2S$$

$$RSR'+2H_2 \longrightarrow RH+R'H+H_2S$$

（2）烯烃加氢反应。

烯烃加氢饱和反应是不饱和烯烃加氢生成饱和烃的反应，该反应不仅增加氢耗，更重要的是会导致产品辛烷值损失。因此，烯烃加氢反应在加氢脱硫过程中是不希望发生的。

在催化汽油加氢脱硫的同时，为了尽量减少辛烷值损失，必须使烯烃饱和反应达到最小化，即需要催化剂具有优良的选择性。

（3）加氢脱氮反应。

在加氢处理过程中，脱氮反应通过断裂 C—N 键得到不含氮的脂肪烃和氨。由于含氮化合物有很强的吸附性能，因此强烈抑制其他加氢反应（如加氢脱硫）。

在脱硫过程中，由于 C—N 键的强度高于 C—S 键，使得 C—N 键比 C—S 键更难断裂。因此，脱氮比脱硫反应更难发生。

3. PHG 技术典型装置应用案例

大庆炼化 150×10⁴t/a 催化汽油加氢装置在生产国Ⅳ和国Ⅴ标准车用汽油阶段，采用中国石油自主研发的 PHG 技术，以催化汽油为原料，对催化汽油进行加氢精制，以改善产品质量，满足全厂调和生产汽油产品的要求。

1）原料和产品

装置设计原料和产品的主要性质对比情况见表 11-2。

表 11-2 大庆炼化 150×10⁴t/a 催化汽油加氢装置原料和产品主要性质对比表（国Ⅴ工况，设计值）

分析项目		催化汽油原料	加氢汽油产品
密度（20℃），kg/m³		713.8	713.8
馏程，℃	初馏点	40.0	40.4
	50%馏出温度	75.0	75.8
	终馏点	196.0	196.8
烯烃，%（体积分数）		35.0	30.0
硫，μg/g		120.0	8.0
硫醇硫，μg/g		22.0	3.0
研究法辛烷值		93.5	92.0
二烯值，gI/100g		1.8	—
饱和蒸气压，kPa		63.5	61.6

2）催化剂

预加氢催化剂型号为 GHC-32，为 Ni-Mo 系列金属催化剂；加氢脱硫催化剂型号为

GHC-11，为 Co-Mo 系列金属催化剂。

3) 开工及标定情况

2013 年 11 月，采用 PHG 技术的大庆炼化 150×10⁴t/a 催化汽油加氢装置生产出合格精制汽油，实现了首次安全开车成功，汽油产品总硫含量等各项指标分别达到国Ⅳ和国Ⅴ质量标准要求。

装置开工稳定运行一个月后对国Ⅳ和国Ⅴ两种工况进行了性能考核标定，标定结果如下：

（1）装置加工量分别按 100% 和 110% 负荷进行标定，标定期间装置满负荷以及操作上限 110% 负荷运行下，所有动、静设备运行良好，达到设计要求。

（2）国Ⅳ工况下，混合汽油产品硫含量为 21~32μg/g，达到国Ⅳ指标（不大于 50μg/g），其中硫醇含量为 7~8μg/g，饱和蒸气压、干点等各项指标均满足国Ⅳ标准要求。混合汽油产品与原料相比，研究法辛烷值损失 0.4 个单位，达到考核要求。

（3）国Ⅴ工况下，混合汽油硫含量为 8~10μg/g，达到国Ⅴ指标（不大于 10μg/g），其中硫醇含量为 6~7μg/g，饱和蒸气压、干点等各项指标均满足国Ⅴ标准要求。混合汽油产品与原料相比，研究法辛烷值损失 0.6 个单位，达到考核要求。

（4）装置能耗。标定期间，国Ⅳ工况下装置能耗为 13.82kg 标准油/t 原料，国Ⅴ工况下装置能耗为 14.83kg 标准油/t 原料，均低于装置设计能耗 15.22kg 标准油/t 原料。

图 11-2 显示了大庆炼化 150×10⁴t/a 催化汽油加氢装置全景。

图 11-2　大庆炼化 150×10⁴t/a 催化汽油加氢装置全景

二、催化汽油加氢脱硫及改质 M-PHG 技术

催化汽油加氢脱硫及改质 M-PHG 成套技术由石化院和中石油华东设计院共同开发，

其中催化剂技术由石化院提供，中石油华东设计院完成工艺包开发。2018年，M-PHG技术在庆阳石化100×10⁴t/a催化汽油加氢装置国Ⅵ质量升级改造项目中成功应用。该装置改造前的主要功能是对催化裂化汽油进行加氢脱硫精制生产国Ⅴ汽油调和组分，质量升级及扩能改造后装置的主要功能调整为加氢脱硫改质降烯烃，改造后全厂汽油池满足国ⅥB阶段车用汽油质量标准。

1. M-PHG 技术特点

M-PHG技术采用全馏分催化汽油预加氢—轻重馏分切割—重汽油加氢改质—选择性加氢脱硫的工艺技术路线和专有催化剂，通过优化工艺参数，烯烃加氢异构、芳构化改质，在实现深度加氢脱硫、大幅降低烯烃的同时，辛烷值损失尽可能较小。其中，全馏分催化汽油预加氢、轻重馏分切割部分的技术特点与PHG技术相同，区别是重汽油加氢改质部分可以实现脱硫和降低烯烃双重目的，同时辛烷值损失较低。

M-PHG技术工艺流程示意如图11-3所示。

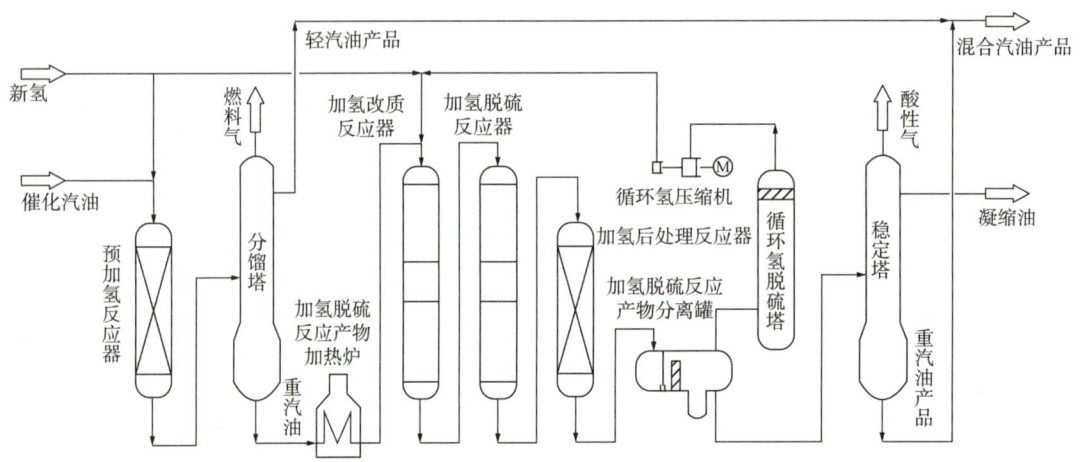

图11-3　M-PHG技术工艺流程示意图

M-PHG技术主要工艺参数如下：反应压力为1.5~2.5MPa，空速为2.0~5.0h⁻¹，预加氢反应温度为95~205℃，加氢改质反应温度为350~410℃，加氢脱硫反应温度为210~305℃。

M-PHG技术主要技术经济指标如下：C_{5+}汽油产品总液体收率不小于98.5%（质量分数），汽油产品硫含量不大于10.0μg/g，烯烃降幅不小于10个单位，研究法辛烷值损失不大于1.5个单位，催化剂总寿命为8年，4年再生一次。

2. M-PHG 技术原理

全馏分催化汽油在较低的温度和氢油比及一定的空速和压力条件下，在预加氢催化剂的作用下进行液相反应，主要发生轻质含硫化合物转化为重质含硫化合物，使轻汽油中含硫化合物含量满足汽油产品质量指标要求；同时大部分双烯烃选择加氢转化为单烯烃，部分烯烃发生异构化等反应，保护下游的重汽油馏分加氢脱硫催化剂，延长装置运行周期。

预加氢后的催化重汽油馏分在较高的温度和一定的压力、空速和氢气存在条件下，经加氢改质催化剂FO-35M处理，通过异构化、芳构化反应提高汽油的辛烷值，同时降烯烃。

加氢改质后的催化重汽油馏分在一定的温度、压力、空速和氢油比等条件下，在加氢脱硫催化剂的作用下，主要发生加氢脱硫反应，同时伴有少量的烯烃加氢饱和反应和极少量的脱氮反应等。

3. M-PHG 技术典型装置应用案例

庆阳石化催化汽油加氢脱硫装置最初设计规模为 $70×10^4$t/a，采用中国石油自主研发的 PHG 技术，以催化汽油为原料，对催化汽油进行加氢脱硫，以改善产品质量，生产国Ⅳ和国Ⅴ汽油调和组分。随着第六阶段车用汽柴油质量标准于 2016 年 12 月正式发布，庆阳石化由于催化汽油烯烃含量高，且在全厂汽油池中占比较高，导致汽油池烯烃含量远高于国Ⅵ车用汽油标准的要求。为生产符合国ⅥB 阶段标准的汽油，经过多方案充分比选论证，于 2018 年确定采用中国石油自主开发的 M-PHG 成套技术对催化汽油加氢装置进行改造，降低汽油池的烯烃含量，改造后全厂汽油池满足国ⅥB 阶段车用汽油质量标准。同时，为最大化释放产能、提质增效，进一步降低柴汽比，改造后装置设计规模由 $70×10^4$t/a 扩能至 $100×10^4$t/a。

1) 主要改造内容

装置在原有流程基础上进行改造，需充分利用装置原有设施，在满足工艺要求的前提下，尽可能利旧原有设备，减少改造工程量，节省投资。

(1) 工艺流程调整。

装置改造后分为预加氢和加氢改质/脱硫两个部分。预加氢部分流程不变，加氢改质/脱硫部分按照 M-PHG 技术路线要求，新增一台加氢改质反应器，重汽油加氢单元的流程调整为"重汽油—换热器—加热炉—加氢改质反应器—稳定塔底重沸器—换热器—加氢脱硫反应器—加氢后处理反应器"，其中加氢脱硫反应器及加氢后处理反应器串联使用，全部装填加氢脱硫催化剂。

(2) 增设加氢改质反应器。

按照 M-PHG 技术要求，新增一台加氢改质反应器。反应器分两个床层，主要装填 FRG-M6 催化剂，通过芳构化和异构化反应降低催化汽油烯烃含量，同时提高产品辛烷值。

(3) 增设急冷油系统。

原装置设有 3 台循环氢压缩机，按照两开一备运行，单台额定量为 21000m^3/h，加氢脱硫反应器床层间采用急冷氢冷却。改造后装置规模由 $70×10^4$t/a 扩能至 $100×10^4$t/a，分馏塔轻汽油抽出比例由 30%（质量分数）调整为 26%（质量分数），重汽油加氢改质/脱硫单元处理量大幅提高。此外，装置开工初期阶段，新增加氢改质反应器入口温度升温至 380℃之前，反应器内放热反应占主导，出现床层温升，催化剂床层间需注入急冷介质大幅降温。经核算，原有循环氢压缩机不能满足改造要求。如新增一台压缩机，压缩机厂房已无空间布置，且新增压缩机投资费用高，设备采购周期长。经过优化，将原有加氢脱硫反应器床层间急冷介质由急冷氢改为急冷油，新增加氢改质反应器床层间设置急冷油冷却，大幅度降低了装置急冷氢用量，从而可以利旧原有循环氢压缩机，大幅节省了项目改造投资。

2) 原料和产品

装置设计原料和产品的主要性质对比情况见表 11-3。

表 11-3　庆阳石化催化汽油加氢脱硫装置原料和产品主要性质对比表（设计值）

分析项目		催化汽油原料	加氢汽油产品
密度(20℃)，kg/m³		720.0	713.0
馏程，℃	初馏点	40.0	32.1
	50%馏出温度	100.0	101.0
	终馏点	194.0	204.2
烯烃，%（体积分数）		43.0	31.0
硫，μg/g		160.0	10.0
硫醇硫，μg/g		24.0	3.5
研究法辛烷值		90.5	89.5
二烯值，g I/100g		2.5	—
饱和蒸气压，kPa		65.0	64.0

3）催化剂

该次国Ⅵ质量升级改造装置全部催化剂首次装填均采用中国石油自主研发的新型免活化型硫化态催化剂，装置开工阶段催化剂不再需要预硫化，开工时间大幅缩短。预加氢催化剂型号为PHG-131，为Ni-Mo系列金属催化剂；加氢脱硫催化剂型号为PHG-111，为Co-Mo系列金属催化剂；加氢改质催化剂型号为FO-35M。

4）开工及标定情况

2018年11月，采用M-PHG技术的庆阳石化100×10⁴t/a催化汽油加氢脱硫装置生产出合格汽油产品，汽油产品中总硫含量为10μg/g，烯烃含量平均降幅10个单位，满足企业国Ⅵ汽油调和组分的生产要求，研究法辛烷值损失平均值不到1.0个单位，标志着装置国Ⅵ改造后实现一次开车成功。

装置开工稳定运行一个月后进行了性能考核标定，标定结果如下：

（1）装置加工量按100%负荷进行标定，标定期间装置满负荷运行下所有动、静设备运行良好，达到设计要求。

（2）新一代预加氢催化剂PHG-132与上一代预加氢催化剂相比，在二烯烃饱和方面具有更为良好的选择性。

（3）新一代加氢脱硫催化剂PHG-112在反应初期表现出良好的脱硫效果和选择性，在较低的温度条件下可以控制产品硫含量小于10μg/g，研究法辛烷值损失不到1.0个单位，可满足企业国Ⅵ汽油调和组分的生产要求。

（4）使用新一代加氢改质催化剂FO-35M，烯烃含量降低10个单位，降烯烃效果达到全厂汽油池调和要求。

（5）国Ⅵ质量升级改造全部采用新一代免活化硫化态催化剂，与上一代氧化态催化剂相比，装置开工周期大幅缩短，硫化态催化剂加氢脱硫活性和加氢选择性与器内硫化催化剂相当，能够满足装置长周期稳定高效运转需求。

（6）M-PHG技术具有超深度脱硫、大幅降烯烃和保持辛烷值的三重功能，形成了具有中国石油特色的国Ⅵ汽油质量升级技术路线，为中国石油炼化企业国Ⅵ油品质量升级项目提供了有力支撑。

图 11-4 显示了庆阳石化 100×10^{4}t/a 催化汽油加氢装置实景。

图 11-4　庆阳石化 100×10^{4}t/a 催化汽油加氢装置实景

三、催化汽油加氢脱硫及改质 GARDES 技术

催化汽油加氢脱硫及改质 GARDES 成套技术由中国石油大学(北京)、福州大学、中国石油兰州化工研究中心和中石油华东设计院共同开发，其中催化剂技术由中国石油大学(北京)、福州大学、中国石油兰州化工研究中心提供，中石油华东设计院完成工艺包开发。2013 年，第一代 GARDES 技术在中国石油国Ⅳ/国Ⅴ汽油质量升级项目中大范围推广应用，采用第一代 GARDES 技术的大庆石化 130×10^{4}t/a 催化汽油加氢装置、宁夏石化 120×10^{4}t/a 催化汽油加氢装置、抚顺石化 120×10^{4}t/a 催化汽油加氢装置、呼和浩特石化 120×10^{4}t/a 催化汽油加氢装置、独山子石化 80×10^{4}t/a 催化汽油加氢装置和辽河石化 40×10^{4}t/a 催化汽油加氢装置共 6 套装置陆续一次开车成功。2017 年，第二代催化汽油加氢改质技术 GARDES-Ⅱ首先在宁夏石化 120×10^{4}t/a 催化汽油加氢装置国Ⅵ质量升级改造项目中成功应用，之后相继在呼和浩特石化等炼化企业 5 套装置中进行了工业应用[2]。GARDES-Ⅱ新一代催化剂及成套技术具有更高的硫醇转化能力、加氢脱硫选择性、烯烃转化以及辛烷值保持功能，出装置汽油通过全厂调和可以满足国Ⅵ车用汽油质量标准。

1. GARDES 技术特点

GARDES 技术采用全馏分催化汽油预加氢—轻重馏分切割—重汽油选择性加氢脱硫—辛烷值恢复的工艺技术路线和专有催化剂，通过优化工艺参数，烯烃加氢异构、芳构化改质，在实现深度加氢脱硫、降烯烃的同时，辛烷值损失尽可能降低。特点具体体现在：

（1）采用灵活高效的全馏分预加氢处理—轻重馏分切割—重汽油馏分选择性加氢脱硫—辛烷值恢复组合工艺技术，具有广泛的原料和产品方案适应性。

（2）具有辛烷值恢复功能，可在大幅降低汽油烯烃含量的同时保持其辛烷值。

（3）通过反应工艺的优化配置和催化剂的合理级配，实现不同类型含硫化合物的递进脱除：采用特殊研制的预加氢催化剂对全馏分催化汽油进行预处理，同步实现轻汽油馏分中硫醇的选择性脱除和向重汽油馏分的转移、双烯的选择性脱除，为选择性脱硫催化剂和辛烷值恢复催化剂的长周期运行提供保证；在选择性加氢脱硫反应器中采用高选择性的加氢脱硫催化剂用于重汽油馏分中较大分子含硫化合物的脱除，而在辛烷值恢复反应器中则采用分子筛催化剂用于小分子含硫化合物脱除，并避免 H_2S 与烯烃重新结合生成硫醇。

（4）加氢后的轻汽油、重汽油馏分均无须脱硫醇，可以直接用于产品的调和，不仅降低了投资和操作费用，还避免了传统 Merox 脱硫醇过程产生的废碱渣排放。

（5）采用特殊设计的原料预处理过程，避免因反应器结焦造成床层"撇头"引起的非正常停车，延长过程的操作周期。

（6）在不改变工艺流程的前提下，GARDES 技术通过升级催化剂、优化工艺条件等能够实现国Ⅳ清洁汽油标准到国Ⅴ和国Ⅵ清洁汽油标准的过渡。

GARDES 技术工艺流程示意如图 11-5 所示。

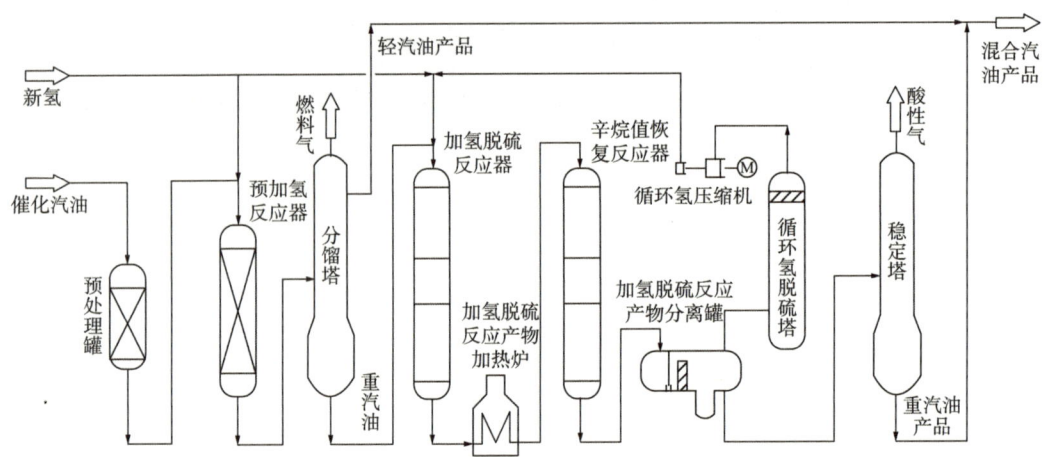

图 11-5 GARDES 技术工艺流程示意图

GARDES 技术主要工艺参数如下：反应压力为 1.5~2.5MPa，空速为 $1.5~3.0h^{-1}$，预加氢反应温度为 90~210℃，加氢脱硫反应温度为 210~310℃，辛烷值恢复反应温度为 350~410℃。

GARDES 技术主要技术经济指标如下：C_{5+} 汽油产品总液体收率不小于 99%（质量分数）；汽油产品硫含量不大于 $10.0\mu g/g$，烯烃降幅不小于 10 个单位，研究法辛烷值损失不大于 1.5 个单位，催化剂总寿命为 8 年，4 年再生一次。

2. GARDES 技术原理

1）全馏分催化汽油预加氢和轻重馏分切割单元

在缓和的临氢条件下，全馏分催化汽油中存在的二烯烃和硫醇在催化剂作用下发生硫醚化反应，其化学反应方程式如下：

$$RSH + R'(C_5—C_7烯烃) \rightleftharpoons RSR'$$

全馏分催化汽油经过预加氢并经切割后，轻汽油中的硫醇硫与二烯烃作用生成硫醚而转移到重汽油馏分中，而切割得到的轻汽油则基本不含硫醇，可以直接用于油品调和或用作醚化的原料，将硫醇重质化处理后所分离出的富含硫、无二烯烃的重汽油馏分进行选择性加氢脱硫，可提高后续加工单元中的催化剂稳定性和寿命，延长装置的运转周期。将预加氢—轻重馏分切割单元与加氢脱硫单元相组合的工艺具有脱硫率高、烯烃饱和率低和产品辛烷值高等特点。

2）重汽油选择性加氢脱硫单元

根据过渡金属硫化物催化剂的边角理论，在金属硫化物片晶的角活性位（rim位）上能够同时发生加氢脱硫和烯烃饱和反应，而在边活性位（edge位）上仅能发生加氢脱硫反应（图11-6）。因此，为提高催化剂的加氢脱硫选择性，在形成较多的边位以提高加氢脱硫活性的同时，应尽可能形成较少的角位以抑制烯烃饱和反应的发生，通过调节选择性加氢脱硫催化剂中的钾磷比改善了活性组分的分散和堆积、提高了其硫化程度，增强了催化剂对大分子含硫化合物的脱除性能。

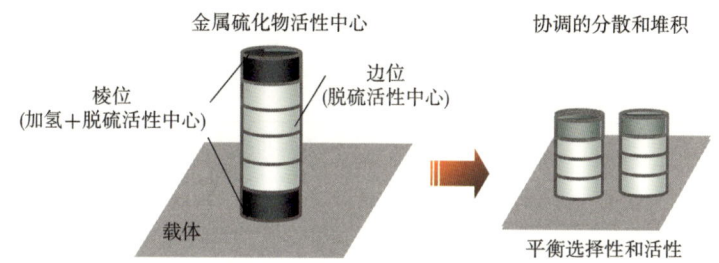

图11-6　过渡金属硫化物催化剂的形貌调控原理

3）重汽油辛烷值恢复单元

ZSM-5沸石具有优异的芳构化初活性，但由于其酸性较强，因而稳定性较差；SAPO-11沸石对烯烃和正构烷烃的异构化均表现出更高的选择性和更为优异的稳定性，但其芳构化能力较弱。GARDES技术通过原位复合的方法在ZSM-5上引入SAPO-11，合成了SAPO-11/ZSM-5复合沸石（图11-7），之后又开发出用于复合沸石的水热/有机酸改性方法，制备出兼具优良的异构化和芳构化性能的复合沸石基催化剂。

基于SAPO-11/ZSM-5的辛烷值恢复催化剂不仅具有畅通的孔道，而且具有适宜的Lewis和Brönsted酸量及强度分布，表现出良好的协同催化作用。因而在催化剂上不仅发生异构化和芳构化反应，而且可用于小分子含硫化合物脱除，并避免H_2S与烯烃重新结合生成硫醇（图11-8），经过辛烷值恢复催化剂处理后的重汽油无须脱硫醇就可直接用于产品的调和。

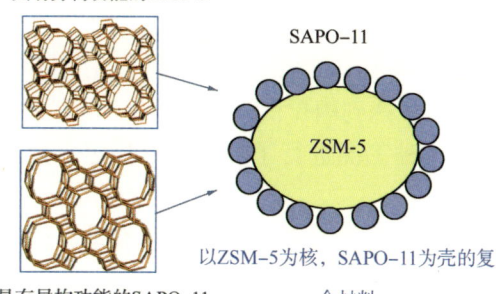

图11-7　SAPO-11/ZSM-5复合沸石结构示意图

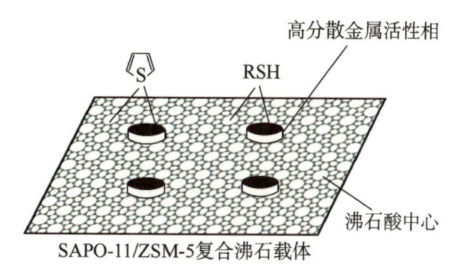

图11-8　辛烷值恢复催化剂补充脱硫原理

由于异构化反应和芳构化反应具有各自不同的适宜温度，因此对于重汽油的辛烷值恢复，可以根据原料性质的不同调节反应温度以控制异构化和芳构化反应发生的比例：在350℃以下，主要发生异构化反应；在350℃以上，则主要发生芳构化反应。

3. GARDES 技术典型装置应用案例

1）第一代 GARDES 技术典型装置应用案例

宁夏石化 120×10^4 t/a 催化汽油加氢装置于 2013 年 10 月首次顺利开车成功。该装置采用中国石油自主研发的第一代 GARDES 技术，以催化汽油为原料，对催化汽油进行加氢精制，以改善产品质量，产品满足全厂调和生产国Ⅳ汽油产品的要求，并兼顾全厂调和生产国Ⅴ汽油产品。

（1）原料和产品。

装置设计原料和产品的主要性质对比情况见表 11-4。

表 11-4　宁夏石化 120×10^4 t/a 催化汽油加氢装置原料和产品主要性质对比表（国Ⅴ工况，设计值）

分析项目		催化汽油原料	加氢汽油产品
密度(20℃)，kg/m^3		731.2	732.8
馏程，℃	初馏点	37.0	35.0
	50%馏出温度	90.0	91.0
	终馏点	185.0	190.0
烯烃，%（体积分数）		45.0	29.9
硫，μg/g		215.0	9.5
硫醇硫，μg/g		50.0	3.4
研究法辛烷值		89.7	88.3
二烯值，gI/100g		1.4	—
饱和蒸气压，kPa		70	72

（2）催化剂。

预加氢催化剂型号为 GDS-20，为 Ni-Mo 系列金属催化剂；加氢脱硫催化剂型号为 GDS-30，为 Co-Mo 系列金属催化剂；辛烷值恢复催化剂型号为 GDS-40，为分子筛催化剂。

（3）开工及标定情况。

2013 年 10 月，采用第一代 GARDES 技术的宁夏石化 120×10^4 t/a 催化汽油加氢装置首次开车成功，成功产出满足国Ⅴ要求的汽油产品后转入国Ⅳ工况运行。国Ⅳ工况下汽油产品中总硫含量为 28μg/g，其中硫醇硫含量为 8μg/g，达到国Ⅳ汽油产品质量标准要求。

装置开工稳定运行一个月后，对国Ⅳ和国Ⅴ两种工况进行了性能考核标定，标定结果如下：

①装置加工量按 100%负荷进行标定，标定期间装置满负荷运行下所有动、静设备运行良好，达到设计要求。

②国Ⅳ工况下，混合汽油产品硫含量为 14~15μg/g，达到国Ⅳ指标（不大于 50μg/g），其中硫醇含量均小于 10μg/g，饱和蒸气压、干点等各项指标均满足国Ⅳ标准要求。混合汽油产

品与原料相比，研究法辛烷值损失1.0个单位，达到考核要求。

③ 国Ⅴ工况下，混合汽油产品硫含量为10μg/g，达到国Ⅴ指标(不大于10μg/g)，其中硫醇含量均小于10μg/g，饱和蒸气压、干点等各项指标均满足国Ⅴ标准要求。混合汽油产品与原料相比，研究法辛烷值损失1.4个单位，达到考核要求。

④ 预加氢催化剂GDS-20的活性与选择性。

原料经过预加氢之后，产品双烯值由0.7g I/100g降低到0.1g I/100g，说明二烯烃饱和活性高。原料与预加氢产品烯烃基本一致，同时辛烷值也没有损失，因此催化剂在二烯烃饱和和硫醇转移时，没有烯烃饱和，说明催化剂的选择性高。

⑤ 加氢脱硫催化剂GDS-30和辛烷值恢复催化剂GDS-40的初期活性。

装置开工初期，在加氢脱硫反应器R-201入口温度为195℃、辛烷值恢复反应器R-202入口温度为260℃的情况下，装置烯烃含量降低4~5个百分点，催化剂的脱硫率为83%~88%，说明加氢脱硫催化剂GDS-30和辛烷值恢复催化剂GDS-40的初期活性较高。

⑥ 辛烷值恢复催化剂GDS-40的芳构化活性。

装置开工初期，在辛烷值恢复反应器R-202入口温度较低(260℃)的情况下，重汽油原料经过加氢脱硫反应器R-201、辛烷值恢复反应器R-202之后，重汽油产品中芳烃含量增加约0.3个百分点，说明辛烷值恢复催化剂GDS-40在低温下即具有一定的芳构化活性。

⑦ 装置能耗。

标定期间，国Ⅳ工况下装置能耗为14.58kg标准油/t原料，国Ⅴ工况下装置能耗为15.43kg标准油/t原料，均低于装置设计能耗17.77kg标准油/t原料。

2) 第二代GARDES技术典型装置应用案例

2017年，宁夏石化根据新一轮油品质量升级需求，在全厂大检修期间，对120×10⁴t/a催化汽油加氢装置采用第二代GARDES技术进行国Ⅵ汽油质量升级改造。装置于2017年8月顺利开工投产，产品满足全厂调和生产国Ⅵ标准的车用汽油。

(1) 主要改造内容。

装置国Ⅵ汽油质量升级改造主要改造内容如下：

① 催化剂全部更换为第二代催化剂，其中预加氢催化剂由GDS-20升级为GDS-21，加氢脱硫催化剂由GDS-30升级为GDS-31，辛烷值恢复催化剂由GDS-40升级为GDS-41。

② 根据第二代催化剂性能以及国Ⅵ工况下工艺参数和产品指标变化情况，相应调整加氢脱硫和辛烷值恢复单元操作参数。

(2) 标定情况(国Ⅵ工况)。

装置开工稳定运行一个月后进行了性能考核标定，标定结果如下：

① 装置加工量按100%负荷进行标定，标定期间装置满负荷运行下所有动、静设备运行良好，达到设计要求。

② 新一代预加氢催化剂GDS-21具有较好的选择性，催化剂在二烯烃饱和及硫醇转移的同时进行烯烃异构化反应，经预加氢反应后催化汽油研究法辛烷值略有提升(约0.5个单位)。

③ 新一代加氢脱硫催化剂GDS-31和辛烷值恢复催化剂GDS-41初期活性较高，在较低的温度条件下可以控制产品硫含量小于10μg/g，满足国Ⅵ汽油调和组分要求。

④ 新一代辛烷值恢复催化剂GDS-41具有较为显著的异构化效果，在烯烃降幅达到10

个单位的同时研究法辛烷值增加 0.88 个单位。

⑤ 装置国Ⅵ汽油质量升级改造改动内容少、投资低、装置能耗基本没有增加，加氢汽油产品满足作为全厂生产国Ⅵ车用汽油标准调和组分的要求。

图 11-9 显示了宁夏石化 120×10⁴t/a 催化汽油加氢装置炉反区实景。

图 11-9　宁夏石化 120×10⁴t/a 催化汽油加氢装置炉反区实景

第三节　催化汽油清洁化其他技术

一、烷基化脱硫技术

1. 技术概况

催化汽油中存在二硫化碳、硫醚、硫醇、噻吩类含硫化合物，其中噻吩类含硫化合物占总硫质量的 90% 以上，该类含硫化合物在催化裂化反应条件下比较稳定，很难裂化。催化汽油中含硫化合物基本是有机化合物，重馏分主要为苯并噻吩和甲基苯并噻吩；中馏分主要为烷基噻吩；轻馏分主要为硫醇和硫醚。催化汽油中组分烯烃的辛烷值较高，是汽油辛烷值的重要组成部分。烯烃主要集中在催化汽油的轻汽油段，而且馏分越轻，烯烃含量越高。

烷基化反应脱硫技术首先由英国 bp 公司提出，该技术利用酸性催化剂使汽油中的噻吩类含硫化合物与本身含有的烯烃进行烷基化反应生成高沸点的含硫化合物，通过蒸馏使高沸点的含硫化合物从轻馏分中分离，并在重馏分中富集，从而降低低沸点含硫化合物的硫含量。该技术能够在脱除含硫化合物的同时，保持汽油的辛烷值不变。bp 公司在得克萨斯州的炼油厂完成了噻吩烷基化技术小试；德国拜恩炼油厂（bp、Agip 和韦伯三家公司合资）完成了处理能力为 26×10⁴t/a 的大规模试验。bp 公司开发了两级/多级烷基化脱硫工艺，于 2000 年公开了两种烷基化脱硫工艺。

ExxonMobil 公司开发的烷基化脱硫工艺特点在于,精馏后进入加氢反应器的烯烃很少,因此耗氢量更少,操作费用低,辛烷值损失小。对于含硫醇较多的原料,还需要对该工艺进行改进,将烷基化脱硫后精馏分离出的轻质馏分进行脱硫醇处理,才能达到深度脱硫的目的。

乌鲁木齐石化于 2008 年开始进行催化汽油硫转移催化蒸馏技术研究,以磺酸树脂和固体酸为催化剂,研究了催化汽油中烯烃与噻吩类含硫化合物进行烷基化反应的动力学特性,并在催化精馏装置上进行了硫转移连续工艺实验研究,2011—2013 年在直径为 200mm 精馏塔上进行汽油硫转移—加氢脱硫组合工艺的中试放大研究,2015—2019 年进行了 $10×10^4 t/a$ 催化汽油硫转移—加氢脱硫工业试验,根据工业试验数据,形成了 $60×10^4 t/a$ 催化汽油硫转移—加氢脱硫工艺包。

2. 技术原理和特点

以噻吩与丙烯烷基化反应为例说明噻吩烷基化过程反应原理。丙烯在酸催化剂上形成正碳离子,正碳离子可加成到噻吩硫原子的 α 位或 β 位形成烷基噻吩。烷基噻吩受催化剂作用可形成新的正碳离子继续进行加成反应,也可进一步与烯烃反应,生成更高沸点的烷基噻吩。最终,烷基噻吩由蒸馏进入高硫低烯烃含量的重馏分中,通过后续加氢处理脱除。

汽油催化蒸馏烷基化硫转移技术是一种汽油非加氢脱硫工艺技术,工艺流程简单,操作条件温和,操作方便,采用中低硫(小于 $300μg/g$)的催化汽油进料,硫转移后的轻、中汽油馏分可以达到国 Ⅴ、国 Ⅵ 汽油标准汽油调和组分要求,辛烷值损失小(小于 0.5 个单位),与加氢脱硫后的重汽油馏分进行调和,调和的汽油组分可以达到国 Ⅴ、国 Ⅵ 汽油标准汽油调和组分要求(辛烷值损失小于 1.5 个单位)。

该技术的应用无须单独建设一套催化汽油硫转移—加氢脱硫装置,可以改造或新建催化精馏硫转移单元与现有汽油加工工艺进行整合,投资较少。

乌鲁木齐石化 $10×10^4 t/a$ 催化汽油硫转移—加氢脱硫工业试验装置工艺流程如图 11-10 所示。

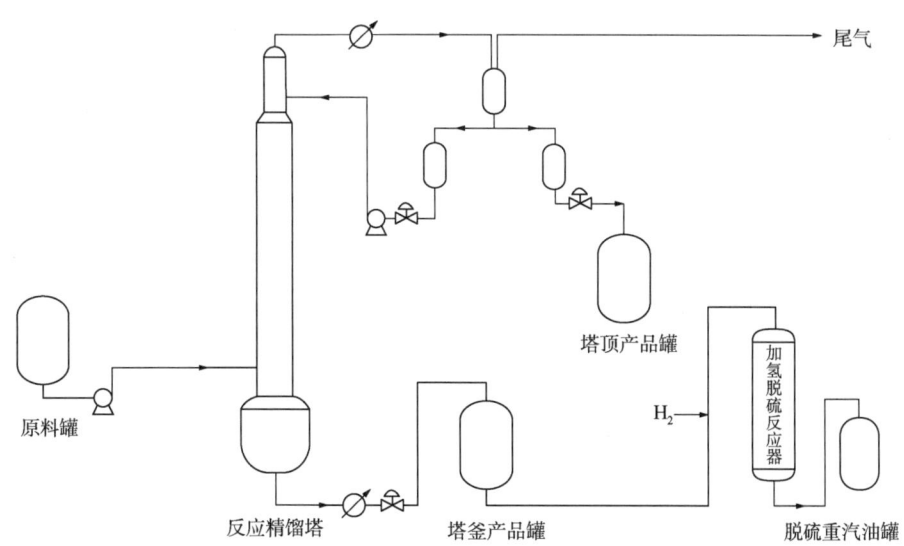

图 11-10 乌鲁木齐石化 $10×10^4 t/a$ 催化汽油硫转移—加氢脱硫
工业试验装置工艺流程简图

247

催化汽油先经原料预处理反应器脱除二烯烃后,进入催化精馏硫转移切割塔,重汽油切割点可以提高到120℃,塔顶轻汽油的采出比在45%~55%,硫转移后的轻汽油硫含量低于15μg/g,可以直接去调和,同时降低了重汽油加氢脱硫装置的负荷,由于重汽油中的烯烃含量降低,在汽油深度脱硫的同时,可以减少汽油辛烷值的损失。

二、抽提加氢组合脱硫技术

1. 技术概况

催化汽油的轻馏分主要为 C_5 烯烃和烷烃,没有环烷烃和芳烃,其中含硫化合物主要为乙硫醇。在催化汽油切割前可通过预加氢反应将小分子硫醇转化成大分子高沸点含硫化合物,然后经切割将含硫化合物转移到重馏分汽油中;也可以在催化汽油切割后,单独对轻馏分采用液液抽提脱硫醇技术将小分子硫醇抽提到溶剂或碱液中除去。

催化汽油的中馏分(一般沸程在40~100℃之间)收率约为全馏分汽油的30%(质量分数),主要成分为 C_6 和 C_7 烃类,除烯烃、烷烃外,含有少量的环烷烃和芳烃;含硫化合物主要为噻吩和甲基噻吩,噻吩和甲基噻吩的特性与苯和甲苯非常相似,利用含硫化合物与烃类在选择性溶剂中溶解度的不同,通过多级平衡溶解的方法将含硫化合物富集到溶剂中,可在没有辛烷值损失的情况下实现中馏分汽油的脱硫。

催化汽油的重馏分(一般沸点大于100℃)收率约为全馏分汽油的40%(质量分数)。由于其中烯烃含量低(约为15%),且含硫化合物与烃在溶剂中溶解的选择性下降,因此仍采用加氢脱硫技术。

根据需要,催化汽油抽提脱硫技术可以适应于初馏点~100℃、初馏点~130℃或40~120℃等多种馏分的抽提脱硫,从而使催化汽油中80%~90%的烯烃不经过加氢脱硫处理,可以更大可能地防止催化汽油脱硫过程的辛烷值损失。

溶剂抽提脱硫主要利用溶剂对烃类各组分溶解度的不同,将汽油组分中的含硫化合物富集到溶剂中,从而得到低含硫的抽余油。抽提溶剂性能的优劣将直接决定装置的脱硫效果、操作费用和投资。

中国石油大学(北京)与河北精致科技有限公司合作开发了催化汽油抽提脱硫技术(ULSO),并在山东某炼厂实现了工业化应用。

乌鲁木齐石化 60×10⁴t/a 汽油加氢装置采用重汽油富芳烃抽提与 M-DSO-G 加氢组合的工艺技术实现工业应用并于2017年对装置进行了性能测试标定[3]。催化汽油先经加氢蒸馏塔进行硫转移并切割为轻汽油和重汽油,轻汽油进入醚化装置,重汽油进入烃重组装置进行富芳烃抽提。烃重组产品富烯烃的中汽油组分进入汽油加氢改质单元采用 M-DSO 技术进行加氢改质和脱硫处理,烃重组产品富芳烃组分进入富芳烃加氢脱硫反应器进行加氢脱硫。最终,加氢改质汽油与富芳烃加氢脱硫产品混合出装置作为汽油调和组分。

2. 技术原理和特点

常规的抽提脱硫工艺通常由中汽油抽提脱硫、抽余油水洗回收溶剂、富硫油烯烃含量控制和溶剂脱油再生及旁路净化等部分组成。

(1) 抽提脱硫:需脱硫的中汽油或轻汽油常温进料,被泵送到抽提塔的下部,贫溶剂由抽提塔顶进入,汽油与溶剂在抽提塔内经多级逆流液液接触脱硫,当汽油从塔顶离开抽提塔时，其中所含的含硫化合物达到控制指标。从抽提塔顶出来的脱硫汽油，其中夹带少量溶剂，送入水洗塔用本装置循环水洗涤回收溶剂后送去醚化装置。

（2）富硫油烯烃含量控制：为减少富硫油中烯烃含量，设置了轻组分循环回流，将烯烃塔顶回流罐的轻馏分循环回注到抽提塔底部，利用小分子溶解度大于大分子的特性，将溶剂中溶解的大分子烯烃置换出去；离开抽提塔时，溶剂中仅剩溶解度较大的含硫化合物、芳烃、环烯烃和 C_5 组分，其中 C_5 组分经过烯烃回流塔又返回抽提塔循环使用。

（3）溶剂循环：富溶剂从抽提塔底出来，与贫溶剂换热后进入烯烃回流塔顶部，较低沸点的轻馏分从塔顶蒸出，经冷凝后送回抽提塔底作为回流；拔头后的富溶剂从烯烃回流塔底送至脱油塔中部，在脱油塔底注入水和蒸汽，在约 0.05MPa 真空度的减压状态下将富硫油和水从塔顶蒸出，馏出物经冷凝后进富硫油罐实现油水分离，富硫油可与重汽油一起去选择性加氢脱硫。脱油塔底出来的贫溶剂大部分先作为洗涤水汽化器的热源，然后再与抽提塔底出来的富溶剂换热后送回抽提塔顶，完成溶剂循环。

（4）水循环：从脱油塔顶富硫油罐分离出水一部分作为脱油塔顶回流，其余送到脱硫汽油水洗塔顶洗涤回收溶剂；溶解了溶剂的水从水洗塔底出来与贫溶剂换热后汽化送到溶剂净化塔并最终回到脱油塔底部作汽提蒸汽，然后又从脱油塔顶蒸出。

（5）溶剂净化：为了随时去除溶剂降解物，保障系统循环溶剂的使用性能，设置了溶剂连续净化过程。从脱油塔底出来的一小部分贫溶剂被送进溶剂净化塔底部，进行减压水蒸气蒸馏，溶剂和水蒸气从净化塔顶出来进入脱油塔底，净化塔底不定期排渣。

第四节　催化汽油加氢技术展望

未来，汽车排放控制法规和燃油经济性法规对车用燃料油的质量必将提出越来越高的要求，发展方向将持续是无硫或接近无硫水平、低烯烃含量和提高辛烷值。中国汽油清洁化技术的发展也将面临越来越严苛的挑战。催化汽油作为汽油燃料组分中占比最大、最重要的组成部分，对汽油中硫含量的贡献率达 80% 以上，而汽油中的烯烃几乎全部来源于催化汽油。因此，催化汽油处理技术仍将在清洁汽油生产技术市场中发挥不可替代的关键作用。催化汽油加氢处理技术的发展将主要围绕油品质量持续升级技术、产品多元化技术、数字化交付技术实现新的拓展应用。

一、油品质量持续升级技术

近年来，中国油品质量升级已进入超低硫、低烯烃和低芳烃含量的阶段，当前的国Ⅵ标准已成为全球最严格的车用汽油排放标准之一。其中，更低的烯烃指标要求使得在持续降低烯烃的同时保持辛烷值的主要矛盾更为凸显。因此，进一步提高催化剂的活性和选择性，采用组合工艺并优化工艺过程，实现超深度脱硫和降低烯烃，减少氢耗和辛烷值损失，是催化汽油加氢技术改进的趋势。

对于中国石油，部分炼化企业面临 2023 年起执行国ⅥB 阶段烯烃含量降低到 15%（体积分数）的严苛要求仍存在较大的升级困难。仅通过现有加氢脱硫/改质技术实现国ⅥB 对烯烃含量的要求，存在辛烷值损失较大、裂化等副反应强度增加带来的汽油初馏点前移、干点后移等问题，导致汽油产品收率降低、馏程变宽，难以满足更高清洁汽油标准中相关指标的要求。

未来技术升级的重点是在现有催化汽油加氢脱硫/改质成套技术基础上，进一步优化烯烃分段、定向转化技术，升级开发具有更高烯烃降幅和保持辛烷值能力、低裂化活性的催化剂，形成与之配套的工艺技术路线和更为优化的工艺参数，并采用最大化集成创新的组合工艺技术等，实现催化汽油加氢深度脱硫、烯烃定向转化及调控、保持辛烷值，满足处理高硫、高烯烃含量原料下生产高辛烷值清洁化汽油组分的技术需求。

二、产品多元化技术

近年来，中国炼油总产能已趋于饱和甚至过剩，绿色低碳已纳入各大石油公司的战略体系。能源转型推动炼化行业及其产品市场发生结构性变化。在能源转型加快的形势下，低碳要求使传统炼油产品市场萎缩，给炼油行业带来了挑战的同时，也带来了新的机遇。未来石油需求从油品向石化产品转变，促使炼油企业将更加关注以多产化工产品为目标的新型炼化一体化发展趋势[4]。炼化一体化已成为国内外炼油企业优化产业配置、提升产品附加值、加快转型升级、提高企业效益的必然选择[5]。同时，由于中国经济持续增长、人民生活水平不断提高，对化工产品尤其是高端化工产品需求持续增长。炼化企业需要从大量生产成品油和大宗石化原料转向多产高附加值油品和优质化工原料转型，以进一步拓展炼化行业发展空间。

对于催化汽油加氢处理技术，需要适应行业、企业未来发展的总体需求变化，以催化剂升级开发为基础，从分子层面上研究催化裂化汽油、催化裂解汽油的组成、物理和化学性质及转化规律，建立油品分子组成模型库，建立结构组成与物理性质的关联模型，在此基础上实现精准高效的加工过程优化。对标国内外已有先进技术，持续进行工艺流程优化与升级。具体需要关注以下几个方面内容：

（1）根据不同炼化企业具体原料性质、馏分构成和产品质量要求，选择合理的工艺路线和操作条件，优化反应器和催化剂配置，满足各企业差异化、经济性需求。

（2）以"分子炼油"为理念，结合催化裂化汽油的特点，重点进行切割优化技术研究，实现催化裂化汽油加氢脱硫、降烯烃、保持辛烷值以及为重整原料提供合格原料等多重目的成套技术的拓展应用。

（3）依托现有催化裂化汽油加氢脱硫/改质成套技术，开发催化裂解汽油加氢生产芳烃抽提原料技术。针对催化裂解汽油芳烃含量高的特点，与配套催化剂的研究相结合，通过对加氢脱除硫、氮等杂质以及烯烃饱和等反应过程的深入研究，并对加氢精制后的催化裂解汽油全馏分切割技术进行配套开发，进一步切割为C_5馏分、C_6—C_8馏分和C_{9+}馏分，在确定合理的工艺技术路线基础上，形成具有生产乙烯原料、芳烃抽提原料和汽油调和组分的工艺包成套技术，满足企业炼化一体化及差异化的多元化发展需求。

三、数字化交付技术

近年来，炼化企业对智能化工厂建设的需求日益迫切，国内外石化企业均开展了智能

第十一章　催化汽油加氢技术

炼厂的技术研发和功能设计[6]。未来石化行业发展将与信息化技术深度融合，有效集成、共享、应用炼化生产过程和经营业务流程的相关信息，实现炼化企业的智能化建设是企业转型升级的必然选择。

目前，中国炼化企业的智能炼厂建设正处于示范试点、推广发展阶段。中国石油正在建设的广东石化炼化一体化项目中，170×10^{4}t/a 催化汽油加氢装置全部采用数字化交付设计，装置投运后的实际生产中可以实现数据、资料快速检索，为生产计划优化、装置操作参数实时优化、设备运行预测预警、产品质量指标在线优化、智能无线巡检以及装置检修、改造等提供可靠的信息支撑。

对于中国石油大部分在役炼厂催化汽油加氢装置，装置原设计阶段没有采用数字化设计，实现装置的数字化管理需进行逆向数字化，采用对已有装置进行激光扫描、逆向建模、数据结构化、图文档电子化等技术手段，形成全装置数字化优化模型，为装置运行优化、企业生产运营决策、降本增效、促进高质量发展提供支撑。

参 考 文 献

[1] 中华人民共和国国家质量监督检验检疫总局，中国国家标准化管理委员会．车用汽油：GB 17930—2016[S]．北京：中国标准出版社，2016．
[2] 张永泽，向永生，王廷海，等．催化裂化汽油加氢改质技术 GARDES-II 的开发及应用[J]．石油炼制与化工，2021，52(3)：38-45．
[3] 郭林超，王丽君．重汽油富芳烃抽提与 M-DSO-G 加氢组合技术的工业应用[J]．石化技术与应用，2021，39(2)：105-108．
[4] 徐海丰．能源转型推动全球炼化行业发生重大变化[J]．国际石油经济，2021，29(5)：26-32．
[5] 李雪静．全球炼化一体化发展新趋势[N]．中国石油报，2021-8-20(8)．
[6] 刘亭亭，赵旭涛．智能炼化企业建设Ⅰ．炼化一体化的智能化[J]．石化技术与应用，2020，38(3)：147-152．

第十二章 催化轻汽油醚化技术

世界上第一套工业化催化轻汽油醚化(TAME)装置是由英国 Petrofina 公司和法国 Total 公司共同开发的，1987 年在英国 LINDSEY 炼油厂投产了年产 5×10^4 t 的甲基叔戊基醚装置，烯烃转化率为 63%。1992 年，采用 CDTECH 公司 CDEthers 催化蒸馏技术的 13×10^4 t/a 催化轻汽油醚化装置在美国路易斯安那州的 MOTIVA 炼油厂投产成功。中国对催化轻汽油醚化工艺的研究始于 20 世纪 80 年代，抚顺石油学院和抚顺石油二厂合作，对催化轻汽油醚化工艺进行了系统研究，经过小试研究和中试验证，于 1988 年 10 月通过了省部级鉴定。齐鲁石化研究院 1993—1996 完成了催化蒸馏合成甲基叔戊基醚的全流程工艺技术开发。

催化轻汽油醚化工艺反应条件缓和，过程环保，已被证明是提高车用汽油质量的有效手段之一。该工艺使催化汽油中的 C_4—C_7 活性烯烃与醇类发生反应生成相应的醚，可降低催化汽油中烯烃质量分数 10~15 个百分点、提高研究法辛烷值 1~2 个单位、降低饱和蒸气压 10kPa 左右，同时将低价值的甲醇转化为高价值的汽油组分，提高了经济效益[1]。

为应对日益严格的环保法规对车用汽油质量的要求，中国石油于 2001 年率先在国内引进一套 8×10^4 t/a 轻汽油醚化装置，并取得良好效果。通过消化吸收再创新，开发了具有中国石油自主知识产权的 LNE 系列成套醚化技术，该技术已在 10 余套催化轻汽油醚化装置中成功应用，可完全替代引进技术，有利于进一步降低车用汽油质量升级的生产成本及提高企业经济效益。

第一节 国内外催化轻汽油醚化技术现状

围绕降低催化汽油烯烃含量、提高催化汽油辛烷值、降低设备和操作费用等方面，国内外公司对催化轻汽油醚化做了大量研究和开发工作，形成了多种技术。这些技术在原料预处理、醚化反应、甲醇回收等方面所采用的工艺流程和设备各有特色。资料表明，这些技术均可使活性异戊烯转化率达到 90%，醚化后催化汽油研究法辛烷值提高 1~2 个单位[1]。

一、国外技术现状

1. 芬兰 Neste(Fortum)公司 NExTAME 技术

芬兰 Neste(Fortum)公司 NExTAME 技术先将全馏分催化汽油进行轻、重汽油分离，分离出的轻汽油依次经水洗、选择性加氢处理后与甲醇一起进入醚化反应器进行反应，反应器为常规固定床式，通常多台串联。经过醚化反应后产物进入主分馏塔，从塔底分离出醚化产物和未反应的重烃类；从塔顶分离出 C_3 和 C_4 及其与甲醇的共沸物，由于催化汽油中 C_3

和 C_4 的含量很少，且与其共沸的甲醇质量分数仅占 C_3 和 C_4 量的 14% 左右，可直接与主分馏塔底物流混合作为醚化汽油。未反应的 C_5、C_6 组分和甲醇的共沸物从主分馏塔侧线抽出，然后循环至第一台醚化反应器或侧线反应器进一步反应。

NExTAME 技术的优点是没有甲醇回收系统，流程较简单，设备投资较低。该工艺的 C_5 和 C_6 活性烯烃的转化率分别约为 90% 和 65%，C_5 活性烯烃转化率略低，但 C_6 活性烯烃的转化率在各工艺中最高，是因为该工艺不断将 C_6 烯烃循环至第一台醚化反应器所致。所用的催化剂可在国际上自由采购[2]。

2. CDTECH 公司 CDEthers 技术

CDTECH 公司 CDEthers 技术首先将全馏分催化汽油送入加氢分馏塔，在塔内同时进行轻、重汽油的分离和轻汽油的选择性加氢反应，分出的轻汽油再经水洗后与甲醇混合依次进入混相床和催化蒸馏塔进行反应，过剩的甲醇在甲醇回收系统中回收并循环利用。混相床也被称为沸点反应器，其主要特点是利用反应压力来控制反应温度，压力的选择使反应热用于反应物料在反应器内汽化，从而达到控制温度的目的，该压力选择十分关键：一要使得反应器内的反应物料有部分汽化，以吸收反应热并控制反应温度；二要与下游的催化蒸馏塔压力相匹配。在混相反应后，残余的活性烯烃在催化蒸馏塔的反应段继续反应，生成的醚化物不断被分离，从而使合成醚化物的反应持续向深度进行。因此，催化蒸馏可以实现活性烯烃的深度转化。

CDEthers 技术选择性加氢预处理和醚化反应都采用了催化蒸馏技术。该工艺的 C_5 和 C_6 活性烯烃的转化率保证值分别约为 95% 和 35%，C_5 活性烯烃转化率高，但 C_6 活性烯烃转化率低，所采用的专有催化剂模块费用较高，但模块内催化剂寿命较长。

3. Snamprogetti 公司 DET 技术

Snamprogetti 公司 DET 技术先将全馏分催化汽油进行轻、重汽油分离，自分馏塔顶分出的轻汽油经选择性加氢预处理和水洗后与新鲜甲醇进入一级、二级醚化反应器，反应产物进入第一脱戊烷塔，塔底分离出的是醚化汽油，塔顶为 C_5 组分与甲醇的共沸物，该共沸物进入三级醚化反应器进一步反应，然后进入第二脱戊烷塔，再次分离出醚化汽油后，塔顶的 C_5 组分与甲醇的共沸物进入甲醇回收系统，回收的甲醇循环利用，而未反应的 C_5 组分进入可供选择的烯烃骨架异构化部分，经异构化反应后返至一级醚化反应器。

该工艺采用水冷式列管反应器，管程装有树脂催化剂，壳程介质为用于移走反应热的循环水。反应管根数可根据液时空速为 $1\sim 2h^{-1}$ 进行确定，反应管直径一般为 25mm、长度为 3000~6000mm。

DET 醚化工艺流程较长，设备投资较高，但对原料适应性强。该工艺的 C_5 和 C_6 活性烯烃的转化率分别为 92%~95% 和 45%~55%。所用的催化剂费用较低，可在国际上自由采购。

二、国内技术现状

1. 中国石化技术现状

经过多年的发展，在中国形成了用于车用汽油生产的两条基础技术路线：一是多产异构烷烃的催化裂化 MIP 工艺与临氢吸附脱硫 S-Zorb 工艺组合；二是常规催化裂化工艺与催化汽油加氢处理/轻汽油醚化组合。两条基础技术路线各有特点和优势，目前中国石化主要采用第一条基础技术路线生产车用汽油[3]。

MIP工艺生产的汽油异构烷烃含量高，烯烃含量低，芳烃含量高，苯含量低，正构烷烃和环烷烃含量相当，异构烷烃与正构烷烃质量比高；S-Zorb工艺基于吸附作用原理脱除汽油中的硫化物，采用全馏分汽油单段脱硫，工艺过程中不产生H_2S，原料汽油中的硫从再生烟气以SO_2的方式排出。

可见，中国石化采用第一条基础技术路线生产的汽油烯烃含量低，加氢过后轻、重汽油并不分开，如果选择轻汽油醚化路线，还需要增设轻、重汽油分离设施，导致设备和操作费用升高，效益不佳，因此中国石化车用汽油质量升级很少选用轻汽油醚化技术路线。

中国石化所属的齐鲁石化研究院曾对催化轻汽油醚化进行研究，开发了一种催化蒸馏醚化（CATAFRACT）技术。CATAFRACT技术所采用的催化剂不是包装在织物袋中，而是直接散装在塔内催化剂床层中，因此反应物可直接与催化剂接触，减小了扩散对反应速率的影响，转化率高。齐鲁石化研究院承担的DCC催化裂解C_5馏分合成甲基叔戊基醚工艺技术开发项目，已通过中国石化技术开发中心组织的鉴定[4]。该技术是采用水洗和选择性加氢方法先将DCC催化裂解C_5馏分中的有害杂质脱除，再经筒式反应器与催化蒸馏塔组合的醚化工艺完成醚化反应。采用安庆石化DCC催化裂解C_5馏分为原料进行的中试结果表明，叔戊烯总转化率不小于94%，甲基叔戊基醚的选择性不小于99%。

2. 中国石油技术现状

目前，中国石油主要采用常规催化裂化工艺与催化汽油加氢/轻汽油醚化组合技术路线生产车用汽油。常规催化裂化工艺生产的汽油中烯烃含量高，汽油加氢脱硫主要采用Prime-G$^+$、PHG等选择性加氢脱硫技术或GARDES等加氢脱硫恢复辛烷值技术，这些加氢脱硫技术工艺流程基本相同，主要包括催化汽油预加氢，轻、重汽油分离，重汽油加氢脱硫（部分连接辛烷值恢复反应器）等部分，加氢后的轻汽油可以直接与加氢后的重汽油混合或者经醚化反应后再混合。由于经预加氢脱除掉二烯烃的轻汽油是优质的醚化原料，因此中国石油大多数炼厂选择轻汽油醚化用于汽油产品质量进一步升级。

中国石油自20世纪90年代末就开始对催化裂化轻汽油醚化技术进行研究，经多年不懈努力，最终成功开发出催化轻汽油醚化LNE系列成套技术，并有10余套工业应用业绩。从流程的复杂程度分为LNE-1、LNE-2和LNE-3三个系列，共同点是都采用膨胀床醚化技术，不同点在于是否设有第三反应器以及是否采用催化蒸馏工艺，具体如下：

（1）LNE-1主要流程为"串联膨胀床+分馏塔"，为一段醚化工艺，其投资最省，但C_5活性烯烃转化率仅为70%~75%，醚化深度较浅。由于剩余C_5和含醚组分可分开，因此适用于乙醇汽油封闭区。

（2）LNE-2主要流程为"串联膨胀床+分馏塔+第三反应器"，为两段醚化工艺，与LNE-1的主要区别是在分馏塔后增加了一台醚化反应器，对未反应的活性烯烃再进行醚化转化，其投资居中，C_5活性烯烃总转化率在90%左右，C_6活性烯烃总转化率在50%左右。由于第三反应器醚化反应产物中含氧，无法生产完全不含氧的剩余C_5组分，因此适用于非乙醇汽油封闭区。

（3）LNE-3主要流程为"串联膨胀床+催化蒸馏塔+第三反应器（可选）"，为两段或三段醚化工艺，与 LNE-2 相比，设置了催化蒸馏塔而非简单的分馏塔。由于塔内反应段装填有催化蒸馏模块催化剂，因此其投资最高。在不设和设置第三反应器时 C_5 活性烯烃总转化率分别为 90%~93% 和 93%~96%，C_6 活性烯烃总转化率均在 50% 左右，不设第三反应器流程可将含醚和不含醚的轻汽油组分分开，便于调和乙醇汽油，适用于乙醇汽油封闭区。

第二节　中国石油催化轻汽油醚化技术

催化轻汽油醚化技术是一种在降低催化汽油烯烃含量的同时提高其辛烷值的技术，可满足中国石油汽油质量升级的需求，为此中国石油对催化轻汽油醚化成套技术及相关单项关键技术进行了研究与攻关，开发完成了 LNE 系列成套技术，这些技术已在兰州三叶公司、大庆炼化、呼和浩特石化等炼厂成功应用，并取得了良好效果。

一、催化轻汽油醚化 LNE 系列成套技术

催化轻汽油醚化 LNE 系列成套技术由中国石油兰州化工研究中心和中石油华东设计院等联合开发，其中最典型的 LNE-3 工艺流程示意如图 12-1 所示。

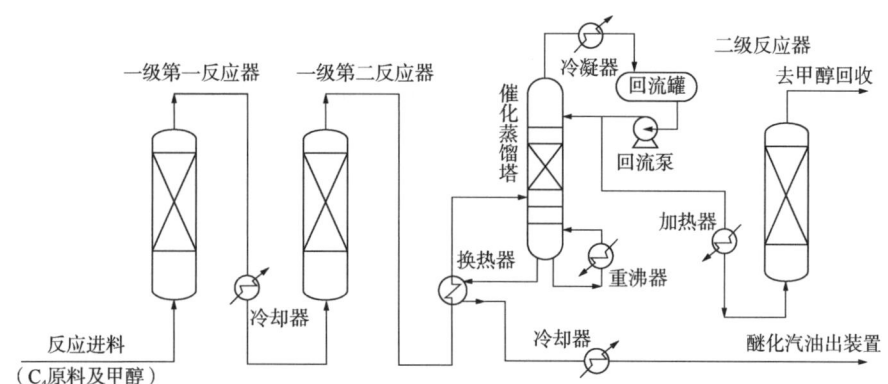

图 12-1　LNE-3 工艺流程示意图

LNE-3 技术醚化部分采用"串联膨胀床+催化蒸馏塔+第三反应器"流程，即一级醚化反应设置两台反应器串联操作，首台反应器在较高温度下操作以提高反应速率，第二台反应器在较低温度下操作以达到较高的转化率。经两台醚化反应器反应后，尚有部分活性烯烃未参加反应，为进一步提高烯烃转化率，将反应产物再送至催化蒸馏塔中进一步反应，催化蒸馏塔底分出醚化产物作为产品出装置，塔顶分出的 C_5 和甲醇共沸物再送至二级反应器进一步深度反应，反应产物直接送入甲醇回收部分。

该技术采用膨胀床反应器，其床层顶部具有一定的膨胀空间，反应原料从反应器底部进入，经分配器分布均匀后自下而上通过催化剂床层，使催化剂床层处于膨胀状态，催化剂颗粒有不规则的自转和轻微扰动，整个床层的压降小且恒定，床层径向温度分布均匀，不存在局部"热点"，有利于控制反应器超温及抑制副反应的发生。

由于活性烯烃与甲醇的反应是放热反应、受化学平衡控制，平衡转化率随活性烯烃分

子量增加而降低,为提高活性烯烃转化率,该技术还采用了催化蒸馏塔。当膨胀床反应产物进入催化蒸馏塔后,在分离作用下,醚类化合物作为重组分从塔底排出;C_4、C_5 及其与甲醇的共沸物向塔的上部移动,进入催化反应蒸馏段边反应边分离,即醚类化合物一旦生成就在分离作用下离开反应区,从而使平衡不断地被打破,反应不断地进行,利用催化蒸馏技术生产醚类化合物与常规工艺相比,转化率高、能耗低。

催化轻汽油醚化 LNE 系列成套技术主要涵盖原料预处理部分关键技术、醚化反应部分关键技术和甲醇回收部分关键技术等。

1. 原料预处理部分关键技术

1) 微萃取深度分离预处理技术

催化轻汽油醚化装置大都采用酸性阳离子交换树脂作为催化剂,该催化剂易受进料中有害物质如乙腈、丙腈等氮化物及钠、钙、铁、镁等金属阳离子的影响。上述氮化物和金属阳离子易溶于水,因此可采用如图 12-2 所示的水洗方式予以脱除。在图 12-2 中,催化轻汽油从底部进入水洗塔,与自上而下的水洗水逆流接触,其所含碱性氮化物、金属阳离子被水洗水所萃取,然后再从水洗塔顶部流出,经聚结器脱除所携带的水分后作为净化原料至醚化反应部分;水洗后的污水从水洗塔下部直接排至污水处理厂。水洗水优先选用脱氧水,其次为除盐水。

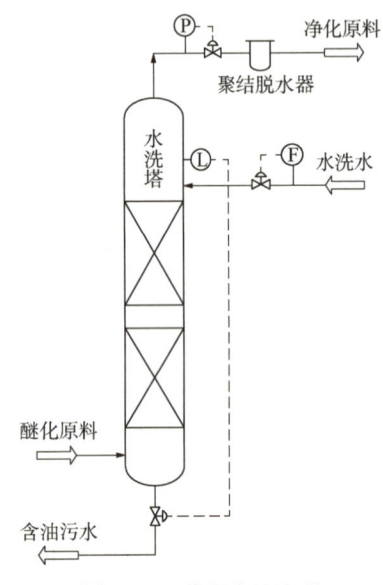

图 12-2 常规水洗流程

采用微萃取深度分离设备(图 12-3)可以克服常规水洗流程缺点。微萃取深度分离设备采用"高效微萃取+模块化深度聚结分离"耦合技术脱除有害杂质,设备内件包括微相分散器、径向微萃取器、流体分布器和深度聚结分离模块。水洗水首先在微相分散器中被均匀分散成粒径为 $30\sim50\mu m$ 的液滴,之后再与轻汽油混合并从切向方向进入微萃取器,在旋转离心力的作用下,水滴向外边壁做旋转迁移运动,并将轻汽油中夹带的杂质捕获,随着旋转半径的减小,相对旋转运动速度增大,微小液滴在离心力的作用下也完成相对迁移,实现了深度微萃取的过程;最后通过两级深度分离模块对萃取后分散于轻汽油中的水进行分离。该设备的主要优点是水洗水和催化轻汽油质量流量比由常规的 25%~30% 降至 7%、生成的含油污水少、水洗后轻汽油原料中的有害杂质被基本脱除、具备脱水作用、占地面积小。该设备已初步用于某轻汽油醚化装置原料预处理系统,可取代水洗塔将原料中的乙腈、金属阳离子等杂质含量脱至 $10\mu g/g$ 以下[5-7]。

2) 阳离子交换树脂吸附法预处理技术

阳离子交换树脂吸附法的基本流程是在原料进料管线上设两台互为备用的小型净化器,每台净化器中内装与醚化催化剂性能基本相同的保护性阳离子交换树脂,原料在进醚化主反应器之前先进净化器,金属阳离子、氮化物等杂质首先使净化器中的树脂失活,通过化验分析在线净化器前、后的杂质含量情况,及时切换净化器,从而达到保护主反应器内催化剂的目的。

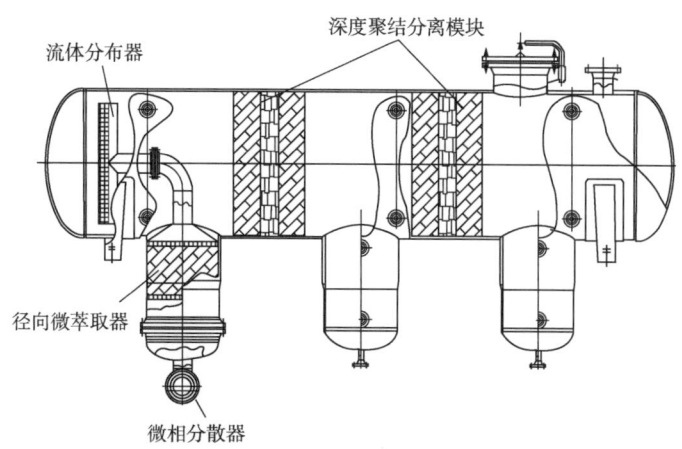

图 12-3 微萃取深度分离设备

图 12-4 为阳离子交换树脂吸附法工艺流程示意图。从图中可以看出，吸附剂为阳离子交换树脂的吸附法包括两种方案：方案 A 为催化轻汽油和甲醇按一定的醇烯比混合后进原料净化器，二次甲醇单独设净化器；方案 B 为催化轻汽油、新鲜甲醇分别进不同的净化器，经净化的甲醇再分为两路，一路按一定的醇烯比与催化轻汽油混合，另一路作为二次甲醇进入催化蒸馏塔。

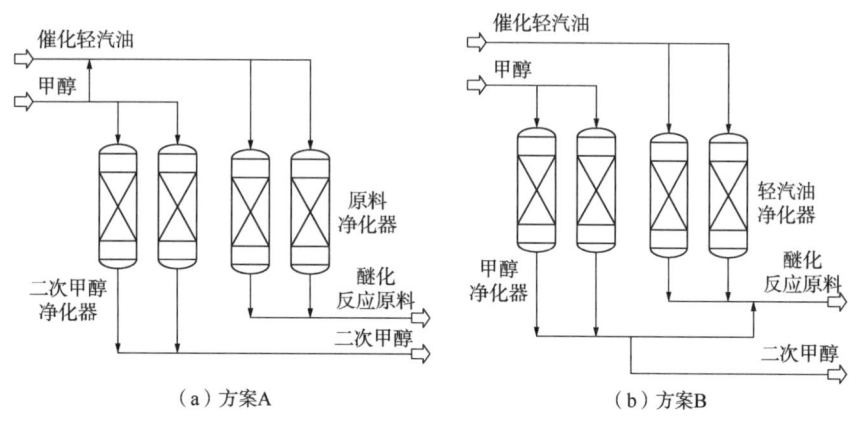

图 12-4 阳离子交换树脂吸附法工艺流程示意图

某石化公司 50×10^4 t/a 催化轻汽油醚化装置原料预处理曾采用方案 B。在开工时，当温度为 30℃ 的催化轻汽油原料通过轻汽油净化器时，温度很快升至 100℃ 以上，该温度接近醚化反应操作温度的上限，为避免轻汽油净化器中的树脂因温度继续升高而造成失活，不得不停用该净化器，而改走轻汽油净化器的旁路线进入主反应器，从而对主反应器内催化剂寿命带来不利影响。分析认为，在不含甲醇的情况下，催化轻汽油中异丁烯、异戊烯等在酸性阳离子交换树脂的作用下易发生聚合反应，分别生成二异丁烯、二异戊烯等副反应产物，该聚合反应为中等强度的放热反应，反应温升的提高又进一步加剧了聚合反应，造成净化器内温度快速上升。因此，阳离子交换树脂吸附法应选择方案 A，不应选择方案 B。方案 A 作为中国石油开发的阳离子交换树脂吸附法原料预处理技术，拟在多套装置中推广应用。

采用阳离子交换树脂吸附法原料预处理技术虽然可以大幅度降低水洗水消耗,但由于腈类首先被吸附于整个催化剂床层,再进行水解反应,最后导致整个催化剂床层活性下降,采用该技术不能有效地降低腈类物质的危害,因此该技术仅适用于腈类含量低的原料。

2. 醚化反应部分关键技术

1) 带中间冷却的串级醚化反应技术

国内第一套轻汽油醚化装置于2002年在南充炼油化工总厂一次投产成功,该装置采用美国CDTECH公司的CDEthers技术。在该装置中轻汽油与甲醇按一定的醇烯物质的量比混合后依次进入一台混相床反应器和一台催化蒸馏塔进行反应,但装置投产后,发现C_6活性烯烃的总转化率仅为25%~35%。C_6活性烯烃的总转化率低,造成催化汽油中烯烃含量降低幅度低、甲醇耗量低、经济效益差。研究发现,具有反应活性的C_6烯烃主要有2-甲基-1-戊烯、1-甲基环戊烯等8种叔碳烯烃,这些烯烃的反应活性较低,总平衡转化率主要由这8种叔碳烯烃在催化汽油中的含量确定,但一般都在25%~45%的范围内。来自混相床反应器的反应产物进入催化蒸馏塔后,催化蒸馏塔不能同时对C_5、C_6烯烃而只能对C_5烯烃进行深度反应,否则C_5活性烯烃与甲醇反应生成的C_6醚化物就会被蒸馏到反应区及塔顶,反而不利于醚化反应。由于上述原因,造成C_6烯烃转化率过低[8-9]。

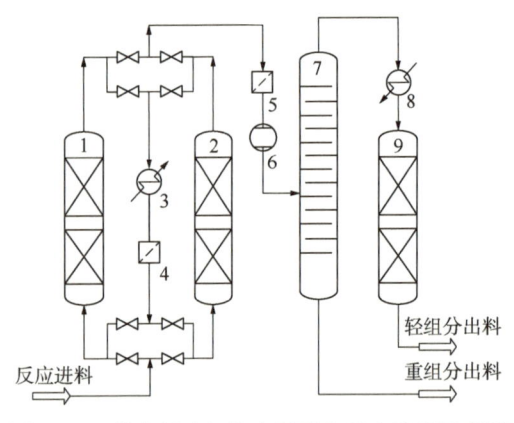

图12-5 带中间冷却的串级醚化反应流程示意图

1——级醚化反应器;2—二级醚化反应器;
3—级间冷却器;4——级过滤器;
5—二级过滤器;6—换热器;
7—共沸塔或催化蒸馏塔;8—加热器;
9—三级醚化反应器

由于醚化反应是放热反应,受热力学平衡限制,单台醚化反应器的活性烯烃转化率较低。因此,为提高活性烯烃特别是C_6烯烃的转化率,开发了如图12-5所示的反应器串联流程,一级醚化反应器产物经冷却后进入二级醚化反应器继续反应,从而在一定程度上打破了热力学平衡的限制,进一步提高了醚化反应深度。某催化轻汽油醚化装置只设一台醚化反应器时,C_5和C_6活性烯烃单程转化率分别为68.48%和45.49%,当反应产物经冷却后再进二级醚化反应器时,总转化率分别上升到77.99%和53.87%,效果显著。

从投资和经济性两方面综合考虑,当催化轻汽油醚化装置的原料组成主要为C_5和C_6组分或C_5、C_6和C_7组分时,为提高活性C_6和C_7组分烯烃转化率,建议醚化反应器优先选择带中间冷却的串级醚化操作;当原料组成主要为C_5组分时,由于C_5烯烃还可在后续的催化蒸馏塔等设备内进一步反应,可考虑一台反应器流程。由于绝大多数醚化原料的主要成分为C_5和C_6组分,因此采用中国石油技术建成的醚化装置均采用带中间冷却的串级醚化流程。

带中间冷却的串级醚化流程可在某台反应器更换催化剂时,另一台反应器仍可单独操作,使装置连续运转时间增长,装置操作灵活性增强。

第十二章 催化轻汽油醚化技术

即使采用带中间冷却的串级醚化操作,最终的 C_5 活性烯烃转化率仍低于 80%,如需进一步降低催化汽油中的烯烃含量并增加甲醇耗量,就需要将二级醚化反应器出口的反应产物送入一台共沸塔或催化蒸馏塔进行分离,再将分离出的 C_5 组分进行进一步醚化反应(图 12-5)。值得一提的是,由于催化蒸馏塔结构复杂,且塔内装有大量催化剂,为降低塔高度,国内工艺一般将该塔分为催化蒸馏上塔和催化蒸馏下塔两个塔,导致相应的设备和操作费用远高于采用"共沸塔+三级醚化反应器"流程的费用。

2)条形筛网反应器内构件应用

醚化反应器内阳离子交换树脂催化剂支撑结构复杂,每台反应器一般设有两三个催化剂床层,每个床层设支撑格栅,格栅上面还要铺设两层上、下配对的不锈钢孔板,孔板上设 ϕ30mm 小孔,并以图 12-6 中所示方式均布,上、下孔板相同开孔位置的小孔还需配钻完成。

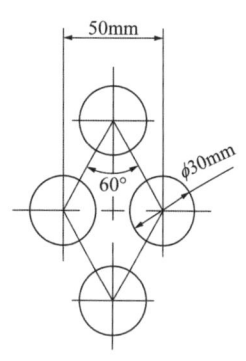

图 12-6 不锈钢孔板布孔方式图

在上述上、下孔板间再分别铺设 20 目、80 目和 20 目 3 层不锈钢丝网,然后用不锈钢扁条沿孔板周边压实,并用螺钉将孔板紧固,周边多余的不锈钢丝网压入塔壁与支撑格栅的边缝中,孔板之间及孔板与塔壁之间的空隙要用石棉绳充填并用扁铲捣实,再在孔板上面铺设厚度为 200mm 的 ϕ2~3mm 瓷球或石英砂。每段床层的上部需设置人孔用以装填催化剂。

图 12-7 传统的轻汽油醚化反应器催化剂支撑结构图

图 12-7 显示了传统的轻汽油醚化反应器催化剂支撑结构。该种结构除安装和检修困难外,还存在石棉绳易脱落、不锈钢丝网易被酸性催化剂腐蚀等问题。一旦石棉绳脱落或不锈钢丝网被酸性催化剂腐蚀,催化剂就会流入下游的共沸塔或催化蒸馏塔,整个装置需要停工 10~30 天以清理出塔内的催化剂颗粒,造成巨大损失。针对上述弊端,对内构件进行改进,采用先进的条缝筛网支撑结构代替不锈钢孔板和不锈钢丝网,不但降低了安装和施工强度,还可避免上述石棉绳脱落等现象的发生。

条缝筛网又称约翰逊网,其结构如图 12-8 所示,具有耐用性强、开孔率高、有效流通面积大、维修简单等优点,可有效地降低反应器尺寸,并使其投资和安装费用降低 10% 以上[1,10]。

在设计条缝筛网时应保证:(1)筛网能承受整个催化剂床层的重量;(2)筛网压降不大于 0.14MPa;(3)条缝流通面积至少为出口管嘴横截面积的两倍;(4)由于醚化催化剂最小颗粒直径一般为 0.25mm,为防止催化剂颗粒进入下游设备,条缝缝隙尺寸可设计为 0.15mm。

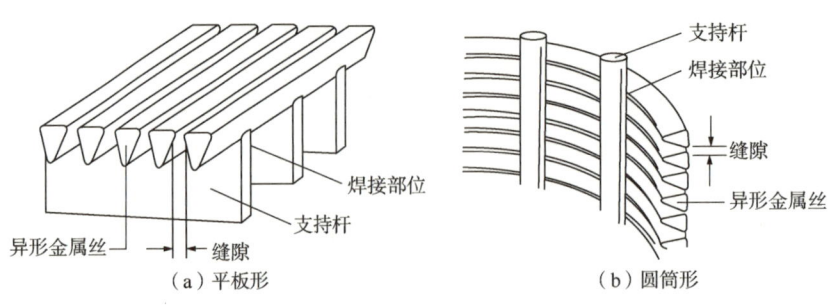

图 12-8 条缝筛网结构简图

3) 催化蒸馏塔二次甲醇的注入技术

当催化蒸馏塔内催化剂床层上甲醇不足时,床层上两个烯烃分子之间极易进行聚合反应,会同时发生甲基叔戊基醚和甲基叔丁基醚的分解,造成催化蒸馏塔底产品质量下降;此外二聚反应放出的反应热还可能造成催化剂床层升温,加速催化剂床层结垢和催化剂磺酸基团脱落。为防止上述现象的发生,将部分甲醇直接注入催化蒸馏塔,这部分甲醇被称为次甲醇或二次甲醇。可以设置近红外在线分析仪对催化蒸馏塔内的甲醇浓度分布进行监控,甲醇浓度分布曲线可用来调节二次甲醇流量,保持该甲醇浓度分布还具有防止丙腈到达催化剂床层并使其进入催化蒸馏塔底的功能[11]。

直接加到催化蒸馏塔的二次甲醇量大约为该系统所需的甲醇总量的 10%,催化蒸馏塔顶携带的甲醇量受非活性 C_5/C_4 组分限制,多余的甲醇将进入催化蒸馏塔底,与醚化产品一起离开装置。

催化蒸馏塔内甲醇浓度控制回路与二次甲醇流量控制回路组成串级调节,塔内甲醇浓度为主动量,其输出作为次动量二次甲醇流量的给定值,实现根据塔内甲醇浓度自动调节甲醇进料量。

4) 醇烯比的确定及甲醇进料控制方法

在甲醇与活性烯烃合成醚化物的反应过程中,醇烯比是一个至关重要的操作参数,即进入反应器的物料中甲醇的物质的量流量与催化轻汽油馏分中所有具有反应活性的 C_5 烯烃、C_6 烯烃等的物质的量流量之和的比值。醚化反应是一种体积减小的可逆反应,适当增加甲醇用量,可以显著提高 C_5 和 C_6 活性烯烃的转化率。当甲醇量过小时,C_5 活性烯烃二聚反应生成二异戊烯等副反应急剧增多,二聚反应放出的反应热还可能造成催化剂床层升温,加速催化剂降解失活。此外,醚化反应 C_5 和 C_6 活性烯烃的反应活性较低。基于上述原因,醚化反应选择在较高的醇烯比条件下操作,但醇烯比不能无限增大,否则不但会增加甲醇回收系统的操作负荷和能耗,还会造成过量甲醇流入共沸塔或催化蒸馏塔底,导致醚化汽油产品中甲醇超标而不能出厂销售。

C_5 等轻烃组分与甲醇易形成最低沸点共沸物,醇烯比大小与这些共沸物及共沸组成有关。采用 Aspen Plus 的 UNIFAC 物性模型,计算出在绝对压力为 400kPa 时,C_5 等轻烃组分与甲醇所形成的共沸物及共沸组成、温度等(表 12-1)[7]。

第十二章 催化轻汽油醚化技术

表 12-1 400kPa 时轻烃组分与甲醇共沸物的组成及温度

序号	单体烃名称	二元共沸物中甲醇含量,% 摩尔分数	二元共沸物中甲醇含量,% 质量分数	共沸温度,℃	单体烃沸点,℃
1	异丁烷	2.66	1.48	29.38	29.55
2	正丁烯	4.41	2.57	33.92	34.41
3	正丁烷	7.59	4.33	40.82	41.94
4	2-甲基-丁烷	26.35	13.71	65.92	74.61
5	正戊烯	26.08	13.88	67.57	76.48
6	2-甲基-1-丁烯	26.95	14.42	68.20	77.30
7	正戊烷	31.97	17.27	71.43	83.37
8	2-甲基-2-丁烯	32.57	18.08	73.37	85.73
9	3,3-二甲基-1-丁烯	36.99	18.08	75.77	91.35
10	3-甲基-1-戊烯	45.64	24.22	82.73	104.98

从表 12-1 中可以看出，共沸塔或催化蒸馏塔顶组成越轻，分子量越小，所形成的共沸物中甲醇含量往往越低，塔顶"携带"甲醇的能力越低，因而设计所采用的醇烯比也会越低。由于共沸塔或催化蒸馏塔顶的主要成分为 C_5 组分，在操作压力为 400kPa 左右的条件下，塔顶共沸物中甲醇摩尔分数为 26%~30%，质量分数为 13%~17%，相应地，塔顶出料所携带的甲醇最大摩尔分数为 26%~30% 或最大质量分数为 13%~17%，多余的甲醇将进入共沸塔或催化蒸馏塔底，与醚化产品一起离开装置。从共沸塔或催化蒸馏塔顶共沸组成进行反推，醇烯比维持在 1.2~1.5 之间一般可满足装置操作的要求。此外，当共沸塔或催化蒸馏塔顶压力提高时，塔顶共沸物中甲醇含量相应提高；当催化轻汽油原料中 C_5 活性烯烃含量较低时，生成醚化物所消耗的 C_5 组分较少，塔顶采出的 C_5 组分相应较多，这两种情况均可提高塔顶 C_5 组分"携带"甲醇的能力，因此可采用较高的醇烯比。以上结论已为醚化装置的生产实践所证明，用这些结论反过来指导设计和生产，可依据不同的进料组成和操作条件优化醇烯比，有利于提高产品质量并降低装置能耗。

甲醇和催化轻汽油进料采用比值控制，控制方案如图 12-9 所示。在该控制方案中，烯烃量为主动量，甲醇量为从动量。使用在线分析仪 AT01 分析出轻汽油原料中活性烯烃和其他单体烃的摩尔分数，用这些数据可计算出轻汽油原料的平均分子量；用流量计 FT01 测出轻汽油的质量流量，将这些数据及醇烯比输送至比值调节器 FFIC01 并经一系列计算求出需要的甲醇质量流量，该甲醇量作为甲醇调节器 FIC02 的给定值。

当催化轻汽油原料中活性烯烃含量变化不大时，活性烯烃含量可按定值设计，此时可取消国外技术所采用的价格昂贵的远红外线在线分析仪，从而大大降低了设备投资费用。现投产的绝大多数醚化装置在未投用或未设计在线分析仪的情况下生产正常。

5) 重沸器凝结水显热有效再利用技术

以华北石化 30×10⁴t/a 醚化装置为例，其催化蒸馏下塔、甲醇回收塔采用低压蒸汽作为重沸器的热源，产生的凝结水温度较高，为防止这部分凝结水进入低压凝结水主管网后闪蒸出蒸汽，一般将其冷却至 90℃ 左右后再送至凝结水管网。在该装置中，未被冷却的凝结水温度在 130~180℃ 之间，需要大量的循环水将其冷却，能量浪费十分严重。为提高能源

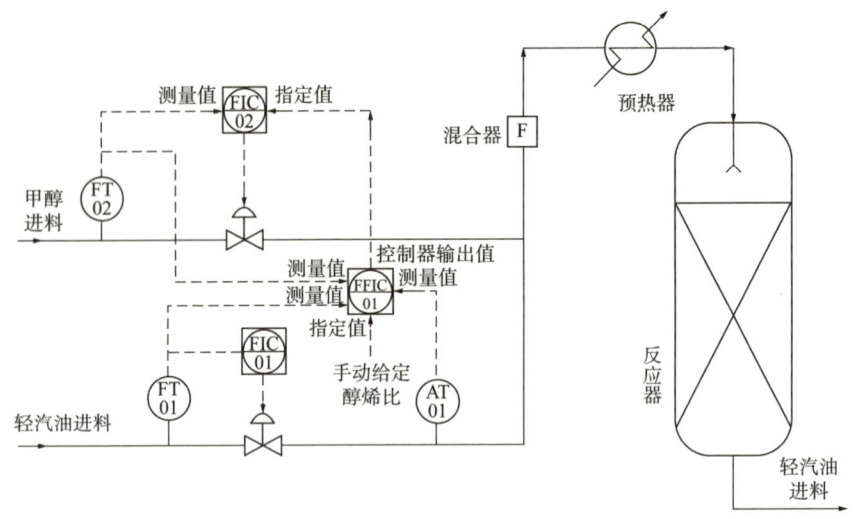

图 12-9 轻汽油与甲醇之间的比值控制示意图

利用效率，降低装置能耗，改造过程中增设催化蒸馏上塔底重沸器，用来自催化蒸馏下塔、甲醇回收塔底重沸器产生的凝结水作为热源。

装置投产后各相关物流操作参数值如图 12-10 所示。与常规方法相比，采用上述方法可降低重沸蒸汽耗量约 1273kg/h，循环水用量 51.2t/h。依据 GB 30251—2013《炼油单位产品能源消耗限额》标准进行能源折算，单位能耗降低值为 172.39MJ/t 催化轻汽油，节能效果相当明显[12]。

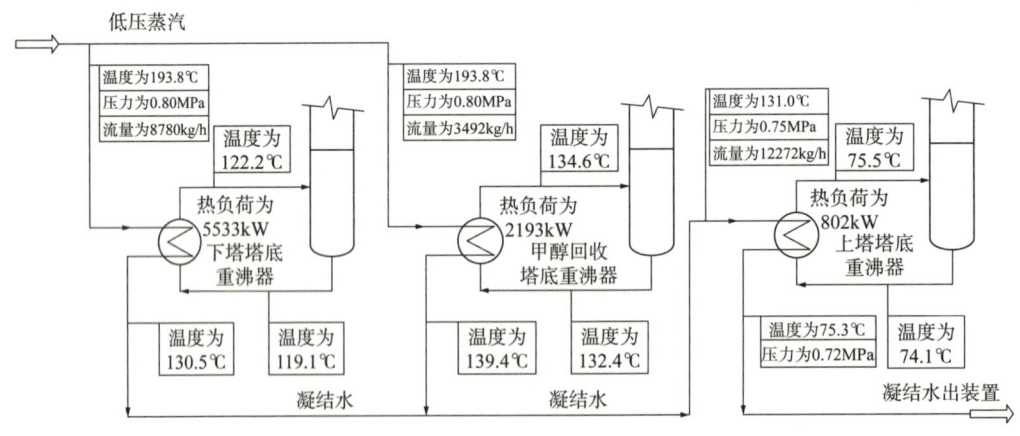

图 12-10 各相关物流典型的操作参数值

3. 甲醇回收部分关键技术

1）萃取水净化技术

在来自共沸塔或催化蒸馏塔顶的甲醇与剩余 C_5 组分的共沸物中，甲醇与水完全互溶，但 C_5 组分与水基本上不相溶。根据这一特性，甲醇回收系统采用以脱氧水或除盐水为萃取剂的萃取精馏方法可有效地将甲醇从共沸物中分离出来。目前，萃取精馏是轻汽油醚化装置中 C_5 组分与甲醇分离最广泛采用的方法。国外的 CDTECH、Snamprogetti、Axens、UOP 等公司及国内各公司的醚化工艺均采用萃取精馏方法。该方法的优点是萃取剂价廉易得、操作成熟稳定，缺点是普遍存在设备和管线腐蚀问题。设备和管线腐蚀主要是由于萃取水在甲醇萃取塔和甲醇回收之间密闭循环，随着运转时间的增长，萃取水中酸性物质不断增加所致。酸性物质积累的主要原因如下：(1)原料中的金属离子和碱性物将催化剂中的H^+置换出来，并最终被萃取水吸收；(2)装置运行过程中由于超温造成的催化剂磺酸基团的脱落；(3)新鲜催化剂中残留的游离酸；(4)原料中含有少量的有机酸，如甲醇中含有甲酸等。这些酸性物质均具有亲水性，在进入甲醇萃取塔后与水充分接触，从油相转移到水相中，使萃取水呈现酸性环境，对设备和管线造成腐蚀。因此，解决腐蚀问题应从减少或消除萃取水的酸性环境入手，目前采取的主要措施是在萃取水管线上设置净化器(图12-11)，在甲醇回收塔底萃取水与甲醇混合物管线上设置两台净化器，一开一备操作。净化器内部装填脱酸剂，可将萃取水中的酸性物质中和掉，使萃取水的pH值保持在7.0左右。每台萃取水净化器内脱酸剂的使用寿命约为0.5年，可在线换剂。由于萃取水中的酸性物质被中和掉，因而可大幅度降低萃取水对设备和管线的腐蚀，效果良好，目前绝大多数新建装置均采用该技术[13-14]。

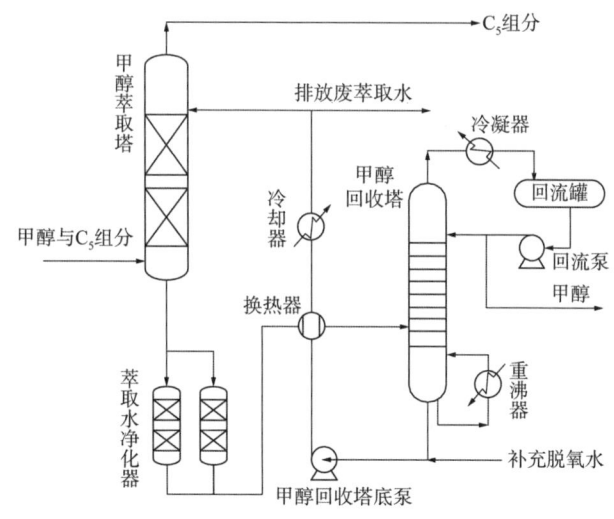

图12-11 萃取水管线上设置净化器

2) 萃取塔再分布器优化技术

在水洗水(连续相)和轻汽油(分散相)逆流接触进行萃取的过程中，两相轴向返混严重、塔高度有60%~75%用于补偿轴向返混引起的效率下降。为尽量降低返混带来的不利影响，应特别注意两相在流动过程中不发生偏流，要求每段填料的高度在2~3m之间，并且不大于4m，两段填料间需设置再分布器。当每段填料高度为2.5m时，4段填料可满足要求。

图12-12显示了水洗塔分散相分布器及再分布器相对位置。该种形式的再分布器可同时起支承作用。轻汽油通过面板上的小孔进入床层，孔径大小应能保证轻汽油的喷射速度不能太大或太小。速度太大会产生乳化液；速度太小则会造成分布不均。孔径和孔速通常分别为ϕ4~6mm及0.3~0.4m/s；水洗水通过面板上均匀分布的降液管向下流动，降液管规格为ϕ45mm×3mm，水洗水在其内的流速控制在0.6~0.8m/s，降液管顶部设十字挡板用

于防止填料落入塔釜。

该分布器升液管顶部与最底层再分布器的降液管底部重叠约30mm,这种设置有利于降低对两相界面产生的扰动,并可提高传质效率[15]。

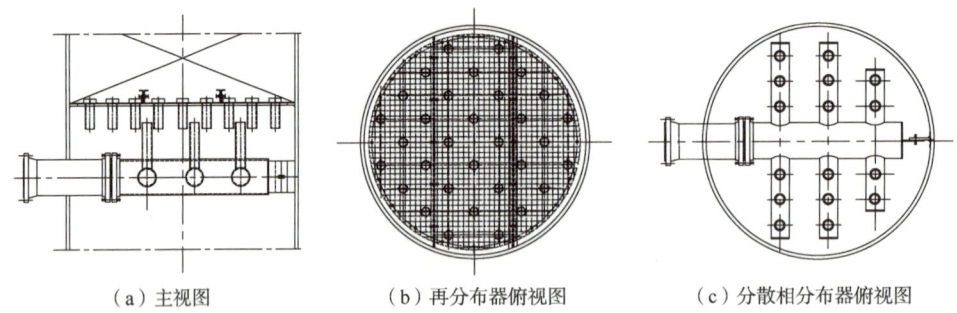

(a)主视图　　(b)再分布器俯视图　　(c)分散相分布器俯视图

图 12-12　水洗塔分散相分布器及再分布器相对位置

二、中国石油催化轻汽油醚化技术工业应用

持续的科技创新,大大提高了中国石油在轻汽油醚化技术的进步,使中国石油建设醚化装置不再依赖国外技术,有利于进一步降低汽油质量升级的生产成本,提高企业经济效益。

中国石油催化轻汽油醚化技术在17套轻汽油醚化装置中获得应用(表12-2)。装置运行结果表明,采用中国石油催化轻汽油醚化技术,可以满足以下指标要求:(1)当采用LNE-3的"串联膨胀床+催化蒸馏塔"流程时,叔戊烯转化率不小于91.0%;(2)当采用LNE-3的"串联膨胀床+催化蒸馏塔+第三反应器"流程时,叔戊烯转化率不小于93.0%,叔己烯转化率不小于50%;(3)醚化后催化轻汽油研究法辛烷值提高2.0个单位以上;(4)综合能耗不大于36kg标准油/t催化轻汽油。

表 12-2　中国石油催化轻汽油醚化技术应用业绩表

序号	建设单位	工程规模	采用技术	开工时间
1	兰州三叶公司	50×10^{4}t/a 轻汽油	LNE-1	2012 年 11 月
2	呼和浩特石化	40×10^{4}t/a 轻汽油	LNE-2	2013 年 11 月
3	华北石化	30×10^{4}t/a 轻汽油	LNE-3	2015 年 7 月
4	吉林石化	30×10^{4}t/a 轻汽油	LNE-3	2015 年 10 月
5	大庆炼化	40×10^{4}t/a 轻汽油	LNE-2	2016 年 5 月
6	玉门油田公司炼油化工总厂	15×10^{4}t/a 轻汽油	LNE-2	2017 年 4 月
7	辽阳石化	35×10^{4}t/a 轻汽油	LNE-3	2017 年 8 月
8	云南石化	50×10^{4}t/a 轻汽油	LNE-3	2017 年 8 月
9	辽河石化	15×10^{4}t/a 轻汽油	LNE-3	2017 年 9 月
10	锦州石化	40×10^{4}t/a 轻汽油	LNE-3	2017 年 9 月
11	克拉玛依石化	15×10^{4}t/a 轻汽油	LNE-3	2018 年 10 月
12	浙江石化	70×10^{4}t/a 轻汽油	LNE-3	2019 年 12 月
13	庆阳石化	30×10^{4}t/a 轻汽油	LNE-3	2021 年 4 月

续表

序号	建设单位	工程规模	采用技术	开工时间
14	四川石化	30×10⁴t/a 轻汽油	LNE-3	未投产
15	大港石化	25×10⁴t/a 轻汽油	LNE-3	未投产
16	抚顺石化	20×10⁴t/a 轻汽油	LNE-3	未投产
17	锦西石化	40×10⁴t/a 轻汽油	LNE-3	未投产

1. 华北石化 30×10⁴t/a 催化轻汽油醚化装置

2005 年华北石化年产催化汽油约 90×10⁴t，为满足当时车用汽油标准中汽油烯烃含量不高于 35%(体积分数)的指标要求，华北石化建设了一套 25×10⁴t/a 催化轻汽油醚化装置，以终馏点不大于 75℃ 的催化轻汽油为原料，在强酸性阳离子交换树脂催化剂的作用下，与甲醇反应生产低烯烃含量的醚化汽油。

1) 改造前存在的问题

改造前装置工艺流程如图 12-13 所示。改造前装置运行主要存在以下问题：

(1) 第一醚化反应器温升在 10℃ 左右，第二醚化反应器基本无温升。

(2) C_5 和 C_6 活性烯烃总转化率较低，分别在 30.0% 和 14.0% 左右(C_6 活性烯烃总转化率仅计算 2-甲基-1-戊烯和 2-甲基-2-戊烯)。

(3) 经醚化后汽油产品辛烷值基本没有变化。

产生上述问题的原因如下：根据 GB 17930—2016《车用汽油》的要求，汽油产品中甲醇质量分数不大于 0.3%，因该装置无甲醇回收塔等设备，只能将甲醇进料量降低，结果造成醇烯比过低，使最具反应活性的 2-甲基-1-丁烯等在第一醚化反应器内平衡转化率降低；由于在第一醚化反应器内已消耗掉一部分甲醇，来自第一醚化反应器的反应物中醇烯比进一步降低，加之反应物中已有产物醚类存在，不利于醚化反应向生成醚的方向移动，因此在第二醚化反应器中基本不发生反应，也就无温升；由于烯烃转化率低，导致醚化汽油中烯烃含量仅降低 5.0 个百分点，且生成的高辛烷值醚化物少，经醚化后汽油产品辛烷值基本无变化。

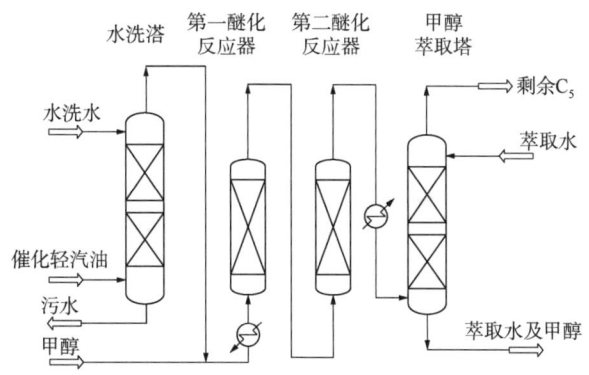

图 12-13 改造前装置工艺流程图

由上述可知，该装置工艺流程不完善，主要设备仅有第一醚化反应器、第二醚化反应器、水洗塔及甲醇萃取塔，无催化蒸馏塔、甲醇回收塔等关键设备，造成活性烯烃转化率低、产品质量差、产品中含大量甲醇、辛烷值无升幅、经济效益低。鉴于以上原因,华北石化决定在充分依托现有装置、公用工程系统和辅助设施的基础上,对装置进行扩能改造[16]。

2) 改造内容

装置采用 LNE-3 技术进行改造,改造后规模由 $25\times10^4 t/a$ 扩建为 $30\times10^4 t/a$,具体改造如下:

(1) 增设催化蒸馏塔:醚化蒸馏使反应和分离在一个塔内同时进行,醚化产物一旦生成,就在分离作用下离开反应区,从而使平衡不断地被打破,反应不断进行,因此采用催化蒸馏塔可以得到较高的 C_5 烯烃转化率。催化蒸馏塔内装有大量的催化剂,如为一个整体塔,该塔高度将达 70m 以上,其风荷载将大幅度增加,因此为了降低高度,将醚化蒸馏塔分为催化蒸馏上塔(精馏段和反应段)和催化蒸馏下塔(提馏段)。催化蒸馏上塔内部设有 20 层浮阀塔盘和 14 段催化剂床层,催化剂床层部分的内件材质为 S30408,塔盘板材质为 S30408;催化蒸馏下塔内部设有 39 层浮阀塔盘,设备主体材质全部选用 Q245R 钢板,塔盘板材质为 S30408;两塔设计压力均为 0.78MPa,设计温度均为 130℃。

(2) 两段反应器之间增设冷却器:活性烯烃与甲醇的反应是一种在液相状态下进行的可逆放热反应,反应温度降低有利于提高平衡转化率。因此,在对装置进行改造时,在第一醚化反应器与第二醚化反应器之间增设一台冷却器,使第一醚化反应器反应产物经冷却后再进入第二醚化反应器内继续反应,从而得到较高的转化率。

(3) 增设甲醇回收塔:将来自甲醇萃取塔的甲醇和水的混合物进行分离。含甲醇 20%左右的混合物进入该塔,塔顶分离出纯度为 99.50% 以上的甲醇,送至反应部分循环利用,用以将醇烯比维持在反应所要求的 1.5~2.0;塔釜得到纯度为 99.9% 以上的萃取水,送至甲醇萃取塔循环利用。

(4) 增设甲醇净化器:为确保醚化装置的长周期运行,在甲醇进料管线上新增两台互为备用的甲醇净化器,通过化验分析在线净化器前、后的杂质含量情况,及时切换净化器,从而达到保护主反应器内催化剂的目的。生产实践证明,每台净化器运行周期为 12 个月左右,效果良好。

图 12-14 为改造后装置工艺流程图。

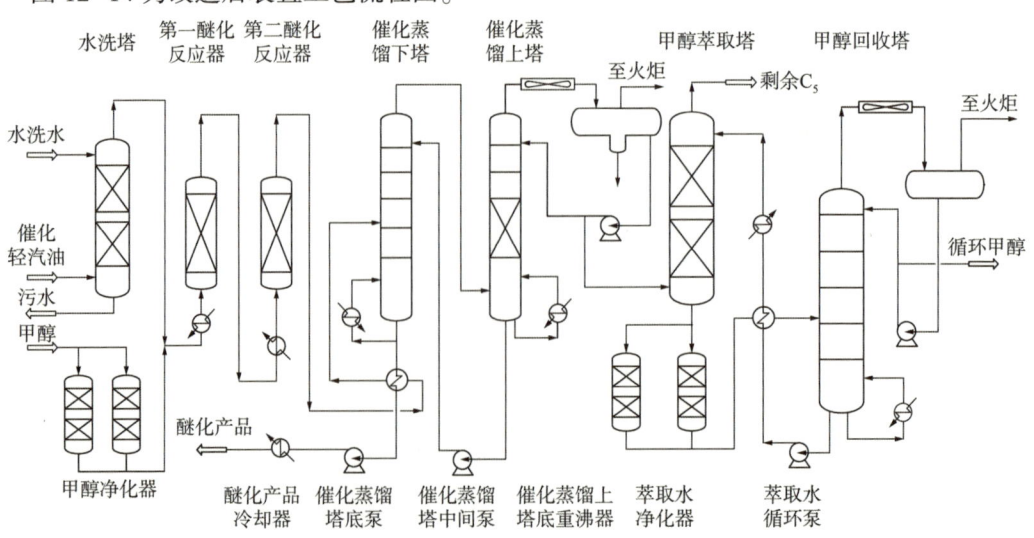

图 12-14 改造后装置工艺流程图

3）改造后运行情况

改造后装置于 2015 年 7 月一次投产成功，各项主要性能指标均达到或超过设计值。改造后装置主要操作条件见表 12-3，原料及产品性质见表 12-4，装置物料平衡见表 12-5。

表 12-3　华北石化 30×10⁴t/a 轻汽油醚化装置改造后主要操作条件

项目		设计值	实际操作值
第一醚化反应器	入口温度，℃	50~60	44.1
	出口温度，℃	75~85	62.9
	入口压力，MPa	0.85	0.81
	出口压力，MPa	0.70	0.69
第二醚化反应器	入口温度，℃	45~55	48.1
	出口温度，℃	55~65	50.2
	入口压力，MPa	0.70	0.68
	出口压力，MPa	0.55	0.57
催化蒸馏上塔	塔顶温度，℃	61.1	61.3
	塔底温度，℃	70.9	71.1
	塔顶压力，MPa	0.22	0.25
	塔底压力，MPa	0.25	0.26

表 12-4　华北石化 30×10⁴t/a 轻汽油醚化装置改造后原料及产品性质

项目		原料		醚化产品		剩余 C_5	
		设计值	实际值	设计值	实际值	设计值	实际值
馏程，℃	初馏点	9.2	14.7	53.1	51.0	8.2	11.3
	终馏点	67.9	68.6	101.4	102.0	49.2	48.9
活性烯烃含量，%（质量分数）	2-甲基-1-丁烯	5.88	5.56	0.01	0.04	0.21	0.20
	2-甲基-2-丁烯	13.91	9.75	0.47	0.19	1.81	1.20
	2-甲基-1-戊烯	1.14	0.78	0.45	0.31	0	0
	2-甲基-2-戊烯	1.03	0.92	1.86	1.66	0	0
研究法辛烷值		94.3	94.1	97.3	97.8	102.0	101.1
雷德蒸气压，kPa		142.9	140.5	28.2	29.7	166.5	157.0
甲醇含量，%（质量分数）		0.0	0.0	0	0	0.10	0.09

表 12-5　华北石化 30×10⁴t/a 轻汽油醚化装置改造后物料平衡

项目		设计值	实际值
原料	催化汽油，kg/h	35714	30107
	甲醇，kg/h	3500	2491
	合计，kg/h	39214	34377
产品	醚化产品，kg/h	14297	10902
	剩余 C_5，kg/h	24917	23476
	合计，kg/h	39214	34377

从表 12-3 至表 12-5 中可以看出：

(1) C_5 和 C_6 活性烯烃的转化率设计值分别为 92.60% 和 61.19%，实际值分别为 92.70% 和 63.25%。如将两种产品混合作为混合汽油产品，总的烯烃含量比原料分别下降 19.67 个百分点和 15.27 个百分点。

(2) 醚化产品、剩余 C_5 的研究法辛烷值设计值分别为 97.3 和 102.0，实际值分别为 97.8 和 101.1。如将两种产品混合，计算的研究法辛烷值分别为 98.8 和 98.7，分别比原料上升 4.5 个单位和 4.6 个单位。

(3) 甲醇消耗量实际值为 2491kg/h，远高于改造前同等规模下的 567kg/h，但小于设计值 3500kg/h，其原因是实际原料中活性烯烃含量较设计值低且原料实际量未达到设计值。

(4) 醚化产品和剩余 C_5 的雷德蒸气压设计值分别为 28.2kPa 和 166.5kPa，实际值分别为 29.7kPa 和 157.0kPa。如两种产品混合，雷德蒸气压较原料降低约 22kPa。

(5) 剩余 C_5 产品雷德蒸气压较高，须与脱硫重汽油等蒸气压较低的组分混合后才能进浮顶罐或固定顶罐储存，以满足 SH/T 3007—2014《石油化工储运系统罐区设计规范》甲 B 类储存液体在 37.8℃时饱和蒸气压不大于 88kPa 的要求。

(6) 根据需要，可以将醚化产品和剩余 C_5 混合后作为混合汽油产品出装置，也可不混合作为两种产品。剩余 C_5 中有机含氧化合物的质量分数为 0.09%，远小于 0.5%，符合 GB 22030—2017《车用乙醇汽油调合组分油》中指标的要求，可以用作乙醇汽油调和组分。

(7) 改造后，第一醚化反应器和第二醚化反应器温升有明显提高。可见，改造后活性烯烃的转化率、产品辛烷值升高值、产品烯烃及雷德蒸气压降低值、甲醇耗量均比改造前有了大幅度提高。

2. 兰州三叶公司 $50×10^4$t/a 催化轻汽油醚化装置

1) 装置基本情况

2012 年 11 月，采用 LNE-1 技术的兰州三叶公司 $50×10^4$t/a 催化轻汽油醚化装置实现一次开车成功，活性烯烃转化率及产品质量满足设计要求。该装置是首套采用 LNE 技术投产的装置，其投产成功结束了中国石油催化轻汽油醚化长期依赖国外技术的局面，为国内炼化企业车用汽油质量升级提供了新的可供选择的技术方案。

装置主要由轻汽油/甲醇混合部分、醚化反应及分离部分、甲醇萃取及回收部分组成，醚化反应部分工艺流程示意如图 12-15 所示。

树脂催化剂的主要中毒物为碱性氮化物、金属阳离子等，利用催化轻汽油中碱性氮化物和金属离子易溶于水的特点，醚化装置普遍采用水洗的方式脱除这些有害杂质，但该装置轻汽油原料未进行水洗处理，其原因是原料中碱性氮化物含量为 0（部分轻质碱性氮化物在上游的加氢脱硫装置已被脱除掉），金属离子含量（如 Na^+ 含量为 0.0676μg/g、Ca^{2+} 含量为 0.0611μg/g）及有害杂质含量远小于醚化原料所要求的 1μg/g，从节省设备和操作费用、降低含油污水排放量等方面考虑，取消了催化轻汽油水洗部分流程。

从图 12-15 中可以看出，装置流程简单，反应部分的主要设备仅有两台串联操作的醚化反应器和一台醚化分馏塔。

醚化反应器：两台规格相同，均采用板焊结构；壳体材料选用 S30408+Q345R 复合钢板，内构件材质为 S30408，裙座材质为 Q245R 钢板；设备不进行焊后热处理；设计压力为

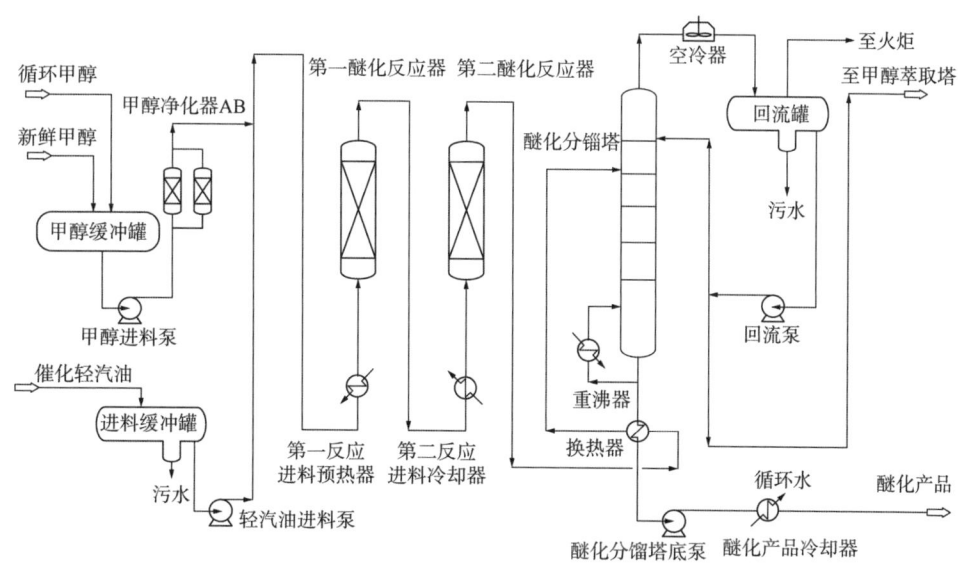

图 12-15 醚化反应部分工艺流程示意图

1.9MPa，设计温度为 150℃；规格为 φ3000mm×18300mm；反应器内部有 3 个催化剂床层，相应地设有催化剂支撑结构。

醚化分馏塔：主体材质全部选用 Q245R 钢板；塔内设有 61 层浮阀塔盘，塔盘板材质为 S11306；设计压力为 0.53MPa，设计温度为 160℃；规格为 φ3400mm×37800mm。

甲醇萃取塔：主体材质全部选用 Q245R 钢板；塔内设有两段填料，填料和支撑格栅材质为 S30408；设计压力为 1.8MPa，设计温度为 80℃；规格为 φ2000mm×20700mm。

甲醇回收塔：主体材质全部选用 Q245R 钢板；塔内设有 55 层浮阀塔盘，塔盘板材质为 S11306；设计压力为 0.43MPa，设计温度为 160℃；规格为 φ1800mm/φ2200mm×38700mm。

2）装置运行情况

（1）反应器出入口活性烯烃含量与转化率。

各反应器出入口活性烯烃含量与转化率对比情况见表 12-6。

表 12-6　各反应器出入口活性烯烃含量与转化率对比

项目	第一醚化反应器入口		第一醚化反应器出口		第二醚化反应器出口	
	设计值	实际值	设计值	实际值	设计值	实际值
C_4 活性烯烃含量,%（质量分数）	0.89	1.83	0.18	0.70	0.06	0.75
C_5 活性烯烃含量,%（质量分数）	18.69	13.93	9.15	4.46	5.83	4.00
C_6 活性烯烃含量,%（质量分数）	6.58	3.19	3.98	1.89	3.39	1.57
C_5 活性烯烃单程转化率,%			51.04	67.98	36.28	10.31
C_6 活性烯烃单程转化率,%			39.51	40.75	14.82	16.93
C_5 活性烯烃总转化率,%			51.04	67.98	68.81	71.28
C_6 活性烯烃总转化率,%			39.51	40.75	48.48	50.78

从表 12-6 中可以看出，C_5 活性烯烃和 C_6 活性烯烃总转化率均超过设计值。但由于 C_5 活性烯烃在第一醚化反应器中单程转化率较高，导致在第二醚化反应器中单程转化率较低，

需在实际操作过程中进一步优化两反应器操作参数。

（2）物料平衡。

装置物料平衡对比见表12-7。

表12-7　兰州三叶公司 50×10⁴t/a 催化轻汽油醚化装置物料平衡

	项目	组成,%（质量分数）		流量, kg/h	
		设计值	实际值	设计值	实际值
原料	催化轻汽油	91.63	94.52	60000	51200
	甲醇	8.37	5.48	5478	2966
	合计	100.00	100.00	65478	54166
产品	醚化产品	49.49	51.88	32405	28101
	剩余 C₅	50.47	48.12	33048	26065
	气体+损失	0.04	0	25	0
	合计	100.00	100.00	65478	54166

从表12-7中可以看出，甲醇耗量实际值为2966kg/h，低于设计值5478kg/h，这主要由两个客观原因造成的：一是催化轻汽油中 C_5 和 C_6 活性烯烃含量远低于设计值；二是催化轻汽油实际流量为51200kg/h，仅为设计值60000kg/h的85.33%。兰州石化曾调整上游装置操作参数，当催化轻汽油中活性烯烃含量达到设计值时，甲醇耗量随之大幅度增加。

生产剩余 C_5 的主要原因是考虑到未来可能会生产一部分车用乙醇汽油调和组分油，根据相关标准的要求，乙醇汽油调和组分油中有机含氧化合物的质量分数不大于0.5%，而剩余 C_5 不含含氧化合物，可以满足生产车用乙醇汽油调和组分油的要求[17]。

第三节　催化轻汽油醚化技术展望

目前，随着各种创新技术的不断应用，与工艺流程、工艺设备、自动控制及催化剂相关的各种催化轻汽油醚化技术已日趋成熟，未来催化轻汽油醚化技术主要围绕催化轻汽油深度醚化、甲醇萃取水零排放、催化轻汽油生物乙醇醚化方面进行技术升级。

一、催化轻汽油深度醚化

正构烯烃骨架异构化的目的是为醚化装置提供更多的活性组分，最大限度地降低催化汽油中烯烃含量。UOP公司曾对单独醚化工艺和醚化—异构化组合工艺进行了技术经济评价，以炼厂催化裂化生产的 C_5 馏分为原料，年处理量为240108t，没有异构化部分的醚化装置仅生产甲基叔戊基醚8500t，而醚化—异构化组合装置可生产甲基叔戊基醚13800t，甲基叔戊基醚的收率增加60%~70%（质量分数）。由于生产同等数量的甲基叔戊基醚时，组合工艺消耗的公用工程和原料费用较小，因而生产成本有所降低，单独醚化装置1t甲基叔戊基醚生产成本为237美元，而有异构化的组合装置1t甲基叔戊基醚的生产成本为221美元。

因此，可考虑将轻汽油醚化与正构烯烃骨架异构化进行耦合，形成催化轻汽油深度醚

化工艺,其优点主要如下:

(1) 操作灵活,并可深度降低催化汽油中烯烃含量,确保催化汽油烯烃含量满足 GB 17930—2016《车用汽油》的要求。

(2) 异构化部分将原料中正构的正戊烯及顺反戊烯转化为活性异戊烯,进而在醚化部分与甲醇反应生成甲基叔戊基醚。由于正构烯烃的辛烷值较低,转化为甲基叔戊基醚后可使汽油的辛烷值进一步提高。

二、甲醇萃取水零排放

为了防止结垢和有机杂质聚结,催化轻汽油醚化装置的甲醇回收系统需要定期排放萃取水,这部分排放的废水中含有浓度达 1000mg/L 的甲醇。据研究,当废水中甲醇浓度达到 790mg/L 时,可使生物滤池中有机物分解程度降低;当废水中甲醇浓度达到 5000mg/L 时,可抑制沉降池和消化池的污泥消化。炼厂处理该部分污水的难度大,而采用变压精馏工艺可以解决该问题。变压精馏工艺采用两个操作压力不同的精馏塔对甲醇及剩余 C_5 组分共沸物进行分离,可生产高纯度的醚化物及不含含氧化合物的 C_5 组分,同时不产生含甲醇废水。

变压精馏工艺具有不添加水等萃取剂即可得到高纯度产品的优点,可避免有杂质进入产品,并减少污水等污染物排放量,是环境更加友好的工艺。变压精馏能耗及操作费用较高,近年来国内外许多学者纷纷对该工艺进行流程优化研究以期降低能耗及操作费用。热集成技术就是其中一种有效的方法,变压精馏的热集成可分为两种方式:一是通过高压塔顶蒸气与低压塔釜液进行换热,称为冷凝器/再沸器热集成;二是将高压塔的精馏段热量供给低压塔提馏段,称为精馏段/提馏段热集成[18]。如何采用热集成技术对甲醇与 C_5 组分进行有效分离,是未来催化轻汽油醚化技术升级最受关注的研究课题之一。

三、催化轻汽油生物乙醇醚化

燃料乙醇已经成为可再生能源的一个重要组成部分。在众多替代能源中,以燃料乙醇为代表的生物能源以其具有的可再生、绿色、环保、健康等特性,作为一种新型清洁燃料,已成为目前世界上可再生能源的发展重点。催化轻汽油生物乙醇醚化是一种理想的清洁燃料制备工艺。乙基叔戊基醚等乙醇醚化物与乙醇相比,具有挥发性低、不易吸水和腐蚀性小的优点,可在炼厂直接进行调和,并且可生物降解,环境相容性好。大力发展催化轻汽油生物乙醇醚化技术,实现生物燃料与化石燃料的有机结合,可为中国实现"力争 2030 年前达到二氧化碳排放峰值,努力争取 2060 年前实现碳中和"的目标助一臂之力,具有重要的环保意义。

参 考 文 献

[1]《石油和化工工程设计工作手册》编委会. 石油和化工工程设计工作手册(第十册):炼油装置工程设计[M]. 东营:中国石油大学出版社,2010.

[2] 刘成军,温世昌,綦振元. 催化轻汽油醚化工艺技术综述[J]. 石油化工技术与经济,2014,30(5):56-61.

[3] 许友好,徐莉,王新,等. 我国车用汽油质量升级关键技术及其深度开发[J]. 石油炼制与化工,2019,50(2):1-11.

[4] 高步良. 高辛烷值汽油组分生产技术[M]. 北京：中国石化出版社, 2006.
[5] 孙方宪, 张星, 张艳霞, 等. 原料中杂质对催化裂化轻汽油醚化反应的影响[J]. 炼油技术与工程, 2010, 40(4)：16-17.
[6] 刘森, 杨强, 张学清, 等. 微萃取-聚结分离技术在碳四脱甲醇中的应用[J]. 化工进展, 2016, 35(8)：2609-2614.
[7] 刘成军. 催化轻汽油醚化技术的应用与研究[J]. 石油与天然气化工, 2020, 49(5)：1-7.
[8] 于兆臣. 轻汽油催化蒸馏深度醚化技术的工业应用[J]. 石油炼制与化工, 2017, 48(11)：50-55.
[9] 刘成军, 张香玲, 温世昌, 等. 催化裂化汽油轻馏分醚化装置工艺设计方面的问题探讨[J]. 石油炼制与化工, 2011, 42(3)：13-17.
[10] 郑其祥. 约翰逊滤网简介[J]. 炼油设计, 1999, 29(2)：57-58.
[11] 李胜山, 刘成军. 对催化轻汽油醚化工艺技术的思考[J]. 石油规划设计, 2002, 13(3)：16-18.
[12] 刘成军, 张勇, 温世昌. 重沸器凝结水余热的有效再利用[J]. 中外能源, 2016, 21(4)：92-96.
[13] 肖传慰, 王新程. KIP 脱酸剂在 MTBE 萃取回收系统的应用[J]. 齐鲁石油化工, 2019, 47(2)：107-110.
[14] 马文成, 韩洪军, 高飞, 等. 甲醇废水处理研究进展[J]. 化工环保, 2008, 28(1)：29-32.
[15] 刘成军, 温世昌, 周璇, 等. 剩余碳五中甲醇含量超标原因分析及对策[J]. 化工设计, 2014, 24(5)：47-50.
[16] 刘成军, 张勇, 赵著禄, 等. 250kt/a 催化轻汽油醚化装置的改造及优化[J]. 中外能源, 2016, 21(12)：72-78.
[17] 刘成军, 温世昌, 尹恩杰, 等. 500kt/a 催化轻汽油醚化装置的设计与开工[J]. 石化技术, 2013, 20(2)：34-38.
[18] Jana A K. Heat integrated distillation operation[J]. Applied Energy, 2010, 87(5)：1477-1494.

第十三章 炼厂气综合利用技术

炼化企业生产过程中副产相当数量的轻烃，主要成分是 C_1—C_4 组分，统称为炼厂气，其产量占原油加工量的 5%左右。随着炼油加工深度的提高，炼厂气产量将进一步增加。如果不加以有效利用，只作为炼厂燃料，势必造成巨大的资源浪费和效益损失，炼厂气综合利用是提高炼化企业经济效益的重要手段。

炼厂气的加工利用一般集中在以下几个方面：以 C_1 和 C_2 烷烃及烯烃为原料生产乙苯、环氧乙烷和乙烷；以丙烯为原料生产聚丙烯、环氧丙烷、丙烯腈、异丙醇、丙酮和丙醛；以 C_4 为原料生产甲基叔丁基醚、异丁烯、仲丁醇、甲乙酮、顺酐和 γ-丁内酯、异辛烯及烷基化油等；对炼厂干气中的富氢气体进行氢气回收，回收富乙烯气和富乙烷气作为乙烯裂解装置的原料等。截至 2020 年，中国 C_2 回收装置达到 30 套，成为炼化一体化项目中必不可少的装置之一。

随着中国石油自建的千万吨级炼化企业逐渐增多，炼厂气资源日益丰富，通过技术攻关和集成创新，中国石油开发了催化干气制乙苯、烷基化、甲基叔丁基醚生产、异丁烯选择性叠合、炼厂干气碳二回收、炼厂气中氢气回收等技术。中国石油催化干气制乙苯技术于 2003 年在抚顺石化 6×10^4t/a 乙苯装置成功工业示范后，截至 2020 年底，已实现工业应用 15 套，形成共计超 200×10^4t/a 乙苯规模。采用中国石油 LZHQC ALKY 硫酸法 C_4 烷基化技术建成的工业化装置已有 28 套。2018 年 11 月，中国石油首套离子液烷基化装置在哈尔滨石化开车成功。2015 年 11 月，中国石油超低硫甲基叔丁基醚成套技术已经整体成功应用于锦州石化 10×10^4t/a 甲基叔丁基醚装置。这些技术的推广应用，提升了炼化企业的综合竞争力。

第一节 催化干气制乙苯技术

乙苯是生产苯乙烯不可缺少的关键原料，99%以上的乙苯用于制造苯乙烯，而苯乙烯是合成高分子材料的重要单体，主要用于生产苯乙烯系列树脂，如聚苯乙烯(PS)、丙烯腈—丁二烯—苯乙烯(ABS)、苯乙烯—丙烯腈(SAN)、丁苯橡胶(SBR)和丁苯胶乳等。随着中国建材、家电和汽车工业的迅速发展，对聚苯乙烯、丙烯腈—丁二烯—苯乙烯等的需求量呈持续大幅度上升趋势，相应对乙苯需求量也同步增加，2021 年需求可达 1300×10^4t。

催化干气作为炼厂催化裂化副产尾气，含 20%左右的乙烯，仅作为燃料气使用。为充分合理利用催化干气中的稀乙烯资源，缓解乙苯供需矛盾，国内外石化公司和科研机构对催化干气的利用给予了广泛关注。

大型炼油技术

一、国内外技术现状

1. 国外技术现状

国外比较成熟的催化干气制乙苯技术只有由 ABB Lummus Global 公司和 CR&L 公司联合开发的 CDTECH 催化精馏法干气制乙苯技术。该技术使用催化干气为原料，经过原料精制处理，脱除氧气、一氧化碳、有机胺、双烯烃等杂质，经压缩、深冷分离后采用催化精馏工艺生产乙苯产品，具有产品纯度高、杂质含量低的优点，但由于能耗、投资上的劣势，加上技术转让费用高及工艺包设计工期长，一直无法与国内技术相竞争，没有推广到国内市场，仅在国外有4套运行装置。

该技术工艺流程较短，"三废"（废水、废气、废物）排放少，基本无污染，热量利用合理。催化精馏反应器中烷基化催化剂为沸石催化剂，允许空速较低，催化剂寿命长达6年，再生周期在2年以上。催化剂采用"袋"装形式，装填方式复杂，填装工作量大。烷基转移反应器为绝热型，采用的催化剂为Y分子筛沸石催化剂，具有良好的烷基转移活性，允许空速较高，催化剂寿命长达6年，再生周期在2年以上。

该技术对原料杂质要求严格（表13-1），乙苯收率约为99.5%，产品纯度约为99.85%（质量分数），其中异丙苯和正丙苯含量小于$200\mu g/g$、二甲苯含量小于$40\mu g/g$，反应温度和反应压力低，催化剂性质稳定，反应在液相中等温度条件下进行，反应热被苯蒸发而带走用于副产蒸汽。

表13-1　CDTECH 技术对干气杂质的要求

组　分	规　格	组　分	规　格
丙烯，mg/m^3	<100	硫化氢，mg/m^3	<2
炔烃，mg/m^3	<5	砷，mg/m^3	<5
氧，mg/m^3	<10	水，mg/m^3	<5

2. 国内技术现状

国内催化干气制乙苯技术最早由中科院大连化物所和抚顺石化等联合开发，该技术被列为中国石化"八五"重点科技攻关"十条龙"之一，1986年开始研发，1993年实现工业化，先后进行了二代技术的升级工业化。在此基础上，中国石油和中国石化相继开发出催化干气制乙苯技术。

1) 中科院大连化物所技术现状

（1）第一代技术。

为综合利用炼厂气资源，大连化物所与抚顺石化于1986年开始催化干气制乙苯技术的研究。研发团队以抗硫化氢等杂质能力强、水热稳定性好的 ZSM-5/ZSM-11 共结晶分子筛催化剂为突破口[1]，开发了催化干气制乙苯技术（后来被称为第一代技术），并于1993年成功应用于抚顺石油二厂 3×10^4t/a 干气制乙苯装置，为干气的综合利用及乙苯生产开辟了一条新的技术路线。

第一代技术中催化干气无须精制，烷基化和烷基转移过程在一个多段冷激式固定床绝热反应器内气相条件下进行，乙烯转化率大于95%，产品纯度大于99.6%。该技术在温度为410~430℃、压力为0.7~1.2MPa、苯和乙烯物质的量比为5、乙烯重时空速为0.5~1.5h^{-1}的操作条件下进行,装置能耗为374kg标准油/t乙苯,苯耗为0.787t/t乙苯。

(2) 第二代技术。

第二代技术中烷基化和烷基转移过程分别在两个反应器内气相条件下进行,有利于各自反应条件的优化,操作方便;同时可进一步降低反应过程中副产物的生成,延长催化剂的单程寿命。烷基化操作条件如下:温度为360~390℃,压力为0.7~1.2MPa,苯和乙烯物质的量比为7,乙烯重时空速为0.5h^{-1}。烷基转移操作条件如下:温度为410~430℃,压力为0.7~1.2MPa,苯和多乙苯质量比为2.5。乙苯产品中二甲苯含量为1500~2000μg/g,装置能耗降至255kg标准油/t乙苯,苯耗为0.761t/t乙苯。第二代技术分别于1996年和1999年成功工业应用于大庆林源炼油厂3×10^{4}t/a乙苯装置和大连石化10×10^{4}t/a乙苯装置。

2) 中国石化技术现状

中国石化于2010年开发出催化干气制乙苯技术。烷基化反应在气相条件下进行,催化剂采用ZSM-5分子筛催化剂,由中国石化上海石油化工研究院研制和生产;烷基转移反应在液相条件下进行,催化剂采用Y分子筛催化剂,由石科院研制和生产。总工艺流程由中国石化洛阳石化工程公司负责,该技术在2011年应用于青岛炼化8×10^{4}t/a苯乙烯装置。

3) 中国石油技术现状

中国石油催化干气制乙苯技术是2000年由大连化物所、抚顺石油化工设计院和抚顺石化联合开发的气相烷基化和液相烷基转移组合制乙苯成套技术。大连化物所负责烷基化、烷基转移催化剂研发和制备,抚顺石油化工设计院负责总工艺流程的优化设计,抚顺石化负责工业化试验及操作指导。该技术采用新型的催化剂和干气预处理工艺、工艺流程和能量优化等多种先进技术,装置物耗、能耗大幅降低,催化剂使用寿命大幅增加,在2003年首次应用于抚顺石化6×10^{4}t/a乙苯装置上,并在国内石油和化学工业领域获得大规模推广应用。

二、中国石油催化干气制乙苯技术

1. 中国石油催化干气制乙苯技术开发

随着技术的发展、工业运行反馈和下游装置对乙苯原料要求的升级,大连化物所第二代技术逐渐显现出一些待进一步改进的问题。例如,烷基化和烷基转移在高温气相条件下进行,能耗较高;产品中二甲苯杂质含量为1500~2000μg/g,仅满足工业塑料应用要求;催化剂寿命相对较短,单程周期只有3~6个月;催化干气中的硫化氢腐蚀设备和管道,使反应系统压降过大,影响反应的正常进行;催化干气中携带的N-甲基二乙醇胺组分会引起催化剂中毒,造成永久性失活,影响烷基化催化剂寿命;催化干气中丙烯和丁烯组分在反应过程中生成一定量的正丙苯和异丙苯,在高温的烷基转移反应继而生成二甲苯,造成乙苯产品中的二甲苯和异丙苯偏高,影响苯乙烯最终产品的质量并增加装置苯耗;尾气吸收部分的烷基化反应物冷却至40℃,在不同压力下进行闪蒸和吸收,吸收效果不理想;产品分离部分的各塔采用常压分离,只有乙苯塔可发生蒸汽,其余各塔均直接用循环水冷却,能耗较高;丙苯在烷基转移过程中只有很少一部分参与反应,因此在系统内累积,对乙苯精馏塔及多乙苯塔的正常运行造成了很大影响;甲苯从苯塔侧线间断抽出,夹带部分苯;

催化剂器外再生时，存在FeS自燃的安全危害及危险废物运输、环保风险等方面缺点。

针对上述问题，中国石油和大连化物所联合攻关，通过新型催化剂制备、干气预处理工艺、工艺流程和能量优化、改变催化剂再生方式等措施，完成了对原有技术的升级换代，形成了专有的催化干气制乙苯成套技术。该技术原料适应性强（表13-2），整体技术水平、产品质量均大幅提高，装置能耗、安全和环保风险大幅降低，各项技术经济指标处于国内外领先水平，在石油和化学工业获得大规模推广和应用，创造了显著的经济效益和社会效益。

表13-2 中国石油催化干气制乙苯技术对干气杂质的要求

项 目	指 标
干气中乙烯，%（体积分数）	>11
硫化氢，mg/m^3	<500
乙炔，mg/m^3	<5
丙二烯+丁二烯，mg/m^3	<10
水分，mg/m^3	环境温度下的饱和水
氨，mg/m^3	<5

图13-1为中国石油催化干气制乙苯技术工艺流程图。

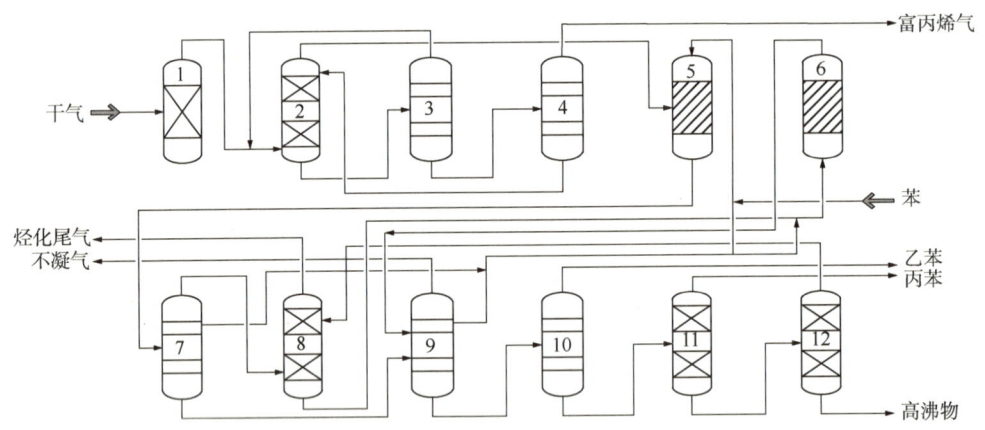

图13-1 中国石油催化干气制乙苯技术工艺流程图
1—水洗塔；2—丙烯吸收塔；3—脱乙烯塔；4—脱丙烯塔；5—烷基化反应器；6—烷基转移反应器；
7—粗分塔；8—尾气吸收塔；9—苯塔；10—乙苯塔；11—丙苯塔；12—多乙苯塔

1）新型催化剂

大连化物所开发出了新一代干气制乙苯低温高活性气相烷基化催化剂与高性能液相烷基转移催化剂制备技术。烷基化反应温度从360~430℃降至320~390℃，烷基转移反应温度从410~430℃降至220~260℃，大幅降低乙苯生产能耗和产品中二甲苯杂质含量；烷基化催化剂使用寿命达30~36个月，烷基转移催化剂使用寿命达48~72个月[2-3]。

同时，根据催化干气中不同的乙烯含量，烷基化催化剂采用不均匀分段装填技术，优化床层分段数量和每段催化剂装填量，采用干气分段不均匀注入，灵活控制每段催化剂床层温升，提高催化剂利用率、延长催化剂使用周期。

第十三章　炼厂气综合利用技术

烷基化催化剂规格见表13-3。

表13-3　烷基化催化剂规格

项　目	指标	检测方法
堆积密度，g/mL	0.52~0.62	GB/T 6286—2021
侧压强度，N/cm	>100	Q/SY 3-501—1995
比表面积，m²/g	≥200	GB/T 5816—1995
氧化钠，%(质量分数)	≤0.05	XRF 分析方法
灼烧失重，%	≤5.0	Q/SY 3-611—1995
规格，mm	ϕ2.0±0.1	ZBE 49001

烷基化反应操作条件见表13-4。

表13-4　烷基化反应操作条件

项　目	指　标
反应压力(绝)，MPa	0.70~1.2
反应床层入口温度(每段上部)，℃	320~360
反应床层出口温度(每段下部)，℃	360~390
乙烯重时空速，h⁻¹	0.2~0.5
苯和乙烯物质的量比	6~7
重时空速，h⁻¹	<0.5
再生气体介质流量，m³/h	5000~8000

烷基转移催化剂规格见表13-5。

表13-5　烷基转移催化剂规格

项　目	指标	检测方法
外观	白色条状	—
堆积密度，g/mL	0.62~0.72	GB/T 6286—2021
侧压强度，N/cm	≥100	Q/SY 3-501—1995
比表面积，m²/g	≥200	GB/T 5816—1995
规格，mm	ϕ1.9±0.1	ZBE 49001

烷基转移反应操作条件见表13-6。

表13-6　烷基转移反应操作条件

项　目	指　标
反应床层入口温度，℃	220~260
反应床层出口温度，℃	220~260
压力，MPa	3.1~3.6
苯和烷基转移料质量比	5~8

2) 干气预处理工艺

(1) 干气二段水洗工艺。

通常国内催化裂化副产干气中经脱硫后均含有 N-甲基二乙醇胺组分，它可引起烷基化催化剂中毒，降低反应活性，显著缩短烷基化催化剂的使用寿命。该工艺利用装置自产凝结水对干气进行二段水洗，将干气中的 N-甲基二乙醇胺脱除至 $1\mu g/g$，保证烷基化催化剂使用寿命不低于 30 个月。

(2) 干气选择性低温脱丙烯工艺。

催化干气中丙烯含量常在 0.7%~3.0%（体积分数），在乙烯与苯进行烷基化反应的同时，发生丙烯与苯的副反应，副产物丙苯的生成不但影响乙苯产品的纯度，而且增大了苯耗。该技术利用乙苯装置中间物料苯或乙苯，通过选择性低温一段吸收、两段解吸工艺，将催化干气中丙烯含量降低至 $150\sim300\mu g/g$，从源头上减少了丙苯的生成，有效降低了乙苯生产过程中苯的消耗，并减少了反应过程中二甲苯的生成量[4]。

干气选择性低温脱丙烯工艺特点如下：

① 所用吸收剂为苯或乙苯，属于装置工艺物料之一，节省大量吸收剂；而且，处理后的催化干气中夹带的苯或乙苯直接进入反应器，并不影响烷基化反应，还可有效降低苯耗。

② 采用低温吸收工艺，吸收剂深冷到 4℃，更有利于吸收。

③ 采用两段解吸工艺，乙烯损失率小于 1%，丙烯脱除率可达 99% 以上。

④ 脱乙烯塔顶不设冷却器，塔顶温度靠冷进料量调节。

3) 工艺流程和能量优化技术

工艺流程和能量优化措施如下：

(1) 烷基化反应产物温度初期为 320℃，末期为 390℃。高温的烷基化反应产物用于加热循环苯、烷基转移反应器入口物料，低温的烷基化反应产物用于发生 0.3MPa 蒸汽供苯乙烯装置使用[5]。

(2) 在苯塔和烷基化反应器间形成压差，以利用苯塔油气加热汽化循环苯，避免了蒸汽加热或热载体加热，大幅减少能耗[5]。

(3) 烷基化反应产物的冷却温度由原工艺的 40℃ 提高到 140℃ 后进入粗分塔进行气液分离，节省冷却水消耗量。

(4) 尾气吸收剂为二乙苯，属于工艺过程物料，既是吸收剂，又是烷基转移反应的原料，吸收剂不在系统内循环，避免了吸收剂在系统内重复加热、冷却造成的能量消耗；尾气吸收采用冷冻水低温吸收技术，提高吸收效率，减少苯的跑损[5]。

(5) 粗分塔侧线采出循环苯，降低后续苯塔热负荷并缩小苯塔直径及相关设备尺寸，达到节能降耗、减少设备投资的目的。该工艺可降低能耗约 4kg 标准油/t 乙苯。

(6) 取消脱甲苯塔，增加丙苯塔，将反应过程产生的少量丙苯以副产品形式回收，既增加效益，又可以减少烷基化反应过程中副产物甲苯和二甲苯的产生[6]。

(7) 分馏部分的各塔（除了多乙苯塔）均加压操作，塔顶气相物料直接可以发生 0.3MPa 蒸汽供苯乙烯装置使用，做到乙苯装置和苯乙烯装置间的能量优化。

(8) 利用装置的低温热产生热水来驱动溴化锂冷冻机，代替常规的电驱动螺杆式冷冻机，达到节能降耗的目的。该工艺可降低能耗约 6kg 标准油/t 乙苯。

(9) 热载体方面, 用热集成技术以装置内部工艺物料作为热载体供各塔再沸器, 既减少外购专用热载体投资费用, 又减少生产运行成本[6]。

(10) 催化剂再生工艺优化, 采用催化剂器内再生工艺, 活化、再生方便, 操作费用低、能耗和物耗低。

2. 中国石油催化干气制乙苯技术工业应用

中国石油催化干气制乙苯技术主要技术指标如下: 乙烯转化率大于95%(摩尔分数); 乙苯选择性不小于98%; 产品乙苯纯度大于99.8%(质量分数); 乙苯中二甲苯含量小于900μg/g; 装置能耗小于95kg标准油/t乙苯, 苯耗小于0.746t/t乙苯; 烷基化催化剂单程寿命大于12个月, 总寿命大于30个月, 烷基转移催化剂使用寿命大于60个月。

基于先进性、实用性、经济性及优异的节能减排降耗效果, 中国石油干气制乙苯技术于2003年在抚顺石化$6×10^4$t/a乙苯装置成功工业示范后, 迅速推广到中国石油、中国化工集团、延长石油等国内多家石化企业, 截至2020年底, 共完成技术转让19套, 其中工业应用15套, 形成共计超$200×10^4$t/a乙苯规模(表13-7), 促进了干气资源的高值化利用和解决了中国紧缺的乙苯/苯乙烯化学品生产问题, 产生了显著的经济与社会效益。

表13-7 中国石油催化干气制乙苯技术主要应用业绩

建设单位	规模, 10^4t/a	采用技术	首次开工时间
抚顺石化	6	干气法	2003年
华北石化	8	干气法	2007年
锦州石化	8	干气法	2007年
大庆炼化	10	干气法	2009年
山东武胜天然气公司	2	干气法	2009年
宁波科元塑胶有限公司	8	干气法	2009年
蓝星(天津)化工有限公司	20	干气法	2011年基础设计/缓建
江苏裕廊石油化工有限公司	6	干气法	2011年基础设计/缓建
新疆金浦新材料有限公司	6	干气法	2011年基础设计/缓建
山东玉皇盛世化工有限公司	3	干气法	2011年
延长石油	12	气法	2012年
山东京博石油化工有限公司	4	干气法	2012年
山东恒源石化公司	6	干气法	2013年
兰州三叶公司	6	干气法	2013年
山东晟原石化科技有限公司	6	干气法	2014年
利津石油化工厂有限公司	6	干气法	2014年
盘锦科楚化工有限公司	35	干气法	2016年基础设计/缓建
河北盛腾化工有限公司	6	干气法	2019年
中化弘润石油化工有限公司	12	干气法	2021年

第二节 烷基化技术

炼厂兴建烷基化装置的目的是综合利用液化气(特别是异丁烷和丁烯)资源,将其转化为烷基化油,提高汽油产品的辛烷值。

烷基化技术从所使用的原料路线上分为直接烷基化和间接烷基化两大类。全球间接烷基化现有装置数量不多,间接烷基化主要有异丁烯选择性叠合—加氢技术和丁烯非选择性叠合—加氢技术。直接烷基化应用相对较广,国内外已使用和正在开发的直接烷基化技术有氢氟酸法、硫酸法、离子液法、固体酸法等,本节主要介绍直接烷基化技术。第二次世界大战期间,为满足对航空汽油的需求而开发了石油烃烷基化技术,1939年英伊石油公司以硫酸作为催化剂,1942年美国环球油品公司和Philips公司以氢氟酸作为催化剂,分别建成石油烃烷基化装置,生产高辛烷值汽油。中国第一套烷基化装置于1966年建成投产,采用硫酸法工艺,产品主要作为航空汽油组分。截至2020年,全国烷基化装置的合计产能为2400×10^4t/a,其中大部分装置采用硫酸法,其余装置采用氢氟酸法和离子液法,离子液法产能占比约为4%。

随着固体酸烷基化和离子液烷基化等环保型新技术的开发和工业应用,烷基化技术开辟了新的道路。虽然世界环保意识的日渐增强很大程度上促进了固体酸烷基化技术和离子液烷基化技术的快速发展,但要彻底取代传统的液体酸烷基化技术,需要彻底解决的问题还有很多,如固体酸烷基化装置操作的经济性差、催化剂的稳定性差、离子液烷基化装置固渣排放量大等,短时间内液体酸烷基化技术还不会被完全替代。

一、国内外技术现状

1. 固体酸法

固体酸烷基化技术基本解决了在生产高辛烷值汽油调和组分过程中产生环境污染的问题,因而受到炼油行业的广泛关注。该技术研究已有25年以上历史,大量的研究主要致力于固体酸催化剂的开发。固体酸烷基化技术先进,是烷基化装置的发展方向,但尚无工业装置长周期运行记录。综合能耗相对较高,工程设计尚处于优化中;催化剂的失活/再生问题仍需进一步攻克,存在一定风险,且催化剂是其专利产品,单价高且需长期依赖进口,使固体酸烷基化技术的推广受到限制。

世界上第一套工业规模的固体酸烷基化装置建在山东汇丰石化公司的子公司淄博海逸精细化工公司,于2014年7月投产。该装置采用CB&I公司、雅宝公司和芬兰Neste公司合作开发的AlkyClean技术,烷基化油产能为2700bbl/d(10×10^4t/a)。据CB&I公司称,截至2014年底,该套装置全部性能达到了预期值。自投产以来,已经证实烷基化油产品的质量很好,研究法辛烷值在96~98之间,明显高于常规烷基化油的研究法辛烷值。AlkyClean技术采用雅宝公司开发的AlkyStar催化剂,是一种坚固耐用的固定床沸石催化剂。AlkyStar催化剂与CB&I公司的新型反应器流程相结合,使AlkyClean技术不使用液体酸催化剂就能生产出高质量的烷基化油产品,工艺更加安全可靠。由于不需后处理且没有酸溶性油废料,因此该技术是一种非常有效的烷基化油生产技术。

KBR公司与Exelus公司合作开发了K-SAAT技术,其技术特点是采用一种称为ExSact的固体酸催化剂。ExSact催化剂是一种经过改进的商业化沸石催化剂,与液体酸催化剂相比,对人体和环境的危害都要小很多。采用K-SAAT技术的固体酸催化剂烷基化装置的维修费用少,且无须制冷,因此操作费用较低;此外,还避免了液体酸再生和固体废料处理(酸碱中和)。K-SAAT技术采用两台反应器,一台进行烷基化反应,另一台进行再生或备用。利用氢气对催化剂进行完全再生,在再生过程中软焦炭和吸附在催化剂上的污染物都被清除和吹出。Exelus公司开发的ExSact催化剂在许多方面都优于液体酸催化剂和其他固体酸催化剂。为强化产品的选择性,催化剂的酸中心和孔结构都进行了优化。与使用其他固体酸催化剂相比,使用ExSact催化剂烷基化的装置运行周期较长,原料来源和组分的灵活性很大。此外,K-SAAT技术有很好的抗原料中污染物的能力。

由石科院、燕山石化和中国石化催化剂分公司共同研发的ZCA-1固体酸烷基化技术以异丁烷和丁烯为原料,采用高效稳定的固体酸催化剂及其原位再生技术,结合经济可行的固定床工艺,实现了烷基化汽油的绿色化生产。该技术在燕山石化完成100t/a的工业侧线实验,暂无工业化业绩。

2. 液体酸法

液体酸烷基化技术包括氢氟酸法、硫酸法和离子液法。

1) 氢氟酸法

氢氟酸烷基化技术具有常温下反应、无须制冷系统、占地面积小等优点,但是产品需要脱氟处理,同时催化剂氢氟酸具有强挥发性、强腐蚀性及毒性,对安全操作设施设计要求较高,在装置选材上要高于硫酸烷基化装置,部分材质需采用蒙乃尔合金,而且对环境的影响也大于硫酸烷基化。氢氟酸烷基化技术应用业绩集中在20世纪早期,近期新建的烷基化装置已经基本不采用氢氟酸烷基化技术。

最早的氢氟酸烷基化工艺流程有UOP公司的流程和Philips公司的流程两种。两种流程的主要区别在于反应系统。

UOP公司采用带取热管的罐式反应器,用泵强制循环氢氟酸,循环量可以调节,物流在反应器内呈湍流,提高传热系数,减少了传热面积。此外,酸沉降罐不需架高,方便操作和检修。泵强制循环的缺点是增加了操作和维修的麻烦,增加了泄漏的可能性,动力消耗大。

Philips公司采用管道反应器,借助于反应器"重腿"和"轻腿"之间的高度差进行酸循环,节省了动力输入,减少了泄漏的风险。不足之处是循环酸量不能调节,酸沉降罐需要架高。

20世纪80年代末中国引进的氢氟酸烷基化装置采用的是Philips公司的技术。Philips公司的氢氟酸烷基化流程一般包括原料干燥、反应与沉降分离、反应产物分馏、产品精制和氢氟酸再生,原料经干燥脱水后与循环异丁烷混合进入反应器,在氢氟酸催化剂作用下,烯烃与异丁烷发生反应。

2007年,UOP公司收购了Philips公司氢氟酸烷基化技术,对两家的工艺流程进行了优化组合,反应部分仍采用重力差循环,进料采用多点进料,在设备大小不变的条件下增加装置的处理量或处理量不变的条件下提高烷基化油的辛烷值。在安全方面的技术改进主要有酸藏量管理(IMP)，即酸快速转移技术和降低酸挥发度(ReVAP)技术。

UOP 公司开发的氢氟酸烷基化技术在全球技术转让的装置超过 100 套，是氢氟酸烷基化装置的主要供货商。

2）硫酸法

硫酸烷基化技术采用低温反应，需增设制冷压缩系统以满足反应所需低温条件，由于采用硫酸作为催化剂，其腐蚀性和对环境的影响比氢氟酸小，但由于该技术的酸耗量大，在环保形势日益严峻的情况下，必须同步增设废酸处理设施，投资和运行成本均大幅增加，同时存在酸雾排放和酸溶油的问题。与氢氟酸法相比，该技术的操作安全性较好，在无新技术应用推广前，其近些年的应用业绩逐步提高。

硫酸烷基化根据反应器形式不同，有 4 种工艺可供选择：杜邦公司 Stratco 流出物间接制冷工艺、CB&I 公司 CDAlky 低温烷基化工艺、中国石油 LZHQC ALKY 硫酸烷基化工艺和中国石化 SINOALKY 硫酸烷基化工艺。

杜邦公司 Stratco 硫酸烷基化装置全球技术许可超过 100 套，烷基化油总规模超过 $4000 \times 10^4 t/a$，全球新建烷基化装置中杜邦公司技术约占 90% 份额。

CB&I 公司 CDAlky 硫酸烷基化技术全球许可装置超过 10 套，国内已有 5 套采用 CDAlky 技术的装置投入正常运行。

近几年来，兰州寰球工程公司在多次对烷基化装置设计和改造经验的基础上开发了 LZHQC ALKY 硫酸烷基化技术，对烷基化装置的卧式反应器的结构进行了多次优化设计，使得单台反应器的烷基化油产量提高了 30% 以上（单台反应器烷基化油产量达 $8 \times 10^4 t/a$），并解决了反应器长周期运行问题，所产烷基化油辛烷值不小于 97，基础酸耗为 50~60kg/t 烷基化油。截至 2018 年，LZHQC ALKY 硫酸烷基化技术已授权使用或技术转让超过 20 套装置[7]。

中国石化 SINOALKY 低温硫酸烷基化技术已在石家庄炼化和荆门石化进行工业应用。

目前，采用 Stratco 流出物间接制冷工艺建成的装置最多，中国现在运行的装置也多采用此技术。硫酸烷基化技术已实现国产化，硫酸烷基化引进技术专利商以杜邦公司为代表，国内该项技术服务商以兰州寰球工程公司为代表，国内技术与引进技术的技术路线基本相同，但由于技术和设备的国产化，专利技术使用费和专利设备费得到较大幅度的降低。

3）离子液法

离子液烷基化是用离子液体催化剂取代硫酸烷基化装置中的硫酸催化剂，离子液体催化剂通常采用熔点低于 100℃ 的盐类，具有体积大且空间不对称的阳离子，离子液体具有不挥发、蒸气压接近于 0、不燃烧、热稳定性高及液态存在的温度范围宽等优点，这些离子液体本身还具有一定的催化性能，不仅能为反应提供一种不同于常规分子溶剂的反应环境，自身还参与了反应过程，能促使反应向有利的方向进行。当前，新开发的离子液烷基化技术有中国石油大学(北京)的 CILA 离子液烷基化技术和 UOP 公司的 ISOALKY 离子液烷基化技术。

CILA 离子液烷基化技术采用复合离子液体作为催化剂，提供一种不同于常规分子溶剂的反应环境，自身还参与了反应过程，能促使烷基化反应向有利的方向进行，催化活性更强，兼具液体酸高密度的反应活性和固体酸的安全性。反应器结构简单，属常规压力容器，无须机械搅拌，无须在低温下反应，制冷负荷小；离子液腐蚀性较硫酸更低，在无水环境下，基本无腐蚀作用，碳钢材质即可满足设计要求，降低了装置投资，同时提高了操作安全性。该技术首套工业应用装置是山东德阳化工有限公司 $10×10^4$t/a 复合离子液体 C_4 烷基化(CILA)装置,其烯烃转化率为 100%,烷基化油收率在 80% 以上,烷基化油研究法辛烷值平均达 96.8,催化剂的当量消耗为 5kg/t 烷基化油,能耗为 157kg 标准油/t 烷基化油,装置运行稳定,工艺先进,过程清洁,经鉴定总体技术处于国际领先水平[8]。中国石油参与开发的第二代 CILA 离子液烷基化技术已在中国石油格尔木炼油厂、哈尔滨石化、大港石化及中国石化九江石化、安庆石化等多家炼厂工业应用。

UOP 公司携手美国雪佛龙公司于 2016 年共同开发了 ISOALKY 离子液烷基化技术。该技术中液体催化剂的独特性质使其不需要价格高昂的贵金属组分,并且解决了固体酸催化剂稳定性问题。此外,ISOALKY 技术在温和的工艺温度、低异丁烷/烯烃值下运行,与固体酸烷基化技术相比大大降低了工艺复杂性和操作成本,ISOLAKY 技术催化剂库存比硫酸烷基化低 20 倍,不需要昂贵的再生设备或严格的储存和运输要求,再生过程采用一种温和的加氢处理方法,无须排放液体副产物即可有效地再生催化剂。该技术已在美国犹他州 Salt Lake City 炼厂的小型工业示范装置运转一个周期。

二、中国石油烷基化技术

为适应产能、运行成本和安全环保的挑战,中国石油通过多年技术攻关,开发了具有自主知识产权的 CILA 离子液烷基化技术和 LZHQC ALKY 硫酸烷基化技术,并实现了核心设备的国产化。

1. CILA 离子液烷基化技术

1)CILA 离子液烷基化技术开发

中国石油在对中国石油大学(北京)的复合离子液烷基化工艺进行消化吸收、工程化设计的基础上,结合首套复合离子液烷基化装置运行过程中存在的问题,解决了以下关键技术问题:

(1) 流出物与离子液分离优化。

采用两级旋风分离加三级沉降,离子液催化剂的密度与反应产物的密度相差无几,使用传统的沉降和旋风分离无法实现离子液与烃类的清晰分离,造成后续碱洗、水洗和循环 C_4 运行负荷大,设备投资高,同时离子液损失大,固渣产生量高。

通过研究静态分离高效聚结技术替代第三级沉降,在现有两级旋风分离的基础上,流出物中离子液浓度进一步降低至 $60\mu g/g$ 以下,降低了离子液损失量,验证了旋液分离与组合式液滴聚合分离的性能。

(2) 废离子液固渣分离方式改进。

第一代离子液烷基化技术采用固渣分离卧螺离心机对离子液—烃类体系中的废渣进行分离,无法在线清洗,存在较大的机械密封泄漏的安全问题,且运行中有废气排放,故障率高,投资及运行成本较高。

中国石油对废离子液固渣分离技术进行大量研究,采用流场模拟及设置导流分离内件,在不降低固液分离效率的前提下,大幅降低设备投资和运行成本。

(3) 烷基化油脱氯及再生流程优化。

第一代离子液烷基化技术脱氯剂再生后氯容恢复效果差,随着运行时间延长,再生周期缩短，运行能耗增加，再生氮气中由于有机氯含量较高，在环保和安全双重因素制约下，排放去向受到限制。

中国石油通过对脱氯剂组成和结构进行改进和优化，提高氯容；在氮气再生的基础上，增加空气再生流程，提高氯容恢复率，延长再生周期，同时增加再生氮气的冷剂冷却流程，将有机氯以液相的形式排出装置，解决气相排放问题。

（4）废离子液处理资源化技术。

第一代离子液烷基化技术废离子液的处理采用消解、中和、脱水、干化转化为一般固体废物，但排放量高，以 $30×10^4$ t/a 规模计算约有 4690t/a 固体废物排放，运行成本较高。

中国石油根据废离子液的组成特点，将属于危险废物（HW50）的废离子液转化为资源化产品，通过废离子液氧化、油水分离、铜铝置换、铜粉洗涤及脱水制取粗铜粉及三氯化铝。

废离子液的资源化处理仍处在研究阶段，需解决的关键技术包括废离子液资源化处理工艺路线研究及优化、废离子液转化处理关键设备开发、资源化产品分离技术。

2）CILA 离子液烷基化技术工业应用

（1）装置开工投产。

2018 年 11 月，中国石油第一套规模以上离子液烷基化装置——$15×10^4$ t/a 烷基化油生产装置在哈尔滨石化一次开车成功，装置所生产的烷基化油具有辛烷值高、不含烯烃和芳烃、蒸气压低等特点，是性能优良的汽油调和组分。

（2）装置标定。

2019 年 12 月 12 日，哈尔滨石化对 $15×10^4$ t/a 离子液烷基化装置进行标定，历时 72h。该次标定在以生产合格烷基化油、正丁烷、异丁烷为目的产品的条件下进行标定。

① 产品质量。

a. 烷基化油：研究法辛烷值不小于 96，雷德蒸气压小于 40kPa，密度为 $0.69g/cm^3$，干点不小于 210℃。

b. 正丁烷：纯度不小于 95%。

c. 异丁烷：纯度不小于 87%。

② 标定数据汇总。

a. 原料分析数据对比。

原料分析数据对比情况见表 13-8。

表 13-8　哈尔滨石化 $15×10^4$ t/a 离子液烷基化装置原料分析数据对比

单位：%（质量分数）

项目		异丁烷	正丁烷	丙烷	正丁烯	异丁烯	顺丁烯	反丁烯	C_5	异戊烯	烷基化油	丁二烯
C_4 原料	标定	56.6	11.09	0.036	0.1	1.25	9.1	21.4	0.38			0.012
	设计	44.7	11.22	0	11.27	4.4	10.50	0.1	0.05			0.01
正丁烷	标定	25.51	75.75		0.03		0.009		2.6			
	设计	4.5	95.0							0.3	0.2	
异丁烷	标定	92.4	7.4		0.002	0.001	0.005	0.104	0.003			
	设计	89.4	8.24	2.34								

b. 产品(烷基化油)分析数据对比。

产品(烷基化油)分析数据对比情况见表13-9。

表13-9 哈尔滨石化 15×10⁴t/a 离子液烷基化装置产品(烷基化油)分析数据对比

项 目	蒸气压 kPa	初馏点 ℃	10%馏出温度,℃	50%馏出温度,℃	90%馏出温度,℃	终馏点 ℃	氯化物 mg/kg	研究法辛烷值
设计	34~40	—	—	—	—	≤200	≤5	≥96
标定	42.9	38.8	76.4	103.6	120	192.9	1.7	96.1

c. 全装置物料平衡。

全装置物料平衡情况见表13-10。

表13-10 哈尔滨石化 15×10⁴t/a 离子液烷基化装置物料平衡

	项 目	设 计	标 定	收 率
原料	C₄, t/h	19.7	19.7	—
	氢气, t/h	0.025	0.019	—
产品	烷基化油, t/h	17.742	12.9	64.49%
	正丁烷, t/h	1.747	2.57	11.89%
	异丁烷, t/h	1.294	2.58	20.42%
	燃料气+损失, t/h	0.178	0.017	2.7%

d. 全装置能耗。

从能耗来看,该次标定的总能耗为126.83kg标准油/t烷基化油,比设计值降低5.58kg标准油/t烷基化油。

e. "三剂"消耗。

"三剂"消耗情况见表13-11。

表13-11 哈尔滨石化 15×10⁴t/a 离子液烷基化装置"三剂"消耗

项 目	活性组分	叔丁基氯
剂耗, kg/t 烷基化油	3.2	0.0010

在装置总进料量达到设计值100%、烷基化油产量为设计值的70%的条件下,装置的主要设备制冷机组、精馏塔、关键机泵、空冷风机、水冷器及重沸器、自动加料系统等未出现明显的分离精度与冷却负荷不足、加工能力受限的情况。

烷基化油收率低于设计值90%,实际值为64.49%,原因为制冷机组温度低于1.3℃后,冷剂泵易抽空及制冷机组带病标定负荷调节受限,还有进料离子液换热器离子液侧积垢,换热能力下降,反应温度在接近30℃时限制了进料烷烯比的降低,实际进料烷烯比为2.12,高于1.27的设计值。

在装置原料中甲醇含量为116mg/kg、二甲醚含量为2050mg/kg、甲基叔丁基醚含量为7mg/kg的条件下,烷基化油产品质量合格。其中,烷基化油研究法辛烷值为96.1,优于设计值96;烷基化油脱氯后含氯1.7mg/kg,低于设计值5mg/kg;异丁烷纯度标定值为92%,优于87%的设计值。

离子液活性组分因原料中杂质较少及干燥脱水较好，实际单耗 3.2kg/t 烷基化油，低于设计值(6.2kg/t 烷基化油)。再生后离子液活性为 1.16，待再生离子液活性为 1.13，在指标范围内；活性组分加入量的降低，直接减少了固渣及废离子液的产生。叔丁基氯因计量泵与计量表故障频繁，为防止计量泵抽空，活性快速降低而造成烯烃反应后移，实际单耗控制高于 1.02g/t 烷基化油，高于 0.52g/t 烷基化油的设计值。

离子液再生系统运行平稳，因离子液活性组分消耗量较低，系统负荷在 60%~80% 之间运行。

2. LZHQC ALKY 硫酸烷基化技术

1) LZHQC ALKY 硫酸烷基化技术开发

为了满足国内航空汽油和车用汽油对高辛烷值组分的需求，中国从 1959 年开始进行硫酸烷基化工业中试，1963 年中试成功。1965 年由兰州寰球工程公司设计，在兰州石化开始建设中国第一套 $1.5×10^4$t/a 硫酸烷基化工业装置，1966 年建成投产。兰州寰球工程公司在结合多次对烷基化装置设计和改造经验的基础上，在 1997—2019 年期间，对烷基化装置的工艺和卧式反应器的结构进行了多次优化设计，解决了反应器长周期运行问题，降低了酸耗，并获得了多件专利。兰州寰球工程公司对硫酸烷基化工艺进行的优化研究包括：

(1) 研究了原料中典型杂质乙烯、二烯烃、硫化物、水、甲醇、二甲醚等对烷基化反应的影响，开发出原料预处理组合工艺技术，确定了硫酸法 C_4 烷基化装置原料杂质的控制指标。

(2) 开发出新型烷基化反应器。设计并制造出单台产能达到 $8×10^4$t/a 烷基化油反应器，对烷基化装置的卧式反应器的结构进行了多次优化设计，包括新型进料管分布器、搅拌器和导向盘配置及干气密封设施等，使得单台反应器的烷基化油产量提高了 30% 以上[单台反应器烷基化油年产量达 $(8~10)×10^4$t]，解决了反应器长周期运行问题，降低了酸耗。

(3) 采用浅池理论和聚结原理，研制出装有新型高效内构件的分离设备，包括酸沉降器、酸洗器和碱洗器，使基础酸耗降低至 55~65kg/t 烷基化油。

2) LZHQC ALKY 硫酸烷基化技术工业应用

兰州石化 $20×10^4$t/a 烷基化装置采用 LZHQC ALKY 硫酸烷基化技术，于 2018 年 12 月 25 日产品全部合格，实现开车一次成功。2019 年 10 月 10 日，兰州石化对 $20×10^4$t/a 烷基化装置进行标定，历时 72h。

(1) 原料来源。

装置原料为兰州石化自产的醚后 C_4。

(2) 标定数据汇总。

① 原料 C_4 分析数据。

原料 C_4 分析数据见表 13-12。

表 13-12　兰州石化 $20×10^4$t/a 烷基化装置原料 C_4 分析数据

项 目	含量,%(质量分数)							烷烯比
	异丁烷	正丁烷	正丁烯	异丁烯	反丁烯	顺丁烯	总烯烃	
原料	55.89	7.95	15.28	8.26	8.77	3.55	35.86	1.56
加氢后 C_4	57.04	9.65	1.31	7.48	16.71	7.5	32.52	1.75

② 产品(烷基化油)分析数据对比。

产品(烷基化油)分析数据对比情况见表13-13。

表13-13 兰州石化 20×10⁴t/a 烷基化装置产品(烷基化油)分析数据对比

项　目	设计规格	标定规格
铜片腐蚀(50℃, 3h), 级	≤1	1
终馏点, ℃	≤210	182.9
碘值, g/100g	≤8	0.39
胶质, mg/100mL	≤4	1.0
研究法辛烷值	≥97	96.8
硫, μg/g	≤5	2.0
密度, kg/m³	实测	707.2
蒸气压, kPa	≤40	45.00

从表中可以看出，烷基化油蒸气压略高于设计指标，研究法辛烷值略低于设计指标，主要原因是装置处理量过大，反应效果略有下降，并且原料组分变化也影响了产品质量，因此研究法辛烷值略有下降。产品烷基化油指标满足设计要求。

③ 全装置物料平衡。

全装置物料平衡情况见表13-14。

表13-14 兰州石化 20×10⁴t/a 烷基化装置物料平衡

项目	物料名称	设　计 处理量, kg/h	设　计 收率,%(质量分数)	标　定 处理量, kg/h	标　定 收率,%(质量分数)
进料	醚后 C₄	20710		21511.1	
	轻 C₄	8809		15923.6	
	聚异丁烯尾气	830			
	氢气	25		7.8	
	合计	30374		37442.5	
出料	烷基化油	22336	73.54	26511.1	70.80
	异丁烷	6967	22.94	6808.8	18.18
	正丁烷	524	1.73	3750	10.02
	不凝气	367	1.21	253.5	0.68
	损失	180	0.59	119.1	0.32
	合计	30374	100	37442.5	100

产品烷基化油产量为 26511.1kg/h，高于设计产量(22336kg/h)，但产品收率为70.80%，低于设计收率(73.54%)，主要原因是装置实际总烯烃含量在 28.7%~33.12%(体积分数)之间，而设计总烯烃含量为 36.11%(体积分数)，并且装置实际原料中的正丁烷含量在 9.26%~9.67%(体积分数)之间，比设计的正丁烷含量[5.87%(体积分数)]高，反应的有效组分比例减少，生成异辛烷的量降低，因此主产品烷基化油收率低于设计值，正丁

烷收率高于设计值。烷基化产品产量符合生产设计要求。

④ 全装置能耗。

从能耗来看,该次标定的总能耗为89.93kg 标准油/t 烷基化油,比设计值降低 12.87kg 标准油/t 烷基化油。

⑤ "三剂"消耗。

"三剂"消耗情况见表 13-15。

表 13-15 兰州石化 20×10^{4}t/a 烷基化装置"三剂"消耗

项　目	设计单耗, kg/t	实际单耗, kg/t
硫酸	77	65.37
烧碱	7	1.085

从表 13-15 中可以看出,硫酸单耗低于设计值。反应原料预处理加氢效果好,丁二烯含量低于设计值;聚结脱水罐脱水效果好,脱水后水含量都低于 300μg/g 饱和水(设计值为 30μg/g 游离水),硫酸消耗量降低。

反应器操作稳定,后续精制系统带酸量低,导致烧碱单耗低于指标。

通过标定可以看出,装置 C_4 原料处理能力、产品产量、能耗、酸耗都达到了设计要求。主产品烷基化油质量满足设计要求,副产品异丁烷和正丁烷略低于设计值,满足装置实际需求;装置主要操作条件基本满足设计要求。

第三节 甲基叔丁基醚生产技术

甲基叔丁基醚(以下简称 MTBE)作为无铅、高辛烷值、含氧汽油的理想调和组分,能有效提高汽油辛烷值,具有优良的抗爆性能。同时 MTBE 还是一种重要的化工原料,可以通过裂解制备高纯度异丁烯,作为橡胶及其他化工产品的原料。世界上第一套 MTBE 装置于 1973 年在意大利建成,中国第一套 MTBE 装置于 1983 年在齐鲁橡胶厂建成。自世界上第一套 MTBE 装置建成以来,MTBE 技术引起了全世界的重视,在不到半个世纪的时间里,MTBE 成为化工产品中发展最快的品种之一。

一、国内外技术现状

1. 国外技术现状

1) MTBE 生产技术

在 MTBE 的生产中,由于原料中甲醇和异丁烯的比例、反应器形式、反应器个数(段数)、分离方法、异丁烯转化率、产品中甲醇含量以及 MTBE 的纯度等的不同,因此有许多不同的生产工艺[9]。

(1) 意大利 SNAM 工艺。

1973 年在意大利建成投产的世界上第一套 MTBE 装置,采用列管式固定床反应技术,壳程用冷却水移走反应热,产物用一个或多个分馏塔分离 MTBE 和甲醇以及剩余的 C_4 馏分。该工艺的缺点是难以消除反应区中的"热点",已较少采用。

(2) 法国 IFP 工艺。

IFP 工艺的主要特点是反应器采用上流式膨胀床,进料自下而上进入反应器,催化剂处于蠕动状态,有利于传质及传热。该工艺具有结构简单、投资少、能耗低、催化剂装卸方便等优点;此外,采用上流式操作,可防止催化剂堆集成块,减少压力降,催化剂使用寿命长,副反应少。

(3) 美国 CR&L 公司催化蒸馏工艺。

催化蒸馏工艺是由美国 CR&L 公司首先开发成功的,于 1987 年工业化。催化蒸馏工艺的核心是把反应与共沸蒸馏巧妙地结合起来,使醚化反应和产物分离在同一塔中同时进行,反应放出的热直接用来分馏,既减少了外部冷却设备,又控制了反应温度,可最大限度地减少逆向反应和副产品的生成,防止反应区"热点"超温现象,降低能耗,节省投资。但该技术也有不足的地方,主要是中部催化剂的填装比较困难,且传质效率低,对反应不利。

(4) 美国 UOP 公司联合工艺。

该工艺主要是以油田气或炼厂气中的丁烷为原料,异构化反应转化为异丁烷,进而脱氢生成异丁烯,异丁烯再与甲醇醚化反应生成 MTBE。联合工艺使 MTBE 生产具有更为广泛的原料来源,且可减低成本,单程转化率高,设备投资低,可靠性好。

2) 催化蒸馏塔内催化剂装填方式

(1) 板式塔催化剂装填方式。

催化剂颗粒直接堆放在塔板上,催化剂在塔板上呈流化状态,使整个反应区催化剂分布均匀,催化剂效率高,气液固三相接触良好。但是,床层空隙率较小,压降大,易造成催化剂破损。为了克服这些缺点,将催化剂放在降液管中,降液管的下部向塔壁倾斜并开孔,板上受液区也有筛孔。为了装卸方便,可将降液管引出塔外,使催化剂完全浸泡在液体中,但反应和精馏在不同区域进行,使催化精馏效率降低,而且反应段单位体积的催化剂装填量不大,停留时间要求长时则不能满足要求。

(2) 填充式催化剂装填方式。

填充式催化剂装填方式是将催化剂装入玻璃纤维制成的小袋中,用不锈钢波纹丝网覆盖,再卷成圆柱体,形成捆扎包。这种结构装卸方便,而且其强度很高,催化剂结构的尺寸可大可小,在安装时相邻两层催化剂结构的波纹丝网走向错开,使气液分布均匀。

日本 Kumay 公司将离子交换树脂做成片状或毛毡状,再和弹性构件一起卷成捆束,得到催化元件,由于其易造成催化剂性能的损害,实用性差。

美国 Koch 公司推出 Katamax 新型催化剂填充方式,催化剂装入两片波纹丝网构成的夹层中,然后将其捆成砖状规则地装入塔中。此种装填方式催化剂效率较高,传质效果较好,但制造工艺较复杂。

瑞士 Sulzer 公司推出 Katapak-S 型催化剂填充方式,把催化剂颗粒放入两片金属波纹丝网的夹层中,集合形成横向通道使气液两相充分接触,催化剂完全润湿,催化反应效率有较大提高,传质过程和常规的规整填料一样,并且夹层可用各种材料制成,不仅适合腐蚀性产品的生产,而且在催化剂活性降低时,可以在塔内再生。此种装填方式的缺点是制造工艺复杂,成本较高。

(3) 催化剂散装填料。

催化剂填料主要是由离子交换树脂直接加工而成，主要形状可以分为鞍形和环形，制作方法主要有乳液聚合、嵌段聚合和沉降聚合。催化剂填料有如下优点：单位体积催化精馏塔效率最高；有较大的比表面积和空隙率，床层压降低；催化剂容易装卸，成本低，操作方便。但是由于高分子材料所特有的溶胀特性，在一些反应物系中，可使催化剂填料膨胀，互相挤压，容易破碎，热稳定性差且加工困难。

(4) 悬浮式装填方式。

在悬浮式催化精馏塔中，将细粒催化剂悬浮于进料中，从反应段上部加入塔内，在下部和液体一起进入分离器，分出的清液到提馏段，催化剂可以循环使用。此种填料方式的主要优点是催化剂可以悬浮液的形式加入或取出，而不影响蒸馏塔的正常操作，减少了传质传热阻力，催化剂效率得到提高，但工艺相对复杂。

2. 国内技术现状

1) MTBE 生产技术

中国自 20 世纪 70 年代末开始 MTBE 合成技术的研究和开发。1983 年，齐鲁橡胶厂建成了中国第一套 MTBE 工业试验装置，1986 年吉林石化建成了中国第一套万吨级 MTBE 工业装置。中国先后开发出多种合成工艺[9]，主要如下：

(1) 列管式反应器合成 MTBE 技术。

由反应、共沸蒸馏和甲醇回收部分组成，使用列管式反应器，异丁烯和甲醇在强酸性阳离子交换树脂存在下液相合成 MTBE，但是列管式反应器制造费用高，反应热由夹套水取走很难利用，且由于沿反应管的不均匀放热，反应器中存在"热点"，不仅影响催化剂寿命，且易于超温而"烧"坏催化剂。

(2) 筒式外循环反应器合成 MTBE 技术。

外循环反应器用一部分反应产物循环回反应器入口或床层上部，并设计适当的循环量使反应温度控制在要求的范围内，解决催化剂超温失活问题。但由于反应物中异丁烯浓度降低的同时 MTBE 浓度提高，因而影响了反应速率和异丁烯转化率，对反应不利，而且需增设物料返回及冷却系统，导致投资增加，反应热也不能有效利用。

(3) 混相反应器合成 MTBE 技术。

控制反应压力使反应在泡点温度、气液混相状态下进行，反应热被汽化的物料吸收，不需另设取热措施，反应热可全部加以利用。混相反应工艺流程与筒式外循环反应器的区别是去掉外循环冷却器，混合 C_4 与甲醇混合净化预热到预定温度后由反应器沿催化剂床层向下流动，随着反应热的放出，温度逐步升高直到达到平衡温度，最终由反应器底部出来进入共沸蒸馏塔，生成的 MTBE 由塔底出来作为产品。

(4) 催化蒸馏塔合成 MTBE 工艺。

齐鲁石化研究院于 1984 年着手开发催化蒸馏法合成 MTBE 技术，上海石油化工研究院和清华大学化工系也进行了相关研究。该技术的特点是把反应与共沸蒸馏巧妙地结合起来，使醚化反应和产物分离在同一塔中同时进行，反应放出的热直接用来分馏，既减少了外部冷却设备，又控制了反应温度，可最大限度地减少逆向反应和副产品的生成，防止反应区"热点"超温现象，降低能耗。

(5) 混相反应蒸馏合成 MTBE 工艺。

该工艺由齐鲁石化研究院、中国石化工程建设公司和上海高桥石化炼油厂联合开发，其特点是在反应塔内设一固定床反应段，不需要任何冷却设备。控制反应压力使反应在泡点温度下进行，反应热使部分物料汽化而使反应温度恒定，形成气液混相状态。反应物浓度较高时，可把催化剂分为几个床层，部分未预热的原料由侧线进入各床层之间，作为激冷料进一步调节汽化率与反应温度，但各床层之间不设分馏塔板。

2）催化蒸馏塔内催化剂装填方式

（1）筒式散装催化剂结构的催化蒸馏技术。

齐鲁石化研究院与中国石化工程建设公司合作发明了一种筒式散装催化剂结构的催化蒸馏技术，称为 CATAFRACT 技术。该技术催化蒸馏塔一般可分为精馏段、反应段和提馏段三部分：上部为精馏段，中部为反应段，下部为提馏段。每两个床层间都设塔盘或填料，反应段根据需要由多个床层结构叠加起来，使总转化率达到预期的指标。

（2）混相反应催化蒸馏塔。

齐鲁石化研究院在混相反应与 CATAFRACT 技术基础上开发了混相反应蒸馏（MRD）技术，主要有 MRD-B 和 MRD-C 两种结构。

3）MTBE 脱硫技术

MTBE 作为高辛烷清洁汽油的重要调和成分，随着环保要求的提高，车用汽油质量标准越来越严苛，MTBE 产品的硫含量也要求满足低硫环保要求。

MTBE 脱硫技术分为原料脱硫技术和产品脱硫技术两种。虽然原料脱硫技术被不断完善，能够保证硫含量小于 $50\mu g/g$，但是远远达不到车用汽油小于 $10\mu g/g$ 的标准，因此需要实施产品深度脱硫技术。MTBE 产品中的硫主要来自原料 C_4 中的硫、原料聚集产生的硫和醚化反应催化剂的脱落与分解产生的硫。硫化物主要包括硫化氢、二氧化硫、硫醇、羰基硫、硫醚和噻吩类等。MTBE 深度脱硫是利用硫化物与 MTBE 产品在相对挥发度、透过性、溶解度、吸附性能等方面的差异，通过物理、化学或生物等方法将硫化物转化并除去。MTBE 脱硫技术主要有萃取精馏、催化精馏、吸附精馏和渗透汽化膜分离等[10-12]。

（1）萃取精馏脱硫技术。

萃取精馏脱硫技术的原理是添加一种新的萃取剂来分离硫化物，利用萃取剂与 MTBE 的沸点差，通过精馏实现分离，适用于常压低温操作流程。以重整汽油、溶剂油等作为萃取剂，萃取剂虽可再生，但再生温度极高，增加了操作难度和设备投资。

（2）催化精馏脱硫技术。

催化精馏脱硫技术是采用催化剂将硫化物催化为高沸点硫化物，通过精馏进行分离。该技术硫脱除率高，可将硫含量降为 $10\mu g/g$。

（3）吸附精馏脱硫技术。

该技术采用的吸附剂一般为复合液体，采用特殊处理置于吸附精馏塔上部，硫化物被吸附脱除，低硫 MTBE 从塔顶采出，高沸点硫化物从塔底排出。吸附剂吸附饱和后，经过再生循环使用。吸附剂一般为改性的阴、阳离子交换树脂。该技术安全、清洁，但由于吸附剂的使用寿命和吸附容量等限制，工业应用有一定局限性。

(4) 渗透汽化膜分离脱硫技术。

目前，渗透汽化膜分离脱硫技术有 PDMS/PEI 渗透汽化深度脱硫、PDMS/PAN 渗透汽化深度脱硫技术等，主要利用 MTBE 和硫化物对膜的透过率不同实现分离。该技术适用于液体混合物，由于没有新增萃取剂、催化剂等其他物质，因此不存在溶剂回收及二次污染等问题，具有高效、清洁、操作简单、安全等优点，但膜组件材料及工艺流程的合理设计是重点和难点。

二、中国石油 MTBE 成套技术

2010—2015 年，中国石油组织重大科技专项课题组对 MTBE 装置各个生产单元进行深入研究，在新型催化蒸馏塔组件、零泄漏反应器密封结构、MTBE 产品深度脱硫等方面取得重要突破，开发出关键设备设计、MTBE 深度脱硫等多项关键技术，在此基础上，中国石油经过集成优化现有技术，成功开发出具有自主知识产权的超低硫 MTBE 成套技术。

中国石油 MTBE 成套技术，采用多项先进技术，与传统 MTBE 生产技术相比，产品硫含量小于 $10\mu g/g$，装置能耗降低 20%，生产成本降低 18%，形成具有自主知识产权的工艺技术，彻底摆脱工艺包外购的被动局面。中国石油 MTBE 成套技术有以下优点：(1) 反应转化率高，采用新型催化剂装填结构，可提高异丁烯转化率，醚后 C_4 异丁烯含量小于 0.2%；(2) 产品硫含量低，集成单、双塔脱硫工艺，可使产品硫含量小于 $10\mu g/g$；(3) 装置能耗低，采用多项热源综合利用技术，可使装置能耗降低 20%；(4) 环境污染小，正常运行时现场无废水、废气排放。

中国石油通过集团公司级重大科技专项，经过多年技术攻关，重点在产品脱硫、关键设备结构优化、安全节能环保配套技术等方面取得突破，开发完成了国内首套集成产品脱硫单元的超低硫 MTBE 成套技术，彻底摆脱工艺包外购的被动局面。中国石油自主创新开发的超低硫 MTBE 成套技术，采用固定床+催化蒸馏+MTBE 产品深度脱硫工艺，形成了 C_4 深度醚化调优、新型盘式催化蒸馏组件、MTBE 深度脱硫和零泄漏醚化反应器密封结构 4 项关键技术，具有能耗低、产品硫含量低、连续运行周期长的特点，总体达到国内先进水平，提升了中国石油在 MTBE 领域的技术实力。

1. 中国石油 MTBE 成套技术开发

超低硫 MTBE 成套技术包括 C_4 深度醚化调优技术、MTBE 深度脱硫技术、关键设备创新技术和安全节能环保配套技术。图 13-2 显示了超低硫 MTBE 成套技术技术树。

1) C_4 深度醚化调优技术

C_4 深度醚化调优技术系列以 PRO II 模拟计算软件为平台对 MTBE 装置全流程模拟计算及优化。可针对不同硫含量、不同异丁烯浓度的 C_4 原料，不同规模的装置进行全流程模拟，准确地模拟醚化反应和催化蒸馏过程，确定关键技术参数。该技术可以准确模拟醚化反应过程，对异丁烯转化率、MTBE 产品质量及公用工程消耗等重要指标均可准确计算，并计算确定醚化反应器、催化蒸馏塔、甲醇萃取塔及回收塔、MTBE 脱硫塔等关键设备参数。

图 13-3 为 MTBE 工艺流程示意图。

2) MTBE 深度脱硫技术

随着生态环境和污染问题日益严重，国家提出"低硫环保"的号召，汽油的质量面临严

第十三章 炼厂气综合利用技术

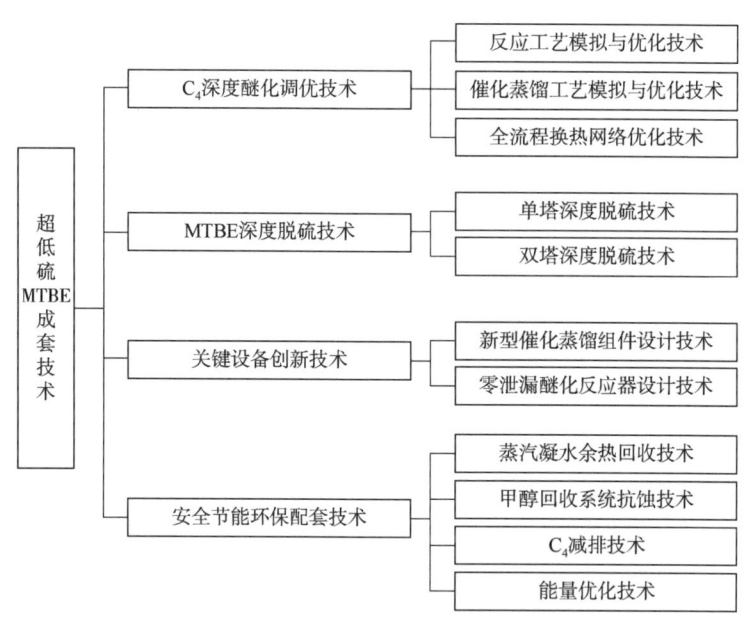

图 13-2 超低硫 MTBE 成套技术技术树

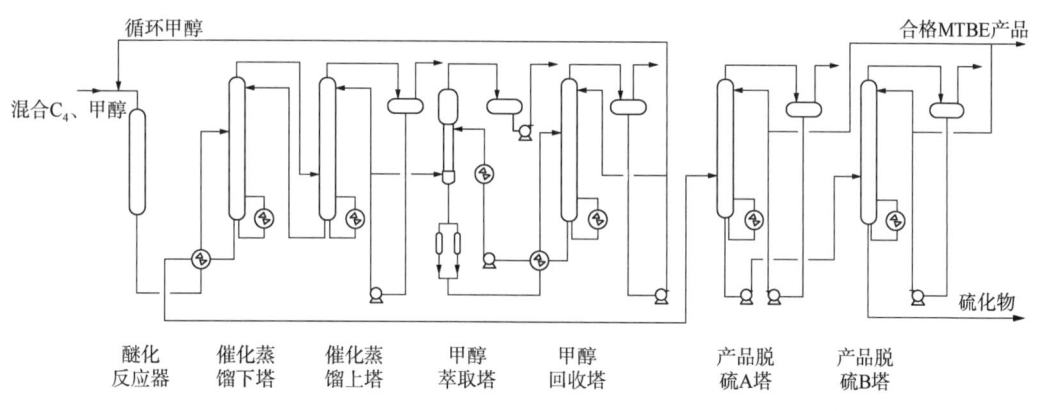

图 13-3 MTBE 工艺流程示意图

重挑战，汽油调和剂 MTBE 的含硫量也被要求降低到 $10\mu g/g$ 以下，实施深度脱硫技术势在必行，如何在满足工艺指标的前提下，降低设备投资、节能降耗、减少"三废"排放达到环保要求，是 MTBE 深度脱硫技术改进升级的目标。

中国石油通过开发与研究工作，形成具有自主知识产权的 MTBE 深度脱硫技术，无须添加任何添加剂，MTBE 产品中硫含量可达到小于 $10\mu g/g$ 指标要求。

MTBE 深度脱硫技术包括单塔和双塔深度脱硫技术。根据不同工况，可分别采用单塔和双塔流程工艺进行 MTBE 产品脱硫，实现 MTBE 产品中硫含量小于 $10\mu g/g$ 指标要求。采用单塔流程工艺进行 MTBE 产品脱硫，技术简单，设备投资小，可以实现 MTBE 产品中硫含量小于 $10\mu g/g$ 指标要求，但若要最大限度降低 MTBE 损失，需要消耗大量加热蒸汽，能耗较高。双塔流程工艺采用低温热作为首塔釜热源，第二个塔对首塔釜中的 MTBE 加以回收，虽然投资略高于单塔工艺，但能耗低，经济性好[13]。

图 13-4 为脱硫工艺流程简图。

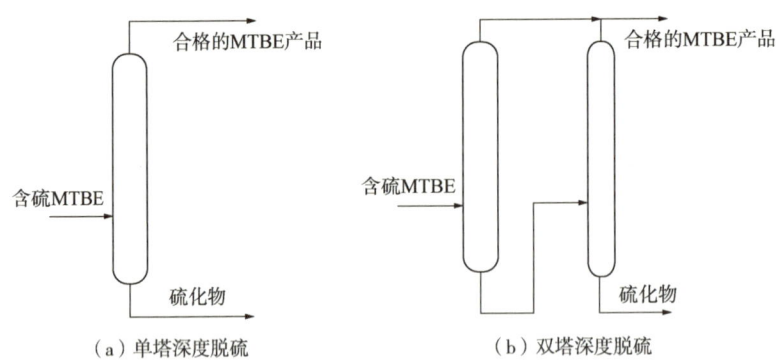

图 13-4　脱硫工艺流程简图

3) 关键设备创新技术

(1) 新型催化蒸馏组件设计技术。

对捆包、散堆和规整填料进行水力学实验，从压降、分离效率两个方面进行研究，开发出 KP-X 型系列组件；对 KP-X 型组件进行工业化试验，从中筛选出最优的 KP-Ⅲ 型组件(图 13-5)；分别选用 304、316 材质的不锈钢丝网，测定其在不同催化剂含水率和不同酸值环境下的腐蚀速率，选择丝径腐蚀速率为 0.007mm/a 的 316 材质不锈钢作为不锈钢丝网材料。

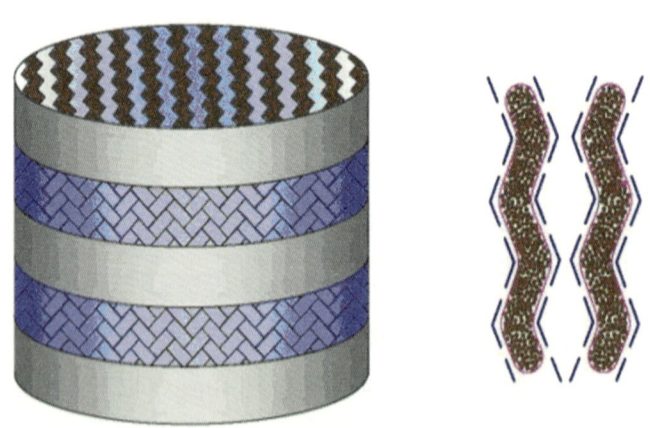

图 13-5　新型盘式蒸馏组件(KP-Ⅲ型组件)示意图

与 MTBE 装置常用的捆包和散装装填结构相比，这种全新的催化蒸馏塔填装方式可提高 MTBE 产品纯度 2.8~7.3 个百分点，降低催化蒸馏塔压降 67%~70%，降低能耗 2.9~3.1 个百分点；该组件为国内首创，开发成功后，在多套 MTBE 装置及汽油醚化装置实现工业应用。

(2) 零泄漏醚化反应器设计技术。

醚化反应器中催化剂采用散堆型的 ϕ0.35~1.2mm 的阳离子树脂，其颗粒直径小，流动性好，在栅板与器壁之间、丝网缝隙等多处很容易发生催化剂泄漏，泄漏的催化剂不仅会促进 MTBE 产品逆反应分解成异丁烯和甲醇，还会随反应后的物料进入下一设备，溶于水呈强酸性，对流经管线及下一设备都将产生一定的腐蚀。

采用传统的填料支撑结构(图13-6)，填料格栅和筒体内壁之间填充的石棉绳在操作压力波动时容易产生松动，分块格栅也容易产生位移，由于阳离子树脂催化剂颗粒小，分块格栅的位移处极易产生催化剂泄漏。目前的密封结构不仅安装检修困难，更无法解决催化剂泄漏问题。不锈钢丝网硬度高，易折断，不易与器壁贴合。

通过研究同类反应器密封结构特点，分析催化剂泄漏原因，改变栅板与支持圈、密封垫片与筒体内壁

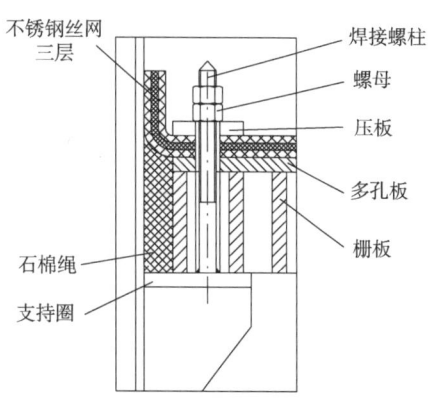

图13-6 传统填料支撑结构图

的焊接结构，不仅满足了催化剂支撑要求，而且也解决了催化剂泄漏问题。新型填料支撑结构如图13-7所示，栅板点焊固定在支持圈上，栅板上面的密封垫板与筒体内壁焊接，不锈钢丝网通过压板、焊接螺柱、螺母压紧固定。栅板结构如图13-8所示，中部栅板可拆卸。设置密封垫板阻止填料沿器壁轴向泄漏；设置分块压板，增加径向通道长度，阻止填料沿径向泄漏。

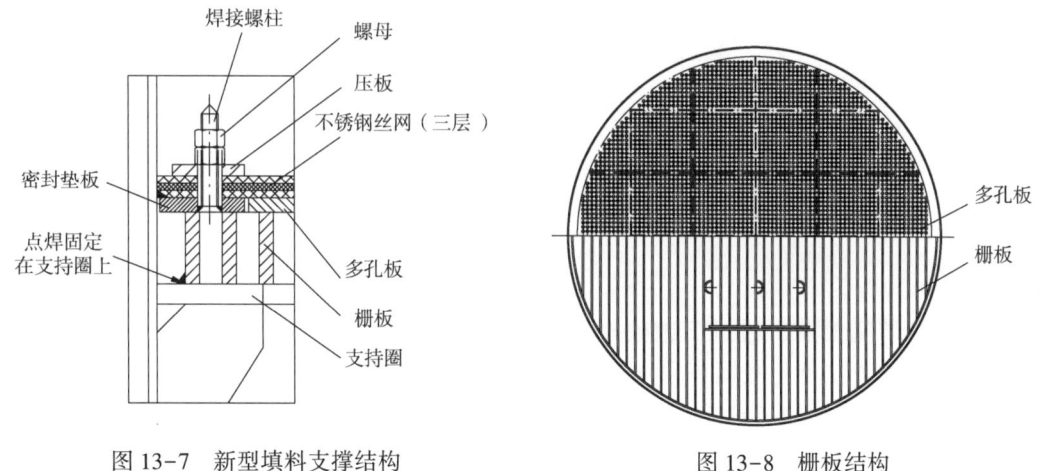

图13-7 新型填料支撑结构　　　　图13-8 栅板结构

4) 安全节能环保配套技术

(1) 蒸汽凝水余热回收技术。

蒸汽凝水余热回收技术采用压力控制技术，使凝水处于过冷状态，消除蒸汽凝水中的气液两相现象，避免"水击"问题，使装置长周期运行。图13-9为蒸汽凝水余热回收工艺流程示意图。

蒸汽凝水余热回收工艺设置过冷段，穿越饱和线，二次降温，二次减压，先降温，后减压，避免气液两相区(避免水击问题)，深度回收蒸汽凝水热量，降低蒸汽耗量。温度—压力变化情况如图13-10所示。

(2) 甲醇回收系统抗蚀技术。

甲醇回收系统抗蚀技术运用净化剂，吸附萃取水中的酸碱离子，减少腐蚀问题。萃取

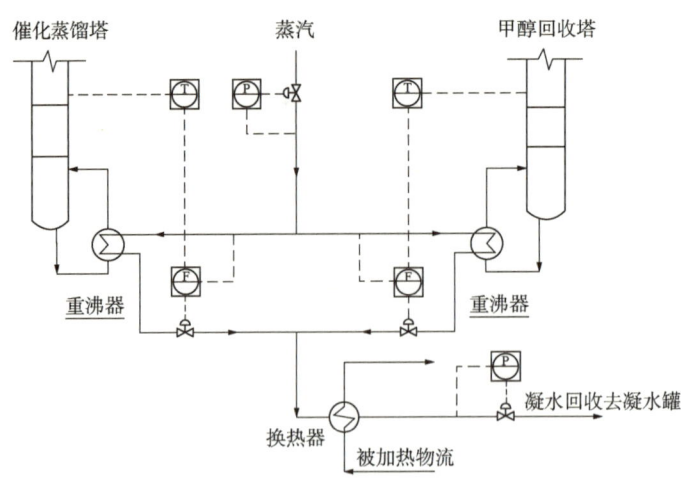

图13-9 蒸汽凝水余热回收工艺流程示意图

P—压力控制；T—温度控制；F—流量控制

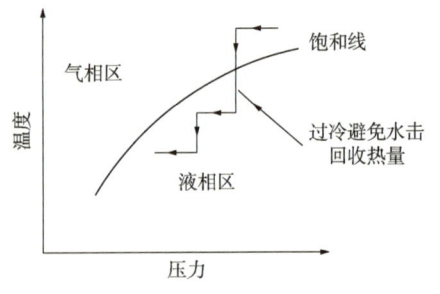

图13-10 蒸汽凝水余热回收工艺温度—压力变化示意图

水净化器中装填 KIP207 净化剂，该树脂为两性树脂，可吸附萃取水中 SO_4^{2-}、Cl^-、Na^+ 和 Fe^{3+}，pH 值控制在 7 左右，基本解决设备及管路腐蚀问题，使装置污水排放减少 80%。装置运行成本下降 15%，排放污水 COD 值降低 50%。

（3）C_4 减排技术。

提高甲醇回收系统的压力，使 C_4 最大限度地溶解于循环甲醇，减少装置排放量及物料损耗量，降低安全隐患及提高环保要求。

（4）能量优化技术。

从全流程节能角度，通过工艺模拟计算，对工艺用能进行系统优化，达到节能目的。优化措施具体如下：催化蒸馏塔采用上、下两塔，上塔底重沸器热源用下塔重沸器及甲醇回收塔重沸器的蒸汽凝水；MTBE 产品脱硫塔由单塔流程改为双塔流程，上塔再沸器热源采用低温热水，下塔再沸器热源采用蒸汽；优化换热流程，充分回收其他高温位热源等。能量优化技术使得 MTBE 装置在增加了脱硫单元后，能耗仍低于同类装置平均水平。

2. 中国石油 MTBE 成套技术工业应用

超低硫 MTBE 成套技术已经整体应用于锦州石化 $10×10^4 t/a$ MTBE 装置，各单项技术已应用到多套 MTBE 装置设计中（表13-16）。

表13-16 超低硫 MTBE 成套技术主要应用业绩

建设单位	规模，$10^4 t/a$	采用技术	首次开工年份
锦州石化	10	超低硫 MTBE 成套技术，工艺包整体应用全套工程设计	2015
锦州石化	3.5	MTBE 深度脱硫技术，该技术为国内首次工程化应用	2012

续表

建设单位	规模,10⁴t/a	采用技术	首次开工年份
辽阳石化	6	甲醇回收系统抗蚀技术、零泄漏醚化反应器设计技术	2018
山东华宇橡胶有限责任公司	2.5	蒸汽凝水余热回收技术、甲醇回收系统抗蚀技术、C₄深度醚化关键参数优选方法	2013
山东万达化工有限公司	4	蒸汽凝水余热回收技术、甲醇回收塔提压技术、C₄深度醚化关键参数优选方法	2013
山东垦利石化集团有限公司	2	蒸汽凝水余热回收技术、甲醇回收塔提压技术、C₄深度醚化关键参数优选方法	2013
山东华懋新材料有限公司	2	蒸汽凝水余热回收技术、甲醇回收系统抗蚀技术、C₄深度醚化关键参数优选方法	2014

锦州石化是中国石油最早生产京Ⅴ汽油的企业,超低硫MTBE成套技术的应用为锦州石化汽油产品的质量提升提供了坚实的基础保障。锦州石化10×10⁴t/a MTBE装置于2015年3月20日开工建设,2015年11月12日建成投产并一次开车成功。装置运行至今,生产平稳,效果良好。异丁烯转化率为99.94%,MTBE产品硫含量小于8μg/g,装置污水排放比传统装置降低80%,从根本上解决了困扰MTBE装置多年的设备腐蚀、催化剂装填、产品脱硫、节能降耗等方面诸多问题。

原料C₄馏分来自气体分馏装置,工业甲醇外购。混合C₄原料组成见表13-17。

表13-17 锦州石化10×10⁴t/a MTBE装置混合C₄原料组成

组 成	含量,%(质量分数)	组 成	含量,%(质量分数)
C₃	0.20	反丁烯	0.22
正丁烯	26.42	顺丁烯	1.05
异丁烷	48.97	丁二烯	0.02
异丁烯	21.12	C₅	0.21
正丁烷	1.79	合计	100

MTBE产品理化性质见表13-18。

表13-18 MTBE产品理化性质

项 目	数 据	项 目	数 据
沸点(常压),℃	55.4	闪点,℃	-28
相对密度	0.77	燃点,℃	460
分子量	88.15	研究法辛烷值	117
含氧量,%	18.5	马达法辛烷值	101
燃烧热,kJ/kg	38220	水中溶解度,%	1.3
汽化热,kJ/kg	337	水共沸物沸点,℃	52.2

装置能耗(以10×10⁴t/a MTBE计)小于95kg标准油/t MTBE;异丁烯单程转化率不小于93%,异丁烯总转化率不小于99%,MTBE纯度不小于98.3%。

装置连续运行周期4年，期间装置不停产更换反应器催化剂一次。

第四节 异丁烯选择性叠合技术

国外对异丁烯叠合工艺的研究较早，法国IFP公司在20世纪80年代开发出Seletopol选择性叠合工艺，该工艺采用硅酸铝催化剂对C_4原料中的异丁烯进行催化叠合反应；UOP公司的InAlk工艺、Fortum公司和KBR公司联合开发的NExOctane工艺等也以混合C_4烯烃或异丁烯为原料，采用固体酸催化剂，通过控制反应条件生成目的产物异辛烯，并根据需要对异辛烯进行加氢饱和生成异辛烷。1987年，中国最早的选择性叠合装置在石家庄炼油厂投入运行，石家庄炼油厂引进了IFP公司异丁烯选择性叠合专利技术，将混合C_4中的异丁烯转化为叠合汽油，为下游氢氟酸烷基化装置提供烷烯比（1.05~1.10）适宜的原料，后来为满足叠合—醚化工艺要求对原装置进行了改造，改造后可根据实际需要灵活生产MTBE和异辛烯产品。

"十二五""十三五"期间，国内C_4原料中的异丁烯的出路主要是与甲醇在负载磺酸基团的树脂催化剂上反应生成MTBE。2017年9月7日，国家质量监督检验检疫总局联合国家标准化管理委员会发布并同步实施GB 18351—2017《车用乙醇汽油（E10）》与GB 22030—2017《车用乙醇汽油调合组分油》两个标准，标准中明确规定车用乙醇汽油（E10）（ⅥB）中除乙醇外，其他有机含氧化合物含量不大于0.5%（质量分数）且不得人为加入，MTBE作为有机含氧化合物将不能添加至汽油中，这使得异丁烯选择性叠合技术再次受到重视。异丁烯选择性叠合技术既可生产具有高辛烷值、低敏感度、低雷德蒸气压、低挥发性的清洁汽油调和组分[14-16]，又可生产用作辛基酚原料以及聚异丁烯分子量调节剂等的二异丁烯，而且还解决了异丁烯出路问题。为适应未来发展的需要和满足不同市场需求，中国石油作为国际化能源公司，也开发了具有自主知识产权的异丁烯选择性叠合成套技术，并成功实现了工业化应用。

一、国内外技术现状

围绕抑制多聚物生成、对叠合油与抑制剂共沸物高效分离、提高叠合催化剂选择性及叠合油加氢饱和等方面，国内外做了许多研究和开发工作，形成了多种特色技术[17-18]。相对而言，国外技术已趋近成熟，已有大量工业化应用装置；国内技术尚处于工业应用的初级阶段，需进一步加强研究与开发，以期为中国清洁汽油的生产提供更好、更强有力的技术支持。

1. 国外技术现状

1) IFP公司的Polynaphtha工艺和Seletopol工艺

IFP公司在20世纪80年代开发的Polynaphtha工艺和Seletopol工艺，旨在利用催化裂化装置的C_3和C_4烯烃生产汽油高辛烷值调和组分和煤油及喷气燃料的高烟点调和组分。Polynaphtha工艺可将丙烯、混合C_4烯烃齐聚生产汽油和煤油；Selectopol工艺将异丁烯选择性地转化为二异丁烯。Polynaphtha工艺采用固定床反应器和以硅铝小球为载体的酸性催化剂，并通过内部冷却撤除反应热，反应产物可分馏为汽油和煤油，因此装置具有较大灵活性；Seletopol 工艺采用酸性硅铝作为催化剂，用以最大限度地生产汽油。为了降低产品中烯烃含量，叠合产物可进一步进行加氢。截至 2020 年，已有 24 套采用 Polynaphtha、Seletopol 等工艺的工业装置，其中 14 套在运行。

2）CDTECH 公司和 Snamprogetti 公司联合开发的 CDIsoether 工艺

意大利的 Snamprogetti 公司也是较早发展间接烷基化技术的公司之一，先后推出 SP IsoEther DEP 工艺和 IsoEther 100 工艺，前者可以不同比例同时生产 MTBE 和以异辛烷为主的烷基化油，后者可以将几乎所有的异丁烯转化为异辛烷。反应条件如下：醇与异丁烯的物质的量比为 0.2~0.7，操作温度为 30~100℃，压力小于 5MPa，进料空速小于 20h^{-1}。1997 年，位于意大利 Ravenna 的 Ecofuel 公司 MTBE 装置首次实现了异辛烯和 MTBE 的工业联产，并于 2000 年下半年与美国的 CDTECH 公司合作推出 CDIsoether 工艺。

CDIsoether 工艺的叠合反应采用耐高温树脂催化剂，反应器可选择水冷管式反应器、泡点反应器或催化蒸馏塔反应器，3 种反应器均容易取出反应热，有利于减少二甲基己烯和多聚物副产物的生成，二聚反应选择性大于 90%。采用催化蒸馏塔反应器时，异丁烯的转化率在 99% 以上。CDIsoether 工艺的异辛烯的加氢通常采用常规滴流床技术，所生产出的异辛烷也有很高的辛烷值，研究法辛烷值为 97~103，马达法辛烷值为 94~98。

3）UOP 公司的 InAlk 工艺

UOP 公司的 InAlk 工艺综合了催化叠合（烯烃低聚）和加氢饱和两种已经被广泛使用的工业化技术。根据原料性质和加工目的不同，烯烃低聚可选用固体磷酸或磺酸基离子交换树脂催化剂，加氢饱和可选用贵金属或非贵金属催化剂。当以催化裂化烯烃为原料时，在适当的反应条件（采用树脂作为催化剂时，反应温度和压力分别为 50~100℃ 和 0.5~1.0MPa；采用固体磷酸作为催化剂时，反应温度和压力分别为 180~220℃ 和 4~5MPa）下，异丁烯与 C_3—C_5 烯烃叠合为富含三甲基戊烯等的高辛烷值烯烃混合物，然后再经加氢饱和，生成与传统烷基化油相似的高辛烷值（研究法辛烷值为 95~100）、低蒸气压（小于 20kPa）汽油调和组分。InAlk 工艺比传统烷基化工艺更具灵活性，传统工艺中异丁烷与活性烯烃的量应相匹配，而 InAlk 工艺则对此无限制。

InAlk 工艺的原料范围广，可以是催化裂化和蒸汽裂化的轻烯烃，也可以是油田丁烷采用 Oleflex 工艺脱氢生成的烯烃，利用 InAlk 组合工艺，能够有效地把低值油田丁烷转化为烷基化油。对于炼厂 MTBE 装置，采用 InAlk 工艺也是一种投资低、竞争力强的改造方案。

4）Fortum 公司和 KBR 公司联合开发的 NExOctane 工艺

由 Fortum 公司和 KBR 公司联合开发的 NExOctane 工艺采用异丁烯叠合生产异辛烯，其原料可以是催化裂化和蒸汽裂解的 C_4 馏分、异丁烷脱氢产物、以异丁烷和丙烯为原料共氧化法生产环氧丙烷时的副产 C_4 组分。

NExOctane 工艺可以最大限度地利用 MTBE 现有设备生产烷基化油。异丁烯二聚采用简单的液相固定床反应器，催化剂仍然是阳离子交换树脂，但抑制剂不是生产 MTBE 的甲醇而是叔丁醇。其优势在于可以减少分离塔和反应器之间的循环量，副产物（抽余液）中不含 MTBE 和二甲醚，而加入适量水即可生成新鲜的叔丁醇。此外，在二聚反应中通过操作参数的调节，可严格控制异丁烯的转化率和选择性，使反应向高辛烷值的异辛烯方向转化。

据报道，首先采用 NExOctane 工艺的是 Alberta Envirofuls 公司，该公司将加拿大的一套 860kt/a MTBE 装置改造为 560kt/a 异辛烷装置，投资费用为(4000~6000)万美元。

NExOctane 工艺采用蒸馏塔分离叠合产物与未反应的 C_4；加氢过程采用高效的滴流床加氢技术，加氢效率高，氢气不需要循环；该工艺生产的异辛烷产品研究法辛烷值和马达法辛烷值分别为 99 和 96。

2. 国内技术现状

1) 中国石化技术现状

(1) 齐鲁石化研究院 C_4 烯烃叠合—加氢技术。

齐鲁石化研究院 C_4 烯烃叠合—加氢技术分别以催化裂化 C_4 和裂解抽余 C_4 为原料，采用与 MTBE 装置相同的固定床反应器加催化蒸馏组合工艺及酸性树脂催化剂，进行了小试和中试研究。叠合反应过程加入适量抑制剂，大大提高了二聚反应选择性。根据后续不同的剩余 C_4 利用需要，可控制异丁烯转化率在 90% 以上，叠合产物中三聚以上产物较少，C_8 烯烃选择性超过 93%；加氢过程可同时脱除物料中的硫，加氢后的叠合油中主要是异辛烷，烯烃质量分数小于 5%，研究法辛烷值和马达法辛烷值分别为 101.1 和 95.2，蒸气压为 19.99kPa(绝)，是优良的高辛烷值汽油调和组分。

(2) 石科院 C_4 烯烃叠合—加氢技术。

石科院的 C_4 烯烃叠合—加氢技术，以混合 C_4 为原料，在专用酸性催化剂和控制的反应条件下，将异丁烯选择性叠合生成三甲基戊烯，三甲基戊烯在镍基催化剂作用下可缓和加氢生成异辛烷，具有产品辛烷值高(研究法辛烷值为 100，马达法辛烷值为 99)、雷德蒸气压低(不大于 20kPa)、工艺过程简单、投资和单位产品消耗低等特点。该技术既可用于新建装置或 MTBE 装置的改造，也可为 C_4 预处理过程(脱异丁烯)、甲乙酮装置、1-丁烯分离装置或烷基化装置提供合格原料；其非选择性叠合—加氢技术，以含有或不含有异丁烯的混合 C_4 为原料，在专用固体酸催化剂和较苛刻的条件下，可将 C_4 中的所有丁烯转化为叠合产物，其中异丁烯转化率可达 95%，正丁烯转化率可达 70%，C_8 烯烃的选择性则可达 90%。叠合产物加氢生成的异构烷烃混合物以异辛烷为主要组分。该工艺产品辛烷值优于直接烷基化油，适合于未配套烷基化装置的炼厂进行 MTBE 装置的改造利用。

2) 中国石油技术现状

中国石油自 21 世纪初就开始进行丁烯齐聚的研究与开发工作，兰州石化石油化工研究院曾承担"丁烯-齐聚-加氢制异辛烷万吨级工业试验"项目并取得了较好的效果；在 2017 年 9 月国家质量监督检验检疫总局联合国家标准化管理委员会发布并同步实施 GB 18351—2017《车用乙醇汽油(E10)》与 GB 22030—2017《车用乙醇汽油调合组分油》两个标准后，中国石油加大了研究和开发的力度，研究和开发的重点在于提高异丁烯的转化率和二异丁烯的选择性。2019 年 4 月，采用中国石油技术的 6000t/a 异丁烯叠合工业示范装置一次开车成功。在该技术中，混合 C_4 先进两台串联的叠合反应器进行预反应，预反应产物再进入催化蒸馏塔继续深度反应和分离，在催化蒸馏塔顶分出剩余 C_4，在塔底分出叠合油(二异丁烯)与抑制剂(叔丁醇)的混合物，该混合物再进入萃取部分进行叠合油与抑制剂的分离，分出的抑制剂循环利用。该技术异丁烯转化率在 90% 以上，C_8 选择性在 90% 以上，即叠合反应在保持较高的异丁烯转化率的同时仍具有较高的二异丁烯选择性，产品组成及馏程相对稳定。

中国石油的异丁烯选择性叠合技术可利用炼厂闲置的 MTBE 设备和现有原料，以最小的投资生产出异辛烯或异辛烷；可生产能替代 MTBE 的优质乙醇汽油调和组分，产品辛烷值高、终馏点低；可根据炼厂自身汽油池组分情况，灵活选择叠合及加氢步骤，在全厂汽油池烯烃含量不超标的情况下直接调入汽油池，在烯烃含量超标的情况下进行加氢饱和为异辛烷后再作为汽油调和组分；可用于去除 C_4 组分中的异丁烯，在不改变现有流程的基础上与下游的甲乙酮、醋酸仲丁酯及烷基化装置顺利对接。

二、中国石油异丁烯选择性叠合技术

1. 中国石油异丁烯选择性叠合技术开发

1）异丁烯叠合催化剂的开发

异丁烯叠合催化剂主要有固体磷酸、分子筛、负离子液体、大孔磺酸树脂催化剂等。经过大量试验，中国石油联合丹东明珠特种树脂有限公司开发出 DH-01 大孔阳离子交换树脂作为 C_4 叠合的催化剂，该催化剂有交换容量高、孔结构合理、低温活性好等特点，可满足 C_4 叠合反应的要求。图 13-11 为该催化剂颗粒示意图，图 13-12 为该催化剂微观示意图。

 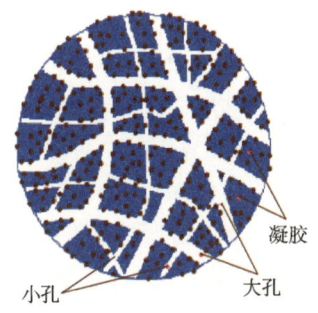

图 13-11 催化剂颗粒示意图　　　　图 13-12 催化剂微观示意图

DH-01 大孔阳离子交换树脂催化剂的制备过程可分为两个阶段：首先是制取大孔型的高分子聚合物母体，而后在高分子聚合物的骨架上引入活性基团。

2）抑制叠合副反应技术

在磺酸型阳离子交换树脂等酸性催化剂的作用下，异丁烯间发生叠合反应且反应速率较快，如反应不加控制，会有大量副反应产物生成[19-21]。表 13-19 中列出了在不同进料和操作条件下某装置异丁烯转化率及叠合油产品组成情况。

表 13-19　不同进料和操作条件下某装置异丁烯转化率及叠合油产品组成

项　目	工况 1	工况 2	工况 3
异丁烯，%（质量分数）	53.0	30.0	45.4
反应温度，℃	40~100	60	100
液时空速，h^{-1}	5.5	1.0	
催化剂	Amberlyst15	Amberlyst15	酸性浆液

续表

项 目		工况 1	工况 2	工况 3
异丁烯转化率,%		85.6	58.0	≤99.0
叠合油产品组成,%（质量分数）	C_8	54.2	52.0	58.0
	C_{12}	40.0	40.0	38.3
	C_{16}	5.8	8.0	3.7

从表中可以看出，在不加控制的情况下，叠合油产品中三聚物和四聚物质量分数分别高达 38.3%~40.0% 和 3.7%~8.0%。为避免多聚物含量过高时造成产品质量下降或不合格，必须采取一定的措施降低叠合反应过程中多聚物的生成量。

在原料中加入甲醇、乙醇、异丙醇和叔丁醇等极性组分可有效地降低多聚物的生成。醇类的极性很强，易吸附在催化剂的活性中心上，与磺酸基团进行以下反应：

$$SO_3^-H^+ + ROH \longrightarrow SO_3^-ROH_2^+$$

由于 $SO_3^-MeOH_2^+$ 的酸性比 H^+ 弱，因此降低了树脂催化剂的活性及聚合反应速率，有利于抑制三聚物和四聚物的生成。此外，由于异丁烯还同时与甲醇、乙醇等非叔基醇进行醚化反应，且醚化反应速率比异丁烯二聚反应速率快，又进一步降低了多聚物的生成，使最终叠合产物中二聚物的质量分数提高至 85%~90%，四聚物的质量分数降低至小于 0.1%，产品的质量得到显著提高。

当采用小分子醇（如甲醇、乙醇）作为抑制剂时，醇烯比一般在 0.2~0.6 之间，在异丁烯过剩的条件下，反应产物主要为 2,4,4-三甲基戊烯和 MTBE 或乙基叔丁基醚的混合物；当采用大分子醇（如异丙醇、仲丁醇等）作为抑制剂时，其与异丁烯进行醚化反应的活性较低、热力学平衡转化率较低，醚化反应所消耗的醇相应减少，即使在醇烯比低至 0.05 的情况下，也会有足够的醇吸附在催化剂的活性中心上，使反应保持较高的二聚选择性；当选择叔基醇（如叔丁醇）作为抑制剂时，由于空间位阻的原因使其不能与异丁烯进行醚化反应，从而使最终反应产物中不含醚类含氧化合物。

目前，主要的异丁烯选择性叠合工艺及所采用的催化剂和抑制剂类型见表 13-20。

表 13-20 主要的异丁烯选择性叠合工艺及所采用的催化剂和抑制剂

专利商	技术名称	催化剂	抑制剂
CDTECH 和 Snamprogetti 公司	CDIsoether	酸性树脂	叔丁醇或甲醇/MTBE
Fortum 公司和 KBR 公司	NExOctane	酸性树脂	叔丁醇
Lyondell 公司	Alkylate100	酸性树脂	叔丁醇
IFP 公司	Selectopol	酸性硅铝	—
UOP 公司	InAlk	固体磷酸或酸性树脂	叔丁醇

从表中可以看出，Selectopol 工艺采用酸性硅铝催化剂且在反应物料中不添加抑制剂，InAlk 工艺除酸性离子交换树脂外也可选用固体磷酸作为催化剂，其他工艺均采用酸性离子交换树脂催化剂；在 CDIsother 工艺中，抑制剂除采用叔丁醇以外，还可以选用甲醇，其他工艺均选用叔丁醇作为抑制剂来控制叠合反应的转化率和选择性。

采用叔丁醇作为抑制剂的主要优点如下：(1) 反应生成的叠合油中不含醚等含氧化合

物，满足 GB 2030—2017《车用乙醇汽油调合组分油》等标准规定的除乙醇外其他有机含氧化合物质量分数不大于 0.5%且不得人为加入的指标要求，可用作车用乙醇汽油调和组分油；(2)抑制剂用量少，叔丁醇与混合 C_4 原料中异丁烯的物质的量比为(0.05~0.10):1 时可满足转化率和选择性的要求。

中国石油异丁烯选择性叠合技术选用水和叔丁醇共同作为异丁烯叠合反应的抑制剂，水不仅能够抑制叠合反应的副反应的进行，还能够与异丁烯在阳离子交换树脂催化剂的作用下反应生成叔丁醇，该反应为可逆反应，当因剩余 C_4 或叠合油产品出装置携带出叔丁醇等原因造成反应系统中叔丁醇损失时，可通过补水的方式来维持整个反应系统循环的叔丁醇含量不变。此外，选用水和叔丁醇作为抑制剂可使装置操作更加灵活，如当装置投料开工时，需要一次性注入的叔丁醇量大，为缩短开工周期，可以预先在装置内注入足量的叔丁醇；而当装置正常操作时，需要的叔丁醇量小，可以注入水作为抑制剂。

3) 叠合反应器温升控制技术

异丁烯与甲醇进行醚化反应生成 MTBE 的标准反应热为-39.7kJ/mol，而异丁烯二聚生成异辛烯的标准反应热为-82.8kJ/mol，后者约为前者的 2 倍，叠合反应比醚化反应更易因较强的反应放热造成催化剂床层超温，导致催化剂高温失活。根据研究和模拟计算结果，当异丁烯质量分数为 20%时，反应器的温升较小，可不考虑采取外部循环等措施来降低反应器温升；当异丁烯质量分数大于 25%时，就需要采用一定的措施以控制反应器温升；当异丁烯质量分数介于 20%和 25%时，应根据原料组成、要求的产品性质、催化剂性能等实际条件确定反应器是否采取控温措施。

图 13-13 显示了固定床外循环控制反应器温升技术工艺流程。

固定床外循环控制反应器温升技术通过调节循环比或循环物料温度控制反应温升，可处理低异丁烯浓度的催化裂化副产 C_4，也可处理高异丁烯浓度的乙烯抽余 C_4 且催化剂装卸方便，但也存在如下问题：

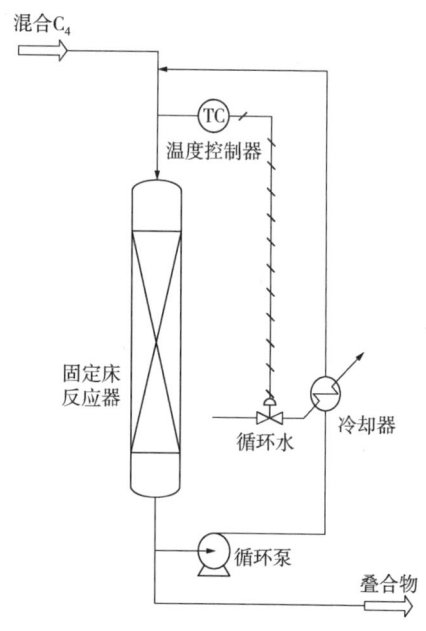

图 13-13 固定床外循环控制反应器温升技术工艺流程图

(1)循环物料中含有大量二聚物，在返回反应器入口时造成返混，不但降低了异丁烯二聚反应的推动力，还会增加二聚物与异丁烯进一步反应生成多聚物的量，使二聚物选择性下降，严重时会造成产品终馏点温度超标；(2)在相同规模和相同原料情况下，较其他反应器使用更多的催化剂，催化剂利用率低；(3)反应热不能利用等。

采用列管式反应器也可控制反应器床层温升[22]。图 13-14 显示了列管式反应器结构，从图中可以看出，该反应器类似于列管式冷却器，管程装催化剂，含异丁烯的混合 C_4 走管程，在催化剂的作用下发生叠合反应并放出热量。壳程介质一般为循环水，用于移走反应热。由于叠合反应与传热同时进行，因此要求反应放热速率与传热速率尽量匹配，以便将反应放出的热量及时移出，但由于开工初期临近反应器入口端的列管内催化剂活性高，异丁烯叠合反应速率很快，混合 C_4 原料一旦进入反应器，便在此段催化剂的作用下基本完成反应，同时放出大量的热，而此段的传热面积不足以将反应热完全传递给冷却介质，催化剂床层温度便迅速上升，造成该反应段出现"热点"。该反应器轴向温度分布范围较宽，初始阶段床层温度最高点即"热点"温度在入口端附近，随着催化剂活性的下降，温度最高点逐渐上移，当移到距离入口约 3/4 管长高度时，催化剂的活性不能满足设计要求，需考虑更换催化剂(图 13-15)。

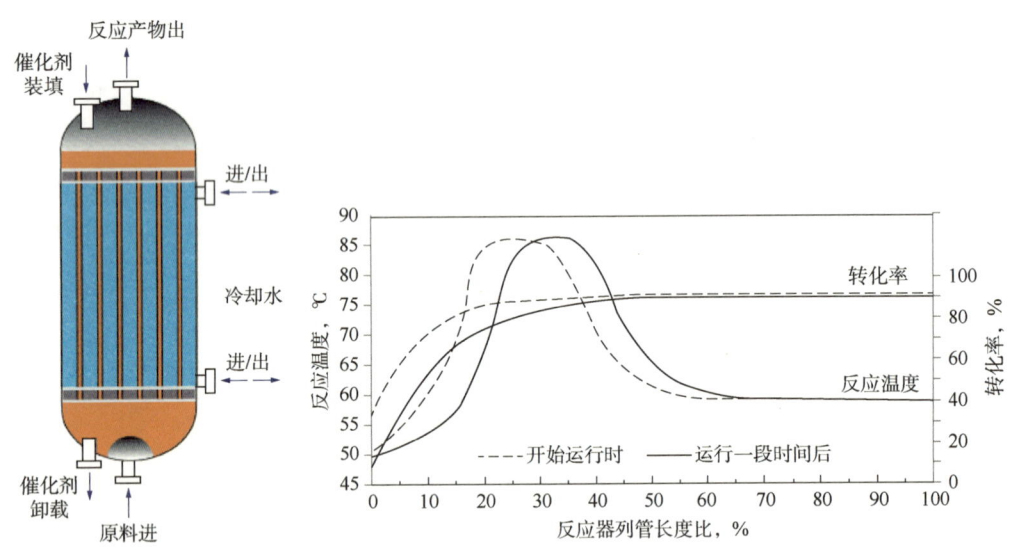

图 13-14　列管式反应器结构示意图　　图 13-15　叠合反应温度及转化率沿列管长度变化情况

与外循环型反应器相比，尽管传统的列管式反应器催化剂用量少，也可降低三聚物和四聚物的生成量，但反应段会出现明显的"热点"，对反应不利。

针对上述技术的缺点，中国石油开发了一种新型的混相床与固定床组合取热技术(图 13-16)。源于催化裂化等装置的异丁烯质量分数为 10%~30% 的混合 C_4 原料首先进入混相床反应器，异丁烯在催化剂的作用下进行叠合反应，随之放出反应热，使床层温度升高，温度升高使叠合反应速率加快，使床层温度进一步升高，反应物料的饱和蒸气压也进一步提高，当饱和蒸气压达到设定的反应器操作压力时，反应物料开始汽化，反应越多，放热越多，反应物料汽化量越多，但床层温度基本上维持不变。由于混相床反应器内存在气液两相，因此分别在反应器上部和底部设气相和液相出料，其中气相出料含有大量未反应的异丁烯，液相出料中也有少量未反应的异丁烯，将这两股出料冷凝或冷却至 45~60℃ 后进行混合，再由升压泵升压至 1.6~2.1MPa 后进入固定床反应器。由于原料中大部分异丁烯在混相床反应器中被反应掉，在固定床反应器内异丁烯质量分数一般小于 20% 且反应压力较高，因而反应热只会造成反应物料升温而不能使其汽化。反应完成后，固定床反应器出口的反应产物进入后续的分馏部分进一步处理。

混相床与固定床组合取热技术的优点如下：(1)异丁烯转化率高，转化率较单独的混相床或固定床反应器提高 5~10 个百分点；(2)反应器温度控制简单，可消除"热点"；(3)操作方便，可根据需要灵活调节多种工艺参数；(4)不需要外部冷却介质；(5)消除了外循环

第十三章 炼厂气综合利用技术

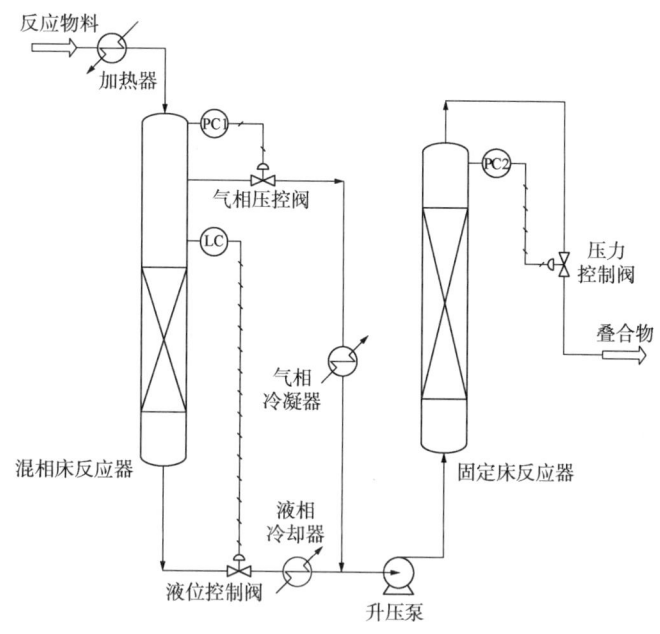

图 13-16 混相床与固定床组合取热工艺流程示意图

取热稀释反应物浓度及增加副产物的弊端，提高了催化剂的利用率。

中国石油还创造性地开发了一种原料自循环取热技术。首先，源于催化裂化等装置的 C_4 原料被分为反应 C_4 进料和循环 C_4 进料，反应 C_4 进料与循环 C_4 出料、叔丁醇等在混合器混合后经加热器加热至 55~75℃ 进入一级反应器的管程，循环 C_4 进料单独进入一级反应器的壳程。混合 C_4 在催化剂的作用下发生异丁烯叠合反应并放出热量，该热量通过传导、对流的方式传递至壳程的循环 C_4 进料，循环 C_4 进料接受管程的反应热并在 40~75℃ 的温度范围内汽化。该传热过程属于沸腾传热，其传热系数和传热速率远高于采用循环水作为冷却介质的常规管式反应器的单相传热系数和传热速率，从而可更加灵活和更加有效地控制管程内反应温升。

4）叠合油加氢技术

典型的叠合油组成及组分沸点见表 13-21。

表 13-21 典型的叠合油组成及组分沸点

组 分	质量分数，%	常压沸点，℃
C_8 烯烃	80.0~92.0	99~102
C_{12} 烯烃	7.5~20.0	175~185
C_{16} 烯烃	0.1~2.0	230~250

从表 13-21 中可以看出，叠合油的主要成分为 C_8 烯烃，其次为 C_{12} 烯烃，此外还有少量的 C_{16} 烯烃。当这部分叠合油添加至全厂汽油池中会引起汽油烯烃含量超标时，就必须对其进行加氢饱和处理[23]。

图 13-17 为中国石油开发的固定床加氢流程示意图。自外界来的叠合油经过叠合油加氢进料泵升压，与循环氢、新氢混合，再经加热后进入加氢反应器进行加氢饱和反应，反

应产物冷却至50℃左右进入加氢产物分离罐。分离罐顶部分离出的循环氢气体经循环氢冷却器冷却至40℃后,送至循环氢压缩机进行循环利用。

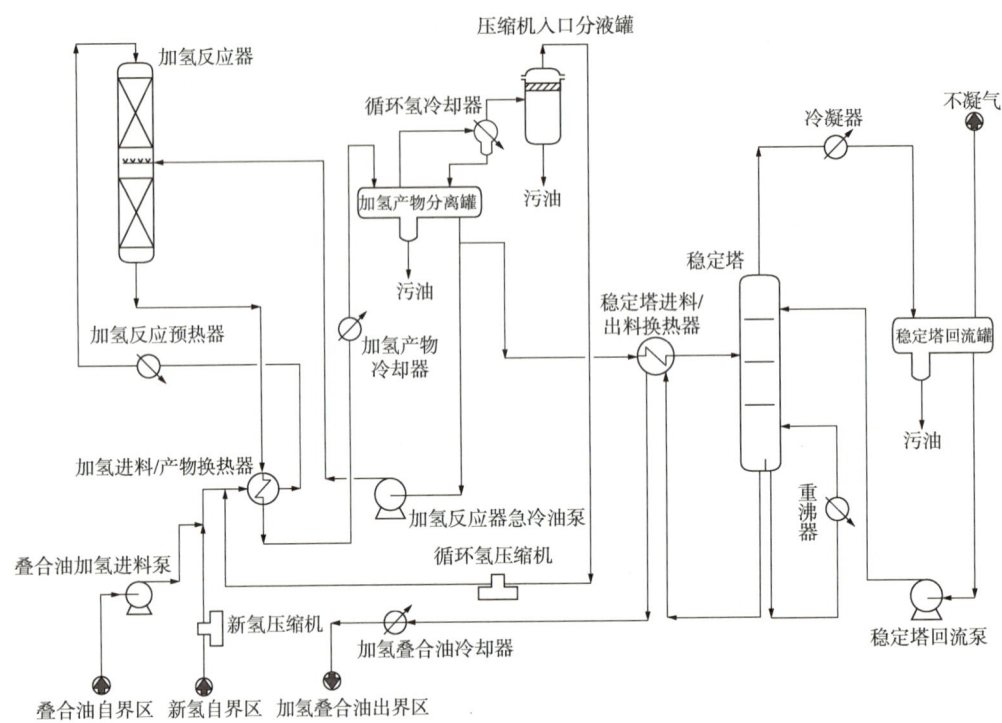

图 13-17 中国石油开发的固定床加氢流程示意图

来自加氢产物分离罐的加氢产物经稳定塔进料/出料换热器换热后进入稳定塔。稳定塔顶油气经稳定塔顶冷凝器冷凝、冷却后进入稳定塔回流罐,回流罐气体为不凝气,送出装置至燃料气或火炬管网,液体则全部送至稳定塔顶作为回流。稳定塔底油作为产品送至罐区。

固定床加氢流程含固定床加氢反应器、加氢产物分离罐、加氢进料/产物换热器、稳定塔及配套的塔顶回流系统和塔底重沸系统等设备,设备较多,流程较复杂,公用工程消耗大,占地面积大,因此有必要根据异丁烯选择性叠合油的特点对加氢流程进行优化。

由于叠合油中 C_8 烯烃的质量分数占80%以上,其加氢饱和的反应温度、反应压力、氢油比等操作条件远比 C_{12} 烯烃和 C_{16} 烯烃缓和,采用催化蒸馏加氢流程分别对叠合油中较轻组分 C_8 烯烃与较重组分 C_{12} 烯烃和 C_{16} 烯烃分别进行加氢处理,从而大大降低了设备费用和操作费用。

采用催化蒸馏加氢流程的主要优点如下:在一个设备内同时完成分离和加氢两个工艺过程,可简化工艺流程,节省投资;烯烃加氢饱和反应放出的反应热被轻、重组分分离所利用,可降低能耗;利用加氢塔内存在一定温度、浓度分布的特点,可在塔内不同的部位设置不同类型的催化剂,如贵金属催化剂和双金属催化剂,进行不同的反应;利用蒸馏将 C_8 烯烃与 C_{12} 烯烃、C_{16} 烯烃分离后单独进行加氢反应,大大降低了 C_8 烯烃反应的苛刻度。

图 13-18 为催化蒸馏加氢工艺流程示意图。从图中可以看出,催化蒸馏加氢塔由精馏

段、第一反应段、第二反应段以及提馏段组成，并设有塔顶回流系统和塔底重沸系统。来自界区的叠合油、新氢等物料进入加氢塔，在分馏的作用下，C_8烯烃、氢气等向塔的上部流动，当流动至第一反应段加氢催化剂床层时，在加氢催化剂作用下，C_8烯烃与氢气反应生成异辛烷；生成的异辛烷从加氢塔侧线抽出以尽量降低所溶解的氢气、小分子烃类等杂质含量，保证产品的闪点合格。塔内其余的氢气等轻组分离开塔顶并经冷凝器冷凝后进入回流罐进行气液分离，其中气相部分可用作变压吸附制氢装置的原料或燃料气等；而液相部分经回流泵升压后全部作为回流返回塔内。加氢塔内C_{12}烯烃、C_{16}烯烃向塔的下部流动，当流动至第二反应段加氢催化剂床层时，在加氢催化剂作用下分别与氢气反应生成C_{12}烷烃及C_{16}烷烃。C_{12}烷烃及C_{16}烷烃混合物从塔底抽出并与从侧线抽出的异辛烷在混合器内混合，再经加氢产品泵升压后分为两路：一路作为循环液返回加氢塔；另一路作为加氢产品（异辛烷油）经冷却后出装置。

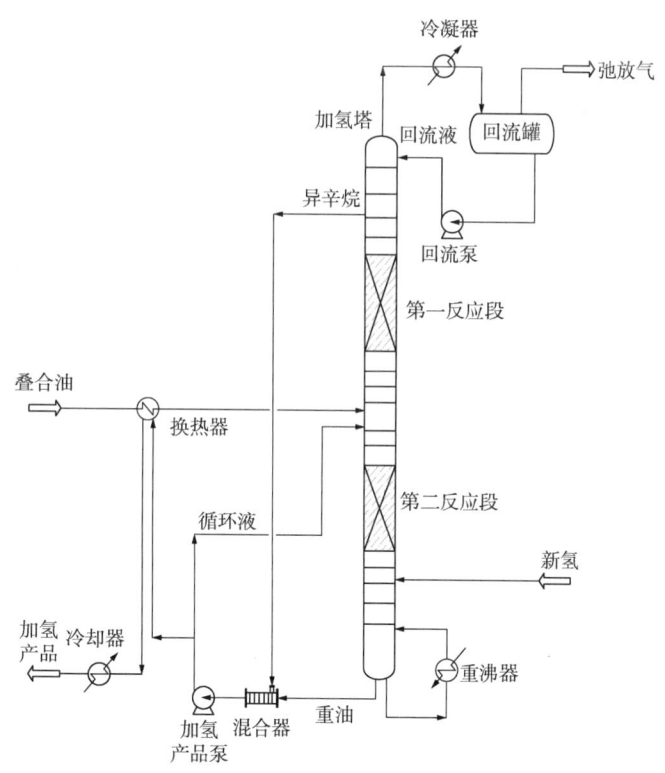

图 13-18　催化蒸馏加氢工艺流程示意图

叠合油中C_{12}烯烃和C_{16}烯烃质量分数一般小于叠合油总量的15%，鉴于其在叠合油中比例较小，当全厂汽油池中烯烃含量有富余，即使将C_{12}烯烃和C_{16}烯烃不经加氢饱和直接调和至全厂汽油池中也不会引起全厂汽油池烯烃含量超标[如不会超过 GB 17930—2016《车用汽油》规定的车用汽油中烯烃体积分数不大于18%(ⅥA)/15%(ⅥB)指标要求]时，为降低投资，可取消加氢塔内第二反应段(图 13-19)，此时的重油是指从加氢塔釜出料的未经加氢的C_{12}烯烃及C_{16}烯烃的混合物，重油与由加氢塔侧线抽出的异辛烷混合后直接作为加氢产品出装置，并作为高辛烷值汽油调和组分调至全厂汽油池中；由于加氢产品中主要成分为异辛烷,其烯烃含量较主要成分为 C_8 烯烃的叠合油大幅度降低。

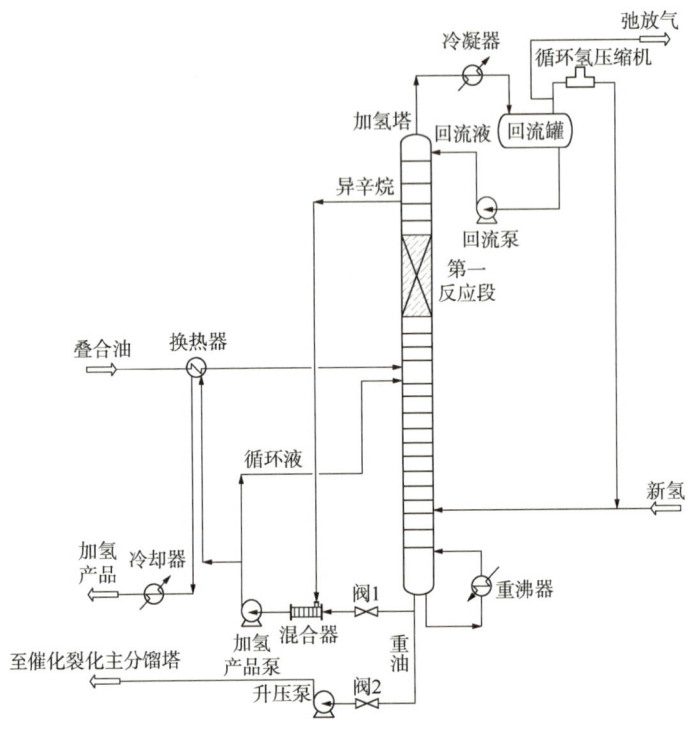

图 13-19　一段加氢工艺流程示意图

当叠合油中 C_{16} 烯烃过高造成加氢产品的终馏点温度超出车用汽油标准(GB 17930—2016《车用汽油》)所要求的终馏点温度(不小于205℃)时,加氢产品不能调和至全厂汽油池中,可采取以下措施进行处理:将图 13-19 中阀1关闭,阀2和升压泵开启,将重油送至外部的催化裂化等装置处理,异辛烷则独自按原路线进入混合器,再经加氢产品泵升压后分为两路:一路作为循环液返回加氢塔;另一路作为加氢产品依次经换热器换热、冷却器冷却后出装置。

加氢塔的操作压力应根据叠合原料性质、氢气纯度、催化剂类型、所要求的转化率等条件进行确定,塔顶压力一般选择 0.40~1.20MPa,当由于压力较高致使塔釜温度较高时,根据实践经验可考虑将一部分循环氢注入重沸炉前或加氢塔釜,此时叠合油的分压下降,可显著降低塔釜温度,但塔釜的重油中含微量氢气,可送至催化裂化装置或汽油加氢脱硫装置进行处理。

与前述固定床加氢技术相比,催化蒸馏加氢技术的主要优点如下:

(1) 将异丁烯叠合反应热直接用于分离过程,提高能量利用率。

(2) 在塔内组成相同的情况下,反应温度仅与催化蒸馏塔操作压力有关,反应段没有明显的"热点",不需要冷却设备。

(3) 在分离作用下,使有害物质不能进入催化剂床层,从而可以延长催化剂寿命。

(4) 异丁烯叠合油中 C_8 烯烃的质量分数占80%以上,其加氢饱和的反应温度、反应压力、氢油比等操作条件远比 C_{12} 烯烃和 C_{16} 烯烃缓和,采用催化蒸馏加氢工艺可实现在同一

台设备内对 C_8 烯烃和 C_{12} 烯烃和 C_{16} 烯烃分别进行加氢处理，当全厂汽油池中烯烃含量有余量时，为降低装置投资和催化剂用量，还可取消对 C_{12} 烯烃和 C_{16} 烯烃进行加氢饱和。

(5) 可省掉固定床加氢反应器、加氢产物分离罐、加氢进料/产物换热器等设备，大大降低了设备费用和公用工程消耗，并增加了装置操作的灵活性。

5) 抑制剂回收技术

(1) 萃取回收技术。

图 13-20 为抑制剂采用萃取回收工艺流程图。混合 C_4 原料经 C_4 原料泵送至进料混合器与自叔丁醇泵来的抑制剂按一定比例混合均匀，再进入异丁烯叠合反应部分。抑制剂占原料 C_4 的 0.5%～5%（质量分数）。

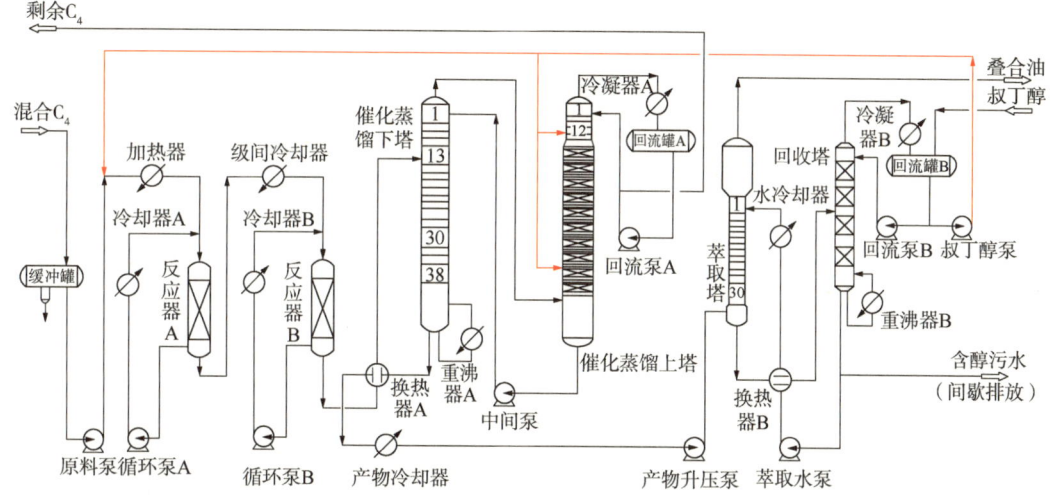

图 13-20 抑制剂采用萃取回收工艺流程图

混合 C_4 原料与抑制剂混合后经原料预热器升温至 45～65℃ 后进入叠合反应器 A。反应产物由叠合反应器 A 下部出口流经中间冷却器冷却至 45～55℃ 后进入叠合反应器 B。由叠合反应器 B 而来的反应产物进入催化蒸馏塔。由于催化蒸馏塔内装有大量催化剂，如为一个整体塔，该塔高度将达 70m 以上，其风荷载将大幅度增加，因此为降低高度，将该塔分为催化蒸馏上塔和催化蒸馏下塔。催化蒸馏上塔顶采出未反应的剩余 C_4，该物料可进烷基化装置生产烷基化油；催化蒸馏下塔底采出叠合油与抑制剂的混合物，该混合物经换热、冷却后送至萃取塔。在萃取塔内，叠合油与抑制剂混合物自下而上与萃取水逆流接触，萃取水将抑制剂从叠合油中萃取出来；叠合油自萃取塔顶流出并作为产品送出装置，萃取水—抑制剂混合物自萃取塔底流出，经换热器 B 换热后进入回收塔。在回收塔内进行萃取水和抑制剂的分离，其中萃取水自塔底流出并经萃取水泵加压，再经换热器 B 换热、水冷却器冷却后循环至萃取塔上部；塔顶馏出物经冷凝、冷却至 40℃ 进入回流罐 B，然后分为两部分，一部分经回流泵 B 加压后作为回流返至回收塔，另一部分经叔丁醇泵升压后作为反应抑制剂循环至反应部分。

淄博齐翔腾达化工股份有限公司原 $1×10^4$t/a MTBE 装置改造为 6000t/a 异丁烯叠合工业实验装置抑制剂回收就采用了萃取回收技术，该装置于 2019 年开工并运转正常。

(2) 变压精馏回收技术。

叔丁醇及二异丁烯间存在多种共沸物,如含叔丁醇的共沸物直接循环至反应部分,由于共沸物中含有大量的二异丁烯,过多的二异丁烯会与原料中异丁烯反应生成三聚物,三聚物再与异丁烯反应生成四聚物,从而有可能导致产品辛烷值下降、产品干点超标,因此应将叔丁醇从二异丁烯与叔丁醇的共沸物中分离出去[24]。采用变压精馏的方法可实现共沸物的分离。利用大型化工流程模拟软件 Aspen Plus 的 UNIFAC 物性模型,对不同操作压力下二异丁烯(以 2,4,4-三甲基戊烯为代表)与叔丁醇共沸物的共沸组成、共沸温度及二异丁烯沸点进行了计算,结果见表 13-22。

表 13-22 不同压力下叔丁醇与二异丁烯共沸物的共沸组成及二异丁烯沸点

序 号	压力,MPa(绝)	共沸组成(摩尔分数)		共沸组成(质量分数)		共沸温度,℃	二异丁烯沸点,℃
		叔丁醇	二异丁烯	叔丁醇	二异丁烯		
1	0.10	0.6499	0.3501	0.5508	0.4492	77.63	101.06
2	0.15	0.6811	0.3189	0.5852	0.4148	88.84	116.22
3	0.20	0.7018	0.2982	0.6086	0.3914	97.34	127.90
4	0.25	0.7169	0.2831	0.6259	0.3741	104.27	137.54
5	0.80	0.7708	0.2292	0.6896	0.3104	146.28	197.50
6	0.90	0.7725	0.2275	0.6916	0.3084	151.16	204.55
7	1.00	0.7731	0.2269	0.6924	0.3076	155.61	211.01

从表中可以看出,以 2,4,4-三甲基戊烯为代表的二异丁烯与叔丁醇共沸体系对压力较敏感,因而采用变压精馏方法将叔丁醇从以二异丁烯为主要组分的叠合油中分离出来,这在理论上是完全可行的。

变压精馏叠合工艺流程如图 13-21 所示。来自催化蒸馏塔底的叠合油与叔丁醇的混合物经催化蒸馏塔底泵升压后送入高压塔。在高压塔底得到叔丁醇含量很低的叠合油,这部分叠合油经与低压塔进料换热、经叠合油冷却器冷却至 40℃ 后作为产品出装置;在塔顶得到二异丁烯与叔丁醇的共沸物,这部分共沸物中叔丁醇的摩尔分数为 77.0%~78.0%,经回流泵 2 升压后一部分作为回流,另一部分经换热后作为低压塔进料进入低压塔。高压塔由精馏段、提馏段组成,塔顶温度为 120~150℃,塔底温度为 170~210℃,操作压力为 0.8~1.0MPa。

来自高压塔回流泵 2 的二异丁烯与叔丁醇的共沸物进入低压塔。由于压力的改变,共沸物中叔丁醇的摩尔分数由进料的 77.0%~78.0% 降低至 64.5%~70.5%,从而可在低压塔底得到纯度很高的叔丁醇,这部分叔丁醇经叔丁醇循环泵升压后再循环至反应部分的加热器入口继续作为叠合反应的抑制剂;在塔顶得到叔丁醇的摩尔分数为 64.5%~70.5% 的二异丁烯与叔丁醇的共沸物,这部分共沸物一部分经回流泵 3 升压后作为回流,另一部分经共沸物泵升压后返至高压塔,与来自催化蒸馏塔底的物流混合后作为高压塔的进料。低压塔由精馏段和提馏段组成,塔顶温度为 65~80℃,塔底温度为 85~100℃,操作压力为 0.1~0.2MPa。

上述操作完成后,可在高压塔底得到叔丁醇含量不大于 100mg/kg、主要成分为

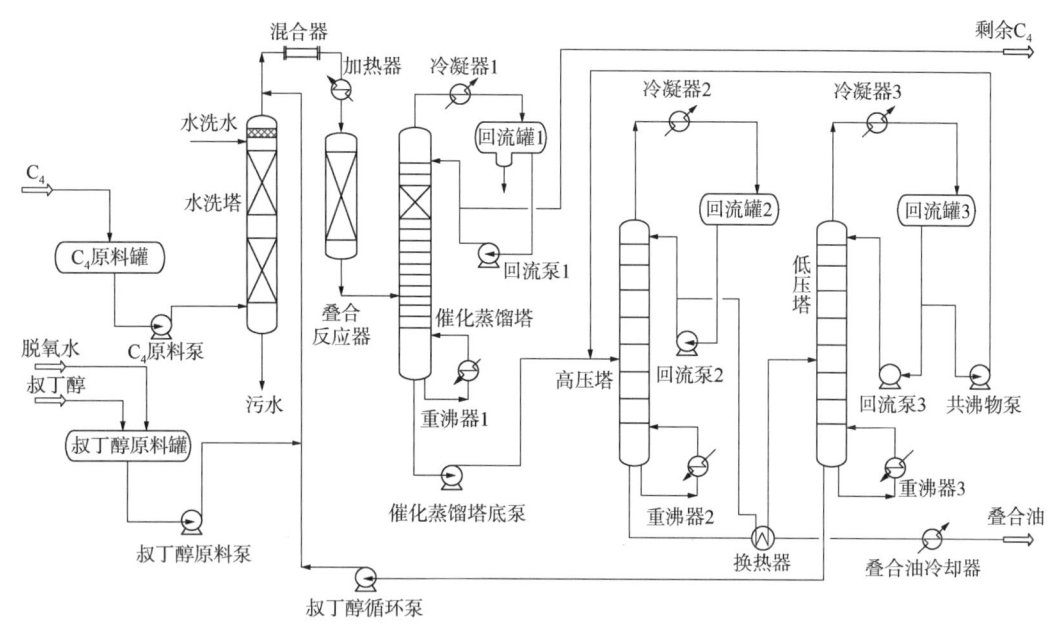

图 13-21 变压精馏叠合工艺流程图

二异丁烯的叠合油产品；在低压塔底得到摩尔分数大于 99.99% 的叔丁醇，这部分叔丁醇基本不含二异丁烯，可直接循环至反应部分继续作为叠合反应的抑制剂。

由上述可知，当变压精馏回收技术用于 MTBE 装置改造时，仅在原 MTBE 流程基础上增加少量设备即可，同时该技术也适用于新建异丁烯叠合装置。

6) 异丁烯叠合和异辛烯加氢高度耦合技术

该技术将异丁烯叠合及异辛烯加氢有机地结合在一起，可降低二甲基己烯、三聚物、四聚物等副反应产物的生成量；可取消抑制剂回收所需的复杂流程，可对重烷烃油单独出料，具有设备和操作费用低、流程简单、操作灵活的特点[16]。

图 13-22 为异丁烯叠合和异辛烯加氢高度耦合的异辛烷生产工艺流程图。从图中可以看出，源于催化裂化等装置的异丁烯质量分数为 10%~40% 的混合 C_4 原料，与来自异辛烷泵的循环异辛烷、来自装置外的少量脱氧水混合，3 股物料混合后的温度在 50~75℃ 之间，可直接作为叠合反应器进料，从而省掉常规流程所设置的叠合反应器进料预热器，有利于简化流程、降低投资。

设置循环异辛烷的目的如下：

（1）由于异丁烯叠合反应为放热反应，循环异辛烷至混合 C_4 原料中，有利于稀释叠合反应器进料中异丁烯浓度，缓和反应强度，降低反应器温升。

（2）异辛烷没有反应活性较强的双键，性质稳定，不与异丁烯等发生反应生成副反应产物，避免了循环的反应产物经外部冷却返回反应器所造成的三聚物、四聚物等副反应产物增多现象的发生。

（3）由于惰性组分异辛烷的加入，使后续的加氢反应器进料中的烯烃含量大幅度降低。烯烃饱和反应为放热反应，其标准反应热约为 -125.2kJ/mol 烯烃，加氢反应器进料中的烯

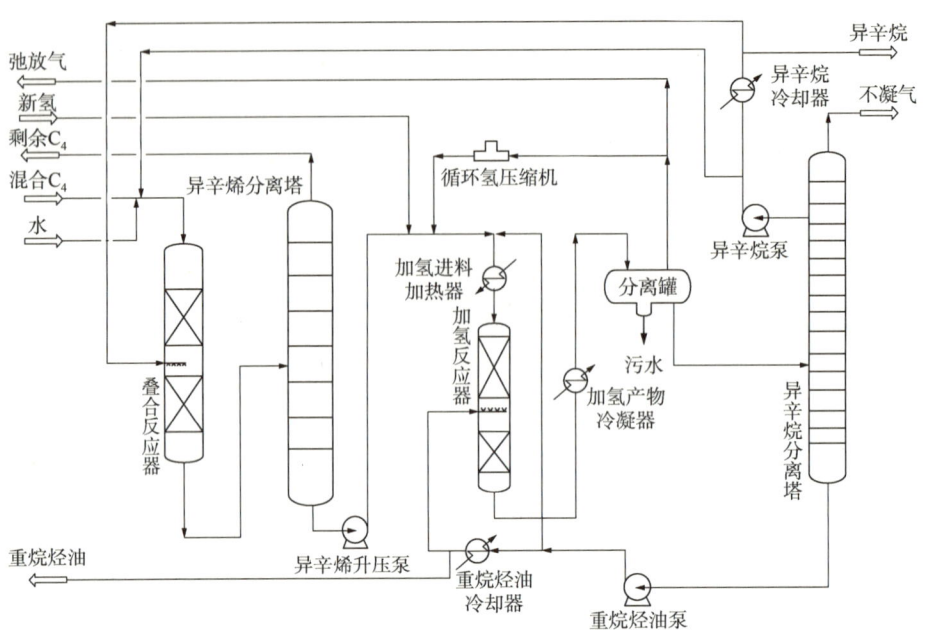

图13-22 异丁烯叠合和异辛烯加氢高度耦合的异辛烷生产工艺流程图

烃含量降低,意味着反应热导致的加氢反应器温升降低,有利于降低加氢反应的苛刻度。

设置脱氧水的目的如下:这部分微量的脱氧水可以连续或间断补充至系统中,水与异丁烯在叠合催化剂的作用下反应生成抑制剂叔丁醇,可弥补产品出装置所携带出的叔丁醇,使整个系统循环的抑制剂保持不变。

上述由混合C_4原料、循环异辛烯和少量脱氧水组成的混合物进入叠合反应器,在催化剂的作用下进行异丁烯选择性叠合生成异辛烯、三聚物和四聚物等。反应器内的催化剂可根据需要分段填装,当反应热使反应器温升过高时,在相邻两段催化剂之间注入自异辛烷冷却器来的冷异辛烷油,以吸收反应热并控制反应温度,注入量可根据反应热的大小及允许温升等因素通过热量平衡计算确定。

反应产物自叠合反应器流出后进入异辛烯分离塔,在塔顶得到作为轻组分的剩余C_4产品;在塔底得到重组分,其主要成分为C_8烯烃及惰性组分异辛烷,此外还含有少量C_{12}烯烃、C_{16}烯烃及叔丁醇等,这部分重组分送至加氢部分进一步处理。

自异辛烯分离塔底的重组分经异辛烯升压泵升压后与来自循环氢压缩机的循环氢、来自装置外的新氢、来自重烷烃油泵的重烷烃循环油混合,混合物料进入加氢进料加热器被加热到200~300℃后进入加氢反应器。

设置重烷烃循环油的目的如下:

(1)由于来自异辛烷分离塔底的重烷烃油含有一定量的C_{16}烷烃,这部分C_{16}烷烃的沸点已经完全超出了汽油馏程所要求的终馏点温度,将这股物料送至加氢反应器中,由于其碳链较长,易在加氢反应器发生裂解反应生成C_4、C_8烷烃,有利于加氢后异辛烷油收率的提高。

(2)由于惰性组分重烷烃油的加入,进一步降低了加氢反应器进料中的烯烃含量,有利于降低加氢反应的苛刻度。

上述由异辛烯分离塔底的重组分、循环氢、新氢及重烷烃循环油组成的混合物进入加氢反应器，在加氢催化剂的作用下进行 C_8 烯烃、C_{12} 烯烃、C_{16} 烯烃加氢饱和反应，叔丁醇加氢裂解为水和异丁烷的反应，烷烃的裂解反应。在缓和的加氢条件下，C_8 烷烃基本不发生裂解反应，C_{12} 烷烃裂解率一般低于 2%，C_{16} 烷烃裂解率一般为 20%~60%。由于 C_{16} 烷烃在异辛烷油量中占比一般小于 2%（质量分数），其裂解反应不会对加氢反应造成不利影响，反而有利于加氢后异辛烷油收率提高；叔丁醇仅占异辛烷油量的 0.05%~0.10%（质量分数），其裂解反应对加氢反应造成的影响很小，基本上可忽略不计。反应器内的催化剂可根据需要分段填装，当反应热使反应器温升过高时，在相邻两段催化剂之间注入自重烷烃油冷却器来的冷重烷烃油，以吸收反应热并控制反应温度。

2. 中国石油异丁烯选择性叠合技术工业应用

淄博齐翔腾达化工股份有限公司甲乙酮厂原有一套闲置的 1×10^4t/a 的 MTBE 装置，该装置于 2004 年建成投产。2019 年初为应对当时国家乙醇汽油能源政策，采用中国石油抑制剂萃取回收技术将其改造为 6000t/a 异丁烯叠合工业实验装置。

1）叠合装置原料

叠合装置原料为气体分馏装置生产的 C_4 馏分（表 13-23）。

表 13-23　C_4 馏分组成　　　　　单位:%（质量分数）

原料	C_3	丁烷	反丁烯	正丁烯	异丁烯	顺丁烯	C_5	其他
原料1	0.39	54.51	12.53	13.1	11.04	8.2	0.06	0.01
原料2	0.24	35.70	20.3	12.6	19.89	11.2	0.05	0.01

2）主要改动内容

装置流程与图 13-20 所示流程相同，主要改动内容如下：

（1）两台反应器填装叠合树脂催化剂 $7m^3$；

（2）反应精馏塔上部填装叠合催化蒸馏模块 $10m^3$；

（3）因反应精馏塔底叠合产物较原来的 MTBE 沸点高，需更换塔底重沸器，重沸器热源采用更高压力等级的蒸汽；

（4）水洗塔进料由原来的反应精馏塔顶剩余 C_4 与甲醇共沸物改为反应精馏塔底的叠合产物及叔丁醇的共沸物，且由于整体流量变小，因此涉及部分管线、调节阀及塔内件改造。

3）主要操作条件

叠合反应器主要操作条件见表 13-24。

表 13-24　叠合反应器操作条件

序号	名称	指标	备注
1	入口温度，℃	45	
2	出口温度，℃	≤65	最高不超 100℃
3	操作压力，MPa	1.0	

4）叠合油产品

叠合油产品组成见表 13-25。

表 13-25 叠合油产品组成

产品	C_4,%	C_5,%	叔丁醇,%	C_8,%	C_{12},%	C_{16},%	其他,%	水,mg/kg
叠合油 1	0.01	0.14	0.02	95.48	4.12	<0.01	0.20	308
叠合油 2	0.01	0.12	0.04	91.73	7.91	0.02	0.14	323

所生产的叠合油产品中 C_8 烯烃质量分数不小于 90%，终馏点不大于 203℃，研究法辛烷值在 102~110 之间，是一种优质清洁汽油调和组分。

第五节 炼厂干气碳二回收技术

随着石油资源的日益紧张和环保法规的日趋苛刻，全球石化行业的发展正面临着诸多方面的挑战，炼厂干气的合理利用也受到了前所未有的重视，并逐渐成为石化企业降低生产成本和提高资源利用率的重要手段[25]。目前，从炼厂干气中回收 C_2 及 C_2 以上组分的技术主要有深冷分离技术、变压吸附技术、浅冷油吸收技术和中冷油吸收技术等。20 世纪 90 年代初，美国 Stone & Webster 公司将分凝分馏器应用于烃类气体分离，形成了以分凝分馏器为核心的第一代 Advanced Recovery System (ARS) 技术。2002 年，西南化工研究院与燕山石化联合开发的变压吸附法回收乙烯资源成套技术在燕山石化成功应用。2011 年，中国石化北京化工研究院在低温油吸收技术的基础上开发了浅冷油吸收技术，并在齐鲁石化得到首次应用。截至 2020 年，全国 C_2 回收装置达到近 30 套，成为炼化一体化项目中必不可少的装置之一。

一、国内外技术现状

1. 深冷分离技术

深冷分离技术是一种已经相当成熟的技术，技术诞生于 20 世纪 50 年代。由于常规深冷分离工艺能耗大，该技术被不断改进，其中最突出的改进是利用分凝分馏器进行分离。

与传统的激冷系统只进行换热过程相比，分凝分馏器在传热的同时进行传质，起到了多级分离的效果。因此，该技术达到了较高的分离效果，且能耗较低，比常规的深冷分离技术节能 15%~25%。采用该技术可使干气中的烃类回收率达到 96%，并且对原料的适应性较强，产品纯度可达到聚合级。

近年来，Stone &Webster 公司又提出以热集成精馏系统热集成精馏系为核心设备的第二代ARS 技术。热集成精馏系统既是对传统精馏塔的改进，也是对分凝分馏器的重大改进，它将常规板翅式换热器、分离罐和精馏塔进行了热集成，无回流泵。与分凝分馏器相比，热集成精馏系统传热效率约为分凝分馏器的 10 倍；达到相同的分离效果时，设备尺寸大幅度减小，投资大幅降低。

深冷分离技术一般适合处理有大量干气的情况，特别是炼厂集中的地区及大型催化裂化装置比较多的地区。在炼厂规模小且较分散的情况下，该技术处理干气并不经济。

图 13-23 为典型深冷分离流程示意图。

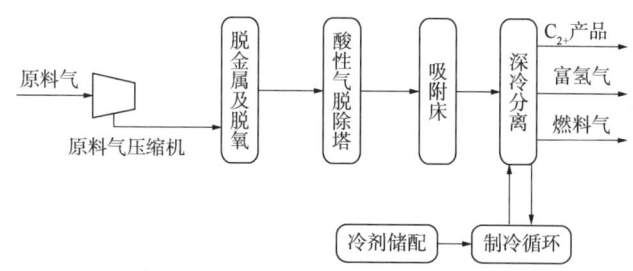

图 13-23 典型深冷分离流程示意图

2. 油吸收技术

油吸收技术一般利用 C_4、C_5 和芳烃作为吸收剂,吸收干气中的 C_2 以上组分,再通过精馏将吸收的各个组分逐一分离。通过对吸收液的解吸和初步分离可得到乙烷和乙烯浓度超过 84%(摩尔分数)的产品气,C_2 的回收率可达 95% 以上。根据吸收温度不同,油吸收技术主要分为中冷油吸收技术和浅冷油吸收技术。

1)中冷油吸收技术

中冷油吸收技术主要是利用吸收剂对干气中各组分的溶解度不同来分离气体轻烃混合物,一般利用吸收剂吸收 C_2 及 C_2 以上的重组分,分离出甲烷、氢气和氮气等不凝气,再用精馏方法分离吸收剂中的各组分。该技术的最低操作温度为 $-70 \sim -60$℃,一般操作温度为 $-40 \sim -20$℃,不需要 -100℃ 的深冷分离,因此称为中冷油吸收技术。

中国石化洛阳石化工程公司根据干气特点,开发了中冷油吸收法分离干气中乙烯的工艺。该工艺将干气加压到 3.5MPa,在 -40℃ 低温下用 C_5 作为吸收剂吸收干气中的 C_2 以上组分,将干气中甲烷、氢气和氮气等分离出去。吸收 C_2 以上组分的富溶剂进入解吸塔解吸,解吸塔顶解吸气经冷却冷凝后,液相回流,气相即为富乙烯气,送往乙烯装置的分离系统。

上海东化环境工程有限公司开发了新型的中冷油吸收技术——Novel Olefin Recovery Process(以下简称 NORP)。为了解决传统油吸收技术尾气中乙烯含量高的问题,并提高乙烯收率,该技术设置了膨胀机和冷箱,进一步回收尾气中的乙烯,其乙烯收率达 98% 以上。

中冷油吸收技术具备以下特点:

(1)原料适应性强,基本不受气体组成影响。
(2)不需耐低温材料、投资较低,进料不需全部深冷。
(3)工艺和冷冻系统简单,技术成熟。
(4)回收率高,产品气中 C_2 回收率可以达到 98% 以上。
(5)占地小,能耗低。
(6)装置操作简单,操作弹性大,可与炼油装置同步实现长周期运行。

典型中冷油吸收流程如图 13-24 所示。

2)浅冷油吸收技术

浅冷油吸收技术利用的是"相似相溶"的原理,以 C_4 为吸收剂,将干气中"相似"的 C_2 及 C_2 以上组分吸收下来,而将"不相似"的氢气、氮气、氧气、氮氧化物、一氧化碳和甲烷等组分分离出去,可以从各类炼厂干气中高效地回收乙烯、乙烷等组分。该技术主要具有如下特点:

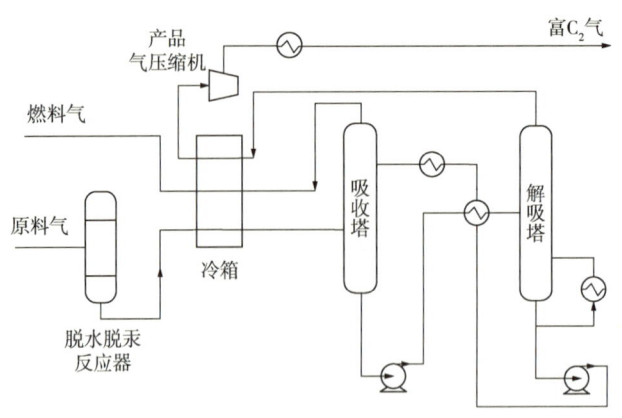

图 13-24 典型中冷油吸收流程示意图

(1) 吸收温度高。浅冷油吸收工艺的吸收温度在 0℃ 以上,一般为 10~15℃,无须丙烯制冷系统。

(2) 产品品质高。提浓气中氮气+氢气+甲烷含量小于 5%(体积分数),氧气含量小于 10mg/m³(脱氧前)或小于 1mg/m³(脱氧后),作为乙烯装置原料可有效降低乙烯装置的能耗。

(3) 回收率高。C_2 回收率大于 95%。

(4) 吸收剂价廉易得。吸收剂无特殊要求,C_4 可采用混合 C_4、醚后 C_4、正丁烷及液化气等,汽油吸收剂可采用稳定汽油、重石脑油等,来源广泛。

(5) 脱除杂质气体有优势。浅冷油吸收技术的核心是"相似相溶",干气中绝大部分的氢气、氮气、氧气、氮氧化物、一氧化碳和甲烷等杂质气体因难于被吸收而从吸收塔顶脱除。

(6) 浅冷油吸收技术可充分利用炼厂大量富余的低温余热,作为溴化锂吸收式制冷系统、吸收—解吸塔的中沸器及再沸器的热源,节能效果显著。

(7) 对原料适应性强,可从各类炼厂干气及煤化工气体中提浓 C_2 及 C_2 以上组分;对原料气组成及流量变化的承受能力强。

(8) 装置操作简便,操作弹性大,可稳定地长周期运行,实现与炼油装置同步检修。

(9) 装置投资较低,布置紧凑,占地面积小,便于检维修。

(10) 技术成熟,可靠性高。

典型浅冷油吸收工艺流程如图 13-25 所示。

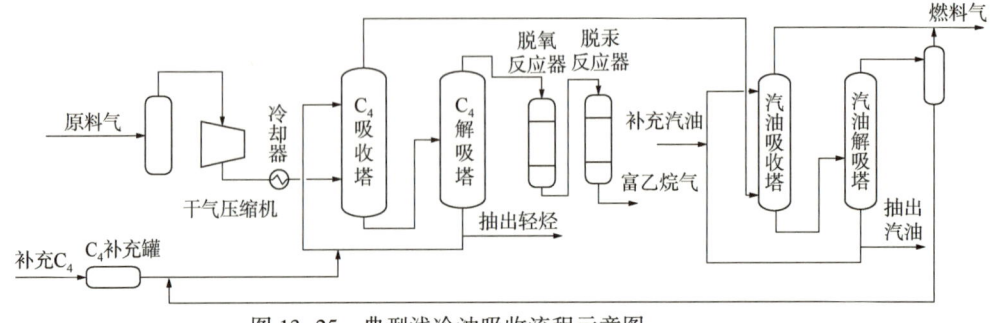

图 13-25 典型浅冷油吸收流程示意图

中国石化北京化工研究院浅冷油吸收法回收干气技术已先后应用于齐鲁石化、福建联合炼化、燕山石化，泉州石化、浙江石化等企业，用于从各种炼厂干气中回收 C_2 组分。

3. 变压吸附技术

吸附分离技术根据吸附剂再生方法的不同可以分为变压吸附技术和变温吸附技术等。在分离烯烃和烷烃的吸附工艺中，使用的吸附剂通常有沸石、活性炭和金属络合物等。

西南化工研究院开发了一种从干气中回收乙烯的两段变压吸附工艺。变压吸附 C_2 回收技术是利用吸附剂对干气中各组分吸附选择性的不同，通过加压吸附、降压解吸的过程来实现气体分离。该技术主要具有如下特点：

（1）回收率高。最新研发的二段变压吸附浓缩技术，显著提高了 C_2 回收率和纯度，C_2 回收率可达 95%，甲烷含量小于 5%（体积分数）。

（2）能耗低。装置的消耗仅为电、循环水以及仪表风。

（3）对原料适应性强。可从各类炼厂干气及煤化工气体中提浓 C_2 及 C_2 以上组分，对原料气组成及流量变化的承受能力强。

（4）装置操作弹性大。操作弹性可以达到 30%~110%。

（5）装置相对独立。进出界区的物料除了公用工程，仅包括原料和产品。

（6）装置自动化程度高，可稳定地长周期运行。

（7）装置投资较低。

（8）技术成熟，可靠性高。

典型两段变压吸附工艺流程如图 13-26 所示。

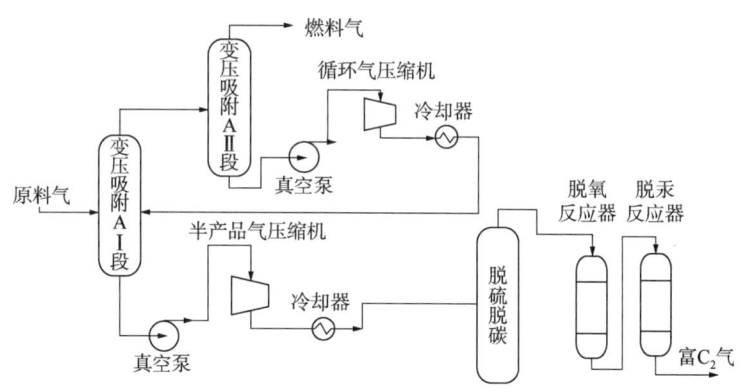

图 13-26　典型两段变压吸附工艺流程示意图

目前，采用变压吸附技术的 C_2 回收装置在燕山石化、茂名石化、上海石化、武汉石化、扬子石化、天津石化、四川石化等炼厂均已经投入运行多年，应用效果良好。

4. 变压吸附+常温油吸收技术

为吸收各种技术的优点，近年来干气回收轻烃技术衍变出了耦合技术，变压吸附+常温油吸收技术就是这种耦合技术之一。该技术由燕山石化、西南化工研究院和北京燕山玉龙石化工程有限公司联合开发并共同拥有知识产权，变压吸附+常温油吸收技术目前尚无建成装置。该技术采用一段变压吸附除去大部分氢气、甲烷、氮气、一氧化碳等弱吸附组分，获得富含乙烯、乙烷等 C_2 及 C_2 以上组分的提浓气，然后经过常温油吸收单元进一步脱除提浓气中甲烷和氧气,再经过净化精制单元处理脱除砷、二氧化碳、硫化氢等微量杂质,并将脱水干燥后获得的富 C_2 产品气送往乙烯厂的裂解装置,与常规的变压吸附技术相比,该耦合技术可实现对富乙烯气中甲烷含量的控制,以符合乙烯装置的进料要求。

二、中国石油炼厂干气碳二回收技术工业应用

国内外技术成熟、应用业绩较多的 C_2 回收技术主要是浅冷油吸收技术和变压吸附技术,两种主流技术应用业绩均已超过 10 套,技术成熟可靠。中国石油已经投产的 C_2 回收装置有 2 套,采用的是变压吸附技术。截至 2020 年,中国石油在建的 C_2 回收装置有 3 套,其中 2 套采用的是浅冷油吸收技术,1 套采用的是变压吸附技术,均由中石油华东设计院进行工程设计。

1. 浅冷油吸收技术应用案例

1) 案例一

广东石化 $35×10^4$ t/a 干气分离装置,以催化干气和焦化干气为原料,采用浅冷油吸收技术,从原料气中分离出富乙烯气和富乙烷气,送至乙烯裂解装置。由于催化干气中烯烃含量较高,而焦化干气中烯烃含量较低,因此催化干气和焦化干气分开处理,从催化干气中分离出富乙烯气,从焦化干气中分离出富乙烷气,分别送至乙烯裂解装置。共用一个汽油吸收单元,用于回收 C_4 吸收剂,减少 C_4 吸收剂的损耗量。该装置由催化干气回收单元、焦化干气回收单元、汽油吸收单元和公用工程单元等部分组成。

(1) 原料和产品。

原料性质见表 13-26。

表 13-26 广东石化 $35×10^4$ t/a 干气分离装置原料性质

项 目		催化干气	焦化干气
温度,℃		40	45
压力,MPa		0.70	0.70
组成	氢气,%(摩尔分数)	12.32	12.35
	氧气,%(摩尔分数)	0.74	
	氮气,%(摩尔分数)	20.35	
	二氧化碳,%(摩尔分数)	2.06	0.22
	甲烷,%(摩尔分数)	31.30	51.80
	乙烯,%(摩尔分数)	16.34	4.06
	乙烷,%(摩尔分数)	14.87	26.77
	丙烯,%(摩尔分数)	0.90	0.90
	丙烷,%(摩尔分数)	0.14	1.88
	C_{4+},%(摩尔分数)	0.25	0.93
	硫化氢,mg/m³	20	20
	水,%(摩尔分数)	0.72	1.08

产品规格要求见表 13-27。

表 13-27 广东石化 35×10⁴t/a 干气分离装置产品规格要求

产品指标	富乙烯气	富乙烷气
硫化氢，mg/m³	≤1	—
氧气，mg/m³	≤1	≤10
二氧化碳，mg/m³	≤100	≤200
氮氧化物，μg/kg	≤1	≤5
汞，μg/kg	≤1	≤1
甲烷,%(体积分数)	≤5	≤5

（2）主要操作条件。

装置主要操作条件见表 13-28。

表 13-28 广东石化 35×10⁴t/a 干气分离装置主要操作条件

设备名称	塔顶工作压力，MPa	工作温度，℃ 塔顶	工作温度，℃ 塔釜
C₄ 吸收塔	3.58	20.7	108.0
C₄ 解吸塔	2.32	73.3	129.6
汽油吸收塔	3.38	20.3	35.0
汽油解吸塔	0.64	54.3	137.1

（3）装置能耗。

装置的设计能耗为 82.51kg 标准油/t 原料。

2）案例二

广东石化轻烃分离装置 60×10⁴t/a 干气分离单元以变压吸附解吸气和加氢干气为原料，采用浅冷油吸收技术，从原料气中分离出富乙烷气，送至乙烯裂解装置。装置由干气回收单元、汽油吸收单元和公用工程单元等部分组成。

（1）原料和产品。

原料性质见表 13-29。

表 13-29 广东石化轻烃分离装置 60×10⁴t/a 干气分离单元原料性质

项 目		PSA 解吸气	加氢干气
温度，℃		40	40
压力，MPa		0.50	0.45
流量，kg/h		64265.44	19422.20
组成	氢气,%(摩尔分数)	52.274	57.52
	氮气,%(摩尔分数)	0.152	—
	一氧化碳,%(摩尔分数)	0.015	0.002
	二氧化碳,%(摩尔分数)	0.001	0.006

续表

项　目		PSA 解吸气	加氢干气
组成	氢气,%(摩尔分数)		0.065
	甲烷,%(摩尔分数)	13.684	6.45
	乙烷,%(摩尔分数)	21.210	5.66
	丙烷,%(摩尔分数)	8.118	10.89
	C_{4+},%(摩尔分数)	4.377	18.328
	硫化氢,mg/m³	10	20
	水,%(摩尔分数)	0.168	1.08

产品规格要求见表 13-30。

表 13-30　广东石化轻烃分离装置 $60×10^4$ t/a 干气分离单元产品规格要求

产品指标	含　量	产品指标	含　量
氧气,mg/m³	≤10	汞,μg/kg	≤1
二氧化碳,mg/m³	≤200	甲烷,%(体积分数)	≤5
氮氧化物,μg/kg	≤5		

（2）主要操作条件。

装置主要操作条件见表 13-31。

表 13-31　广东石化轻烃分离装置 $60×10^4$ t/a 干气分离单元主要操作条件

设备名称	塔顶工作压力,MPa	工作温度,℃ 塔顶	工作温度,℃ 塔釜
C_4 吸收塔	3.58	18.3	119.6
C_4 解吸塔	1.82	54.4	120.9
汽油吸收塔	3.38	24.6	26.9
汽油解吸塔	0.64	60.0	135.9

（3）装置能耗。

装置的设计能耗为 90.16kg 标准油/t 原料。

2. 变压吸附技术应用案例

1）案例一

中国石油某石化公司 $15×10^4$ t/a 催化干气 C_2 回收装置，以催化干气为原料，采用两段变压吸附技术，从原料气中分离出富乙烯气，送至乙烯裂解装置。装置由变压吸附Ⅰ单元、变压吸附Ⅱ单元、半产品气精制单元和公用工程单元等部分组成。

（1）原料与产品。

原料性质见表 13-32。

第十三章 炼厂气综合利用技术

表 13-32 中国石油某石化公司 15×10⁴t/a 催化干气 C₂ 回收装置原料性质

项 目		数 值
温度,℃		40.0
压力,MPa		0.60
组成	水,%(摩尔分数)	0.73
	氢气,%(摩尔分数)	24.41
	氮气,%(摩尔分数)	19.92
	二氧化碳,%(摩尔分数)	1.63
	甲烷,%(摩尔分数)	25.11
	乙烷,%(摩尔分数)	13.31
	乙烯,%(摩尔分数)	13.38
	丙烷,%(摩尔分数)	0.10
	丙烯,%(摩尔分数)	0.76
	C₄₊,%(摩尔分数)	0.13
	硫化氢,mg/m³	20

产品规格要求见表 13-33。

表 13-33 中国石油某石化公司 15×10⁴t/a 催化干气 C₂ 回收装置产品规格要求

产品指标	含量	产品指标	含量
硫化氢,mg/m³	≤1	氮氧化物,μg/kg	≤1
氧气,mg/m³	≤1	甲烷,%(体积分数)	≤5
二氧化碳,mg/m³	≤100		

(2)主要操作条件。

装置主要操作条件见表 13-34。

表 13-34 中国石油某石化公司 15×10⁴t/a 催化干气 C₂ 回收装置主要操作条件

设备名称	工作压力,MPa	工作温度,℃
吸附器Ⅰ	-0.1~0.6	40
吸附器Ⅱ	-0.1~0.6	40

(3)装置能耗。

装置的设计能耗为 53.20kg 标准油/t 原料。

2)案例二

中国石油某石化公司 40×10⁴t/a 干气 C₂ 回收装置,以炼厂干气为原料,采用两段变压吸附技术,从原料气中分离出富乙烷气,送至乙烯裂解装置。装置由变压吸附Ⅰ单元、变化吸附Ⅱ单元、半产品气精制单元和公用工程单元等部分组成。

(1)原料与产品。

原料性质见表 13-35。

表 13-35　中国石油某石化公司 40×10⁴t/a 干气 C₂ 回收装置原料性质

项　目		数　值
温度,℃		40
压力,MPa		0.50
组成	氢气,%(摩尔分数)	12.21
	二氧化碳,%(摩尔分数)	0.22
	氮,%(摩尔分数)	1.15
	甲烷,%(摩尔分数)	51.2
	乙烷,%(摩尔分数)	26.46
	乙烯,%(摩尔分数)	4.01
	丙烷,%(摩尔分数)	1.86
	丙烯,%(摩尔分数)	0.89
	C₄₊,%(摩尔分数)	0.93
	硫化氢,mg/m³	20
	水,%(摩尔分数)	1.07

产品规格要求见表 13-36。

表 13-36　中国石油某石化公司 40×10⁴t/a 干气 C₂ 回收装置产品规格要求

产品指标	含　量	产品指标	含　量
氧气,mg/m³	≤10	汞,μg/kg	≤1
二氧化碳,mg/m³	≤200	甲烷,%(体积分数)	≤5
氮氧化物,μg/kg	≤5		

（2）主要操作条件。

装置主要操作条件见表 13-37。

表 13-37　中国石油某石化公司 40×10⁴t/a 干气 C₂ 回收装置主要操作条件

设备名称	工作压力,MPa	工作温度,℃
吸附器Ⅰ	-0.1~0.5	40
吸附器Ⅱ	-0.1~0.5	40

（3）装置能耗。

装置的设计能耗为 60.41kg 标准油/t 原料。

第六节　炼厂气中氢气回收技术

炼厂氢气用量一般占原油的 0.6%~2.0%（质量分数），重整副产氢是最理想的氢源，但中国加工原油偏重，重整石脑油有限，重整氢最大产量只占原油的 0.6%（质量分数），即使炼化一体化的乙烯装置等化工副产氢可以对用氢进行一定的补充，但氢气仍存在较大的缺口，需要建设制氢装置来弥补。对于一个深加工炼厂，氢气成本已经占加氢装置总运行成本的60%左右。对炼厂气中的氢气进行回收不仅可以降低炼厂运行成本，而且可降低炼厂制氢负荷，减少碳排放，助力碳减排。

国内外氢气分离和回收的主要方法有膜分离法、变压吸附法和深冷分离法。深冷分离法是最早应用的氢气回收技术，其需要苛刻的原料预处理，投资大，氢气回收率低，能耗高，已经极少采用。膜分离法和变压吸附法为成熟技术，通常应用于制氢、重整等装置的氢气提纯，如何将不同技术合理地应用于炼厂气回收领域、保障装置的长周期运行和实现效益最大化，是氢气回收技术需要解决的主要问题。中国从1983年起先后引进了数十套Prism膜分离装置，其中80%用于从合成氨弛放气中回收氢气，20%用于从炼厂气及煤化工气中回收氢气；从20世纪90年代开始自行研制变压吸附技术，目前已达到世界先进水平，已在国内外数百套制氢、重整和催化干气等装置的氢气提纯中应用，单套最大规模已经超过 $40 \times 10^4 m^3/h$。

中国石油下属炼油企业加工规模和加工流程不一，全厂氢网差别较大，需要按照"一厂一策""因地制宜"的原则，确定氢气的经济回收量、回收纯度和所采用的技术。中国石油通过氢气回收的研究和应用总结，重点开发了氢网优化技术、膜分离回收技术、变压吸附应用技术和组合氢气回收应用技术，具备独立进行工艺模拟计算、工艺包编制、工程设计的能力。

一、国内外技术现状

1. 膜分离技术

膜分离技术利用了混合气体通过高分子聚合物膜时的选择性渗透原理，不同的组分有不同的渗透率。典型组分的渗透速率排序（由快到慢）如下：

$$H_2O \rightarrow H_2 \rightarrow He \rightarrow H_2S \rightarrow CO_2 \rightarrow Ar \rightarrow CO \rightarrow N_2 \rightarrow CH_4$$

现已工业化生产的多种高分子膜，对氢气具有较大的渗透速率和较高的选择分离性，非常适合从含氢混合气中分离提浓氢气。

一些高分子膜对氢气和氮气、氢气和甲烷的渗透分离性能分别列于表13-38和表13-39。

表13-38 氢气和氮气在高分子膜中的渗透系数和分离系数

膜材质	气体渗透系数，$10^{-10} cm^3 \cdot cm/(cm^2 \cdot s \cdot cm Hg)$		分离系数 $\alpha(H_2/N_2)$
	氢 气	氮 气	
二甲基硅氧烷	390	181	2.15
聚苯醚	113	3.8	29.6
天然橡胶	49	9.5	5.2
聚砜	44	0.088	50
聚碳酸酯	12	0.3	40.0
醋酸纤维	3.8	0.14	27.1
聚酰亚胺	5.6	0.028	200

表 13-39　氢气和甲烷在高分子膜中的渗透系数和分离系数

膜材质	气体渗透系数, $10^{-10} cm^3 \cdot cm/(cm^2 \cdot s \cdot cm Hg)$		分离系数 $\alpha(H_2/N_2)$
	氢气	甲烷	
聚砜	13	0.22	60
醋酸纤维	12	0.20	60
聚酰亚胺	9	0.048	200
聚乙烯三甲基硅烷	0.13	0.011	12

1979 年美国 Monsanto 公司旗下 Permea 公司开发出 Prism 中空纤维/氢分离器,该分离器最初应用于合成氨驰放气中氢气回收;Air Product 公司生产的螺旋卷式膜分离器在美国、日本等国家投入工业应用。1988 年 Esso 公司在英国 Fawlay 炼厂建立了一套 Separex 膜分离装置,用于从加氢裂化尾气中回收氢气,处理能力为 64900m³/h,氢气回收率达 90%,氢气浓度在 95% 以上,膜分离回收氢气技术逐步走向成熟。

表 13-40 中列出了国外几种氢气膜分离器的性能。

表 13-40　国外几种氢气膜分离器的性能

项目	纤维膜名称		
	Medal	Prism	Separex
研发公司	杜邦公司	Air Product 公司/Permea 公司	Air Product 公司
膜材质	聚酰胺	聚砜/聚酰亚胺	醋酸纤维
组件形式	中空纤维	中空纤维	螺旋卷式
使用温度,℃		100/150	60
使用压力, MPa	15	15	15
耐压差, MPa		11.6	8.4

Prism 聚酰亚胺中空纤维膜,代表了当今氢气膜分离器的最高水平。

中国从 1983 年起,先后引进了数十套 Prism 膜分离装置,其中 80% 用于从合成氨驰放气中回收氢气,20% 用于从炼厂气及煤化工气中回收氢气。齐鲁石化胜利炼油厂的加氢裂化装置最早采用膜分离提纯氢气,该装置采用 Prism 技术,进料流量为 18600m³/h,氢气含量为 87.9%(体积分数),生产 3 种产品如下:压力为 7.0MPa、纯度为 97%(体积分数)、流量为 14300m³/h 的高压氢气;压力为 2.8MPa、纯度为 93.5%(体积分数)、流量为 1000m³/h 的低压氢气;氢气纯度为 46%(体积分数)的非渗透气。近几年来采用膜技术在炼厂低压干气中回收氢气已广泛应用。

1982 年,中科院大连化物所开始研制氢气膜分离技术,1998 年 10 月,国家发改委在大连建设国家膜工程中心,技术以中科院大连化物所为依托[26]。

2. 变压吸附技术

由于不同气体的分子大小、结构、极性等性质各不相同,吸附剂对其吸附的能力和吸附容量也各不相同。变压吸附即利用吸附剂的这一特性,吸附剂对混合气体中的氢组分吸附能力很弱,而对其他组分吸附能力较强,因而通过装有不同吸附剂的混合吸附床层可将各种杂质吸附下来,得到提纯的氢气。

变压吸附工艺为循环操作,用多个吸附器来达到原料、产品和尾气流量的恒定。每个吸附器都要经过吸附、降压、脱附、升压、再吸附的工艺过程。变压吸附的最大优点是操作简单,能够生产高纯度的氢气产品,其生产的氢气纯度一般为99%~99.999%(体积分数)。氢气收率可高达90%以上,且尾气的压力越低,氢气收率越高,可以选择抽真空来降低尾气压力。

变压吸附技术自从1966年首先商业化应用以来,多塔变压吸附在化工厂和炼厂已有数百套应用。国际上,UOP公司开发的氢气回收工艺称为多床变压吸附,去除氮气、一氧化碳、甲烷、二氧化碳、水、氩气、氧气、氨气和硫化氢等杂质非常有效。

中国从20世纪90年代开始自行研制变压吸附技术,目前已达到世界先进水平,西南化工研究设计院有限公司、成都华西化工科技股份有限公司等开发了成熟的变压吸附氢回收系统,已在国内外数百套制氢、重整和催化干气等装置的氢气提纯中应用[27],单套最大规模已经超过 $40×10^4 m^3/h$。

二、中国石油炼厂气中氢气回收技术

1. 氢网优化技术

中国石油利用超结构优化的方法解决了最优网络的合成问题,开发了具有自主知识产权的氢网优化软件。

该软件开发经历了以下5个步骤:

(1) 综合考虑氢气系统中的供氢装置、耗氢装置、提纯装置和管网等;
(2) 根据装置的特点,将其归入氢源或氢阱,或既是氢源又是氢阱的类型;
(3) 在系统中建立从氢源到氢阱所有可能的连接,得到超结构模型;
(4) 建立数学模型来表述设计方案,模型包括优化目标和各种约束条件;
(5) 选择合适的优化算法进行计算,得到优化结果。

该技术根据提纯装置最优设置的必要条件推导出的MILP模型,分析炼厂氢气网络,以获得最小的氢气公用工程用量和提纯装置进料流量,避免求解非线性模型,保证了最小的新鲜氢气全局最优性。在网页环境中实现了氢网络结构的自动同步设计及其图形呈现,完成氢网优化软件的开发。

2. 膜分离回收技术

利用PRO II中自带的膜分离(Membrane Separator)模型,根据膜分离的相关公式,设计出膜组件的计算模型。

该计算模型经过工业装置生产数据多次校正,计算结果与标定结果对比情况见表13-41。

表13-41 富氢气体回收膜分离装置数据对照表

项 目		计算规格	标定规格	误差,%
流量,kmol/h		123.5	123.5	—
组成,% (体积分数)	氢气	94.21	94.43	0.24
	硫化氢	0.03	0.03	—

续表

项　　目		计算规格	标定规格	误差,%
组成,% (体积分数)	甲烷	2.97	2.89	2.69
	C_2	0.68	0.65	3.25
	C_3	0.50	0.50	—
	C_4	0.36	0.34	3.94
	C_5	0.07	0.068	3.75
	氢气	0.31	0.29	5.24
	氧气	0.87	0.80	8.61

膜分离组件较变压吸附具有耐硫、耐高压的优势，是变压吸附技术无法替代的，最初应用于高压加氢装置的循环排放氢和低分气的小规模回收，后逐步向全厂低压气回收发展。

1) 高压加氢循环氢回收应用

渣油加氢和蜡油加氢裂化等装置循环氢浓度低会造成装置能耗增加，据统计，氢纯度下降1%，加氢反应系统能耗增加3%~6%，且加氢效果下降，为保证循环氢维持在较高的浓度，需要连续或定期外排循环氢，这部分循环氢纯度通常为90%~95%(体积分数)，压力为12~15MPa，具有较高的回收利用价值，采用膜分离回收技术回收成本低。图13-27为高压循环氢膜分离提纯流程示意图，高压循环氢膜分离效果情况见表13-42。

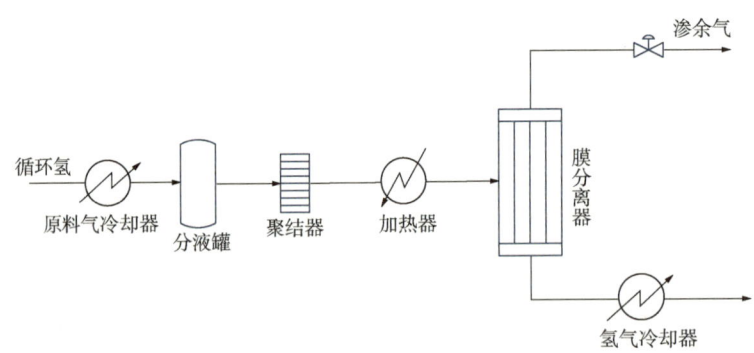

图13-27　高压循环氢膜分离提纯流程示意图

表13-42　高压循环氢膜分离效果

项　　目	原料气	氢　气	备　注
压力，MPa	10~12	4~5	原料气减压后
温度，℃	80~90	70~80	
氢气浓度,%(体积分数)	90~95	98~99	
氢气收率,%		>90	

由于循环氢本身具有较高的压力，循环氢的提纯无转动设备，稳定性高，提纯氢气仍具有较高的压力，可以直接返回新氢压缩机二级压缩入口或者减压后返回一级压缩入口。由于循环氢的压力高，硫化氢、氨气的含量也较高，限制了变压吸附的使用，因此膜分离

第十三章 炼厂气综合利用技术

技术在高压循环氢提纯方面具有绝对的优势,膜分离技术也是中国石油在循环氢回收领域应用最早的技术。

2) 加氢低分气回收应用

加氢装置低分气压力通常为 1.5~2.5MPa,氢气纯度大于 75%(体积分数),含有一定量的硫化氢和氨气,采用变压吸附回收需要进行脱硫处理,中国石油在低分气直接膜分离回收方面进行了技术开发应用。

由于低分气重烃、硫化氢等含量高,最初应用时对膜的使用寿命、压缩机稳定运行影响较大,通过新氢机等抗硫设计、原料充分脱液预热等设计优化,低分气直接提纯,实现了长周期稳定运行,但是受低分气压力的限制,氢气回收率偏低。低分气膜分离回收物料平衡情况见表 13-43。

表 13-43 低分气膜分离回收物料平衡

项	目	低分气	回收氢气	尾 气
流量,m³/h		4000	3275	725
压力,MPa		1.9	0.3	1.85
组成	氢气,%(体积分数)	84.1	94.43	37.39
	甲烷,%(体积分数)	7.99	3.85	25.25
	C_2,%(体积分数)	5.12	0.63	25.4
	C_3,%(体积分数)	1.86	0.59	7.6
	C_4,%(体积分数)	0.33	0.35	1.24
	C_5,%(体积分数)	0.6	0.06	3.04
	硫化氢,mg/m³	530	243	1200

3) 典型全厂炼厂气回收应用

膜分离技术在循环氢、低分气小规模氢气提纯成功应用后,逐步应用于全厂炼厂气中氢气回收,最大单膜组公称规模已经达到 50000m³/h,解决了一系列大型化的问题。图 13-28 为典型的全厂低压炼厂气膜分离流程示意图。

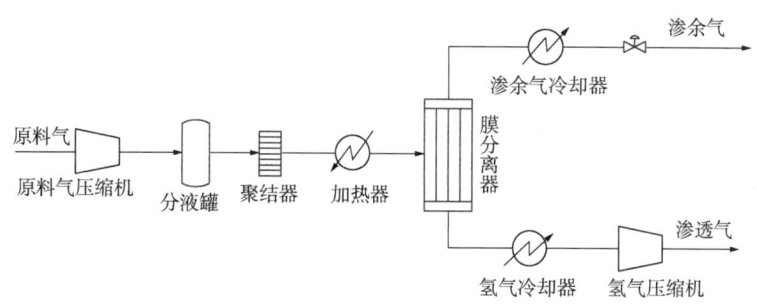

图 13-28 典型的全厂低压炼厂气膜分离流程示意图

采用压缩机将全厂炼厂气升压至合理的压力,与膜组件的设置相匹配,可以得到较高的氢气回收率,但采用膜分离后的氢气中一氧化碳和二氧化碳含量偏高,通常需要变压吸附进行二次提纯。典型的全厂低压炼厂气膜分离物料平衡情况见表 13-44。

表 13-44 典型的全厂低压炼厂气膜分离物料平衡

项 目		原料气	产品氢气	尾 气
流量，m^3/h		48685	29528	19127
压力，MPa		0.5	2.2	0.5
组成，%（体积分数）	氢气	61.20	93.32	11.61
	甲烷	14.88	3.29	32.76
	C_2	11.03	1.51	25.73
	C_3	7.13	0.86	16.8
	C_4	2.68	0.23	6.47
	C_{5+}	1.16	0.22	2.62
	氧气	0.31	0.2	0.49
	氮气	1.54	0.32	3.43
	一氧化碳	0.03	0.01	0.05
	二氧化碳	0.04	0.04	0.04

在装置实际运行过程，由于膜分离系统原料气流量波动较为频繁，产品氢气浓度和氢气回收率随原料气流量进行变化。每种膜具有各自独立的效率最高操作点，需要及时根据原料气流量的变化调整运行膜分离器的根数，使每根膜的通量始终在最佳工况内，保持产品氢气浓度和氢气回收率[28]。

3. 变压吸附应用技术

与膜回收技术类似，变压吸附最初利用现有重整变压吸附装置，小规模回收低分气中的氢气，装置运行中存在一定的问题，且不能适应大规模炼厂气回收的需求，后逐步开发应用专用的炼厂气回收变压吸附装置，炼厂气专用变压吸附装置与重整变压吸附装置最大的区别在于装填吸附剂比例不同，且需要相对严格的预处理。

1) 重整变压吸附装置扩能回收炼厂气

较早的氢气回收是将高氢气浓度的炼厂气(如加氢低分气)简单处理后与重整氢一起送至重整变压吸附装置提纯回收。表 13-45 中列出了重整氢和脱硫后的加氢低分气的组成对比情况。

表 13-45 重整氢和加氢低分气组成对比

组成，%(体积分数)	重整氢	加氢低分气
氢气	91.56	80.18
氧气	0	0.31
氮气	0	1.14
甲烷	3.08	7.56
乙烷	2.98	5.69
丙烷	1.74	3.29
C_4	0.46	1.00

续表

组成,%(体积分数)	重整氢	加氢低分气
C_5	0.09	0.40
C_6	0.09	0.30
C_7	0	0.13
其他杂质	氯化氢	氨气,硫化氢

由于低分气重烃含量高,且组成易波动,导致变压吸附装置入口分液罐带液严重,重烃进入变压吸附装置吸附塔,占据吸附剂的吸附空间,难以解吸,吸附容量下降明显;而且重整氢中含有氯化氢,加氢低分气中含有氨气,混合后产生氯化铵结盐,进入吸附剂床层造成吸附剂的活性表面积下降,腐蚀吸附塔内件,增加床层压降。该技术应用之初,装置长周期运行存在问题。中国石油所属炼厂在重整变压吸附装置入口增加原料预处理器,装填低廉吸附剂,吸附氯化铵,在底部分离重烃,并根据低分气的组成更换专用吸附剂,基本保证了装置的长周期运行。

利用重整变压吸附装置扩能回收加氢尾气是最直接、经济的氢气回收手段,但该工艺不适合回收低氢气含量的原料气,使用受到很大的限制。

2) 炼厂气专用变压吸附回收技术

新建的炼厂气专用变压吸附装置,可以分为常压解吸变压吸附(以下简称 PSA)和真空解吸变压吸附(以下简称 VPSA)两类。

PSA 采用常压解吸,为保证一定的氢气收率,原料气需要压缩机进行升压,即采用前增压工艺。图 13-29 为典型 PSA 氢气回收工艺流程示意图,PSA 氢气回收装置物料平衡情况见表 13-46。

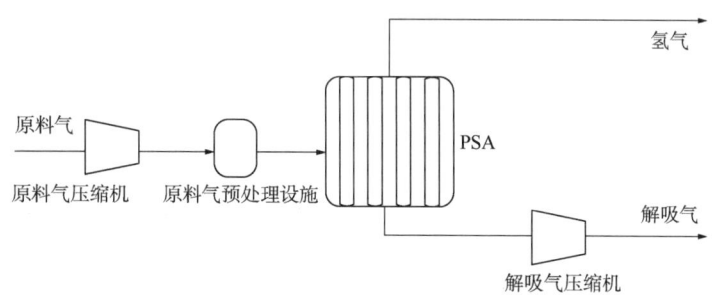

图 13-29 典型 PSA 氢气回收工艺流程示意图

表 13-46 变压吸附装置氢气回收装置物料平衡

项 目		混合原料气	产品氢气	尾 气
压力,MPa		0.5	2.1	0.5
流量,m^3/h		30979	15823	15155
组成,% (体积分数)	氢气	60.05	99.9	18.41
	氧气	0.49	0.001	0.99
	氮气	0.88	0.041	18.13
	二氧化碳	0.15	0.001	0.30

续表

项　目		混合原料气	产品氢气	尾　气
组成,%（体积分数）	甲烷	24.05		49.16
	C_2	5.64		11.50
	C_3	0.61		1.26
	C_4	0.08		0.18
	C_{5+}	0.006		0.013
	合计	100	100	100
氢气总回收率,%			85	

VPSA采用真空解吸，进变压吸附装置的原料气压力可以低，但低压下吸附量小，吸附剂装填量相对大。图13-30为典型VPSA氢气回收工艺流程示意图，VPSA氢气回收装置物料平衡情况见表13-47。

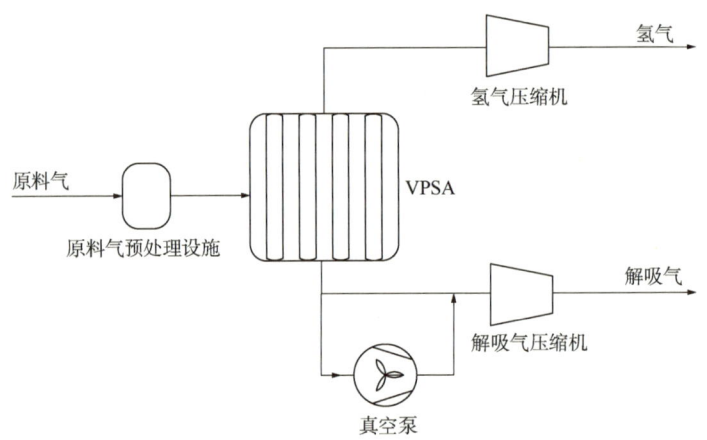

图13-30　典型VPSA氢气回收工艺流程示意图

表13-47　VPSA氢气回收装置物料平衡

项　目		混合原料气	产品氢气	尾　气
压力，MPa		0.50	1.10	0.60
流量，m³/h		21277	8395	11405
组成,%（体积分数）	氢气	50.20	99.00	13.93
	氮气	10.15	0.60	16.02
	氧气	0.76		1.38
	一氧化碳	0.77		1.38
	硫化氢			
	二氧化碳	0.84		1.18
	甲烷	19.22	0.40	34.02
	C_2	7.17		12.61
	C_3	6.41		11.50

续表

项　目		混合原料气	产品氢气	尾　气
组成,% (体积分数)	C_4	3.64		6.47
	C_{5+}	0.84		1.51
	合计	100	100	100
氢气回收率,%			78	

PSA 和 VPSA 在中国石油均已实现工业应用，二者投资和能耗相当，具体方案选择需要根据原料气氢气含量、重烃含量以及压力等因素确定。一般而言，气量大、压力高、氢气纯度高、重烃含量低的原料气采用变压吸附装置技术较为经济；气量小且纯度低的原料气可以选择 VPSA 技术。

4. 组合氢气回收应用技术

组合氢气回收应用技术是将全厂氢网进行总体优化，将膜分离、变压吸附氢气回收技术及轻烃回收等技术有机耦合在一起，充分利用单项技术优势，提高氢气的回收率及回收纯度。

面对全厂炼厂气回收的需要，中国石油对组合技术进行了多种开发和应用，取得良好效果。

1) 膜+PSA 氢气回收技术

膜+PSA 装置氢气回收技术通常建立在氢网优化的基础上，首先通过全厂氢网的分析确定膜和 PSA 装置的经济规模，以实现氢气回收效益的最大化。图 13-31 为大连石化膜+PSA 装置氢气回收工艺流程示意图。

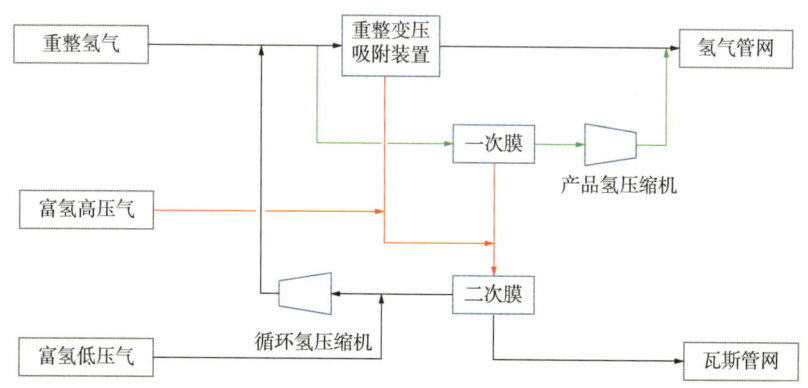

图 13-31　大连石化膜+PSA 氢气回收工艺流程示意图

大连石化通过膜和 PSA 装置技术的组合，PSA 装置解吸气中的氢气纯度由 62% 降低至 22%，显著提高氢气的回收率，同时可得到两股不同浓度的氢气，供应不同需求的加氢装置使用，提高了氢气使用效率[29]。

2) 轻烃回收+氢气回收技术

重烃含量高、氢气纯度低的原料气，宜采用轻烃回收+变压吸附氢气回收工艺组合技术。在锦州石化的应用中，低压原料气升压与高压原料气混合依次进行轻烃回收、脱硫、氢气回收[30]。图 13-32 为锦州石化轻烃回收+变压吸附氢气回收工艺流程示意图。

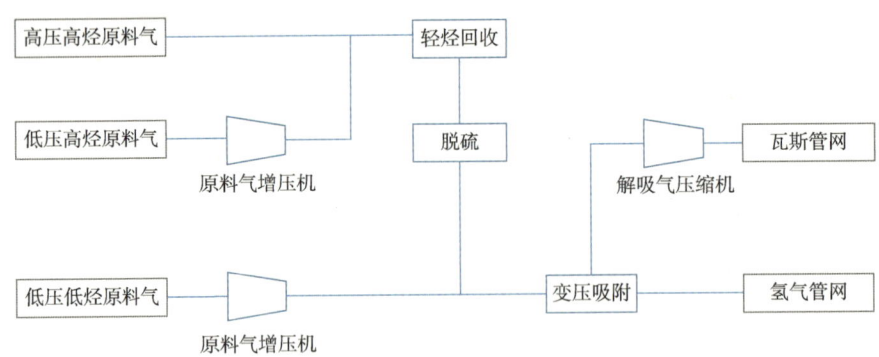

图 13-32　锦州石化轻烃回收+变压吸附氢气回收工艺流程示意图

在该应用中，同一原料气通过轻烃回收后再进行氢气回收，氢气回收率由直接氢气回收的 83% 提高至 88%，同时回收液化气等组分，吸附剂性能下降也明显变缓。

第七节　炼厂气综合利用技术展望

催化干气制乙苯、烷基化、甲基叔丁基醚生产、异丁烯选择性叠合、炼厂干气碳二回收和炼厂气中氢气回收等技术，今后一个时期技术进步的主要方向包括工艺技术升级、催化剂升级、提质增效和节能环保。

一、催化干气制乙苯技术展望

催化干气制乙苯技术经过前三代技术的开发及应用，乙苯生产能耗大幅降低，催化剂寿命延长，乙苯产品质量提高，乙苯中二甲苯杂质含量大幅降低。为进一步提升技术水平，提高产品品质，中科院大连化物所又相继开发出了干气制乙苯催化精馏技术和变相催化技术。下一步，耦合催化精馏技术和变相催化技术的干气制乙苯成套技术，将得到更多的工业应用。

1. 耦合催化精馏技术

催化干气制乙苯催化精馏技术是催化（液相烷基化）、精馏（苯精馏）两个单元工艺组合在一个反应塔内进行的技术。在操作压力为 1.1~2.6MPa、操作温度为 180~240℃、苯和乙烯物质的量比为 2~12、乙烯重时空速为 0.03~0.15h^{-1} 的条件下，乙烯转化率大于 99%，乙基化选择性大于 99%，循环苯纯度大于 99.6%，反应塔底物料苯与非芳烃总含量小于 0.16%；经分离得到的乙苯纯度大于 99.85%，二甲苯含量小于 100μg/g，苯回收率大于 99.5%。由于反应段生成的产物及时被分离出反应系统，使烷基化反应平衡向生成产物的方向移动，可以在较低的温度下完成烯烃与苯的液相烷基化反应，有利于提高烯烃转化率和乙基化产物的选择性，二甲苯杂质生成量少，产品纯度高[31-33]。该技术充分显示出催化精馏技术的优越性，目前已完成了中试试验，并通过了中科院沈阳分院组织的成果鉴定。

2. 耦合变相催化技术

催化干气制乙苯变相催化技术是中科院大连化物所在现有技术的基础上，结合催化蒸馏技术的特点而开发的一项更具有实用性和新颖性的技术。与现有技术相比，装置能耗、投资和产品质量方面有明显的优势。该技术已完成 8×10^4 t/a 乙苯规模的工艺包的编制。

该技术反应条件比较温和，反应压力为 1.6~2.8MPa，反应温度为 160~230℃，苯和乙烯物质的量比为 3~6，乙烯重时空速为 $0.1~0.3h^{-1}$，乙烯生成乙苯的选择性为 83%~90%，乙基化产物选择性大于 99%，乙苯产品中二甲苯含量小于 $100\mu g/g$，可满足食品级的要求；异丙苯在丙苯中选择性大于 99%，因此不需要将丙烯从干气中分离出去，可以直接生产附加值高的异丙苯，从而省去了脱丙烯系统，投资回收期可以大大缩短；该技术能量综合利用率高，综合能耗小于 40kg 标准油/t 乙苯。

二、烷基化技术展望

基于烷基化装置技术多元化这一特点，在未来烷基化技术会继续朝着多元化的方向发展和迈进，主要围绕提质增效和节能环保的方向进行技术升级换代。

1. 固体酸烷基化

固体酸烷基化作为新一代绿色环保技术，具有不产生酸溶性油、不需要高材质设备、不存在像液体酸泄漏或运输对环境产生的不利影响等优势，然而，固体酸烷基化技术想要对传统的液体酸技术进行取代有很大的难度，存在问题如下：首先是从多相催化机理来看，原料中的烯烃在固体酸表面的吸附远大于烷烃，其聚合后产物附着在固体酸催化剂孔道内表面，阻塞孔道并导致快速失活；其次是扩散速率较差；此外，还需解决如原料适应性差、催化剂酸中心密度较低且分布不均带来的活性和选择性差等一系列问题。这些问题导致固体酸催化剂再生周期短，频繁切换再生，能耗和运行费用高。固体酸烷基化技术的发展趋势在于提升催化剂的稳定性，改进反应再生工艺，提高运行效率以改善经济性[34-36]。

2. CILA 离子液烷基化

离子液烷基化技术既能满足环保对汽油"降硫、降苯、降烯烃"的要求，又能保证提供较高辛烷值的汽油组分，同时可解决 C_4 液化气进入市场附加值低的问题，离子液体作为催化剂还解决了其他液体酸催化剂对环境及操作人员身体危险严重、强腐蚀性带来的安全隐患等难题，符合环保和绿色化工过程的要求，也是未来烷基化技术发展的趋势。但离子液烷基化工业化装置投产情况表明，工业化生产仍然存在部分工程化问题需优化完善，尤其是产生难处理的固渣，该技术的发展趋势是进一步优化离子液、活性剂配方，优化再生操作，降低固渣排放量，寻求固渣的资源化利用等，该技术仍有较大的发展空间。截至 2021 年上半年，国内已有 5 套离子液烷基化装置建成投产，这些装置均使用国内自主研发技术，表明中国离子液烷基化技术逐渐走向成熟。

三、甲基叔丁基醚生产技术展望

MTBE 本身的物理和化学性质都是促进其在化工和调油行业得到快速发展的重要条件[37]。近年来由于各国环保政策的调整，MTBE 市场风云变幻，要做好 MTBE 产品受限的准备。从长远来看，国内 MTBE 产业的发展必然受到国际趋势的影响，未来 MTBE 工艺技术发展主要围绕 MTBE 装置产品脱硫和转型等方面进行技术升级。

1. 产品脱硫

MTBE 的硫含量是车用燃料满足环保要求的重要指标之一，MTBE 若作为生产高档溶剂油或异丁烯原料,对硫含量要求更高[38]。中国石油超低硫 MTBE 技术的开发成功,使 MTBE 无论作为汽油添加剂还是作为裂解异丁烯的原料,都有很好的应用前景。

2. 装置转型

1) MTBE 装置改造间接烷基化技术

异丁烯叠合生产异辛烷技术,将异丁烯二聚为异辛烯,异辛烯加氢后的产品异辛烷是高辛烷值汽油组分。间接烷基化油与直接烷基化油相比,辛烷值要高一些,最重要的是其生产过程的操作条件温和,对设备没有腐蚀且无废酸产生。

2) MTBE 装置改造生产乙基叔丁基醚技术

作为 MTBE 替代品的乙基叔丁基醚消费量日益增长,新型汽油添加剂乙基叔丁基醚的工艺比较成熟,与 MTBE 相比,除了氧含量稍低,具有易与汽油混溶、沸点高、调和辛烷值高、雷德蒸气压低、对环境的污染小、原料无毒、水中的溶解度低等众多优点,可为已建或在建的 MTBE 装置转变生产工艺提供良好的参考。

长远来看,MTBE 应该向新兴能源的方向探索,通过产品质量升级和工艺技术转型,不断开发新的用途,拓宽 MTBE 的工业应用。

四、异丁烯选择性叠合技术展望

异丁烯选择性叠合工艺可生产饱和蒸气压低、无苯、无芳烃、无硫或低硫、辛烷值高的清洁汽油调和组分,并为中国逐年增加的 C_4 资源找到了一条有效的利用途径。进一步研究与开发异丁烯选择性叠合工艺具有重要的意义,未来研究和开发的重点主要围绕催化剂升级、生产高纯度二异丁烯、生产航空汽油等方面。

1. 催化剂升级

异丁烯选择性叠合过程的关键在于提高二异丁烯的选择性以及降低正丁烯的转化率,因此异丁烯选择性叠合催化剂开发的重点应着眼于提高异丁烯二聚(二异丁烯)的选择性。这种催化剂除具有较强的选择性外,还需具有表面酸中心均匀、机械强度高、无腐蚀、无污染、抗毒化能力强、操作灵活等优点。其中,硅铝催化剂就是一种值得期待的催化剂,该催化剂已在工业上获得成功应用,如 Selectopol 工艺即采用硅铝催化剂,工业应用的结果表明,硅铝催化剂具有活性高、反应条件缓和、既可用于选择性叠合也可用于非选择性叠合、可再生等优点,是一种环境友好的叠合催化剂。但这类催化剂对原料中的水、硫、双烯烃等杂质含量要求严格,仍需进一步改进。

2. 生产高纯度二异丁烯

开发异丁烯选择性叠合工艺流程和技术,采用高纯度异丁烯为原料及采用组合工艺减少副反应产物生成,用以生产高纯度的二异丁烯。二异丁烯作为一种重要的有机化工原料,可以发生自聚或共聚反应、加成反应或卤化反应、烷基化反应、羰基化反应等,生成一系列精细化工中间体,广泛用于塑料助剂、橡胶助剂、润滑剂、抗氧剂、表面活性剂、合成洗涤剂等生产领域。可选用异丁烯选择性叠合技术生产高纯度的二异丁烯,将为辛基酚合成提供较为充足的原料,以二异丁烯为原料生产辛基酚的加工路线,可较好地利用 C_4 资源并得到高附加值产品,提高企业整体经济性。

3. 生产航空汽油

航空汽油是航空活塞式发动机的燃料,与车用汽油相比,航空汽油要求具有更高的辛烷值，一般是以烷基化油为基础油，加入适量高辛烷值组分和适量添加剂调和而成。航空汽油需要具备足够高的抗爆性能、足够低的冰点及较好的流动性，辛烷值要求更高、馏程范围更窄、蒸气压更低，有潜在胶质的限制要求，且在存储中也不能产生胶质，同时需要产生足够高的能量。

100LL是国际上使用数量最多的航空汽油牌号，使用该汽油可以大大减少飞机发动机积铅、积炭现象，有效降低发动机故障率，提高通用航空的安全水平[39]。中国在近几年已经意识到发展低铅航空汽油的必要性，但从实际使用的情况看来，与成熟的低铅航空汽油相比，国内生产的航空汽油的稳定性还有差距。异丁烯选择性叠合工艺生产的叠合油的主要成分是异辛烷，其马达法辛烷值为100，是公认的理想的低铅航空汽油调和组分。加快以叠合油作为低铅航空汽油调和组分的研究，在保证不加铅的情况下满足高辛烷值的要求，进一步降低低铅航空汽油生产成本，对未来减少对国外进口的依赖、加快中国通用航空业和国防工业的发展有重要意义。

五、炼厂干气碳二回收技术展望

对炼厂干气进行回收利用的技术众多，各具特点。在干气提浓方面，低温冷凝工艺（包括深冷分离工艺）技术成熟、回收率高，但因其能耗高、制冷流程复杂、设备投资大，一般适合建在炼厂集中的地区进行大规模的干气回收；吸收分离和吸附分离工艺技术也比较成熟，装置投资相对较低，是国内普遍采用的方法，具有良好的应用前景。未来，C_2回收技术将主要围绕工艺技术革新、提质降耗和长寿命脱氧催化剂研发等方面展开。

1. 工艺技术革新

从目前的市场应用情况来看，变压吸附技术和浅冷油吸收技术占据着主导地位。两种技术各有优势，也各有缺陷。因此，将该两种技术进行耦合，取长补短，将是炼厂干气C_2回收技术发展的一个趋势。此外，中冷油吸收技术也有新的进展，从技术指标来看，该技术在投资、占地、能耗、回收率等各方面都相当具备竞争力。但目前没有大型化装置业绩，亟须接受工程实践的检验。

2. 提质降耗

对于乙烯裂解装置的原料，C_2回收装置得到的产品气（富乙烯气和富乙烷气）中C_2组分的纯度越高越好，但过度追求产品纯度会增加装置的能耗，因此在工艺合理的前提下适当提高产品纯度，有利于降低乙烯装置的能耗，提高乙烯装置的产品收率。在目前的技术基础上对工艺流程进行优化，以降低装置能耗。

3. 长寿命脱氧催化剂研发

提升脱氧催化剂的使用寿命。目前，浅冷油吸收技术使用的专用脱氧催化剂为Ni-Mo催化剂，使用寿命为3~4年，可以满足装置一个生产周期的需求。但该脱氧催化剂需要半年左右再生一次，再生之后还需要重新硫化后投入使用，再生的频次较高，一方面增加了操作费用，另一方面也增加了操作人员的工作量。变压吸附技术使用的催化剂为贵金属催化剂，价格昂贵且不可再生，使用寿命为2年左右，单个反应器无法满足一个生产周期的需求。总而言之，脱氧催化剂的研究还有较大的提升空间。

六、炼厂气中氢气回收技术展望

基于炼厂气中氢气回收具有较好的经济效益，特别是2021年后，炼厂面临节能增效和降低碳排放的双重压力，氢气回收的必要性会进一步凸显。氢气回收技术将向降低氢气回收装置的能耗、提高氢气收率以及氢气和二氧化碳联合回收的方向发展。

膜分离技术由于运行稳定、维护简单，在氢气回收中应用普遍，但受目前膜材料的限制，要实现氢气和烃类的高分离选择性，需要在膜渗余侧和渗透侧维持较高的压差，因此对于低压气的回收，不得不进行原料气和氢气的升压，压缩机升压的能耗占氢气回收运行成本的80%以上。未来，采用低压降、高选择性功能性膜材料，将显著降低氢气回收的成本。

天然气制氢变压吸附尾气中氢气含量为30%（体积分数）、CO_2含量为50%（体积分数）、CO含量为4%（体积分数），其他为CH_4等烃类，目前制氢尾气通常供加热炉使用，热值低，碳排放强度大。但目前的膜和变压吸附技术均无法对其进行有效回收。制氢尾气是炼厂中最易进行碳捕捉的原料气，基于氢气和二氧化碳高选择性膜材料，通过溶剂吸收氢气与二氧化碳回收组合技术可以实现氢气和二氧化碳双向富集，提高二氧化碳回收的经济性。

参 考 文 献

[1] 王清遐，张淑蓉，蔡光宇，等. 稀土-ZSM5/ZSM11共结晶沸石：94113403.2[P].1994-12-30.

[2] 张淑蓉，王清遐，李峰，等. 稀乙烯与苯反应制取乙苯的工艺：96100371.5[P].1990-12-18.

[3] 曲帅卿，王利. 催化裂化干气制苯乙烯技术的工业应用[J]. 石油炼制与化工，2003，34（6）：22-26.

[4] 金月昶，曾鹏，房晶，等. 催化干气制乙苯原料预处理部分工艺流程：200610046750.8[P].2006-05-31.

[5] 曾蓬，康久常，李柏，等. 催化干气制乙苯工艺流程：200410021102.8[P].2004-02-02.

[6] 杜喜研，曾蓬，李柏，等. 第三代催化干气制乙苯设计[J]. 当代化工，2005，34（6）：378-381.

[7] 杨英，肖立桢. 固体酸及离子液体烷基化生产工艺进展[J]. 石油化工技术与经济，2018，34（4）：50-54.

[8] 何学坤. 我国烷基化技术应用进展[J]. 石化技术，2019，26（3）：238-239.

[9] 杭道耐，赵福龙. 甲基叔丁基醚生产和应用[M]. 北京：中国石化出版社，1993.

[10] 谭明凤，李勇，龚琛荣. MTBE深度脱硫技术工业应用进展[J]. 齐鲁石油化工，2016，44（2）：160-163.

[11] 唐晓东，陈露，李晶晶，等. 甲基叔丁基醚脱硫技术的研究应用进展[J]. 化工进展，2015，34（1）：234-238.

[12] 杨劲松. MTBE生产装置工艺优化及改造[D]. 上海：上海师范大学，2016.

[13] 张健民，赵金海，陈珺. MTBE深度脱硫技术的应用[J]. 化工进展，2013，32（6）：1453-1456.

[14] 袁鹏. 异丁烯叠合制二异丁烯的研究[D]. 上海：华东理工大学，2014.

[15] 白尔铮. 间接烷基化工艺及其技术经济评估[J]. 精细石油化工进展，2003，4（4）：24-28.

[16] 刘成军，于海霞，徐冲，等. 异丁烯叠合和异辛烯加氢高度耦合生产异辛烷技术方案探讨[J]. 中外能源，2021，26（5）：65-72.

[17] 葛跃娜. C_4烯烃选择性叠合工艺的研究[D]. 上海：华东理工大学，2019.

第十三章 炼厂气综合利用技术

[18] 赵燕，王景政，李琰，等. 国内 C_4 烃叠合-加氢工艺制异辛烷技术进展及应用前景分析[J]. 化工进展，2019，38(12)：5314-5322.

[19] 刘成军，周璇，郭佳林，等. 异丁烯选择性叠合工艺及优化措施[J]. 石油与天然气化工，2021，50(3)：49-56.

[20] Marchionna M, Di Girolamo M, Patrini R. Light olefins dimerization to high quality gasoline components [J]. Catalysis Today, 2001, 65(2-4)：397-403.

[21] Hunszinger P, Järvelin H, Nurminen M, et al. Case history：Converting an MTBE unit to isooctane operation：Refinning developments[J]. Hydrocarbon Processing(International ed.), 2003, 82(9)：57-62.

[22] 赵增慧，夏丽. 列管式固定床反应器的设计探讨[J]. 北京石油化工学院学报，2000，8(2)：56-60.

[23] 刘成军. 异丁烯叠合油加氢方案的研究与探讨[J]. 中外能源，2020，25(11)：73-79.

[24] 罗皓涛. 二异丙醚/异丙醇分离之萃取精馏与变压精馏的设计与控制[D]. 天津：天津大学，2015.

[25] 张敬升，李东风. 炼厂干气的回收和利用技术概述[J]. 化工进展，2015，34(9)：3207-3215.

[26] 王华，刘艳飞，彭东明，等. 膜分离技术的研究进展及应用展望[J]. 应用化工，2013，42(3)：532-534.

[27] 刘家明. 炼油装置工艺与工程[M]. 北京：中国石化出版社，2016.

[28] 李振华，张艳丽，王海. 膜分离技术在炼油厂富氢气体回收装置中的应用[J]. 中外能源，2018，23(11)：85-88.

[29] 张志宏. 膜与PSA耦合高收率高纯度回收炼厂气中氢气[D]. 大连：大连理工大学，2015.

[30] 蔡道青. 炼油厂氢气回收方案优化探讨[J]. 炼油技术与工程，2016，46(4)：9-12.

[31] 徐龙伢，王清遐，刘盛林，等. 一种催化干气中乙烯与苯分离制备乙基苯的方法：200410101804.7[P]. 2004-12-23.

[32] 徐龙伢，王清遐，刘盛林，等. 一种自热式低浓度乙烯与苯烃化生产乙基苯的方法：200410073860.4[P]. 2004-09-06.

[33] 徐龙伢，王清遐，刘盛林，等. 催化干气中乙烯与苯制乙基苯的催化剂及制法和应用：200510011505.9[P]. 2005-03-31.

[34] 万辉. 烷基化工艺技术经济比较[J]. 石油炼制与化工，2018，49(11)：91-95.

[35] 欧阳健，郑明光，张绍良，等. DUPONT工艺硫酸烷基化装置的腐蚀与防护[J]. 石油化工腐蚀与防护，2012，29(6)：31-35.

[36] 曹东学，杨秀娜，曹国庆. 碳四烷基化技术发展趋势[J]. 当代石油石化，2020，28(8)：29-37.

[37] 董满祥，马智，常侃. MTBE生产技术及市场前景分析[J]. 石油化工应用，2007，26(1)：6-9.

[38] 吴明清，常春艳，李涛，等. MTBE中硫化物组成的研究[J]. 石油炼制与化工，2015，46(1)：6-9.

[39] 袁明江，张珂，孙龙江，等. 我国航空汽油产业现状及发展趋势分析[J]. 中外能源，2015(7)：72-75.

第十四章 展 望

当前,世界范围内新一轮能源科技革命和产业变革正在孕育兴起,信息技术、运营技术、制造技术的突破和融合发展给人们生活方式带来了巨大变化,也将对全球炼油业带来决定性影响。未来,炼油业将面临产能过剩、产品需求转变、替代能源进一步崛起、绿色低碳等一系列严峻挑战。炼油业需整合资源通过集约式发展推动产业由大到强,持续推进炼厂适应性转型,以绿色低碳引领产业发展,进一步发展清洁油品生产、劣质重油深加工、低价值物料综合利用等炼油技术,通过与智能化技术深度融合推进炼厂提质增效和转型升级。

第一节 炼油行业面临的形势

一、市场需求变化促使炼厂转型升级步伐加快

未来20年,受产业结构转型升级和资源环境的制约,中国成品油需求增速趋缓,同时由于替代燃料迅速发展,中国成品油消费将进入中低速增长阶段,预计2025年左右进入平台期[1]。目前,中国炼油产能已严重过剩,"十四五"期间,国内还将新增炼油产能1.1×10^8t(淘汰0.3×10^8t),炼油能力将达到近10×10^8t/a[2],届时中国炼油能力过剩进一步加剧。从油品消费结构来看,未来汽油、航空煤油、柴油及船用燃料油的需求呈现分化特征[3]:汽油需求维持低速增长,预计2026年左右达峰,峰值为1.6×10^8t左右;航空煤油需求保持较快增长,预计2025年增加到5200×10^4t;在产业升级、传统产业油耗下降运输结构调整、替代能源等影响下,柴油需求将稳中回落,预计2025年需求约为1.7×10^8t;随着国际海事组织限硫措施的实施,低硫船用燃料油需求将保持增长态势。

在当前成品油需求增速放缓的同时,石化产品正快速成为全球石油需求增长的最大推动力。预计"十四五"期间,中国"三烯三苯"(乙烯、丙烯、丁二烯、苯、甲苯、二甲苯)等主要基础化工原料需求年均增长6%左右,显著高于成品油2%的增长速度[4]。随着基础化工原料及高端沥青、石蜡、高黏度润滑油基础油、针状焦等炼油特色产品需求的增长,国内炼厂转型升级步伐加快,其总体方向是燃料型炼厂向炼化一体化转型,简单供料关系的炼化一体化向炼油化工深度耦合的复杂炼化一体化发展。

二、"双碳"目标约束下能源结构重塑趋势加剧

在"双碳"目标下,中国能源结构调整步伐不断加快,降煤增气、减少二氧化碳排放,提高新能源消费比例是中国能源行业发展的主要方向。据预测[5],中国能源消费结构中,

煤炭消费量占比将由2018年的59.0%持续下降至2030年的47.0%以内,年均增长率由5.3%降为0.1%左右;石油消费量占能源消费总量比重由2018年的18.9%缓慢增至2030年的20.0%左右,年均增长率由5.4%降为2.8%左右;电力消费量占能源消费总量比重由2018年的14.3%攀升至2030年的19.0%左右,年均增长率由10%降为4.9%左右;天然气消费量占能源消费总量的比重持续增长,由2018年的7.8%快速增至2030年的15.0%左右。在未来能源结构调整的进程中,天然气是中国经济高质量发展阶段最具消费需求潜力的高效低碳清洁能源,2030年碳达峰前仍将是运输燃料的主要来源。在碳达峰后,石油消费将会逐渐下降,届时石油作为能源的功能显著下降,但作为化工原料甚至是化工材料的功能将显著提升,推动石油消费的清洁化、低碳化发展并提升其化工原料和材料的功能属性,将是未来石油行业的共同目标。

光伏、风能、氢能、地热、生物质能等新能源将迎来快速发展的高峰,成为未来石油替代的优先选项。尤其是随着电动汽车和氢能产业的发展,未来交通运输领域用能电气化趋势凸显,油品消费无疑将进一步减速,传统炼厂特别是以生产清洁油品为主的燃料型炼厂将面临更大挑战,但这也为炼厂向炼化一体化转型、炼油与新能源新材料融合发展带来了诸多机遇。

三、大气污染防治带动油品质量标准持续升级

尽管交通用能结构将更加多元化,油品占比略有下降,但因汽车保有量大,航空、水运领域油品难以替代,2030年油品在交通用能领域占比仍达72%[6]。为了保护环境,国家和地方政府对油品质量和排放要求愈发严格。

中国已于2019年1月1日起全面供应符合第六阶段强制性国家标准国ⅥA车用汽油(含E10乙醇汽油)。国Ⅵ汽油标准中,烯烃含量限值由24%分别降至国ⅥA阶段18%、国ⅥB阶段15%;芳烃含量限值由40%降至35%;苯含量限值由1%下降至0.8%,严于欧盟1%的标准。在实施国ⅥA汽油标准的基础上,2023年起中国将实施国ⅥB汽油标准,烯烃含量限值从18%进一步降至15%。2021年7月,北京市率先发布《车用汽油环保技术要求》和《车用柴油环保技术要求》两项强制性地方标准(以下简称"京6B"油品标准),于2021年12月1日起实施。预计使用"京6B"油品后,汽油车颗粒物排放可下降20%~30%,碳氢化合物下降10%~15%,一氧化碳下降6%~10%;柴油车颗粒物排放可下降20%,氮氧化物下降10%。"京6B"油品标准的实施,将为改善空气质量、实现细颗粒物($PM_{2.5}$)和臭氧协同减排发挥重要作用。

2019年1月1日实施的国Ⅵ柴油标准中多环芳烃的含量限值由11%降至7%,严于欧盟8%的标准;新增总污染物含量的指标要求不大于24 mg/kg,此外调整了车用柴油的密度、闪点等指标,收紧密度上限要求,闪点限值由55 ℃提高到60 ℃。

为了减少船舶燃油排放对海洋和大气造成污染,根据国际海事组织的规定,自2020年1月1日起全球范围内船用燃料油硫含量应由之前的不超过3.5%(质量分数)降至不超过0.5%(质量分数)。

未来生态环境保护将越来越严格,车用燃料标准势必进一步升级,这也将给炼油行业带来前所未有的挑战。例如,对汽油烯烃和芳烃的严格限制导致高辛烷值汽油调和组分短

缺，对柴油多环芳烃的限制对现有加氢精制技术提出新的挑战等，这也为开发适应更苛刻燃料油标准的汽油、柴油、航空煤油、船用燃料油的技术和催化剂提供了新的机会。

四、信息化技术推动炼化行业智能化发展

随着物联网、大数据、云计算、移动互联网等新一代信息技术的发展，中国石化工业正加速与信息技术的深度融合。未来信息技术将使炼化产业发生三个方面变化[7]：实现全流程集成和协同运行，不断提高能源和资源利用率；通过信息化平台参与协作，促进企业由内部供应链优化向全产业供应链协同转变；建立新一代的产销研一体化服务平台，促进石化企业由生产型企业向生产服务型企业转变，进一步提升产业竞争力。

国内外石化企业和技术公司均开展了智能炼厂的技术研发与功能设计，将分子炼油的理念通过智能炼厂的实施在实际生产中得到实现，油品生产结构将结合市场需求变化及时优化，实现企业效益最大化。现阶段的智能炼厂主要是在整合原有不同领域技术基础上的智能化设计与研究，涉及的技术包括原油及成品油在线调和、油品在线分析、生产计划优化、生产调度排产优化、装置实时优化、公用工程在线优化、设备运行预测预警和智能无线巡检等多项技术[8]。

第二节 炼油技术展望

一、适应性转型升级技术

近年来，国内炼厂转型升级步伐加快，以生产石化品来替代部分汽油、柴油和其他馏分油应对"减油增化"的变化趋势，但中国现有200多家炼厂中仅22家炼化一体化炼厂[9]，今后很长一段时间炼化行业需持续进行结构调整，大力发展增产化工原料及特色产品的炼油技术。

1. 增产化工原料技术

催化裂化技术作为传统炼油技术已相当成熟，在"减油增化"形势下，通过催化裂化装置多产低碳烯烃是实现炼化一体化的关键技术之一。催化裂化技术未来需要在催化剂和工艺方面进行持续的开发和创新，发展方向包括：（1）开发新型原油直接催化裂解制烯烃技术，简化流程、降低投资，以最大化生产化学品为目的，多产烯烃、芳烃等化工原料；（2）开发轻质烯烃或烷烃的催化裂解技术，尽可能将 C_3、C_4 和汽油馏分转化为化工产品；（3）开发环烷芳烃的合理、有效转化技术，通过新型催化剂和反应工艺技术的开发，使催化裂化与多环芳烃的选择性加氢部分饱和及环烷芳烃的选择性开环裂化实现有效耦合。

加氢裂化技术是重油深加工的重要手段之一，蜡油加氢裂化生产的重石脑油芳烃含量高，硫、氮杂质含量低（小于 $1\mu g/g$），是优质的催化重整原料；副产的轻石脑油异构烯烃含量高，马达法辛烷值高，且无硫、无烯烃，是优质的高辛烷值清洁汽油调和组分；同时尾油也是优质的乙烯裂解装置的原料，也可作为工业白油及润滑油基础

油生产原料。加氢裂化技术已逐步发展为现代炼化企业炼化结构调整、转型升级的关键二次加工技术。加氢裂化技术的发展方向包括:(1)通过对加氢裂化装置催化剂级配方式调整、反应原料质量控制、反应器内构件适应性改造等方式,多产化工原料、航空煤油及特种油品,提供"一厂一策、量体裁衣"式技术解决方案。(2)开发新一代化工型加氢裂化成套技术,包括开发性能优异且选择性高的化工型催化剂,目标产物收率更高、品质更加稳定优异;开发多相反应体系强化传质的微界面等强化反应应用技术,大幅降低加氢裂化反应条件,降低装置建设投资及运行成本;集成与优化新型产物分离与脱硫流程,以适应新的反应体系下产品结构的变化。

2. 特色产品生产技术

生产特色产品是炼厂内涵式转型发展的重要途径,通过增产炼厂适销对路的炼油特色产品,如增产高等级沥青、高端石蜡、高档润滑油基础油、橡胶填充油、光亮油及高端碳材料等,提高炼厂效益。

目前,中国沥青行业产能过剩,平均装置利用率不到70%,沥青行业已进入微利润时代,其主要原因在于供给结构不合理,国内沥青产能仍然主要集中在中低端产品,在改性沥青等高端沥青市场的供应不足,对进口产品依赖性强。未来,应发展生产特种沥青工艺系列技术,利用劣质原油高沥青质含量的特点和高沥青质与低沥青质调和技术,开发重交道路沥青、机场跑道沥青生产工艺,同时开发防水沥青、阻燃沥青和硬质沥青高值化衍生品生产技术。

大庆原油是优质的石蜡基原油,但资源逐年减少,未来应发挥这一宝贵资源的优势,持续升级高端石蜡产品工艺技术,以支持发展高端特种蜡生产,如食品级石蜡、包装蜡、乳化蜡、精密铸造蜡、橡胶防护蜡、汽车上光蜡、相变材料和3D打印蜡等。新疆稠油的环烷烃和芳烃含量高,要充分挖掘利用该原油的特质,持续发展升级环保型高芳烃橡胶填充油、变压器油、冷冻机油和润滑油、火箭推进剂等特色产品的生产技术。

目前,中国Ⅲ类和Ⅳ类润滑油基础油仅能少量生产,Ⅴ类基础油包括聚醚、硅油、酯类油等基本来自国外进口[10]。随着环保法规、节能减排以及发动机技术的进步,中国对于高档基础油的需求量将不断增长,未来需要持续加大高黏度及超高黏度润滑油基础油生产技术研发,以攻占国产高端润滑油基础油技术制高点,抢占更多市场份额。润滑油生产技术的发展方向包括:(1)开发先进的组合工艺,拓宽高档润滑油基础油生产原料范围,操作灵活性要大;(2)研究开发具有自主知识产权的加氢异构脱蜡配套技术,形成国内领先的优势技术,以实现替代进口或降低引进技术成本的目的;(3)通过对异构脱蜡催化剂载体进行改性研究,或者进行新型载体材料和催化剂的研制开发,提高加氢异构脱蜡催化剂的活性和稳定性,同时提高润滑油基础油收率和质量,降低生产成本。

利用石油基原料生产碳材料(包括储能电极材料、石墨烯、碳纤维、碳纳米管等)是促进炼厂"减油增特"、助力转型升级的重要途径之一。以碳纤维为例,沥青基碳纤维(MP-CF)是制造航空航天关键部件不可替代的材料,具有超高模量、高导热、极低热膨胀系数等特性,用于制造极端条件下使用的火箭喷管喉衬、导弹鼻锥和卫星结构件等关键部件。目前,中国MP-CF产品尚不能量产,依赖从日本、美国高价进口,且作为国防军工物资屡遭禁运,迫切需要自主开发MP-CF成套技术。

二、清洁油品生产技术

1. 清洁汽油生产技术

未来，汽油清洁化发展的方向将由以往单纯的催化汽油脱硫逐渐过渡到汽油池调和组分的清洁化，主要实现途径包括催化汽油的深度脱硫、降烯烃及削减催化汽油比例，增加无硫、无烯烃、无芳烃高辛烷值汽油调和组分（烷基化油、异构化油）。清洁汽油加氢技术的研发重点是通过催化材料、催化剂制备技术和工艺技术的创新，开发更高水平的选择性加氢脱硫—烯烃定向转化组合技术，同步实现催化汽油超深度脱硫、降低烯烃含量并保持辛烷值不降低。

生产高辛烷值清洁汽油调和组分的工艺包括催化轻汽油醚化、C_4烷基化和C_4芳构化技术等。未来催化轻汽油醚化技术主要围绕3个方面进行技术升级：（1）异构烯烃与正构烯烃骨架异构耦合深度醚化；（2）变压精馏甲醇萃取水零排放工艺；（3）催化轻汽油生物乙醇醚化制备乙基叔戊基醚工艺。C_4烷基化技术未来将致力于：（1）加快开发更加环保的工业化国产固体酸烷基化成套技术；（2）开展废液排放更少的新型离子液烷基化成套技术的研发。C_4芳构化技术以烯烃芳构为主，芳构化油收率取决于C_4原料中烯烃的含量，以醚后C_4为原料时，芳构化油的收率较低[30%~35%（质量分数）]。未来需形成与混合C_4芳构化技术组合的丁烷芳构化技术，以提高汽油组分收率并联产丙烷。

2. 航空煤油生产技术

航空煤油加氢精制是目前国内外普遍采用的先进工艺，与非加氢精制工艺相比，加氢精制工艺对原料油的适应性强且装置易操作，因此加氢精制工艺正逐步取代传统非加氢精制工艺。近年来发展起来的航空煤油液相加氢技术取消了常规滴流床加氢的循环氢压缩机，具有能耗低、裂解产物少、反应停留时间长、催化剂寿命长等特点。未来航空煤油加氢技术发展趋势如下：（1）开发新型的反应器内构件，使产生的微气泡缩小至微米级甚至纳米级，收窄尺寸分布范围，使微气泡能够在油品中以悬浮液形式存在，进一步削弱反应器中因氢气"浓度梯度"对加氢反应性能的抑制，强化油气接触，提升反应性能；（2）基于废弃动植物油脂、秸秆等为原料，依托加氢、费托合成等技术开发生产生物航空煤油的新工艺，拓展非石油资源生产航空煤油的新途径。

3. 清洁柴油生产技术

未来10年将是中国能源领域深度低碳转型的关键期，清洁柴油仍将在油品消费中发挥关键作用。清洁柴油技术发展重点主要包括4个方面：（1）通过催化剂及工艺集成开发，发展低压柴油加氢改质/裂化技术，使炼厂柴油加氢精制装置在尽量不改造/少改造的前提下，实现劣质催化柴油生产高十六烷值、低凝点清洁车用柴油；（2）适应原料多样性的柴油加氢精制技术的开发，根据装置原料性质和全厂产品质量要求提供有针对性的技术解决方案；（3）开发柴油催化剂级配技术，深入研究加氢改质催化剂与加氢精制催化剂、加氢降凝催化剂的匹配，组成加氢精制、加氢改质、加氢降凝组合工艺，生产-20号或-35号低凝点柴油，以满足中国北方部分炼化企业生产需要；（4）开发基于微界面支撑技术的介观反应精制+滴流床加氢组合工艺。

4. 船用燃料油生产技术

企业若有充足的低硫调和原料，则可通过直接调和方案生产低硫船用燃料油，有利于降低生产成本,增加企业灵活性;如低硫调和原料不足,则可从全厂总流程角度优化工艺技术路线,研发多途径生产低硫船用燃料油技术。此外,应开展新型连续调和技术研究,提高技术水平,合理利用渣油加氢装置,实现低硫船用燃料油的高效率低成本生产。整体而言,调和工艺是未来几年低硫船用燃料油的主要生产途径。目前,国内普遍采用的罐式间歇性调和技术人工操作误差大、生产周期长、方案试验费时费力,若能从方案设计、指标预测、生产控制、高效调和运行等方面实现连续调和生产,不仅能提高低硫船用燃料油的质量,也能实现高效率低成本生产,为此需要开发针对不同炼厂的调和技术,并可配合开发调和软件,尽快占领调和技术制高点。由于使用渣油加氢装置成本相对较高,针对有固定床渣油加氢装置的炼厂,在经济性测算基础上可根据装置具体运行情况,生产部分调和原料并开展低成本脱硫技术研发,进一步降低脱硫成本。

三、劣质重油深加工技术

随着石油开采技术的不断提升,大量重油、超重油及稠油均被开采出来,重油组成极其复杂,含有大量的胶质、沥青质等非烃类劣质组分和金属杂质,容易引起加工设备结焦和催化剂中毒,并严重影响产品质量,给重油轻质化加工和高端化清洁利用带来诸多技术难题和挑战。现有劣质重油加氢技术主要有固定床渣油加氢、沸腾床渣油加氢和浆态床渣油加氢;渣油脱碳技术主要有延迟焦化、灵活焦化、溶剂脱沥青、减黏裂化和热裂化技术。

1. 渣油加氢技术

固定床渣油加氢技术较为成熟,相较于其他渣油加氢技术具有流程简短、投资和操作费用低、运行安全的特点,是目前工业应用最多的渣油加氢技术。由于渣油颗粒物含量较高,在加氢过程中固体颗粒、金属杂质(铁、钙、镍、钒等)、胶质和沥青质容易沉积在催化剂表面,堵塞催化剂孔道,导致催化剂快速失活、反应器床层压降上升,缩短装置运行周期。未来渣油加氢应以延长装置运行周期和加工更加劣质重油为研发重点,开发高活性催化剂、优化催化剂级配技术、开发降低保护床反应器压降的工艺技术、优化缩短开停工换剂时间,通过与渣油催化裂化、溶剂脱沥青、延迟焦化等技术组合,提高固定床渣油加氢装置的原料适应性及装置运行时间,最大限度提高炼厂经济效益。

沸腾床渣油加氢裂化技术的特点是可以处理具有高硫、高残炭、高金属的劣质重油,与固定床渣油加氢技术相比较具有较高的转化率。沸腾床渣油加氢裂化技术由于催化剂在反应器内处于全返混状态以及能够在线置换催化剂,使得其具有床层压降小、温度分布均匀、传质和传热效率高、运行周期长、装置操作灵活等特点,克服了固定床渣油加氢技术床层压降增长快、运行周期短、原料适应性差等不足。目前,中国尚无成熟的沸腾床渣油加氢成套技术,未来开发的重点如下:(1)开发沸腾床工艺技术;(2)开展反应器、循环泵等关键设备部件的国产化研制;(3)加快推进催化剂研发,降低催化剂磨损率、提高催化剂利用率、减少沥青质在催化剂的沉积。

浆态床渣油加氢裂化技术的原料适应性强,适合于高金属、高残炭、高硫、高酸值、高黏度劣质重油的深加工,具有转化率高、轻油收率高、产品灵活、质量好等优点,但装置操作压力高、投资较大。浆态床加氢未来的发展方向如下:(1)基于微界面强化反应技术,研发可强化临氢热裂化过程传质、传热效率的新工艺,以降低装置操作压力;(2)开发新型催化剂及相应的工艺技术，有效抑制反应系统生焦。

2. 渣油脱碳技术

延迟焦化由于技术成熟可靠、原料适应性强、产品分布可灵活调整、投资和生产成本较低等特点，被广泛应用于劣质重油深加工领域。延迟焦化未来的发展将专注于如下几个方面：(1) 升级密闭除焦技术的开发应用，减少污染物排放；(2) 升级远程自动除焦控制技术，提升装置生产全过程远程自动化水平，缩短除焦时间；(3) 紧跟炼厂数字化和智能化步伐，借助激光扫描、逆向建模等手段，对在役装置进行数字化逆向设计，为装置智能化升级奠定基础。

延迟焦化技术面临高硫焦利用的难题以及冷焦、除焦、储焦、运输、脱水过程中产生的废气、异味、粉尘污染，难以满足越来越严苛的环保要求的困境。随着原油劣质化程度加剧，在流化催化裂化和流化焦化基础上发展起来的灵活焦化技术，具有生产过程连续、环境清洁、劣质原料适应性强、石油焦大幅减量、副产低热值瓦斯气顶替部分天然气作为燃料等方面的优势，将受到更多的关注，可能成为未来劣质重油深加工的可选技术之一。延迟焦化技术经过几十年的发展，很多在役装置面临生命周期的终结，此类装置可考虑报废后改建为灵活焦化装置，彻底解决延迟焦化技术固有的安全、环保弊端。

溶剂脱沥青将渣油中的沥青质和重金属脱除，脱沥青油作为加氢裂化或催化裂化原料，脱油沥青进入延迟焦化等其他脱碳工艺，也可作为煤气化制氢原料，以此提高炼厂轻油收率，降低焦炭产率。溶剂脱沥青技术适用性强，投资低，操作简单，未来可将溶剂脱沥青技术与加氢技术及气化技术联合，充分发挥各自优势，使炼厂具备更大的原油采购灵活性，实现经济效益最大化。溶剂脱沥青技术未来的研究方向如下：(1) 开发新一代超临界溶剂脱沥青工艺；(2) 加强溶剂脱沥青与其他工艺组合，优化工艺过程，充分发挥组合工艺的优势，全面提高重油转化率；(3) 溶剂脱沥青过程避免过度萃取，寻找最佳萃取条件，同时提高脱沥青油和脱油沥青的利用水平。

减黏裂化和热裂化技术可将黏度高的重劣质油进行热裂化后得到低黏度燃料油，也可通过降低黏度改善重劣质油流动性，进而有利于劣质重油在管道中输送以及后期加工。减黏裂化和热裂化技术未来的发展方向如下：(1) 升级临氢减黏裂化和供氢减黏裂化技术，提高反应苛刻度和轻油收率；(2) 将减黏裂化和溶剂脱沥青等其他重劣质油深加工进行组合，形成投资少、效益好的深加工组合工艺路线。

四、低价值物料综合利用技术

炼厂气约占原油加工量的5%，其中包含了大量高价值的组分，如氢气、C_1—C_4烷烃、烯烃等，合理利用炼厂气生产高附加值产品是提高炼化企业经济效益的重要手段。未来炼厂气综合利用技术的进步主要包括：(1) 开发催化干气为原料的液相法干气制乙苯成套技术；(2) 开发更低能耗的变压吸附和浅冷油吸收耦合回收乙烷技术；(3) 开发研制低压降、高选择性的功能膜材料，以降低膜分离氢气回收技术的能耗。

催化油浆占催化处理量的5%~10%，催化油浆的稠环芳烃和胶质含量高，催化装置内回炼难裂化、易生焦。作为燃料油调和组分或作为焦化原料时，其固体催化剂颗粒会对燃料油和焦炭质量带来不利影响，直接销售价格不高。为充分利用催化油浆富含多环芳烃的特点，可以以下两个方面对其进行高价值利用：(1)持续升级针状焦成套工艺技术，最大量生产冶金所需高品质超高功率针状焦和锂电池负极用针状焦，以满足高端电极材料需求；(2)开发石油基碳纤维生产技术、石墨烯储氢材料技术，以满足国防和航空航天领域对高性能碳材料的需求。

五、绿色低碳炼油技术

随着绿色低碳战略的持续实施，分子炼油及强化反应、传质、分离等支撑性技术在炼油工业中的应用将更加迫切，这些技术的开发和应用将极大地推动现有炼油技术变革，降低炼厂综合能耗，减少碳排放。二氧化碳捕集、利用与封存(以下简称CCUS)技术将逐渐在炼化行业获得覆盖性、常规性应用。"三废"处理新技术也已成为支撑未来炼厂绿色低碳发展的重要保障。

1. 支撑性技术在炼油工业中的应用开发

分子炼油技术的应用开发：随着对原油的认知从分子+窄馏分水平逐步提升到全分子水平，并从分子水平认识炼油反应过程，将促使炼油一次和二次加工技术的理念、方法、路径发生革命性创新，为此，开发与分子层面认识相协同的更高效的催化剂和更先进的生产工艺，将助力对石油烃类分子的定向转化和石油资源的高附加值利用目标的实现。

过程强化技术应用开发：针对现有炼油过程的反应、传质、传热、分离等各操作单元的机理，结合微界面、超重力、耦合分离等支撑性过程强化技术，进行应用性开发，突破反应、分离等效率瓶颈，以显著降低炼油过程的物耗和能耗，降低生产过程的污染物排放，推动石油炼制技术向本质绿色低碳方向发展。

"灰氢"替代技术的应用开发：随着可再生能源发电的规模化发展，以化石能源为原料的"灰氢"技术，未来将转向非化石能源发电制"绿氢"的路线，逐步提高炼厂"绿氢"的使用比例，以降低炼厂碳排放强度。大规模高效绿电电解水制氢或电直接转化技术的研究开发将会提上日程[11]。

节能减排技术的应用开发：节能仍是炼油企业实现碳减排的主要手段，各种节能技术和节能设备的应用将大有可为，如热泵、低温热利用、加热炉效率提升等技术有望进一步提升企业能效水平。

2. CCUS技术

在不改变能源结构的前提下，除从加工源头上减少二氧化碳排放外，通过部署CCUS技术实现二氧化碳封存，是世界上公认的最有前景的碳减排技术之一。国家发改委《能源技术革命创新行动计划(2016—2030年)》中指出，中国CCUS技术创新将作为未来一段时期的重点任务，有望通过全流量的CCUS系统在炼化行业获得覆盖性、常规性应用，实现二氧化碳的可靠性封存、检测及长距离安全运输。中国已开发了二氧化碳加氢制甲醇、二氧化碳与环氧丙烷生产聚碳酸亚丙酯等工艺技术，并实现了工业示范应用，未来还将扩展至二氧化碳合成烯烃、芳烃等化学品。现阶段CCUS技术还不成熟，未来还需要关注以下几个方面：(1)受现有技术水平限制，碳捕获需要较高的成本，现阶段必须依靠政府扶持才能维持，需进一步研发低成本的碳捕捉技术；(2)注入地下的二氧化碳如果不慎发生规模性泄漏，可能会造成二氧化碳和盐水进入蓄水层影响地下水；(3)二氧化碳捕获过程需要消耗许多能源,这就意味着会产生更多的氮氧化物、二氧化硫等其他污染物,要实现二氧化碳减零排放尚需将二氧化碳捕捉与绿电等非化石能源技术相结合。

3. "三废"处理技术

炼厂是"三废"的重要排放源之一,也是"三废"治理的重要领域。随着国家对环保要求的日益严格,炼厂处理"三废"技术的开发已成为热点。未来需将传统处理工艺与新技术相结合,针对不同的污染物采取对应的处理方法,努力实现污染物防治由"废物处理"向"资源化循环"转变,提高炼化生产企业的清洁化生产技术水平,也以最少的治理投入取得最大的回收利用价值。

VOCs是大气主要污染物之一,是引起光化学烟雾和雾霾的主要反应物质。石化企业是VOCs排放大户,石油加工过程中VOCs来源多、组分复杂,集中处理难度大。虽然目前已开发了热破坏法、吸附法、生物处理法、变压吸附分离与净化、废气处理炉、回收式热力焚烧系统、冷凝回收系统等各种VOCs治理技术,但每种技术各有特点,需要根据排放场所、排放规律、排放物质性选取适宜的VOCs技术。未来,以下几方面尚需进一步探索:(1)充分利用各VOCs治理技术的优缺点,形成优势互补的组合技术;(2)继续开发能耗低、安全性能高的VOCs深度治理技术;(3)开发VOCs源头控制和末端治理的全流程治理技术。

原油的炼制过程中产生的废水随原油性质和加工工艺不同差异较大,污染物主要为油类、酚类、硫类、含氮类、苯类污染物和一些重金属物质、酸类、碱类污染物。中国炼厂每加工1t原油产生0.7~3.5t废水。随着现在炼厂工艺的改进和规模的大型化、集中化,吨油废水产量在不断降低,但总污水量仍然很大,炼厂污水来自生产装置的各个单元,具有高含油、高含盐、高浊度、高矿化度、高腐蚀、高含铁、低pH值等特点,各装置混合后的污水性质更加复杂,处理难度更大。目前,中国炼厂污水处理工艺流程基本上是在隔油、气浮与生化处理老三套工艺基础上的改进。未来应进一步方向关注:(1)基于污水蒸发结晶与分盐技术的应用,开发炼厂污水零排放工艺;(2)结合每个炼厂污水的特性,深入研究高效、经济、节能的处理技术,尝试多种污水处理工艺的组合和改进。

随着炼油工业的不断发展,炼厂固体废物的产生量也逐年增加,如何在生产过程控制固体废物产生量,并促进固体废物资源化再利用,是各炼厂面临的挑战。炼厂的固体废物主要为废催化剂、污水处理厂废渣、碱洗精制废碱渣等。炼厂废催化剂由专业公司处理,而炼化企业污水处理厂"三泥"可通过超热蒸汽喷射处理、冷冻/解冻、生物降解、热萃取/脱水处理等技术进行减量化、无害化处理。未来炼厂固体废物处理技术应围绕炼厂固体废物处理的实际需求,开展以下技术攻关:(1)开发从油渣、废催化剂等炼油废料中高选择性分离回收镍、钒等金属的低能耗金属回收工艺;(2)开发污水处理场废渣的减量排放和资源化利用技术。

六、智能化技术

炼油工业作为传统的流程工业,信息化水平和能力目前还跟不上产业发展的步伐,面对新能源、绿色低碳等多种因素的冲击,迫切需要通过与智能化技术融合发展提高生产效率、降低生产成本。智能化技术是提升炼化产业整体竞争力的核心技术,是实现产业绿色低碳和高质量发展的重要抓手,也是炼化企业提质增效、转型升级实现可持续发展的新动能。

炼化企业智能化建设重点聚焦在ISA 95标准体系架构中的L2层至L4层,即控制系统层、先进应用层、生产执行层,L1层泛在感知则是智能工厂的基础。炼化企业智能化建设应重点关注[12]:(1)构建供应链优化、计划优化、生产调度优化、操作优化等协调一致的闭环优化方法,促使工厂生产经营更加高效、协同。(2)在生产运行层面要实现从生产计划管理到运行调度管理、指令管理,生产过程管控涉及的物料管理、能源管理、质量管理、操作管理、异常管理以及决策分析所需的数据。(3)在生产操作层面,要实时监控工艺操作状态,实现智能移动巡检,通过操作导航提升关键操作工序的操作效率和可靠性,应用智能报警管理系统,提升事件响应的有效性和响应速度,确保生产安全。(4)能源管控业务场景聚焦管理和优化蒸汽、电力、循环水、氢气燃料气和其他的公用工程,并建立全厂级、装置级、设备级的能源绩效指标,定期衡量评估能量水平,挖掘企业节能潜力,持续降低能耗。(5)设备管控方面,聚焦于设备的可靠性策略研究及设备管理水平提升,实现设备资产日常状态监控、设备运行数据智能管理、故障自动诊断、状态预测、维护执行的智能化闭环管理。提升企业设备资产管理的感知监控能力、数据管理能力、预测分析能力、优化控制能力和执行协同能力。(6)在安全管理业务上,通过HSE管控和风险管控,加强关键装置风险控制、建立HSE规范管理体系,保证装置操作和现场作业等各个环节安全平稳,利用排放监测及分析功能从本质上控制"三废"排放,实现绿色发展。(7)提供面向不同角色的差异化决策支持,面向企业主管生产领导,提供生产运营绩效分析、供需平衡分析、突发事件应急指挥服务;面向车间主管领导,提供计划和调度一体化优化、生产过程监控、设备运行监控服务;面向生产调度,提供实时调度、现场人员管理、操作动态监控服务;面向设备维护人员,提供设备报警汇总、设备预测性维护、专家支持及工作协同服务;面向成本分析人员,提供生产成本分析、对标分析以及绩效管理与优化功能。

炼油过程全流程智能化是一个多尺度、多层级、多目标、复杂约束的大规模非线性优化难题。炼油生产过程多尺度特性表征与建模、多工序关联下的多目标优化、面向全流程资源优化配置的生产计划决策,以及适应复杂炼化生产过程的自主学习和智能预测,都是国内外炼油工业的重点攻关方向。目前,石化行业的智能化建设及应用尚处于起步阶段,未来将炼厂生产经营与网络技术、大数据、云计算等数据处理技术相融合的职能化技术的应用将越发广泛。如通过生产装置的在线实时优化(RTO)、区域优化或全厂动态优化技术开发应用可提升生产稳定性和整体效益,通过流程模拟技术和计划优化集成可提高炼厂管理效率和科学决策水平,基于大数据处理技术及快速分析检测技术将为上述在线实时优化技术和分子炼油技术提供支撑。

第三节 结 语

中国炼化行业总体上面临炼油能力过剩、化工产能不足的结构性矛盾,需要持续推进炼油转型升级、提质增效和全产业链绿色低碳发展,并将智能化作为未来转型升级、提质增效和绿色低碳发展的新动能。炼油业将更加注重炼油技术在石化与化工产业链的协同、上下游产品链协同、能源互供和资源循环利用方面竞争力的提升，应持续深入做好复杂炼化一体化转型，提高差别化、高附加值产品比例，依托先进技术推动高质量可持续发展。未来还将强化绿色低碳技术的攻关研究，重点推进能源结构转型，努力构建多能互补的能源供应体系，在大型炼厂建立低能耗、低排放、高效率的循环经济生产模式，CCUS、氢能、生物燃料都是应对低碳/净零碳挑战的可选方案。汽油、煤油、柴油及船用燃料油等清洁油品作为炼厂主导产品，虽然未来消费需求将进一步分化，但在很长一段时间内仍将是石油产品的主要消费领域，炼油业仍将是提供清洁油品的最主要途径，清洁油品技术发展仍具有较大潜力。智能化炼厂是炼化企业高质量发展和提高竞争力的关键，未来应通过局部试点到全厂全流程集成优化和协同运行，进一步推进"两化"融合和智能炼厂建设，争取炼厂效益最大化。

面对炼油业复杂的新形式、新变化、新挑战，中国石油将通过大型炼油技术的持续创新、绿色低碳战略的逐步实施及炼化产业与智能化的深度融合，打造产品高端、竞争力强的炼化产业，加大大型炼厂结构调整深度和老石化基地的升级改造力度，走上创新驱动和转型升级的道路，这也是未来提质增效、内涵发展的必由之路。

参 考 文 献

[1] 曹湘洪，袁晴棠，刘佩成．中国石化工程科技 2035 发展战略研究[J]．中国工程科学，2017，19(1)：57-63.
[2] 乞孟迪，张硕，柯晓明，等．我国炼油工业"十三五"回顾与"十四五"发展趋势展望[J]．当代石油石化，2021，29(3)：12-20.
[3] 刘朝全，姜学峰．2020 年国内外油气行业发展报告[M]．北京：石油工业出版社，2021.
[4] 柯晓明，乞孟迪，吕晓东，等．"双碳"目标下中国炼化行业"十四五"发展新特点分析与展望[J]．国际石油经济，2021，29(5)：33-38.
[5] 李洪兵，张吉军．中国能源消费结构及天然气需求预测[J]．生态经济，2021，37(8)：71-78.
[6] 刘朝全，姜学峰．2019 年国内外油气行业发展报告[M]．北京：石油工业出版社，2020.
[7] 袁晴棠．石化工业发展概况与展望[J]．当代石油石化，2019，27(7)：1-6.
[8] 龚燕，杨维军，王如强，等．我国智能炼厂技术现状及展望[J]．石油科技论坛，2018，37(3)：28-33.
[9] 费华伟，高振宇．中国炼油工业"十三五"回顾及"十四五"展望[J]．国际石油经济，2021，29(5)：39-46.
[10] 安军信．国内外润滑油市场现状及发展趋势分析[J]．合成润滑材料，2021，48(1)：42-47.
[11] 张兆莱．巴斯夫、沙特基础工业与林德携手打造全球首座电加热蒸汽裂解炉[EB/OL]．(2021-03-31)[2021-06-15]．https://www.basf.com/cn/zh/media/news-releases/global/2021/03/p-21-165.html.
[12] 高杨，张成，张敏．炼化企业智能化建设方向研究[J]．中国管理信息化，2020，23(20)：63-64.